DEBORAH CADBURY

Dinosaurierjäger

Der Wettlauf um die Erforschung
der prähistorischen Welt

Deutsch von Monika Niehaus

ROWOHLT

Die Originalausgabe erschien 2000 unter dem Titel
«The Dinosaur Hunters. A True Story of Scientific Rivalry and the Discovery
of the Prehistoric World» im Verlag Fourth Estate, London
Redaktion Karin Schneider
Umschlaggestaltung von Christoph Krämer/Max Bartholl
(Abb. Agentur FOCUS)

1. Auflage September 2001
Copyright © 2001 by Rowohlt Verlag GmbH,
Reinbek bei Hamburg
«The Dinosaur Hunters»
Copyright © 2000 by Deborah Cadbury
The author has asserted her
Moral Rights
Alle deutschen Rechte vorbehalten
Satz aus der Sabon PostScript, PageOne
Gesamtherstellung Clausen & Bosse, Leck
Printed in Germany
ISBN 3 498 00924 9

Die Schreibweise entspricht den Regeln
der neuen Rechtschreibung.

Für meine Mutter und Martin,
die ersten Leser,
in Liebe

Inhalt

ERSTER TEIL

Ein Meer, zu Stein geworden

She sells sea-shells on the sea-shore,
The shells she sells are sea-shells, I'm sure
For if she sells sea-shells on the sea-shore
Then I'm sure she sells sea-shore shells.
Zungenbrecher von Terry Sullivan, 1908,
*der sich vermutlich auf Mary Anning bezieht**

An der Südküste von England bei Lyme Regis in Dorset beherrschen die Klippen die umliegende Landschaft. Im Lee eines Hügels, der sie vom Südwestwind abschirmt, liegt die Stadt dicht an
der Küste. Im Westen wird der Hafen vom Cobb geschützt, einem
langen, gewundenen Steinwall, der sich bis in den Ärmelkanal hinein erstreckt und an dessen Fuß sich die Wellen unablässig brechen. Im Osten drängen sich die Mauern des örtlichen Friedhofs,
auf dem flechtenüberwachsene Grabsteine in bizarren Winkeln in
den Himmel ragen, an die zerfallenden Church Cliffs. Dahinter
verläuft die dunkle, abweisende Felswand des Black Ven, feucht
von den Spritzern der Gischt. Dann senkt sich die Landschaft über
ausgedehnte Wiesen und Weiden bis dorthin, wo die Klippen bis
an die Stadt Charmouth heranreichen, bevor sie wieder steil ansteigen, um den großen Höhenzug des Golden Cap zu bilden.

Laut lokaler Überlieferung galten Anfang des 19. Jahrhunderts

---

* Sie verkauft Muschelschalen am Meeresstrand, / Die Schalen, die sie verkauft,
sind sicherlich Muschelschalen, / Denn wenn sie am Meeresstrand Muschelschalen
verkauft, / Dann sind es sicherlich Meeresstrand-Schalen.

die Steine der Lyme Bay als so charakteristisch, dass Schmuggler, die in pechschwarzer Nacht an der Küste landeten, anhand einer Hand voll Kieselsteine feststellen konnten, wo sie waren. Aber nicht nur Schmuggler waren mit den Eigenheiten dieser berühmten Klippen vertraut. Durch eine Reihe von Zufällen und Entdeckungen wurde die Bucht von Lyme bald als eine der wichtigsten Fundstellen von Fossilien bekannt. Eingeschlossen in Schiefer- und Kalkschichten, bekannt als «Schwarzer Jura» (Lias), lagen die Geheimnisse eines riesigen, uralten Meeres, das zu Stein geworden war, das erste Tor zu einer unbekannten Welt.

Im Jahre 1792 brach in Europa Krieg aus, und es wurde für den englischen Adel gefährlich, auf den Kontinent zu reisen. Viele Vertreter der wohlhabenden Klassen wandten sich daraufhin den Erholungsorten an der englischen Südküste zu. Für diejenigen, die einen Teil des Jahres in Bath verbrachten, wurde die dramatische Szenerie rund um die Lyme Bay zu einem beliebten Ausflugsziel. Im Sommer reihten sich auf der Promenade und in den steilen, engen Straßen, die sich in den Hügel schmiegten, häufig elegante Kutschen aneinander. Zu denjenigen, die Anfang des 19. Jahrhunderts dort zu Besuch waren, gehörte die Schriftstellerin Jane Austen. Sie war entzückt von der Hauptstraße, «die sich fast ins Meer drängt», und von dem «wundervollen Klippenzug, der sich nach Osten erstreckt». Der Cobb, der sich um den Hafen zog, wurde zum dramatischen Schauplatz einiger Szenen in ihrem neuen Roman *Persuasion* (*Anne Elliot*). Hier war es, wo Louisa Musgrove «leblos ... die Augen geschlossen, ihr Gesicht bleich wie der Tod» niedersank und von dem romantischen Kapitän gesund gepflegt wurde.

Aus Jane Austens Briefen an ihre Schwester Cassandra geht hervor, dass sie während ihres kurzen Aufenthalts in der Stadt einen Handwerker namens Richard Anning getroffen haben muss. Er wurde herbeigerufen, um den Wert eines zerbrochenen Truhendeckels zu schätzen, und war Jane Austen zufolge ein gewiefter Geschäftsmann. Sie schrieb ihrer Schwester, die Schätzung des

Tischlers Anning – fünf Schilling – habe «mehr als den Wert der gesamten Einrichtung des Raumes» betragen.

Selbst als geschickter Tischler musste Richard Anning darum kämpfen, seinen Lebensunterhalt zu bestreiten. Die Blockade der europäischen Häfen während der napoleonischen Kriege hatte zu schweren Nahrungsmittelengpässen geführt. Ohne Getreide vom Kontinent waren die Preise für Weizen stark gestiegen, von 43 englischen Schilling für ein Quarter (knapp dreihundert Liter) 1792, kurz vor dem Krieg, auf 126 Schilling im Jahre 1812. Da Brot und Käse die Hauptnahrungsmittel für viele Menschen in den südenglischen Grafschaften waren, führten die ständig steigenden Preise für einen Laib Brot zu großer Not. Die Löhne stiegen unterdessen nicht, und in vielen Distrikten erhielt die arbeitende Bevölkerung vom Kirchensprengel Unterstützung, damit die Menschen sich Brot kaufen konnten. Die Industriearbeiter verarmten und mussten auf die Mildtätigkeit der Kirchengemeinden hoffen, die Furcht vor einer Hungersnot war allgegenwärtig. Während der Adel, der sich inmitten ausgedehnter Parklandschaften auf seinen Landsitzen erging, von den hohen Preisen profitierte und offenbar von den Auswirkungen des Krieges unberührt blieb, begannen die Armen zu revoltieren. Der brennende Schober und die lodernde Scheune wurden zu Symbolen dieser Zeit. Richard Anning selbst führte einen Protestzug gegen die Nahrungsmittelknappheit an.

Im ländlichen Dorset waren die Armen nicht nur hungrig, sondern mussten wegen des Brennstoffmangels überdies in feuchte und kalte Unterkünften hausen. Richard Anning und seine Frau Molly lebten in einem Cottage inmitten einer seltsamen Ansammlung von Häusern auf einer Brücke, die über die Mündung des Flusses Lym führte. Einmal wachten sie auf und stellten fest, «dass der Boden ihres Hauses im Lauf der Nacht fortgespült worden war». Ihr bescheidenes Heim war von einer «außergewöhnlich rauen See» verwüstet worden.

Der Wunsch nach Wärme könnte die Ursache für den tragischen Unfall gewesen sein, dem das älteste Kind der Annings,

Mary, Weihnachten 1798 zum Opfer fiel. Der *Bath Chronicle* berichtete über das Ereignis: «Ein Kind, vier Jahre alt, Tochter von R. Anning, einem Schreiner aus Lyme, wurde von seiner Mutter etwa fünf Minuten lang in einem Zimmer allein gelassen, in dem einige Holzspäne neben dem Feuer lagen … Die Kleider des Mädchens fingen Feuer, und es erlitt so schreckliche Verbrennungen, dass es daran starb.» Ob Mary zu nahe an die Flammen rückte, um sich zu wärmen, oder unglücklich stolperte, wissen wir nicht. Wir wissen jedoch, dass die verzweifelte Mutter ihre nächste Tochter, die sie sechs Monate später gebar, in Erinnerung an die tote ältere Schwester wiederum Mary nannte.

Ein Neugeborenes nach einem verstorbenen Kind zu nennen, war durchaus üblich zu einer Zeit, in der ein Viertel aller Kinder aus armen Verhältnissen im ersten Lebensjahr starb und die Hälfte nicht einmal fünf Jahre alt wurde. Viele waren unterernährt und fielen dadurch leicht Schwindsucht, Lungenentzündung, Windpocken, Masern oder anderen Krankheiten zum Opfer. Abgesehen vom plötzlichen Tod ihrer ältesten Tochter Mary hatten die Annings bis 1800 bereits zwei Kinder verloren, Martha und Henry. Das Schicksal sollte jedoch auf unerwartete Weise in das Leben der zweiten Mary Anning eingreifen.

In dem Sommer, als Mary gerade ein Jahr alt geworden war, erreichte Lyme Regis die Nachricht, dass in der Nähe der Stadt eine umherziehende Kunstreitertruppe auftreten würde. Zu den Attraktionen gehörten Pferdespringen und Reiterkunststücke sowie eine Lotterie, bei der es kupferne Teekessel und Lammkeulen zu gewinnen gab. Die Ankunft der Wandertruppe war eine willkommene Abwechslung für die örtliche Bevölkerung, und eine große Menschenmenge zog an der Kirche und dem Gefängnis in der Nähe des Anning'schen Hauses vorbei zu dem Spektakel, das auf einem Feld am Stadtrand stattfinden sollte. Mary wurde von einer Kinderfrau aus dem Ort, Mrs. Elizabeth Hasking, mitgenommen.

Am späten Nachmittag zog ein schweres Gewitter auf, aber die

Menge wollte sich nicht zerstreuen, sondern harrte aus, um zu sehen, wer bei der Lotterie gewonnen hatte. Plötzlich kam es nach den Worten des örtlichen Schulmeisters, George Roberts, zu einer «lebhaften elektrischen Entladung, gefolgt von dem schrecklichsten Donnerschlag, den irgendeiner der Anwesenden jemals vernommen hatte und der von den schönen Klippen der Lyme Bay immer wieder als Echo zurückgeworfen wurde. Alle schienen von dem Krach wie betäubt. Nach einigen Augenblicken schrie dann ein Mann Alarm und deutete auf eine Gruppe, die regungslos unter einem Baum lag.»

Es waren drei tote Frauen, unter ihnen Marys Kinderfrau Elizabeth, deren Haar, Arm und Haube auf der rechten Seite «stark verbrannt waren und das Fleisch verschmort». Sie hielt noch immer das Baby, das bewusstlos war und nicht geweckt werden konnte. Die zweite Mary Anning, die als «Augapfel» ihrer Eltern bekannt war, wurde nach Lyme zurückgetragen, «anscheinend tot». Aber als man sie in heißem Wasser badete, kam sie, «begleitet von freudigen Ausrufen der versammelten Menge», allmählich wieder zu sich. Glaubt man der Familie, so war das der Wendepunkt im Leben der jungen Mary Anning: «Sie war zuvor ein schwerfälliges, langsames Kind gewesen, doch nach diesem Unfall wurde sie lebhaft und intelligent.»

Als Mary älter wurde, half sie ihrem Vater mit Begeisterung, am Strand fossile «Kuriositäten» zu sammeln, die sie an Touristen verkauften. Anfang des Jahrhunderts musste Richard Anning für mehrere weitere Kinder aufkommen: Für die Jungen Joseph, Henry, Percival und Richard sowie eine zweite Tochter, Elizabeth. Um sein mageres Einkommen als Schreiner aufzubessern, bauten Mary und ihr Vater vor dem Haus einen Kuriositätenstand auf, um ihre Ware an Touristen zu verkaufen. Wer damals in Lyme Fossilien verkaufen wollte, musste jedoch mit starker Konkurrenz rechnen.

Einer der Fossiliensucher, genannt der «Curi-man» oder Captain Cury und im Ort als «verdammter Wüstling» bekannt, fing am Schlagbaum auf der Strecke Exeter – London Kutschen ab und verkaufte seine Stücke an die Reisenden. Ein anderer, vom Pech verfolgter Fossiliensucher war Mr. Cruikshank, den man oft mit einer langen Stange am Strand entlang wandern und im Boden stochern sah. Als Cruikshank seine kleine Unterstützung verlor und ihm nichts blieb als das winzige Einkommen aus dem Verkauf von Kuriositäten, beendete er sein armseliges Leben und beging Selbstmord, indem er sich von der Gun-Cliff-Wand mitten in Lyme ins Meer stürzte.

Niemand wusste, was diese «Kuriositäten» eigentlich waren. Im Küstengestein fanden sich seltsame Formen, die wie Bruchstücke aus dem Rückgrat einer gigantischen, unbekannten Kreatur aussahen. Sie wurden in der Gegend als «Verteberries» [von *vertebrae* – Wirbel] verkauft. Es gab riesige, spitz zulaufende Zähne, die angeblich von Alligatoren oder Krokodilen stammten. Von Relikten wie «Krokodilschnauzen» wurde in der Region schon seit Jahren berichtet. Es gab auch hübsche fossile Schalen und Steine, die als «John Dorys Knochen» oder «Ladyfinger» bezeichnet wurden.

Was Fossilien anging, so blühte um diese Zeit in ganz England der Aberglaube. Die wunderbaren Ammoniten, im lokalen Dialekt «Cornemonius» genannt, mit ihren eleganten Windungen, die aussahen wie die Schlingen einer eingerollten Schlange, wurden auch als «Schlangensteine» bezeichnet. Um solche Steine rankten sich die wildesten Gerüchte; in früheren Jahrhunderten schrieb man ihnen magische Kräfte zu und meinte, sie könnten sogar als Orakelsteine zum Weissagen dienen. Der Ammonit, so glaubte man, könne «vor Schlangen schützen und Blindheit, Impotenz und Unfruchtbarkeit heilen». Gelegentlich wurde ein Schlangenkopf auf die Windungen gemalt und das Ganze als Amulett getragen. Aber Schlangensteine waren nicht immer ein Glückssymbol. In einigen Gegenden nahm man an, sie seien ursprünglich Menschen gewesen, die für ihre Verbrechen erst in Schlangen verwandelt und dann zu Stein geworden seien. Durch

16

göttliche Vergeltung konnte jeder wahrhaft böse Mensch versteinert werden, genauso wie Lots Weib in eine Salzsäule verwandelt worden war.

Es gab noch andere fremdartige Kuriositäten, wie die langen, spitz zulaufenden Belemniten. Diese galten als Donnerkeile, derer sich Gott bedient hatte, und hießen in der Gegend «Teufels-» oder «Petrusfinger». Auch ihnen schrieb man spezielle Kräfte zu. Nach alter Tradition sollten pulverisierte Belemniten ein potentes Heilmittel sein, um Infektionen in Pferdeaugen zu kurieren, und Wasser, in das man Belemniten eingetaucht hatte, konnte Pferde angeblich von Würmern befreien.

Jene Fossilien, die Fragmenten von real existierenden Geschöpfen, wie Schlangen oder Krokodilen, ähnelten, trotzten jeder Erklärung. Die Mythen der damaligen Zeit erlauben faszinierende Einblicke in das Denken der Menschen. Einige hielten Fossilien für den «Samen» oder «Geist» eines Tieres, der sich spontan im Schoß der Erde entwickelt hatte und dann im Stein heranwuchs. Anderen zufolge waren Fossilien Gottes «Ornamente» im Erdinneren, genauso wie Blumen dem Schmuck der Erdoberfläche dienten. Möglicherweise waren sie sogar von Gott gepflanzt worden, um den Glauben der Menschen zu prüfen! Wären sie die Überreste echter Tiere, die einst auf Erden gelebt hatten, wie hätten sie dann ihren Weg tief ins Gestein graben sollen? Und warum sollte irgendein Geschöpf so etwas tun? Hätte sich das Gestein andererseits lange nach ihrem Tod allmählich um sie herum abgelagert, dann würde dies bedeuten, dass sich Gottes Schöpfung über einen längeren Zeitraum hingezogen und nicht nur ein paar Tage gedauert hätte, wie es die Schöpfungsgeschichte beschreibt. Dort im Gestein der Klippen lag ein Geheimnis begraben, das sich jeder Erklärung widersetzte.

Anfang des 19. Jahrhunderts vertrauten viele Menschen bedingungslos auf das Wort der Bibel. Für sie war die überzeugendste Erklärung, dass es sich um die Überbleibsel von Geschöpfen handelte, die während der Sintflut gestorben und unter Gesteinsmassen begraben worden waren, als sich die Erdkruste neu bildete. Auch wenn wir nicht wissen, wie Mary Anning als Kind darüber dachte, können wir davon ausgehen, dass sie bei der Fossiliensuche an den Klippen der Lyme Bay mit diesem Geflecht aus bunten Volksmythen und unerschütterlichem religiösem Glauben vertraut war.

Mary wurde zu einer geschickten «Krokodilsucherin». Auf dem Verkaufsstand vor ihrem Haus lagen Riesenknochen von «Krokodilen», «Engels-» und «Cupidoflügel», «Verteberries» und «Cornemonius'» aus. Ihre zahllosen Streifzüge am Strand machten ihre Mutter, Molly Anning, sehr ärgerlich, denn dem Schulmeister Roberts zufolge sah sie die ganze Unternehmung als «völlig lächerlich» an. Sie war zudem nicht ungefährlich. Regenwasser, das unablässig durch weiche Schiefer- und Tonschichten sickerte, führte besonders im Winter immer wieder zu Schlamm- und Geröllawinen. Auch bestand stets die Gefahr, vom Meer eingeholt zu werden, weil die Fossilien, die von der Erosion freigelegt worden waren, ausgegraben werden mussten, bevor die Flut kam und sie fortspülte. Manchmal wurden Mary und ihr Vater von den steigenden Wassern zwischen Meer und Klippen eingeschlossen und mussten sich auf den schlüpfrigen Felsen in Sicherheit bringen. Einmal, als ein Teil der Church Cliffs ins Meer stürzte, geriet Richard Anning in einen Erdrutsch und entkam nur um Haaresbreite: Er wurde von den Felsbrocken mitgerissen und landete unsanft auf dem Strand am Fuß der Klippen.

Eines Nachts im Jahre 1810, als er eine Abkürzung nach Charmouth nahm, hatte Anning jedoch weniger Glück; er kam vom Weg ab und stürzte die tückischen Klippen bei Black Ven hinab. Die Verletzungen, die er dabei erlitt, schwächten ihn dermaßen, dass er bald an der grassierenden Schwindsucht erkrankte und starb. Molly und die Kinder waren völlig mittellos. Sie verfügten über keinerlei Ersparnisse, ganz im Gegenteil, Richard Anning hatte seiner Familie 120 Pfund Schulden hinterlassen, eine beträchtliche Summe zu einer Zeit, als der durchschnittliche Lohn

Lithographie (1825) des Cobb in Lyme; die abgebildete Person ist vermutlich Mary Anning.

eines Arbeiters zehn Schilling die Woche betrug. Molly hatte keine Möglichkeit, eine derartige Summe abzutragen. Daher sah sie sich gezwungen, ihren Stolz hinunterzuschlucken und die Armenaufseher der Kirchengemeinde um Hilfe zu bitten. Das war ein großes Unglück für eine Handwerkerfamilie.

Nach den alten Armengesetzen, die noch aus der Tudorzeit stammten, konnten die in Armut Gefallenen in einem der 15 000 englischen Armenhäuser untergebracht werden, deren Insassen unter Bedingungen zu überleben suchten, wie sie Charles Dickens in seinen Romanen beschreibt. Es war auch möglich, eine «Armenunterstützung» zu erhalten wie die Annings; so konnten sie in ihren eigenen vier Wänden wohnen bleiben und erhielten von der Kirchengemeinde eine Hilfe. Zwar unterschieden sich die Bedingungen für diese Armenunterstützung von Distrikt zu Distrikt beträchtlich, doch gewöhnlich bestand sie in einem kärglichen Betrag für Nahrung und Kleidung, manchmal auch nur in Brot und Kartoffeln. Die durchschnittliche wöchentliche Zahlung an Bedürftige, die nicht im Armenhaus wohnten, betrug drei Schilling, und das zu einer Zeit, als das Existenzminimum bei sechs bis sieben Schilling pro Woche lag. Arme waren daher auf Mildtätigkeit angewiesen oder mussten Verwandte um Hilfe bitten. Von den älteren Kindern wurde erwartet, dass sie sich bei einer Reihe von Tätigkeiten nützlich machten – sei es, Pferde zu halten, Botschaften zu überbringen, zu putzen oder andere Hausarbeiten zu erledigen. Häufig waren diejenigen, die auf Armenunterstützung angewiesen waren, stark unterernährt, und die Not, unter der die Annings litten, war so bitter, dass von allen Kindern nur Mary und Joseph überlebten.

Während Joseph, der älteste ihrer Brüder, zu einem Polsterer in die Lehre ging, suchte Mary am Strand weiter nach Fossilien. Eines Tages fand sie einen wundervollen Ammoniten oder Schlangenstein. Als sie ihre Trophäe vom Strand nach Hause trug, bot ihr eine Dame auf der Straße eine halbe Krone dafür. Für Mary bedeutete das wirklichen Reichtum, genug, um damit etwas Brot, Fleisch und möglicherweise sogar Tee und Zucker für eine ganze Woche zu kaufen. Von diesem Moment an war sie «fest entschlossen, wieder an den Strand zu gehen».

Irgendwann 1811 – das genaue Datum ist unbekannt – machte Joseph, während er am Strand entlang wanderte, eine bemerkenswerte Entdeckung. Eingegraben im Küstenstreifen unterhalb von Black Ven fiel ihm eine seltsame Form ins Auge. Während er Sand und Geröll beiseite räumte, wurde allmählich der gigantische Kopf eines fossilen Geschöpfes sichtbar, 1,20 Meter lang, das Maul voller kleiner spitzer Zähne, die Augenhöhlen groß wie Untertassen. Auf einer Seite des Kopfes war das knöcherne Auge vollständig erhalten und starrte ihn aus dunkler Vorzeit an. Das andere Auge war beschädigt, tief eingebettet in die zerbrochenen Schädelknochen. Joseph sicherte sich sofort die Hilfe zweier Männer, und zusammen legten sie etwas frei, was sie für den Kopf eines sehr großen Krokodils hielten. Joseph zeigte Mary, wo er den riesigen Schädel gefunden hatte, doch da dieser Teil des Strandes unmittelbar danach für viele Monate unter einer Schlammlawine verschwand, war es schwierig, nach weiteren Überresten der seltsamen Kreatur zu suchen. Fast ein ganzes Jahr verging, bis Mary, die immer noch kaum älter als zwölf oder dreizehn Jahre alt war, auf ein Fossilfragment stieß, das fast sechzig Zentimeter tief im Boden stak, nur ein kurzes Stück von der Stelle entfernt, wo Joseph den Kopf gefunden hatte.

Als sie das Gestein mit ihrem Hammer bearbeitete, stieß sie auf Wirbelknochen, die größten fast acht Zentimeter breit. Schließlich konnte sie Rippen im Kalkstein erkennen, von denen mehrere noch mit den Wirbeln verbunden waren. Sie rief einige Männer zusammen, die ihr helfen sollten, die fossilen Knochen aus dem Boden zu holen. Langsam legten sie ein vollständiges Rückgrat aus sechzig Wirbeln frei. Auf einer Seite war die Form des Skeletts deutlich zu erkennen; sie erinnerte an einen riesigen Fisch mit einem langen Schwanz. Auf der anderen Seite waren die Rippen

Der Schädel eines unbekannten Tieres, das von Joseph Anning 1811 gefunden wurde; heute im Natural History Museum, London.

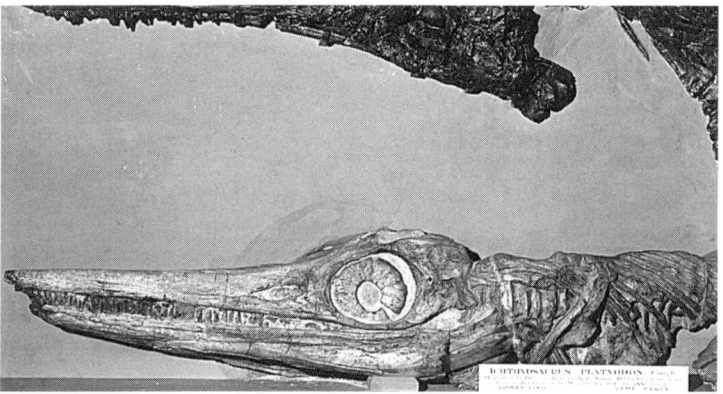

«auf die Wirbel gepresst und zu einer einzigen Masse zusammengequetscht», sodass sich die Form weniger gut ausmachen ließ. Als das fantastische Geschöpf langsam aus seinem uralten Grab hervorkam, konnten sie sehen, dass es sich um ein riesiges Tier handelte, über fünf Meter lang.

Rasch verbreitete sich in der Stadt die Neuigkeit, dass Mary Anning eine außerordentliche Entdeckung gemacht hatte: Ein vollständiges, zusammenhängendes Skelett. Der örtliche Gutsherr, Henry Hoste Henley, kaufte es ihr für dreiundzwanzig Pfund ab, genug, um die Familie mehr als ein halbes Jahr zu ernähren.

Das seltsame Geschöpf wurde erstmals im Bullock's Museum am Piccadilly im Herzen Londons öffentlich ausgestellt. Es verblüffte die Gelehrten, die kamen, um es zu besichtigen, denn es gab in ganz England keinen wissenschaftlichen Kontext, aus dem heraus diese riesigen fossilen Knochen zu erklären waren. Die Geologie steckte noch in ihren Kinderschuhen, von Paläontologie ganz zu schweigen. Das eigenartige «Krokodil» mit seinen langen Kiefern, die zu einem beunruhigenden Lächeln verzogen schienen, und seinen enorm großen, knochigen Augen war etwas Unerklärliches aus einer urzeitlichen Welt. Um es mit den Worten eines Artikels in Charles Dickens' Zeitschrift *All the Year Round* zu sagen: Es gab «eine zehnjährige Belagerung, bis sich das Ungeheuer schließlich ergab» und den Vertretern der Wissenschaft seine lange gehüteten Geheimnisse offenbarte. Fast ein Jahrzehnt sollte vergehen, bevor sich die Experten auch nur auf einen Namen für das urtümliche Geschöpf einigen konnten.

Als die Neuigkeit von Mary Annings Entdeckung die gelehrten Kreise von London und darüber hinaus erreichte, war einer der Ersten, die sie in Lyme Regis besuchten, William Buckland, ein Mitglied des angesehenen Corpus Christi College der Universität Oxford. Stiche von William Buckland zeigen einen ernsthaft wirkenden Mann mit ebenmäßigen Gesichtszügen und breiter, hoher Stirn. Wie immer bei Porträtposen jener Tage ist er formell in die dunkle Robe des Akademikers gekleidet, hält irgendein Fossil in der Hand und sieht aus wie der Inbegriff eines Wissenschaftlers des 19. Jahrhunderts. Diejenigen, die ihn persönlich kannten, schätzten ihn wegen anderer Qualitäten als derjenigen, die dieses strenge und würdevolle Bild suggeriert.

«Dr. Bucklands wunderbare Konversationsgabe lässt sich ebenso wenig beschreiben wie das Bouquet einer Flasche Champagner», schrieb Storey Maskelyne, einer seiner Kollegen in Oxford. «Seine Worte strahlten Klarheit und Vernunft aus, und er brillierte im sozialen wie im intellektuellen Umgang. Obendrein habe ich niemals eine Stunde im Gespräch mit einem fröhlicheren, aber niemals ausgelassenen Mann verbracht. Es gab nichts, worüber man nicht mit ihm reden konnte, von der Erschaffung der Erde bis zu den neuesten Nachrichten in der Stadt ... Was seine Statur, sein Äußeres und sein Benehmen anging, war er durch und durch ein englischer Gentleman und in allen Kreisen hoch geschätzt.»

Obwohl Bucklands Interessen breit gefächert waren, galt seine größte Leidenschaft der «Untergrundkunde», wie er das neue Gebiet der Geologie nannte. Oft verbrachte er seine Ferien in Lyme, wo er die Klippen «mit dieser geologischen Berühmtheit, Mary Anning, erkundete, in deren Begleitung man ihn auf der Suche nach Fossilien im Lias knietief im Meer herumwaten sah». Bucklands Frühstückstisch in seiner Unterkunft am Meer war «beladen mit Beefsteaks und Belemniten, Tee und Terebratula, Muffins und Madreporen, Toast und Trilobiten, jeder Tisch, jeder Stuhl, ja selbst der Boden war bedeckt mit Fossilien und Steinen, Erde, Lehmproben und Haufen von Büchern, denn die Frühstücksstunde war die einzige Zeit, in der die Fossiliensucher sicher sein konnten, ihn anzutreffen, um ihm ihre Funde anzubieten und ihren Lohn zu empfangen».

Im Dorf Axminster geboren, zehn Kilometer landeinwärts von der Küste Dorsets, waren Buckland die eindrucksvollen Klippen von Lyme wohl bekannt. Seit seiner Kindheit hatten ihn die Felsen dieser Region begeistert. «Sie waren meine geologische Schule», schrieb er, «sie starrten mir ins Gesicht, sie umwarben und liebkosten mich und flüsterten mir ständig zu: Bitte, bitte, werde Geologe!» Sein Vater, der Reverend Charles Buckland, hatte den naturwissenschaftlichen Forscherdrang des Jungen stets unterstützt. Infolge eines Unfalls war Charles Buckland die letzten zwanzig Jahre seines Lebens blind, doch Vater und Sohn hatten dennoch gemeinsam die örtlichen Steinbrüche erkundet, und der Sohn hatte dem Vater jedes Detail der wunderbaren fossilen Schalen beschrieben, die dieser nur ertasten konnte. Das «außerordentliche Talent und der große Eifer» des Jungen machten seinen Onkel aufmerksam, ein Mitglied der Universität Oxford, der daraufhin die Erziehung des Jungen in die Hand nahm und ihn erst nach Winchester und später weiter zum Corpus Christi College schickte.

Schon bald nachdem William Buckland um die Jahrhundertwende in der Stadt mit den berühmten Türmen aus seiner Kutsche gestiegen war, stellte er fest, dass die Universität in einer anglikanischen Tradition verharrte, in der die Heilige Schrift vielen als Schlüssel zum Verständnis unserer Geschichte galt und Fossilien in diesem Kontext interpretiert wurden. Die meisten Dozenten des College ließen sich zum Priester weihen, und ein berufliches Fortkommen gab es prinzipiell nur über die anglikanische Kirche. Buckland selbst wurde 1809 ordiniert und im selben Jahr zum Mitglied des College gewählt.

Damals, mehr als hundert Jahre bevor die radiometrische Datierung jeden verbliebenen Zweifel am ungeheuer langen Bestehen des Erdballs zerstreute, war es unmöglich, sein exaktes Alter sicher zu bestimmen. Mehr als zwei Jahrhunderte lang hatten führende Wissenschaftler versucht, dieses Problem zu lösen, indem sie die Bibel als Beweis heranzogen. Geologische Berechnungen wurden damals von Altphilologen durchgeführt, die die heiligen Texte in Hebräisch, Latein oder Griechisch analysieren konnten. Im Jahre 1650 war der Erzbischof von Armagh, James Ussher, zu dem

Schluss gekommen, dass Gott die Erde in der Nacht auf Sonntag, den 23. Oktober, 4004 Jahre vor der Geburt Jesu Christi, erschaffen hatte. Seine Berechnungen beruhten auf den Lebensspannen der Abkömmlinge Adams, die er zusammenzählte und mit seiner Kenntnis des hebräischen Kalenders und anderen biblischen Berichten kombinierte. Seine Datierung der Erde, die seinen Zeitgenossen keineswegs lächerlich erschien, galt als herausragendes Beispiel für historische Gelehrsamkeit, und seinem Vorbild folgend wurde das Studium der Chronologie anhand heiliger Schriften für die nächsten zweihundert Jahre zu einem allgemein akzeptierten Ansatz.

Gelegentlich wurden andere Methoden diskutiert, um das Alter der Erde zu datieren. Im Jahre 1715 schlug Edmond Halley der *Royal Society* vor, das Alter der Erde aus der Geschwindigkeit zu berechnen, mit der Seen und Meere versalzten – unter der Voraussetzung, dass sie kein Salz enthielten, als die Erde erschaffen wurde. Seine originelle Idee wurde jedoch nicht weiterverfolgt, und Halley selbst nahm an, seine Ergebnisse würden «die Befunde der Heiligen Schrift bestätigen, dass die Menschheit seit rund sechstausend Jahren auf Erden lebt».

Abgesehen davon, dass die Bibel das Alter der Erde enthüllte, hatte sie noch andere geologische Implikationen, die sich für frühe Geologen wie William Buckland als ebenso große Herausforderung erweisen sollten. Der Prophet Moses schilderte die Geschichte der Schöpfung, der zufolge Gott in nur sieben Tagen den Himmel und die Erde schuf und alle lebendigen Wesen. Nach der Genesis wurden alle Geschöpfe gleichzeitig geschaffen. In der Bibel gibt es keine Prähistorie und keine prähistorischen Tiere.

Moses beschrieb auch eine weltweite Flut, während der «alle Sprudel des großen Meeres aufbrachen und die Himmelsluken sich öffneten» und das gesamte Antlitz der Erde ausgelöscht wurde. Vernichtet wurden auch alle Geschöpfe, abgesehen von den wenigen, die sich auf der Arche Noah befanden. Um diese Ereignisse zu erhellen, wurden die heiligen Texte mit großer Sorgfalt durchforscht. Ein hoch angesehener Naturforscher des 17. Jahrhunderts, ein deutscher Jesuit namens Athanasius Kirchner, veröffentlichte eine detaillierte Schrift über die Abmessungen der Arche und ihre tierische Fracht. Dieser Ansatz stand 1815 noch immer in voller Blüte; damals schloss Reverend Stephen Weston aus der Veränderung von Ortsbezeichnungen im Hebräischen und im Griechischen auf den genauen Ort, wo Noahs Arche strandete – an einem der höchsten Berge der Welt in Tibet.

William Buckland in Oxford war sich wohl bewusst, dass die Anomalien, die im Verlauf des 18. Jahrhunderts im Gestein gefunden worden waren, die religiös dominierte Wissenschaft herausforderten. Viele Steine, die Tieren und Pflanzen ähnelten, waren an Stellen entdeckt worden, die sich jeder Erklärung widersetzten. Wie konnte es sein, dass man Muschelschalen auf den höchsten Berggipfeln fand? War das ein Beweis für die Sintflut, und wenn das tatsächlich der Fall war, wie waren solche Wassermassen plötzlich entstanden und dann wieder verschwunden? Den Gelehrten bereitete es große Schwierigkeiten zu erklären, warum Steine, die wie Tierzähne aussahen, tief in massivem Fels eingebettet gefunden wurden oder warum Pflanzen versteinert in Kohleschichten lagen. Wenn Fossilien die Überreste von Tieren waren, warum fand man dann Knochen tropischer Tiere in kalten nördlichen Regionen? Hatte es einen mysteriösen Klimaumschwung gegeben? Seltsamer noch, wie konnte es sein, dass in einer Felsformation begrabene fischähnliche Fossilien unter Gesteinsschichten lagen, die nur Landtiere enthielten und über denen sich ihrerseits wiederum Schichten mit Muschelschalen und Meerespflanzen befanden? Das deutete auf erstaunliche Unordnung und Verwüstung hin, die schwer zu verstehen waren, wenn die Welt in sieben Tagen vom allmächtigen Schöpfer geplant und geschaffen worden war.

Gegen Ende des 18. Jahrhunderts machten die Forscher erste Fortschritte im Verständnis der Erdgeschichte, indem sie nicht die Bibel als Beweis heranzogen, sondern die *Gesteinsformationen* selbst. Ein Auslöser dessen war die Entwicklung des Bergbaus in Nordeuropa, beispielsweise in Sachsen und Thüringen. Hier, an der heutigen Grenze zwischen Polen und Deutschland, brachte ein Denker mit Weitsicht, Abraham Werner, Ordnung in die scheinbar zufälligen Gesteinsformationen unter der Erdoberfläche.

Nach dem Tod seiner Mutter musste Abraham Werner die Schule in Bunzlau verlassen und seinem Vater zur Hand gehen, der die örtlichen Eisenhüttenwerke für den Herzog von Solm leitete. Später wurde er Professor an der bedeutenden Bergbauakademie in Freiberg, wo ihn seine Lehrveranstaltungen über Mineralogie in ganz Europa berühmt machten. Werner und andere zeigten, dass sich die Erdkruste in vier verschiedene Gesteinskategorien einteilen ließ, die stets in der gleichen Reihenfolge auftraten. Die älteste Kategorie bildeten kristalline Gesteine wie Granit, Gneis und Glimmerschiefer, sie enthielten keine Fossilien. Diese wurden als «primäre» Gesteine bezeichnet, und sie korrespondierten mit der frühesten Periode der Erdgeschichte, weil sich diese Gesteine zuunterst in der Erdkruste abgelagert hatten. Darüber folgten in aufsteigender Reihenfolge die «Übergangsgesteine», wie Grauwacke, Schiefer und Kalkstein. Hier fanden sich nur wenige Fossilien. Darauf folgte die «sekundäre» Periode mit stark geschichteten Gesteinen, Sandstein, Kalkstein, Gips und vielen anderen Lagen voller Fossilien. Die jüngsten Schichten schließlich bestanden im Allgemeinen aus lockeren Geröll-, Sand- und Tonablagerungen, die der «tertiären» Periode entsprachen.

Statt zu akzeptieren, dass sich die Erdkruste in nur sechstausend Jahren gebildet haben sollte, stellte Abraham Werner die These auf, dass sich die älteren primären Gesteine und die Übergangsgesteine vor mehr als einer Million Jahren gebildet hatten, und zwar durch Kristallisation [Ausfällung] aus einem Urozean, der einst die ganze Welt bedeckte. Seine Theorie implizierte, dass die Anordnung der Gesteinsschichten, die er in Sachsen entdeckt hatte, überall auf der Welt die gleiche war. Wenn seine Beobachtungen zutrafen, waren die Folgen seiner Entdeckung enorm, denn sie bewiesen, dass es in der Erdkruste eingeschlossen Beweise für bestimmte, abgegrenzte Perioden bei ihrer Entstehung gab. Dadurch, dass Werner in der Schichtenfolge der Gesteine eine Ordnung entdeckte, ermöglichte er der Welt einen flüchtigen Blick auf die Frühgeschichte der Erde.

Noch verblüffender war eine neue Theorie, die durch die Hörsäle von Dekanen und Geistlichen in Oxford geisterte. Ein Schotte, James Hutton, hatte sie entwickelt. Er lehnte Werners Ansicht ab, der zufolge die ältesten Gesteine aus einem Urozean ausgefällt worden waren, und stellte sich stattdessen vor, sie seien allmählich durch Verwitterung und Ablagerung entstanden. Das führte ihn zu der Vermutung, das Alter der Erde müsse nahezu unermesslich hoch sein.

Aus seinen Beobachtungen schloss Hutton, dass die Erde gefangen war in einem endlosen Zyklus von Landschaftsbildung und -umbildung: Zyklen, in denen Flüsse Sediment vom Land ins Meer transportierten; Sedimentschichten, die sich langsam ansammelten und auf dem Meeresboden zu Stein verfestigten, bis Erdbewegungen die Schichten aus dem Meer heraushoben und die verschiedenen Strata falteten, um neue Landschaften zu formen. Da das Abtragen von Land und die Anhäufung von Sediment Millionen Jahre dauere, argumentierte er, war der einzig mögliche Schluss, dass sich die Landschaft über viele Jahrtausende geformt hatte. In seinem Buch *Theory of the Earth* schreibt er über die Erdgeschichte: «Es gibt keine Spur eines Anfangs und keinen Hinweis auf ein Ende.»

Die Vorstellungen von Hutton, Werner und anderen erlaubten den Zugang zu einer fremdartigen Landschaft, die eine bis dato völlig unbekannte Geschichte der Erde bergen konnte. Dieser unermesslich große geologische Zeitraum, der sich auf einmal auftat, war fast genauso seltsam und unglaublich wie die Leere des stellaren Raumes, die Kopernikus zwei Jahrhunderte zuvor in der Astronomie offenbart hatte. Die neuen Theorien stellten die lang etablierte Chronologie des Erdalters von Erzbischof Ussher und da-

mit auch die Autorität der Bibel infrage. Viele Gelehrte hielten dies
für ein gefährliches Unterfangen. Richard Kirwan, der Präsident
der *Royal Academy* in Irland, war einer von mehreren führenden
Denkern, die Huttons Behauptungen ins Lächerliche zogen; er betonte, sie seien «fatal» für den Schöpfungsbericht im Buch Mose
und stellten daher eine Bedrohung der Moral dar. Huttons Theorie war Kirwans Meinung nach so offensichtlich falsch, dass er es
für völlig unnötig befunden hatte, sie überhaupt zu lesen!

William Buckland, der inmitten des anglikanischen Establishments aufgewachsen war, sich aber dennoch zu einem rigorosen,
wissenschaftlichen Ansatz hingezogen fühlte, um Klarheit zu gewinnen, war begierig, die wahre Geschichte der Erde und damit
die wahre Natur der Fossilien zu verstehen. Um diese beiden
scheinbar widersprüchlichen Seiten seiner Natur zu versöhnen,
bemühte er sich zu beweisen, dass Religion und Wissenschaft einander nicht unvereinbar gegenüberstünden, sondern komplemen-
tär seien und sich ergänzten. Für ihn war die Geologie eine «Meis-
terwissenschaft», durch die er Gottes Handschrift erforschen
konnte.

Im Jahre 1813 wurde Buckland in Oxford zum Dozenten für
Mineralogie ernannt, und sofort machte er sich mit großem Enthusiasmus daran, die offensichtlich widersprüchlichen Meinungen über die Erdgeschichte zu klären. Zu diesem Zweck brach er
in Begleitung seines Freundes George Bellas Greenough zu einer
detaillierten Untersuchung aller englischen Gesteinsformationen
auf. Greenough hatte 1807 daran mitgewirkt, die *Geological Society of London* zu gründen. Dieses Unternehmen begann als «ein
kleiner geologischer Dinner-Club» in einer zentral gelegenen Londoner Taverne und hatte sich rasch zu einer wissenschaftlichen
Gesellschaft entwickelt, deren Ziel es war, «Geologen miteinander bekannt zu machen, ihren Eifer anzustacheln ... und zum
Fortschritt der geologischen Wissenschaften beizutragen».

Auf seiner Tour mit Greenough wollte Buckland für die *Society*
eine geologische Karte aller von ihnen identifizierten Strata erstel-

Reverend William Buckland, 1832

len, auf der die verschiedenen Lagen jeder Region gezeigt und die in ihnen vorhandenen Fossilien verglichen wurden. Würden die Gesteinsschichten in England mit denjenigen in Europa übereinstimmen? Was sagten die verschiedenen Formationen über die Vorgeschichte aus?

Mit seiner ansteckenden Begeisterung sicherte er sich die Unterstützung seines langjährigen Freundes, des intellektuellen Reverend William Conybeare, der kurz vor Buckland in Oxford sein Examen gemacht und mit müheloser Leichtigkeit das Fach Altphilologie im Christ Church mit der Note eins abgeschlossen hatte. Die unkonventionelle Reisegruppe stützte sich zudem auf das «rege Interesse einiger hochgebildeter Damen von Penrice Castle, Lady Mary Cole und den Misses Talbots», und auf alle anderen gleich gesinnten Menschen, denen sie auf ihrem Weg begegnete. Bucklands energischer und neuer Ansatz, der frischen Wind in die jahrhundertealten Oxforder Traditionen bringen sollte, wurde von vielen mit mehr als nur ein wenig Misstrauen beobachtet.

Während die meisten Reisekutschen der höheren Gesellschaft einen gewissen Standard hatten – ein elegantes Interieur und ein dazu passend gestrichenes schmuckes Exterieur samt einem Stab diskret uniformierter dienstbarer Geister –, bot Bucklands Kutsche seinen Begleitern eine ganz andere Reiseerfahrung. Der stabile Rahmen war speziell verstärkt worden, um schwere Gesteinslasten zu transportieren, und es gab zwischen all den Kuriositäten und Fossilien, die sich an jeder verfügbaren Stelle häuften, kaum Platz zum Sitzen.

Viel geklatscht wurde auch über Bucklands andere kleine Marotten. Es war unter den frühen Geologen üblich, ihre Feldarbeit gekleidet wie Gentlemen auszuüben, im vollen Glanz ihrer Akademikerroben und sogar mit Zylinder. Wenn er mit der Postkutsche fuhr, brachte Buckland es durchaus fertig, seinen Hut oder sein Taschentuch auf die Straße fallen zu lassen, wenn er einen interessanten Felsen sah, damit der Wagen anhalten musste. Einmal schlief er oben auf der Kutsche ein. Eine alte Frau, die seine gut gefüllten Taschen mit wachsendem Interesse musterte, konnte schließlich nicht widerstehen und leerte sie, nur um zu ihrem Erstaunen herauszufinden, dass dieser Gentleman trotz seines vornehmen Aussehens nichts als Steine in seinem Gepäck hatte.

Manchmal ritt Buckland seine alte schwarze Lieblingsstute, meist mit schweren Taschen und Hämmern beladen. Es hieß, die Stute sei so an die Eigenheiten ihres Herrn gewöhnt, dass sie, selbst wenn sie von einem Fremden geritten wurde, an jedem Steinbruch stehen blieb und nicht davon zu überzeugen war, weiterzugehen, bis ihr Reiter abgestiegen war und so getan hatte, als untersuche er die herumliegenden Steine. Buckland wurde ein derartiger Experte für die Gesteine von England, dass ihm seine «geologische» Nase sogar seinen genauen Aufenthaltsort verraten konnte. Einmal, als er in pechschwarzer Nacht mit einem Kollegen nach London ritt, kamen sie vom Weg ab. Zum Erstaunen seines Freundes stieg Buckland vom Pferd, griff eine Hand voll Erde, roch daran und erklärte: «Ah, Uxbridge!»

William Conybeare war anscheinend ein ebenso eifriger Fossilienjäger wie Buckland, und ihre Suche rief stets eine Menge Aufmerksamkeit hervor. Einmal kehrten sie nach einem besonders langen, nassen Tag auf den Klippen schlammbedeckt und zerzaust in ein Gasthaus ein. Die beiden trugen Taschen, die bis zum Bersten mit Fossilien gefüllt waren, und begannen, ihren Inhalt vor sich auszubreiten. Die alte Frau, die ihnen ihr Mahl servierte, war Berichten zufolge «sehr erstaunt und wusste nicht, was sie von den beiden Dekanen halten sollte». Nachdem sie ihre hungrigen Gäste eine Zeit lang misstrauisch beäugt hatte, rief sie schließlich aus: «Ich glaub's einfach nicht. Stellt euch vor: Zwei *echte* Gentlemen, die Steine aufsammeln! Was Männer nicht alles tun für Geld!»

Bei ihrem Versuch, eine Karte zu erstellen, die die Abfolge von Gesteinsschichten in England zeigte, waren Buckland und seine Freunde stark von den Pionierarbeiten eines Landvermessers namens William Smith beeinflusst worden. Smith, ein Mann von be-

scheidener Herkunft, lebte auf dem Höhepunkt des «Kanalzeital-
ters» im späten 18. Jahrhundert, als sich kreuz und quer über die
englischen Felder ein Netz von über zweitausend Meilen Binnen-
wasserwegen zog. Während er das Land zum Kanalbau vermaß,
wurde er sehr vertraut mit der Abfolge britischer Gesteinsschichten vom Kalkstein bis hinunter zur Kohle. Er bemerkte, dass verschiedene Strata unterschiedliche Fossilien enthielten und dies helfen konnte, einige der Lagen zu identifizieren. Sein Enthusiasmus,
die Abfolge der Schichten zu verstehen, war so groß, dass Smith
sein bescheidenes Einkommen darauf verwandte, durch ganz England zu reisen. Einige Versionen seiner geologischen Tafeln waren
seit den 1790ern einzusehen, und 1815 veröffentlichte er seine
große Karte *A Delineation of the Strata of England and Wales*.

Unglücklicherweise hatte George Bellas Greenough, der erste
Präsident der *Geological Society*, wenig Zeit für Smith und seine
Karte. Als er Smith' Tafeln sah, verhielt er sich herablassend und
gönnerhaft, dennoch soll er Gerüchten zufolge nicht vor einem
«schamlosen Raubdruck» zurückgeschreckt sein und zum Wohle
seiner Gesellschaft von diesem Werk abgekupfert haben. Ohne
Zweifel stellten Smith' Untersuchungen das Fundament für Buckland dar, der zwischen 1814 und 1821 nicht weniger als acht verschiedene Tabellen vorlegte, die die «Ordnung der Überlagerung
der Strata auf den Britischen Inseln» illustrierten.

All dies beeindruckte den Klerus in Oxford wenig. Gelehrte
und religiöse Führer waren alarmiert, dass der heilige Beweis vom
Wort Gottes mit Steinbrocken und Erdkrumen vermengt werden
sollte. «Lag das Wort Gottes jemals so bedauernswert ausgestreckt zu Füßen einer noch in den Kinderschuhen steckenden, alt-
klugen Wissenschaft!», klagte George Bugg, Autor des Buches
Scriptural Geology. «Wir bedürfen keines besseren Führers als
Moses», schrieb George Cumberland 1815 an den Herausgeber
der populären Zeitschrift *Monthly Magazine*. «Wenn es das Ziel
der Geologie ist, das Alter der Erde als Planet zu bestimmen, so
scheint dies ein müßiges Unterfangen, erstens, weil es, falls es ge-

lingen sollte, offensichtlich nutzlos wäre ... mit den heutigen Untersuchungsmethoden lässt es sich keinesfalls bestimmen. Und wie das Rätsel der Sphinx würde es das Leben derjenigen zerstören, die an der Lösung scheitern, indem es ihren einzigen wertvollen Besitz erschöpft, nämlich ihren Verstand.»

Jahrelang hatten Universitätslehrer, die durch ihre Predigten und Interpretationen der Heiligen Schrift große Autorität ausübten, andere Denkrichtungen erfolgreich auf Abstand gehalten. Unter den stärker traditionalistisch eingestellten Gelehrten herrschte echte Sorge, dass sich die Geologie als «gefährliche Neuerung» herausstellen würde, und Bucklands seltsame Unternehmungen wurden «mit einem Interesse betrachtet, das nicht frei von Furcht war». Nach Beendigung der napoleonischen Kriege 1816 ergriff Buckland die Gelegenheit, mit Conybeare und Greenough kreuz und quer durch Europa zu reisen, und seine Abreise wurde von einigen der älteren Altphilologen in Oxford durchaus begrüßt. «Nun, Buckland ist abgereist», verkündete ein Dekan zufrieden. «Gott sei Dank werden wir jetzt nichts mehr von dieser Geologie hören!» Er sollte sich sehr irren.

Im Jahre 1816 veröffentlichte Buckland die erste Tabelle, in der die Strata von England mit denjenigen des Kontinents verglichen wurden. Zwischen den Gesteinsformationen in England und Kontinentaleuropa begannen sich Gemeinsamkeiten abzuzeichnen. Grauwacke-Schiefer-Schichtungen, die den kontinentalen Übergangsformationen ähnelten, waren auch an den Grenzen von England und Wales zu finden. Stark geschichtete Lagen von Sandstein, Kalkstein und fossilienreichen Konglomeraten, wie in der sekundären Formation von Kontinentaleuropa, waren in England weit verbreitet. Tertiäre Gesteine, wie sie rund um Paris zu finden waren, wurden auch im Londoner und im Hampshire-Becken entdeckt. Wie auf dem Kontinent zeigte sich stets die gleiche Reihenfolge: primäres Gestein, dann Übergangsgesteine, sekundäre und schließlich tertiäre Gesteine. Als man zwischen verschiedenen Regionen Korrelationen fand, ließen sich «Leitgesteine» identifizieren. So bildete Kalkstein beispielsweise in ganz Europa die obere Grenze der Sekundärformation.

Buckland war neugierig, ob diese Abfolge von Schichten weltweit galt. Er schrieb an mehrere Adlige, die Führungspositionen im wachsenden britischen Empire innehatten, so an Lord Bathurst, den *Secretary of the British Colonies*, und fügte Anweisungen für das Sammeln geologischer Fundstücke im Ausland hinzu. Sein Hunger nach Informationen war unersättlich: Es war so, als ob die Gesteinsschichten, die den Erdball umhüllten, die Seiten eines Buches über dessen Geschichte bildeten. Aber wenn das tatsächlich der Fall war, was stand auf ihnen geschrieben? Und wie passte all dies zu dem außergewöhnlichen «Krokodil», das Mary Anning gefunden hatte?

Den ersten Anhaltspunkt zur Lösung dieses Rätsels bot der bemerkenswerte neue Ansatz zur Interpretation von Fossilien, der von einem französischen Naturforscher in Paris, Georges Cuvier, entwickelt worden war. Aus einer armen, aber bürgerlichen Familie stammend, hatte Cuvier die Französische Revolution fern von allem Aufruhr in Paris in der Normandie überlebt, wo er, laut seinen Briefen, aus Furcht vor der französischen Staatspolizei vorgab, das Regime zu unterstützen. Als die Schreckensherrschaft in Paris vorüber und die Stadt wieder sicher war, machte sich Cuvier auf in die Metropole, und es gelang ihm bald, einen Posten am Muséum National d'Histoire Naturelle zu ergattern. Mit seinem auffälligen roten Haarschopf, seinen leuchtend blauen Augen und seinem etwas nachlässigen Äußeren dauerte es nicht lange, bis der ehrgeizige junge Naturforscher Eindruck hinterließ.

In dieser Zeit, in der die napoleonische Armee Europa mit Krieg überzog, wurden häufig Beutestücke aus Museen und privaten Sammlungen «heim» nach Paris gesandt. Auch in den Pflastersteinbrüchen in den Außenbezirken von Paris wurden Fossilien gefunden, ebenso beim Bau der Kanäle, die rund um die Stadt ausgehoben wurden. Bald erregte das neue Muséum National d'Histoire Naturelle, das von den Republikanern an der Stelle des Jardin du Roi errichtet worden war, überall auf der Welt Neid und Bewunderung. Cuvier machte sich nun daran, sein profundes Wissen über die Anatomie rezenter Tiere auf fossile Skelette anzuwenden, um dadurch die urzeitlichen Formen des Lebens zu verstehen.

Georges Cuvier war fest davon überzeugt, dass die Anatomie aller Lebewesen ebenso von fundamentalen Gesetzen bestimmt werde, wie die newtonschen Gesetze nun die Physik lenkten. Wenn ein Tier ein Fleischfresser war, stellte Cuvier fest, dann waren all seine Organe auf diese Ernährungsweise abgestimmt. Die Vorderextremitäten waren stark genug, um die Beute zu packen, die Hinterextremitäten muskulös und beweglich für die Jagd, die Zähne scharf und gut geeignet, Fleisch zu reißen, Kiefer und Kiefermuskulatur kräftig genug, um Beute zu töten, und das Verdauungssystem angepasst an Fleischnahrung. Cuviers Prinzip von der «Korrelation der Körperteile» besagte, dass alle Organe und Gliedmaßen eines Organismus miteinander zusammenhängen und nach einem gemeinsamen Plan funktionieren müssen, damit das Tier überleben kann. Rasch erwarb er sich einen brillanten Ruf. Anhand eines einzigen Fossilknochens, so erklärte er, könne er die Klasse des Geschöpfes – ob es sich um ein Säugetier, ein Reptil oder einen Vogel handele – und selbst untergeordnete wissenschaftliche Klassifikationen wie Ordnung, Familie, Gattung und unter Umständen sogar die Art ermitteln, zu der das fossile Tier gehöre.

«Lasst uns nicht länger nach mythischen Tieren suchen», forderte Cuvier. «Der Martichoras oder Menschenfresser, der einen menschlichen Kopf auf dem Rumpf eines Löwen trägt und einen Schwanz, der in einem Skorpionstachel endet, oder der Schatzhüter, der Greif, halb Adler, halb Löwe ... die Natur kann solch unmögliche Merkmale nicht vereinen.» Zähne und Kiefer eines Löwen zum Beispiel konnten nur zu einem Geschöpf gehören, das auch die anderen Attribute eines mächtigen Raubtieres besaß, wie ein robustes Skelett, an dem die gewaltige Muskulatur ansetzen und ihre enormen Kräfte entwickeln kann. Die Sphinx von Theben, der Pegasus von Thelassy, der kretische Minotaurus, Seejungfrauen – diese betörenden Wesen, halb Frau, halb Fisch, die Seeleute mit ihren süßen Gesängen ins Verderben lockten –, sie alle waren mythische Geschöpfe, denen Cuvier mit wissenschaftlicher Gründlichkeit den Garaus machte. «Man mag diese fantastischen Kompositionen vielleicht zwischen Ruinen entdecken», meinte er, «doch stellen sie sicherlich keine realen Geschöpfe dar.» Stattdessen bot Georges Cuvier eine echte Vergangenheit an und entwickelte ein lebhaftes Bild der Geschöpfe, die einst die Erde bevölkert hatten.

Weniger als zwei Jahre nach seiner Ankunft in Paris, im Januar 1796, gab der siebenundzwanzigjährige Naturforscher sein Debüt am Nationalen Institut für Wissenschaft und Künste. Sein Vortrag *Mémoire sur les espèces d'Éléphants tant vivantes que fossiles* lief auf eine erstaunliche Schlussfolgerung hinaus.

Nach französischen Siegen in Holland war eine private Sammlung fossiler «Elefanten» in Den Haag beschlagnahmt und nach Paris geschickt worden. Cuvier hatte diese Fossilien aus Holland mit den Knochen rezenter Elefanten aus Indien und Afrika verglichen. Als er die anatomischen Merkmale der Zähne und Kiefer untersuchte, erkannte er, dass sich die fossilen «Elefanten» in der Form des Kiefers und in dessen Proportionen von beiden lebenden Arten unterschieden. Aufgrund dieser Abweichungen, argumentierte er, sollte der fossile «Elefant» als eigenständige Art klassifiziert werden. Die Verbreitung der fossilen Knochen unterschied sich ebenfalls, im Gegensatz zum Afrikanischen und Indischen Elefanten war die fossile Art niemals in den Tropen gefunden worden. Angesichts dieser Unterschiede gab er dem fossilen Dickhäuter einen eigenen Namen: Mammut.

Da sich Mammuts von allen derzeit lebenden Elefanten unterschieden, argumentierte Cuvier, war die Art heute ausgestorben. Die Entdeckung des ersten vollständig erhaltenen Mammuts im

Permafrost Sibiriens, die kurz darauf erfolgte, stützte seine Thesen. Cuvier war davon überzeugt, dass diese riesigen, wollhaarigen Geschöpfe einst die verschneiten Weiten von Nordeuropa und Sibirien bevölkert hatten und dann irgendwann auf geheimnisvolle Weise verschwunden waren. Und er konnte weiterhin zeigen, dass neben dem Mammut eine Reihe anderer großer fossiler Säuger auf der urzeitlichen Erde gelebt hatte. Er identifizierte das *Megatherium* oder «Riesentier», ein Geschöpf, das einem riesigen, mit einem Bärenfell bedeckten Faultier ähnelte und sich auf den Hinterbeinen aufrichten konnte, um Blätter von Bäumen abzuweiden. Ein elefantenähnliches Geschöpf, dessen fossile Überreste die Bezahnung eines Flusspferdes mit den gewaltigen Stoßzähnen eines Mammuts vereinten, erhielt von Cuvier den Namen «Mastodon».

Cuviers große ausgestorbene Säuger, Mammut, Mastodon und *Megatherium*, wurden in den jüngsten, den tertiären Ablagerungen entdeckt. In älteren Schichten identifizierte Cuvier eine urzeitliche Meeresechse, *Mosasaurus* oder «Maas-Eidechse», sowie mehrere ausgestorbene Krokodilarten. Seine Untersuchungen ließen vermuten, dass ganze Tierarten ausgelöscht und vom Antlitz der Erde verschwunden waren. Der Wunsch zu wissen, was diesen Geschöpfen zugestoßen war, verfolgte ihn geradezu. Warum sollte Gott diese Wesen erschaffen haben, wenn Er doch nur plante, sie auszutilgen? Cuvier wollte wissen, ob «Arten, die damals existierten, vollständig vernichtet oder nur in ihrer Form abgewandelt oder lediglich von einer Klimazone in die andere transportiert worden sind». Warum und wie es zum Aussterben einer Art kam, war ein Rätsel, das noch seiner Lösung harrte.

William Buckland war von Cuviers Entdeckungen beeindruckt und brannte darauf, von seinem Ansatz zu lernen, fossile Tiere mit lebenden Formen zu vergleichen, um zoologische Ähnlichkeiten und Verwandtschaften herauszufinden. Er diskutierte Mary Annings unbekanntes Geschöpf mit seinem Freund, Reverend Conybeare, der dieses riesige Tier eingehend wissenschaftlich untersuchen wollte. Marys «Krokodil» wies eine derart verwirrende Mischung von Merkmalen auf, dass es sich nur schwer einordnen ließ. Die lange, spitz zulaufende Schnauze erinnerte an die eines Delphins. Die Zähne ähnelten mehr denjenigen eines Krokodils, scharfe, kegelförmige Fänge, deren Zahnschmelz rundum mit Leisten und Graten versehen war. Die Wirbel waren schlank wie am Rückgrat eines Fisches. Es war wirklich verblüffend.

Was ihre Probleme komplizierte, war, dass England kein Zentrum für Anatomie besaß, das sich auch nur annähernd mit Cuviers exzellenter Sammlung in Paris hätte messen können. Daher versuchte Buckland, «gegründet auf einen Austausch fossiler Fundstücke» mit Cuvier in einen Briefwechsel zu treten, und er hoffte, von der Expertise des Franzosen zu profitieren.

Auf der Suche nach fossilen «Krokodilen» als Geschenk für Cuvier reisten Buckland und Conybeare nach Lyme; insbesondere wollten sie sich Mary Annings Sammlung ansehen.

Mary und ihre Mutter hatten am Strand einen «winzigen, alten Kuriositätenladen» aufgemacht. «Im Schaufenster waren die bemerkenswertesten Versteinerungen und Fossilien … ausgestellt», erinnerte sich ein Besucher. Im Inneren waren der kleine Laden und die Nachbarkammer «voll gestopft mit Ammoniten, ‹Krokodilköpfen› und Schachteln voller Muschelschalen». Wie Buckland freimütig bekannte, hatte er Marys Sammlergeschick viel zu verdanken, denn sie lieferte ihm ständig weitere Exemplare ihres unbekannten Geschöpfes. Cuvier zeigte sich interessiert, die neuesten Entdeckungen aus England zu sehen, und schon bald stand Buckland in regem Briefwechsel mit einem jungen Assistenten aus Cuviers Abteilung, Joseph Pentland. Pentland agierte als Bindeglied zwischen Cuvier und dem englischen Team, organisierte die Verschiffung von Abgüssen und lieferte Informationen über Fossilien.

Doch während Buckland und seine Kollegen mit Georges Cuvier ins Gespräch kamen, preschte ein anderer Londoner Gentleman vor, Sir Everard Home, und veröffentlichte den ersten schriftlichen Bericht über Marys Geschöpf. Zwar galt Sir Everard als führender Anatom Britanniens und bekleidete die renommierte Stellung eines königlichen Leibarztes, doch tatsächlich war er nicht nur inkompetent, sondern auch ein Schwindler. Einen großen Teil seines Rufes verdankte er John Hunter, seinem berühmten Schwager.

John Hunter wurde in England als «Vater der modernen Chirurgie» verehrt und hatte vor seinem plötzlichen Herztod Pionierarbeit auf dem Gebiet der Anatomie geleistet. Sir Everard war nichts als ein Plagiator. Er hatte «eine Wagenladung» von Hunters anatomischen Arbeiten aus dem Royal College of Surgeons in London wegschaffen lassen. Nachdem er eine Abschrift unter seinem eigenen Namen angefertigt hatte, verbrannte er angeblich Hunters Originale. Sein Eifer, alle Beweise für sein Plagiat zu vernichten, war dergestalt, dass er einmal seinen eigenen Herd in Flammen setzte und die Feuerwehr rufen musste.

In seinem ersten Artikel für die *Royal Society* 1814 favorisierte Sir Everard zunächst die Idee, Mary Annings Geschöpf sei eine Art Krokodil, und zwar, weil er kleine kegelförmige Zähne innerhalb der größeren Zähne bemerkt hatte. Während Säuger lediglich zwei Zahnsätze haben, die Milchzähne und das Erwachsenengebiss, verfügen Reptilien über einen unerschöpflichen Nachschub an Zähnen, die ihr ganzes Leben lang aus ihren Kiefern wachsen. Als Sir Everard jedoch einen der Zähne spaltete, hielt er den jungen nachwachsenden Zahn im Inneren für eine kalkhaltige Mineralablagerung. «Daher fehlte das typische Merkmal für Krokodilzähne», schrieb er später und zog den falschen Schluss, das Geschöpf könne kein Reptil sein.

Dann argumentierte er, es müsse sich um einen riesigen Wasservogel handeln, da das Muster der Schädelöffnungen dieses Fossils denjenigen von Vögeln ähnelte. Die Knochen des Auges, schrieb er, «sind unterteilt in dreizehn Platten, was man nur bei Vögeln findet». Aber wenn es ein Vogel war, wo waren dann die Flügel, und warum wies es so viele fischähnliche Merkmale auf? Sir Everard nahm an, dass der Unterkiefer des Schädels «dem Maul erlaubt, sich sehr weit zu öffnen ... ähnlich wie bei einem gefräßigen Fisch».

Neue Exemplare machten deutlich, dass der «Vogel» Paddel zum Schwimmen hatte, und Sir Everard entschied daraufhin, das Geschöpf gehöre zur Klasse der Fische, wenn er auch etwas ratlos schrieb: «Ich betrachte es keineswegs völlig als Fisch.»

Nach seiner anfänglichen Unsicherheit, ob das Geschöpf als Reptil, Vogel oder Fisch zu klassifizieren sei, meinte Sir Everard 1819, er habe das Rätsel gelöst. Ein neues Wesen, «Proteus» genannt, war gerade von einem Wiener Arzt auf Englisch beschrieben worden. Dabei handelte es sich um einen blinden, amphibischen, schlangenartigen Höhlenbewohner mit sehr ungewöhnlichen anatomischen Merkmalen. In der irrigen Annahme, das Lyme-«Krokodil» sei ein Bindeglied zwischen diesem Proteus und den Echsen, nannte er es «Proteosaurus» oder «Proteus-Echse». Mary Annings Fund war jedoch im Jahr zuvor an das British Museum verkauft worden, wo der Kustos der naturwissenschaftlichen Abteilung, Charles Konig, ihr Tier *Ichthyosaurus* benannt hatte, was so viel wie «Fischeidechse» bedeutet – eingedenk seiner seltsamen Mischung aus Fisch- und Reptilienmerkmalen. Da dieser Name zuerst eingeführt wurde, hatte er Priorität vor allen späteren. Sir Everard Home schäumte und versuchte weiterhin, seine rivalisierende Namensschöpfung «Proteosaurus» durchzusetzen.

Bei all dieser Verwirrung war eines klar: Die Franzosen machten sich weidlich über die englischen Anatomiekenntnisse lustig. In Cuviers Labor verriss Joseph Pentland die Artikel des «Londoner Baronets», wie er Sir Everard nannte. Er schrieb an William Buckland in Oxford, Sir Everards «lächerliche» Artikel seien «abstrus, unverständlich und größtenteils uninteressant». Und schlimmer noch, der englische Baronet «verstopfe» die *Philosophical Transactions of the Royal Society*, die prestigeträchtige Zeitschrift der ältesten naturwissenschaftlichen Gesellschaft in Europa und blockiere damit die Veröffentlichungen anderer, deren Arbeiten «wertvoller und ehrlicher» seien.

Möglicherweise weil Sir Everard die *Royal Society* dominierte, entschieden Bucklands Freunde, Reverend Conybeare und ein weiterer enthusiastischer junger Geologe, Henry de la Beche, ihre detaillierten wissenschaftlichen Artikel über Marys Geschöpf der *Geological Society* vorzulegen. Sie sammelten und untersuchten viele weitere Exemplare aus Lyme und der Region um Bristol und konnten überdies auf die anatomische Expertise der Franzosen zurückgreifen. «Ich bin sicher, dass das Fossil der Familie der Saurier [Eidechsen] viel näher steht», schrieb Pentland 1820 in seinem Brief an Buckland. «Die Bezahnung des *Ichthyosaurus* ist die gleiche wie bei Eidechsen.»

Conybeare und de la Beche veröffentlichten ihre Befunde 1821. In Übereinstimmung mit den Franzosen zeigten sie, dass die Zähne des Geschöpfes größere Ähnlichkeit mit denjenigen eines Krokodils als irgendeines anderen Tieres aufwiesen. Der Zyklus des Zahnersatzes, typisch für Reptilien, wobei «der junge Zahn in der Höhle des alten heranwächst», schrieb Conybeare, «ist *exakt* identisch». Die Schädelknochen mit den zwei Öffnungen hinter dem Auge waren ebenfalls echsenähnlich; sie machten den Schädel leichter und ermöglichten der Kiefermuskulatur, sich vorzuwölben und so effektiver zu arbeiten. Und all die Knochen, die Cuvier im Unterkiefer eines Krokodils identifiziert hatte, ließen sich auch im Unterkiefer dieses Tieres finden.

Es gab jedoch einige Unterschiede zwischen Marys Fossil und einem Krokodilschädel. Die Zähne, beobachtete Conybeare,

Das über fünf Meter lange Skelett eines *Ichthyosaurus*, das 1812 von Mary Anning gefunden wurde.

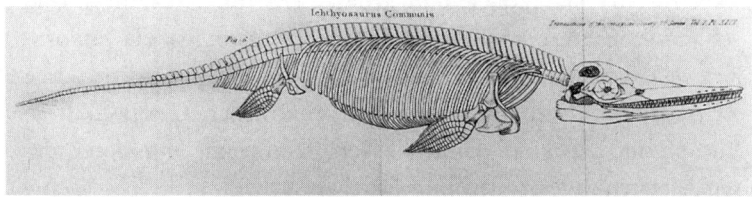

«sind zahlreicher als bei einem Krokodil; auf einer Seite können es nicht weniger als dreißig sein». Die enormen runden Augen waren im Vergleich zum Schädel größer als diejenigen irgendeines anderen bekannten Geschöpfes. Da Augenlider fehlten, die eine Verletzung des Auges in rauer See verhindert hätten, wies das Fossil stattdessen viele dünne, flexible Knochenplättchen auf, die die Pupille einschlossen und schützten. Die allgemeine Form der Kiefer, meinte er, «unterscheidet sich vom Krokodil insofern, als dass die Kiefer viel länger sind» und in einer Spitze enden, «die fast so scharf wie ein Vogelschnabel ist». In Bezahnung und Knochenstruktur ähnelte das Tier dennoch «stärker der Familie der Saurier oder Eidechsen, insbesondere der Gattung *Crocodilia*», meinte Conybeare, «als irgendeinem anderen rezenten Typ». Das Fossil gehörte somit zur Klasse der Reptilien und zur Familie der Saurier.

Trotzdem wies das Tier eine ganze Reihe von Fischmerkmalen auf. Die Wirbel waren genauso wie diejenigen von Fischen geformt, mit schmalen, flachen Bandscheiben, die der Wirbelsäule eine enorme Biegsamkeit verliehen. Die Knochen waren zudem sehr leicht und vereinten «größte Kraft mit geringstem Gewicht»; das wiederum würde «den Auftrieb des Tieres erhöhen und es in die Lage versetzen, in den Wellen eines aufgewühlten Meeres zu bestehen». Mit achtzig bis neunzig solcher Wirbel konnte *Ichthyosaurus* über sieben Meter lang werden. Conybeare akzeptierte den Namen *Ichthyosaurus* oder «Fischechse» als Gattungsnamen. Während er taktvoll die «lobenswerte Schnelligkeit» pries, mit der Sir Everard seine Erkenntnisse «ohne Zögern der Öffentlichkeit» mitgeteilt hatte, geriet dessen «Proteosaurus» rasch in Vergessenheit. *Ichthyosaurus*, meinte Conybeare, hatte die Urmeere durchstreift, «die keines Menschen Auge jemals gesehen hat». Er versuchte, Ausdehnung und Grenzen dieses seit langem begrabenen Meeres zu bestimmen, indem er herauszufinden versuchte, wie weit sich die fossilen Überreste über England erstreckten. In vielen Grafschaften des Südwestens fanden sie Ichthyosaurier, abgelagert in den sekundären Schichten.

43

Als Conybeare und de la Beche das sekundäre Gestein untersuchten, stießen sie auf andere Knochen, vorwiegend Wirbel, die nicht recht zu einem *Ichthyosaurus* oder einem Krokodil passen wollten. «Ich war davon überzeugt, dass sie alle an verschiedenen Stellen in der Wirbelsäule einer einzigen Art gesessen hatten», schrieb Conybeare. Der Verdacht keimte in ihm auf, dass eine andere, noch unbekannte Meeresechse gemeinsam mit *Ichthyosaurus* die Meere durchpflügt hatte. Er schlug den Namen «Enalosauri» oder «Meereseidechsen» vor, um die ganze Ordnung zu beschreiben, und sagte voraus, dass noch weitere Typen dieser riesigen Meeresgeschöpfe ihrer Entdeckung harrten. Der Artikel wurde ein Triumph, und ihre Beschreibung des *Ichthyosaurus* hält bis heute wissenschaftlichen Kriterien stand.

Was Mary Anning anging, so hatte sie weder die Ausbildung noch die gesellschaftliche Stellung, um ihren Funden einen Namen zu geben oder sie als Eintrittskarte in die männlich dominierte Welt der Wissenschaften zu nutzen. Sie wurde in den akademischen Abhandlungen, die in London über ihren Fund veröffentlicht wurden, nicht einmal erwähnt. In ihrem Häuschen am Meer oder am Strand von Lyme kopierte sie die gelehrten Artikel sorgfältig mit eigener Hand, machte Skizzen und versuchte, die Sprache der neuen Wissenschaft zu begreifen. Es gibt sogar Hinweise darauf, dass sie versuchte, Französisch zu lernen, um Cuviers Arbeiten im Original lesen zu können. Bei den vielen Franzosen, die den Hafen von Lyme besuchten, war das kein aussichtsloses Unterfangen.

Mary hatte durch ihre erste Entdeckung genügend Mut gefasst, um weiterhin täglich den Strand nach Fossilien abzusuchen, gleichgültig, wie schlecht das Wetter war. Die kärglichen Lebensbedingungen, die sie in den fünf Jahren Kirchenunterstützung kennen gelernt hatte, müssen sie aufs Äußerste angespornt haben, denn nach Berichten eines Sammlers, Thomas Hawkins, «erforschte sie die düsteren, steil abfallenden Klippen selbst dann, wenn die wütende Springflut sich mit heulenden Sturmwinden zusammentat, und rettete manchmal unter Lebensgefahr [Fossilien] aus dem Schlund des Ozeans». Von den Gefahren, denen Mary sich aussetzte, berichtet auch eine Tochter aus vornehmem Hause, Anna Maria Pinney, die manchmal gemeinsam mit ihr die Klippen absuchte. «Wir kletterten an Stellen hinunter, an denen ich einen Abstieg für unmöglich gehalten hätte, wäre ich allein gewesen. Der Wind war stürmisch, der Boden schlüpfrig, und die Wellen schlugen gegen Church Cliff. Als wir endlich den Grund erreicht hatten, waren unsere Gefahren keineswegs vorüber ... an einer Stelle musste sie sich beeilen, um zwischen zwei Brandungsschüben hindurchzukommen ... sie packte mich mit einem Arm um die Hüfte und trug mich ein Stück.»

Als sich die Neuigkeiten von Mary Annings Funden unter den Mitgliedern der *Geological Society* herumsprachen, besuchten sie mehrere Herren in Lyme, darunter auch William Buckland. Besonders Henry de la Beche, der den *Ichthyosaurus* gemeinsam mit Reverend Conybeare untersuchte, pflegte die Beziehung zu Mary. De la Beche war ein junger, finanziell unabhängiger Mann, der von seinem Vater einen Besitz auf Jamaika geerbt hatte, welcher dank des Sklavenhandels prosperiert hatte. Ein gewisser Lieutenant-Colonel Thomas Birch begeisterte sich ebenfalls für das Sammeln von *Ichthyosaurus*-Fossilien und erwarb viele von Marys Funden. Anna Maria Pinney bemerkte, dass «Mary von Leuten umworben wurde, die gesellschaftlich über ihr standen», und Mary machte sich rasch «viele Ideen zu Eigen und besaß auch die Fähigkeit, sie weiterzugeben». Dadurch, dass sie viel Zeit mit Herren aus einer so ganz anderen Gesellschaftsschicht verbrachte, hatte sie sich bereits aus ihrem einfachen Milieu gelöst. «Sie gibt offen zu», berichtete Anna, «dass ihr die Gesellschaft ihres eigenen Standes zuwider wird.» Dennoch «besucht sie auch weiterhin Tag und Nacht arme Kranke, selbst wenn sie an ansteckenden Krankheiten leiden». Ob Mary zu hoffen wagte, dass sie eines Tages der Not ihrer Jugendjahre durch eine Heirat würde entkommen können, ist nicht überliefert.

Mary Anning, 1841

Sie wurde zu einer bekannten Figur am Strand und in ihrem langen Rock, mit Schal, Holzschuhen, Haube oder Kiepenhut häufig porträtiert, eine einsame Gestalt, die vor dem weiten Horizont und bei wechselnden Gezeiten unermüdlich ihrer geheimnisvollen Arbeit nachging. Derart groß war ihre Hingabe und Entschlossenheit, schrieb Anna Maria Pinney, dass sie «ihre Mutter und ihren Bruder, die in bitterer Armut lebten, weiterhin unterstützte, selbst als sie so krank war, dass sie … bewusstlos vom Strand heimgebracht wurde».

Die Gesteinsschichten, die Mary Anning so faszinierten, bargen die Geheimnisse der Vorzeit. Verborgen hinter der undurchdringlichen dunklen Steilwand von Black Ven und den dahinter aufragenden Klippen lag der Zugang zu einem urzeitlichen Meer, dessen Grenzen noch niemand kannte. Aus ihren Diskussionen mit den Herren Geologen wusste Mary, dass dort höchstwahrscheinlich noch eine weitere Art von Meeresechse vergraben lag, die ihrer Entdeckung harrte.

KAPITEL 2

Die Welt in einem Kieselstein

Man kann keinen Kieselstein am Bachufer aufneh-
men, ohne dabei die gesamte Natur zu finden.
Zitat aus Thoughts on a Pebble *von Gideon*
Mantell, 1849

Während Mary Anning den Strand nach Fossilien absuchte, versuchte der junge Sohn eines Schuhmachers, Gideon Algernon
Mantell, in der Welt der Wissenschaft seinen eigenen Weg zu gehen. Wie Buckland fühlte sich Gideon Mantell bereits früh zur
Geologie hingezogen, wie folgende Geschichte zeigt, die einer seiner Freunde aus Kindheitstagen erzählte:

«Als Junge wanderte er mit einem Freund am Ufer des Flusses
Ouse entlang, als sein flinker Blick an einem Objekt hängen blieb,
das die lehmige Uferböschung heruntergerollt war ... Er fischte es
aus dem Wasser und untersuchte es aufmerksam. ‹Was ist es?›,
fragte sein Freund. ‹Ich denke, es ist das, was sie ein Fossil nennen›, antwortete er. ‹Ich habe so etwas Ähnliches schon einmal in
einer alten Ausgabe des *Gentleman's Magazine* gesehen.› Die Kuriosität, die sich als ein schöner Ammonit erwies, wurde im Triumph nach Hause gebracht ... und von diesem Augenblick an
wurde der junge Mantell ein Geologe.»

Es war eine Offenbarung für Mantell, dass vergraben in der
Erde unter seinen Füßen die «Überreste früherer Lebensformen
[lagen], die zu Stein geworden waren». Seine Heimatstadt Lewes
in Sussex wird eingerahmt von den dramatischen Konturen der

Kreidefelsen ringsum, der South Downs. Hinter der Schule, dem Schloss und der Markthalle senkte sich die Hauptstraße zum Tal der Ouse hinab, und die Kalknadel auf der anderen Seite ragte über die Rauchschwaden empor, die aus den Kaminen der Läden quollen. Im Süden, jenseits der zerfallenen Abtei winkten die grünen Felder, weiß gesprenkelt, wo immer der Kalkstein durch die dünne Grasdecke brach, Mantell durch jede gepflasterte Gasse zu.

In den örtlichen Gruben und Steinbrüchen, die er als Kind erforschte, entdeckte er Ammoniten mit Windungen «wie das sagenhafte Horn des Jupiter, Ammon», Gehäuse mit Stacheln wie denen eines Seeigels, die Überreste von Korallen und Fischen – die Kreidehügel waren angefüllt mit den verwitterten Relikten von Geschöpfen, die vor langer Zeit gelebt hatten. Für den jungen Mantell war Wissenschaft «wie der sagenhafte Zauberstab eines Magiers», der «aus Gestein und Fels verborgene Überlieferungen hervorlocken und die Geheimnisse enthüllen konnte, die sie so lange gehütet hatten». Jedes Fossil, das der Vergangenheit entrissen wurde, war für ihn eine «Medaille der Schöpfung», eine fantastische Seite im Buch der Natur, das es zu deuten galt.

Ein Ammonit: Im Volksglauben wurden diesen ausgestorbenen wirbellosen Meeresbewohnern seit alters magische Kräfte zugeschrieben.

Weit entfernt von seiner Vision urzeitlicher Welten war die tägliche Realität, die darin bestand, die Stadt mit Schuhwerk zu versorgen. Er und seine sechs Brüder und Schwestern wuchsen in einem Häuschen in der St. Mary's Lane auf, einer steilen, engen Gasse, die von der Hauptstraße abzweigte. Zu einer Zeit, in der sozialer Status vor allem von Geld und Landbesitz bestimmt wurde, war sich Gideon Mantell des bescheidenen Standes seiner Familie durchaus bewusst. Obwohl sein Vater Thomas ein erfolgreiches Unternehmen führte und manchmal mehrere Leute beschäftigte, war er ein «Kaufmann» und kein «Gentleman» und damit von den höheren Rängen der Gesellschaft ausgeschlossen.

Früher war das wohl einmal ganz anders gewesen; nach dem, was Mantell über die frühen Vorfahren seiner Familie gehört hatte, mussten sie sehr reich und angesehen gewesen sein. In seiner Jugend träumte er davon, die Familienehre wiederherzustellen. Er erzählte einem Freund: «Obwohl meine Eltern und ihre unmittelbaren Vorfahren eine vergleichsweise bescheidene Stellung einnehmen und lediglich Kaufleute in einer Kleinstadt sind, stammen sie dennoch von einer der ältesten Familien Englands ab. Der Name ‹Mantell› taucht bereits auf der Liste der Ritter auf, die William den Eroberer aus der Normandie begleiteten. Die Familie ließ sich in Northamptonshire nieder und besaß bei Heyford und Rode große Güter, wo viele aus der Familie dem Ritterstand angehörten.»

Doch das gesamte Familienvermögen ging fast über Nacht verloren. Der Enkel von Sir Walter Mantell, ein Protestant, beteiligte sich 1554 am Versuch von Sir Thomas Wyatt, die katholische Heirat von Queen Mary mit Philipp von Spanien zu verhindern. Die geplante königliche Hochzeit war so unpopulär, dass Wyatt und ein Gefolge von viertausend Männern die Brücke von London bereits fast erreicht hatten, als sie sich schließlich einer Übermacht ergeben mussten. Wyatt und die anderen Anführer, darunter auch Mantell und sein Enkel, wurden exekutiert. Als ob das noch nicht Unglück genug gewesen wäre, wurde der gesamte Landbesitz der

Mantells in Kent, Sussex und Northamptonshire konfisziert und
ging an die Krone. «Unwiederbringlicher Ruin fiel auf das Haus»,
schrieb Gideon Mantell, «in meinen Jugendtagen stellte ich mir
vor, ich würde seine Ehre wiederherstellen, und meine Kinder
würden wieder den hohen Rang bekleiden, der unserem ritter-
lichen Geschlecht einst zustand.»

Mantells hoch fliegender Ehrgeiz war nicht unbegründet, denn
er galt in seiner Heimatstadt als so etwas wie ein Wunderkind. Er
zeichnete sich beim Lernen durch «ungewöhnliche Ausdauer und
rasche Auffassungsgabe» aus. Dank seiner frommen Eltern «erlaubte ihm sein ausgezeichnetes Gedächtnis bereits in jungen Jahren, einen großen Teil der Bibel auswendig herzusagen». Als er älter war, wurde er in den lokalen Berichten als «hoch gewachsen
und elegant» beschrieben, zudem «beredt und mit brillantem
Stil». Ein Jugendbildnis zeigt ein hübsches Gesicht mit regelmäßigen, ausdrucksvollen Zügen sowie dunklen Haaren und Augen.
Ob es sich dabei um ein wahrheitsgetreues Porträt handelt, ist unbekannt, doch der *Sussex Gazette* zufolge mangelte es ihm nicht
an Charisma: «Er hatte die anziehende Persönlichkeit eines
Schauspielers, und seine Stimme besaß große Kraft. Mit seiner
klaren Aussprache und seiner angenehmen Sprachmelodie konnte
er seine Zuhörer fesseln.»

Doch als Sohn eines Schuhmachers war die schulische Ausbildung des jungen Gideon Mantell äußerst dürftig. Wegen des non-
konformistischen Glaubens seines Vaters, der Methodist war,
wurden die Kinder von der örtlichen höheren Schule ausgeschlossen; die zwölf freien Plätze, die jedes Jahr vergeben wurden, waren
für diejenigen reserviert, die im anglikanischen Glauben erzogen
worden waren. Stattdessen wurde Gideon in eine kleine Schule geschickt, die zwischen den Häuschen der Arbeiter in der St. Mary's
Lane lag. Dort erlernte er unter Anleitung einer alten Frau in ihrer
Wohnstube die Rudimente des Lesens und Schreibens, und er
wurde derart zum Lieblingsschüler seiner Lehrerin, dass sie Gideon auf dem Totenbett alles hinterließ, was sie besaß. Anschlie-

Gideon Mantell, 1837

ßend besuchte er die Schule eines vitalen philosophischen Radikalen, Mr. John Button, «wo eine vernünftige und praktische kauf-
männische Erziehung von einem Gentleman vermittelt wurde,
dessen politische Meinungen dermaßen in Einklang mit denjenigen von Gideon Mantells Vater standen, dass er, wie allgemein bekannt war, auf der schwarzen Liste der Regierung stand».

Wir wissen nichts Genaueres über Mr. Mantells politische Ansichten; als radikaler Whig [Mitglied der liberalen Partei] enga-

gierte er sich wahrscheinlich für Thomas Paine, der ein bekannter Reformer war und ebenfalls Einwohner von Lewes. Paine war ein eifriger Debattenredner im *Headstrong Club* [«Club der Starrköpfe»], der sich regelmäßig im *White Hart* an der Hauptstraße traf. Er zog öffentlich den Sinn und Zweck der britischen Monarchie in Zweifel, und das zu einer Zeit, als in Frankreich die Revolution wütete, er prangerte Grausamkeiten gegen die Armen an, verlangte die Abschaffung des Sklavenhandels und schrieb später *Rights of Man (Die Rechte des Menschen)*.

Nach zwei Jahren bei Mr. Button wurde Gideon zu Privatstudien zu seinem Onkel, einem Baptistenpfarrer, geschickt, der in der Nähe von Swindon die *Dissenting Academy for Boys* gegründet hatte. Als er mit fünfzehn Jahren nach Lewes zurückkehrte, verhalf ihm der Führer der dortigen Whigs, der vom Eifer des Jungen beeindruckt war, zu einer Lehrstelle bei dem örtlichen Chirurgen James Moore. Nach dem Tod seines Vaters 1809 kratzte die Familie genug Geld zusammen, dass er im letzten Ausbildungsjahr in London studieren und «die Hospitäler durchlaufen» konnte.

Mit siebzehn Jahren ging Mantell also nach London, um Medizin zu studieren; dabei hatte er eine Tasche voller Fossilien, die er in den Kreidefelsen von Sussex gesammelt hatte. Diese Kuriositäten, die nicht unbedingt zur Ausstattung eines angehenden Arztes gehörten, waren Mantell nichtsdestotrotz so wichtig, dass er in der Postkutsche nach London Platz für seine «umfangreiche Sammlung» gefunden hatte. Falls er jedoch auf eine Gelegenheit gehofft hatte, die ihm erlauben würde, sofort eine Karriere als Geologe zu beginnen, sollte er bald enttäuscht werden. Es gab bis zu diesem Zeitpunkt noch keine akademischen Stellen auf diesem Gebiet, und der Methodismus seines Vaters wie auch seine dürftige Ausbildung verbauten ihm den Zutritt zur Universität.

Das wichtigste Forum für Geologen waren die wissenschaftlichen Gesellschaften, die in der Metropole wie Pilze aus dem Boden schossen, so die *Geological Society* und die schon länger existierende *Royal Society*. Doch sie waren weitgehend Gentlemen

53

von Rang und Reichtum vorbehalten, und Mitglied zu werden, kostete Zeit und Geld. Von all diesen wissenschaftlichen Gesellschaften war die *Royal Society* die berühmteste; ihr Vorstand hatte die nötigen Instruktionen für Kapitän Cooks Entdeckungsreisen geliefert und beriet die Regierung in wissenschaftlichen Angelegenheiten, beispielsweise, welches die beste Form für Blitzableiter an Gebäuden war. Die Mitgliederliste las sich wie die Einträge des mondänen neuen Gesellschaftsführers, des *Debretts*: Lords, Knights und Männer, «bei denen es aufgrund ihres Vermögens wünschenswert wäre, sie als Mäzene der Wissenschaft zu gewinnen», beherrschten die Liste der Mitglieder, der Fellows. Der Sohn eines Schuhmachers, wie talentiert auch immer, war für diese wissenschaftliche Gemeinschaft weitgehend Luft. Doch während seines Aufenthalts in London sollte ein zufälliges Zusammentreffen Gideon Mantell auf seinen zukünftigen Weg bringen.

Im Jahre 1811, dem Jahr, in dem Mary Annings Bruder den Schädel des *Ichthyosaurus* fand, veröffentlichte ein renommierter Arzt, James Parkinson, den letzten Band seiner geologischen Untersuchungen *Organic Remains of a Former World*. Mantell mag sich zu Parkinson hingezogen gefühlt haben, weil dieser wie sein Vater ein Mann mit sozialem Gewissen war und Reformen befürwortete. Parkinson hatte so aufrührerische Schriften verfasst wie «Während die anständigen Armen Brot brauchen» (*While the Honest Poor are wanting Bread*) und «Revolution ohne Blutvergießen» (*Revolution without Bloodshed*), in denen er sich für ein allgemeines Wahlrecht einsetzte. Im Jahre 1794 war er sogar gefährlich nahe daran gewesen, nach Australien deportiert zu werden; damals war er wegen einer angeblichen Verbindung zum «Pop Gun Plot» verhaftet worden, bei dem König George III. in der Oper mit einem vergifteten Pfeil ermordet werden sollte. Er wurde vom Verdacht des Verrats freigesprochen, doch nach diesem Vorfall beschränkte er seine politischen Interessen auf soziale Reformen, die Verbesserung der Lebensbedingungen armer Kinder und die Behandlung von geistig Behinderten in Asylen. Heute kennen wir James Parkinson besser als den Arzt, der als Erster die Parkinson'sche Krankheit beschrieb, eine degenerative Erkrankung, die sich durch Schüttelbewegungen und Muskelzittern äußert.

Anfang des 19. Jahrhunderts war Parkinson jedoch als Geologe ebenso bekannt wie als Arzt. Gemeinsam mit William Buckland und George Greenough gehörte er zu den Gründungsmitgliedern der *Geological Society*, und er hatte sich darangemacht, eine detaillierte Übersicht über all das zu erstellen, was über die «vorsintflutliche Welt» bekannt war. Für Mantell, der in der Bibliothek von Lewes begierig die Beschreibung der gesamten fossilen Flora und Fauna in sich aufnahm, war Parkinsons Werk eine Inspiration. So schob er alle Skrupel beiseite, er könne einem so bedeutenden Mann zur Last zu fallen, und verabredete sich mit Parkinson am Hoxton Square in Shoreditch, im Osten Londons.

Seine Nervosität, «das Vergnügen und Privileg» einer derartigen Bekanntschaft zu suchen, verflog aufgrund von James Parkinsons «freundlichem, zuvorkommendem Benehmen rasch», schrieb Mantell, und er lobte die Begeisterung, mit der sein Gastgeber ihm «die wichtigsten Objekte in seinen Vitrinen erklärte und auf jede mögliche Informationsquelle über fossile Überreste hinwies». Parkinson hatte sorgsam alle Einzelheiten über Georges Cuviers Untersuchungen in Paris zusammengetragen und konnte Mantell von dessen berühmten Entdeckungen erzählen: den riesigen ausgestorbenen Säugern, Mastodon, *Megatherium* und Mammut, sowie den urtümlichen Krokodilarten, die um Honfleur und Le Havre entdeckt worden waren. Cuvier glaubte, die fossilen Krokodilknochen stammten aus Kalksteinlagern «von sehr hohem Alter ... beträchtlich älter als diejenigen, die die Knochen von Quadrupeden [damals vor allem Bezeichnung für Säuger] enthalten».

Parkinson war stark von den Pionierarbeiten des Landvermessers William Smith beeinflusst. Während Werner in Sachsen Gesteinsformationen prinzipiell auf der Basis ihrer Mineralzusammensetzung identifizierte, hatte Smith erkannt, dass Fossilien helfen konnten, verschiedene Gesteinsschichten zu bestimmen. In seiner Veröffentlichung 1811 klassifizierte Parkinson Fossilien entsprechend der Strata, in denen sie gefunden wurden; jede Gesteinsschicht mit den darin begrabenen Fossilien war für ihn eine «frühere Welt», die die Geheimnisse der Geschichte der Erde barg.

Wie Buckland war Parkinson fasziniert vom Konflikt zwischen Geologie und Religion und entschlossen, «vor keiner Frage zurückzuschrecken ... wie sehr sie auch im Widerspruch zur öffentlichen Meinung stehen mag». Er zog den Schluss, dass der Bericht des Moses in der Bibel «in jeder Beziehung zutrifft, mit Ausnahme des Alters der Welt und des zeitlichen Abstands zwischen der Vollendung verschiedener Abschnitte der Schöpfung». Obwohl es keine Möglichkeit gab, das Alter der Erde zu bestimmen, war er überzeugt, dass die Bildung des Planeten und die Erschaffung des Lebens «eine sehr lange Zeit in Anspruch genommen haben müssen». Eine Idee aufgreifend, die erstmals von Gelehrten im 18. Jahrhundert entwickelt worden war, argumentierte er, dass sich alle Schwierigkeiten lösten, wenn der Begriff «Tag» in der Genesis dazu diente, «*unbestimmte Perioden* zu beschreiben, in denen bestimmte Abschnitte des großen Schöpfungswerkes vollendet wurden».

Parkinson begeisterte den jungen Mantell mit seiner romantischen Beschreibung der im Gestein begrabenen «früheren Welten». Jedes Stratum enthielt Hinweise auf eine verschwundene Existenz, und die Geologen konnten «beginnen, die verschiedenen Umwälzungen auszuloten, die zu Zeiten über die Erde gerollt waren, als es noch keinerlei menschliche Aufzeichnung oder Tradition gab». Parkinson schrieb: «Selbst die gewaltigen Gebirgsketten, die auf der Erdoberfläche zu lasten scheinen, sind riesige Monumente, in denen diese Überreste früherer Zeitalter begraben sind ... sie erleiden stündlich solche Veränderungen, durch die sie im Verlauf von Jahrtausenden zu den Hauptbestandteilen von

Edelsteinen werden, zu dem Kalkstein, der das bescheidene Häuschen des Bauern schmückt, oder dem Marmor, der den großarti-
gen Palast des Prinzen ziert.» Die Berge, die Hügel und das Land
unter ihren Füßen: Sie alle waren riesige Gräber, erstaunlicher als
die ägyptischen Pyramiden.

Zusammentreffen mit Männern wie Parkinson führten dazu,
dass Mantells Ehrgeiz allmählich Form annahm. Es war seiner
Ansicht nach Aufgabe des Wissenschaftlers, «Gottes Geheimnisse
zu enthüllen ... und die Rätsel dieser wunderbaren Welt zu entschlüsseln, durch die hindurchzugehen ihm bestimmt war». James
Parkinson hatte Zeit für Geologie gefunden, während er gleichzeitig als Arzt praktizierte. Auch Mantell würde sich seinen
Kindheitstraum erfüllen. Er würde jede freie Minute darauf verwenden, diese uralten Gedenkstätten einer versunkenen Vergangenheit zu erforschen, die offenbar schon vor Adam existiert
hatte. Als er nach Sussex heimkehrte, plante er, eine systematische
Untersuchung der Strata und Fossilien der Grafschaft durchzufüh-
ren, ein Vorhaben, das er als «höchst interessant und lehrreich»
ansah. In diesem Plan verbanden sich seine Begeisterung für die
Thematik und sein Wunsch, sich einen Namen zu machen, der
auch dem Familiennamen wieder Ehre bringen würde.

Mit einundzwanzig Jahren erwarb er sein Diplom als Mitglied
des Royal College of Surgeons und kehrte nach Lewes zurück, wo
ihm sein früherer Lehrmeister, James Moore, sofort eine Partner-
schaft anbot. Bald wurde deutlich, dass als Landarzt eine zermür-
bende Arbeitslast auf ihn zukam. Noch immer wüteten Cholera-,
Typhus- und Blatternepidemien. «Sehr viele Menschen in dieser
Stadt und in der Nachbarschaft sind an Typhusfieber erkrankt»,
notierte er einmal in sein Tagebuch. «Ich habe eine Zeit lang jeden
Tag 40 bis 50 Patienten besucht, gestern waren es 64. Auch die
Blattern sind sehr verbreitet, 14 sind daran gestorben, Taylor in
der Mailing Street, der sie 1794 hatte, ist ganz mit Pusteln bedeckt
und war sehr krank.» Mit wenig mehr als einigen Behältern voller
Blutegel bewaffnet, die in Kästen mit je zweihundert Tieren aus

London gesandt wurden, kämpfte er gegen diese tödlichen Krankheiten.

Seine Praxis schloss die Sorge für die mittellosen Kranken dreier Kirchengemeinden ein, für die er zwanzig Pfund pro Jahr erhielt, und die Behandlung der Insassen des Armenhauses bei St. John's, in der Nähe von Lewes. Lange vor dem Entstehen von Rettungsdiensten war der örtliche Doktor die einzige Hilfe, die zu haben war; das galt selbst für Schwerverletzte. «Heute Morgen wurde ich nach Ringmer gerufen; eine arme Frau, Mrs. Tasker, hatte ihre Kleidung in Brand gesetzt und war ganz schrecklich verbrannt, kaum möglich, dass sie überlebt.» Fünf Wochen lang besuchte er sie jeden Tag eine Stunde lang, um ihre Verbände zu wechseln. Als sie schließlich ihren Verletzungen erlag, notierte er: «Ich bin so müde, dass ich sterben könnte.»

Im Bezirk gab es zahlreiche Mühlen – um Getreide zu mahlen, um Rapsöl und Mehl herzustellen, zum Brauen oder zum Mälzen und sogar um Papier zu fertigen. Bei der weit verbreiteten Kinderarbeit waren Unfälle häufig, und die Behandlung verlief ohne Betäubungsmittel stets traumatisch. «Ich wurde zu einem sehr betrüblichen Unfall bei der Chailey-Mühle gerufen. Die Kleider des armen Jungen waren von einer aufrecht stehenden, sich rasch drehenden Achse erfasst worden; infolgedessen war der Junge mit großer Geschwindigkeit herumgewirbelt worden, und seine Beine waren gegen einen Balken geschlagen. Ich hatte keine Wahl, ich musste das linke Bein über dem Knie amputieren, aber der körperliche Schock war so groß, dass der arme Kerl am nächsten Tag verstarb.»

Die Arbeitszeiten in Gideon Mantells Arztpraxis waren lang und unregelmäßig, insbesondere da er ein ausgezeichneter Geburtshelfer war und pro Jahr zweihundert bis dreihundert Kinder auf die Welt brachte. Zu einer Zeit, in der die durchschnittliche Müttersterblichkeit in einigen Krankenhäusern 1 : 30 betrug, hatte Mantell bei mehr als zweitausend Geburten innerhalb von fünfzehn Jahren nur zwei Todesfälle zu beklagen. Sein großer Erfolg forderte seinen Preis: «Häufig war ich sechs oder sieben Nächte hintereinander unterwegs; gelegentlich eine Stunde Schlaf in meinen Kleidern war die einzige Ruhepause, die ich mir gönnen konnte.» Nichtsdestotrotz steigerte er mit seiner Gewissenhaftigkeit und seiner unermüdlichen Energie allmählich den Gewinn seiner Praxis von 250 Pfund auf 750 Pfund pro Jahr.

Trotz der immensen beruflichen Belastung war Mantell bereit, seine wenigen freien Stunden zu opfern, um auch in der Geologie voranzukommen. Mit der Sorglosigkeit der Jugend schenkte er sich nichts, arbeitete oft bis in die frühen Morgenstunden und stand nach nur vier Stunden Schlaf wieder auf, um nach seinen Patienten zu sehen, bevor er zu einer weiteren geologischen Exkursion aufbrach.

In der Gegend gab es zahllose Gruben und Steinbrüche – beispielsweise den Jenners-Steinbruch, die Malling-Hill-, die Malling-Street- und die Southerham-Grube, in denen die geologischen Schichten von Sussex frei lagen. Dem Ansatz von William Smith folgend, wollte Mantell eine geologische Karte der korrekten Abfolge der lokalen Gesteinsschichten erstellen. Er bezahlte die Grubenarbeiter für jedes interessante Fossil, das er seiner Sammlung hinzufügen konnte, und wurde bald mit den wunderbaren Geschöpfen dieses früheren Meeres vertraut. Weil er Hilfe bei der Identifizierung der wirbellosen Tiere benötigte, schrieb Mantell an James Sowerby, einen Naturforscher, der einen Katalog fossiler Schalen und Gehäuse zusammenstellte. Es gab viele verschiedene Arten von Ammoniten, diesen ausgestorbenen Weichtieren mit spiralig gewundenem Gehäuse, die ihn als Kind so begeistert hatten. Aus Dankbarkeit für die perfekten Exemplare, die Mantell ihm zusandte, benannte Sowerby eine Art nach ihm: *Ammonites mantelli*. Zusammen mit den Ammoniten im Kreidekalk eingebettet lagen Muscheln, Schwämme und Belemniten, eine andere ausgestorbene Weichtiergruppe, mit typischem kegelförmigem, gekammertem Gehäuse.

Als Mantell an Selbstsicherheit gewann, baute er ein Netz von

Korrespondenzen mit Gleichgesinnten auf, wie der unermüdlichen Etheldred Benett – eine Frau mit scharfem Verstand und echtem Wissensdurst, keine, die in den neuesten Modetorheiten schwelgte oder sich gar nach ihnen richtete. Miss Benett stammte aus einer reichen Familie in Wiltshire, doch sie unterwarf sich nicht den Konventionen, die für eine Frau in der ländlichen Gesellschaft üblich waren. Statt in irgendeine komfortable Landpfarrei einzuheiraten, blieb sie bewusst ungebunden, und so war ihre Ponykutsche oft in den Hügeln von Wiltshire zu sehen, wo sie ihrem Hauptinteresse nachging, der Geologie. Sie widmete ihr Leben ihrer Sammlung und war schließlich so bekannt, dass ihr Name zu einem Gütesiegel wurde und genügte, um einen Artikel von herausragender Qualität zu kennzeichnen.

Für Mantell war eine solche Korrespondenz sowohl prestigeträchtig – schließlich gehörte sie dem niederen Adel, der Gentry, an – als auch äußerst nützlich, weil er seine Kenntnisse über die Grenzen von Sussex hinaus ausweiten konnte. Er schrieb ihr 1814 und bat um die «Ehre einer Korrespondenz». Miss Benett reagierte freundlich, indem sie einen Packkorb voller Fossilien zur Poststation in Lewes sandte. Bald waren beide eifrig darin vertieft, die geologischen Schichten von Wiltshire und Sussex zu vergleichen und zu entscheiden, welche Gesteinsschichten in der Abfolge über bzw. unter anderen lagen. Wenn jene auch noch nicht unter diesem Namen bekannt waren, versuchten sie, die Aufeinanderfolge der «Kreidezeit»-Gesteine in Südengland zu entschlüsseln, die sich 144 bis 66 Millionen Jahre zuvor gebildet hatten. Mantell erhielt dabei von einem anderen Angehörigen der Gentry Unterstützung, nämlich von George Greenough, der eifrig damit beschäftigt war, zusammen mit William Buckland seine geologische Karte von England zu entwickeln. Greenough war nur allzu gern bereit, Nutzen aus Mantells Enthusiasmus zu ziehen, und erbat häufig detailliertere Informationen über die Gesteinsschichten von Sussex. Bis 1815 hatte Mantell bereits mehrere verschiedene Strata innerhalb der Kreideformationen rund um Lewes identifiziert, zu-

Mary Mantell

unterst blauen Mergel, dann Kalkmergel, unteren Kreidekalk und oberen Kreidekalk. Greenough lenkte seine Forschung und gab ihm Ratschläge für die Benennung der Gesteine.

Im Rahmen seiner ärztlichen Pflichten wurde Gideon Mantell eines Tages zu einem Mr. George Woodhouse gerufen, einem wohlhabenden Gentleman, der eine Leinenmanufaktur in London besaß. Während er Mr. Woodhouse seine «uneingeschränkte professionelle Aufmerksamkeit» widmete, kam Mantell nicht umhin, die älteste Tochter seines Patienten, Mary, zu bemerken. Ihr Porträt zeigt eine junge Frau mit einer Masse schwarzer, hoch aufgetürmter Locken und großen, aufmerksamen Augen, das Gesicht betont durch ein modisches, schulterfreies Kleid. Sie teilte sein Interesse an Fossilien und schenkte ihm Korallen aus Worcestershire und andere Kuriositäten, die sie gefunden hatte. Bald entwickelten die beiden jungen Leute «Zuneigung füreinander», und wie es schien, konnten sie nicht abwarten zu heiraten.

Als Mary und Gideon im Mai 1816 heirateten, brauchten sie eine Sondererlaubnis und die Einwilligung von Marys Mutter als ihrem Vormund, denn die Braut war erst zwanzig Jahre alt und damit in den Augen des Gesetzes noch unmündig. Leider erlebte Marys Vater die Hochzeit nicht mehr. Kurz vor seinem Tod dankte er Mantell für seine «ärztlichen Bemühungen und seine freundliche Anteilnahme» und überreichte ihm ein kostbares Geschenk: James Parkinsons Überblick über das Reich der Fossilien.

Nachdem sie sich in Lewes eingelebt hatte, half Mary Mantell ihrem Gatten pflichtbewusst bei der mühsamen Suche nach Fossilien, die rasch zu seiner Leidenschaft wurde. Es war nicht ungewöhnlich, dass sie mit ihm zu geologischen Exkursionen ausritt und ihn manchmal sogar bei seinen Runden begleitete; während er Patienten betreute, suchte sie den Boden nach Fossilien ab. Mary fand bald heraus, dass sie ihn mit Zeichnungen seiner Funde unterstützen konnte, und versuchte geduldig, die Kunst der wissenschaftlichen Illustration zu erlernen. «Ich bin sehr angetan von ihrem [Marys] ersten Versuch einer Radierung», schrieb Etheldred Benett 1817 an Mantell. «Etwas mehr Praxis, die ihr erlaubt, druckvoller und kühner zu arbeiten, scheint mir alles, das noch fehlt, um dies zu einer bedeutenden Bereicherung Ihrer Arbeit zu machen.»

Nun, da seine Selbstsicherheit im Hinblick auf seine geologischen Beobachtungen gewachsen war, entschied sich Gideon Mantell, ein Buch zu schreiben und seine Befunde über die Gesteine in Sussex zu veröffentlichen; er hoffte, dies würde seinen wissenschaftlichen Ruf etablieren und ihm vielleicht die Mitgliedschaft in einer der prestigeträchtigen wissenschaftlichen Gesellschaften eintragen. Mary übernahm es, die Zeichnungen anzufertigen: das Fragment einer Krustazeenklaue, den Teil der Rückenflosse eines Fisches, die außerordentlich scharfen Stacheln von *Plagiostoma spinosa* – all diese zerstückelten Fragmente der Natur in ihrer unglaublichen Vielfalt. Dankbar für die uneingeschränkte Unterstützung und das Interesse seiner Frau beschrieb Mantell sein Glück nach seiner Heirat als «größer denn jemals zuvor».

Als Gideon Mantell seine Forschungen ausdehnte, stellte er fest, dass in einer Region, dem Weald, einem bewaldeten Höhenzug zwischen den Kreidehügeln der North und der South Downs, ganz andere Gesteinsformationen zu finden waren. «Wenn man aus Richtung der Downs kommt, sieht man zunächst in der Nähe der Taylor-Brücke einen Sandstein-Aufschluss», notierte er, «und später dann taucht er wieder bei dem Fluss auf, der sich durch den Cuckfield-Park schlängelt. An diesem Fleck bei Whiteham's Green werden Steine abgebaut.» Als er sich dem Steinbruch näherte, konnte er unter Stechginster, wildem Thymian und Bäumen, die sich an die Felsen an der Oberfläche klammerten, die Schichten des Weald bis in eine Tiefe von rund zwölf Metern frei liegen sehen. Es handelte sich um horizontale Lagen von Sandstein, Kalkstein und Schiefer, die auf einer blauen Tonschicht ruhten.

Als er die Gesteinsfragmente untersuchte, erkannte er mit wachsender Aufregung, dass die Fossilien in den Sandstein- und Kalksteinschichten bei Whiteman's Green ganz anders aussahen als die Wirbellosen in den Kreidekalkhügeln um Lewes. Offenbar lagen eingebettet zwischen anderen Trümmern versteinerte Bruchstücke *größerer* Knochen. Er erwähnte dies im Herbst 1817 in seinen Briefen an George Greenough und Etheldred Benett und berichtete ihnen, er habe die Zähne und Knochen von Wirbeltieren entdeckt: Amphibien, vielleicht Krokodile oder Alligatoren. Die

Fossilien waren jedoch so stark zerbrochen und verwittert, dass es fast unmöglich war, sie zu interpretieren oder zu klassifizieren. Die logischen, wohl geordneten Entwürfe der vergangenen Monate, die sauberen, exakten Zeichnungen von Wirbellosen – alles, was seine Fantasie über das frühere Kalkmeer angestachelt hatte, begann, von diesen seltsamen Fossillagerstätten überschattet zu werden.

Whiteman's Green lag zu weit von Lewes entfernt, als dass Mantell jeden Tag hätte dort hinreiten können, und mit der Geburt seines ersten Kindes Ellen Maria im Jahre 1818 hatte er noch weniger Zeit als zuvor. Deshalb verhandelte er mit einem gewissen Mr. Leney, der den Steinbruch leitete, und im Verlauf des folgenden Jahres begannen Pakete aus Cuckfield in der Poststation von Lewes einzutreffen. Die erste Sendung war nicht besonders aufregend: «die Knochen, Zähne und Zunge eines Fisches». Nach einem weiteren erfolglosen Besuch, in dessen Verlauf es «fast die ganze Zeit wie aus Kübeln schüttete», traf Mantell «weitere Absprachen mit Leney bezüglich der Cuckfield-Fossilien». Wahrscheinlich lehrte er den Steinbrucharbeiter, nach den Überresten größerer Knochen zu suchen. Nicht lange darauf kamen mehrere Pakete von Mr. Leney an, darunter einige Fossilien, die Mantell als «wunderbare Exemplare» beschrieb.

Neben den Bruchstücken größerer Knochen gab es auch Wirbellose, winzige fossile Muschelschalen und Schneckengehäuse. Mantell versuchte, sie Etheldred Benett zu beschreiben, wenn er auch meinte, sie seien so stark beschädigt, dass «es kaum möglich ist, die Gattung oder Art sicher zu bestimmen». Nichtsdestotrotz war Miss Benett der Ansicht, die Schalen aus dem Weald ähnelten denjenigen, die in einer ihr bekannten Gesteinsformation entdeckt worden waren, die als «Purbeck-Kalkstein» bezeichnet wurde. Diese Formation erstreckte sich über Wiltshire und Dorset und war in der geologischen Abfolge schon als sekundäres Gestein definiert. Weald und Purbeck, schrieb Mantell, Miss Benetts Rat folgend, «korrespondieren in so vielen Merkmalen ... dass aller

Grund zu der Annahme besteht, dass sie zur selben Formation gehören». Wenn das so war, lagen die Gesteine bei Whitman's Green im Weald deutlich unter dem Kreidekalk oben auf den sekundären Gesteinsschichten. Er war dabei, einen verlockenden Einblick in eine frühere Welt zu gewinnen, die eine unbekannte Anzahl von Jahren vor den im Kreidekalk eingebetteten Fischen und Ammoniten existiert hatte.

Die ganze Zeit hindurch gedieh Mantells ärztliche Praxis, und so konnte er von seinem früheren Partner James Moore für siebenhundert Pfund ein Haus am Castle Place kaufen. 1819 erwarb er das Nachbarhaus, die beiden Gebäude wurden verbunden und waren fortan bekannt unter dem wohlklingenden Namen «Castle Place». An prominenter Stelle an der Hauptstraße gelegen, hinten an Lewes Castle angrenzend, war das eindrucksvolle Heim Welten entfernt von dem bescheidenen Häuschen in der St. Mary's Lane, wo Mantell aufgewachsen war. Eine Truppe von Handwerkern wurde angeheuert, um einen schmucken Innenhof mit georgianischen Fenstern bis zum Boden und Zierbögen über dem Treppenhaus zu schaffen; die ionischen Säulen an der Hausfront wurden mit Ammonitenschnitzereien dekoriert. Wie um die Metamorphose vom Sohn des Schuhmachers zu einem bedeutenden Arzt zu vollenden, übernahm Mantell das Wappen seiner Vorfahren und malte es, verschlungen mit demjenigen der Woodhouse, außen auf die Eingangstür und auf den Marmortisch im Esszimmer. Aber wenn Mary Mantell sich der Illusion hingegeben hatte, sie bekäme ein elegantes neues Wohnzimmer, um darin Gesellschaften zu geben, sollte sie enttäuscht werden. Die «kleine Schauvitrine» ihres Gatten war inzwischen zu einer großen «Sammlung» angewachsen und begann rasch, das neue Wohnzimmer im ersten Stock zu füllen.

Als sich die Neuigkeit von Gideon Mantells Sammlung herumsprach, kamen Besucher, um sich seine Fossilien anzusehen. Einer der Interessenten war jener Lieutenant-Colonel Thomas Birch, der Mary Anning aufgesucht hatte; Mantell beschrieb ihn als «sehr

angenehmen und intelligenten Mann». Birch hatte eine Tour
durch die westlichen Grafschaften unternommen und viel Zeit in
Dorset verbracht, um von Mary Fossilien des *Ichthyosaurus* –
oder «Proteosaurier», wie er immer noch hieß – zu kaufen. Natürlich war Mantell sehr daran interessiert, Birchs riesige *Ichthyosaurus*-Knochen mit den Fragmenten zu vergleichen, die er gefunden hatte. Im März 1820, kurz nach der Geburt seines zweiten
Kindes, Walter Baldock, erhielt Mantell einen Brief von Lieutenant-Colonel Birch.

«Ich will meine Sammlung zum Wohl der armen Frau und
ihres Sohnes sowie ihrer Tochter in Lyme verkaufen, die in Wahrheit fast all diese schönen Dinge gefunden haben», schrieb Birch.
«Ich fand diese Leute, die Annings, in beträchtlichen Schwierigkeiten – gerade dabei, ihre Möbel zu verkaufen, um ihre Miete
zahlen zu können –, weil sie fast ein Jahr lang kein einziges wirklich gutes Fossil mehr gefunden haben. Ich werde vielleicht niemals wieder so etwas besitzen wie das, von dem mich zu trennen
ich gerade im Begriff bin, doch wenn ich es tue, werde ich die Befriedigung haben zu wissen, dass das Geld gut angelegt ist.»

Birch war ehrlich besorgt, dass es den Annings nicht gelungen
war, an ihre früheren Erfolge anzuknüpfen. Abgesehen von einem
Ichthyosaurus 1818 hatten sie keine bedeutenden Funde mehr gemacht. Birchs Verkauf war für den 15. Mai in der Ägyptischen
Halle am Piccadilly geplant. Gideon Mantell wohnte der Verstei-
gerung bei und hatte die Gelegenheit, Mary Annings «Meeresechsen» zu sehen: den Oberschenkelknochen und Kopf eines *Ichthyosaurus*, die für Georges Cuvier in Paris erworben wurden, den
Teil eines Skeletts, Wirbel sowie andere Fossilien. Lieutenant-Colonel Birchs Verkaufsaktion erbrachte einen Erlös von vierhundert
Pfund für die Annings.

Weniger als einen Monat später, im Juni 1820, machte Gideon
Mantell folgenden Eintrag in sein Tagebuch: «Erhielt ein Paket
mit Fossilien aus Cuckfield, darunter ein dünnes Fragment eines
enorm großen Knochens, mehrere Wirbel und einige Zähne.» Da

er Birch getroffen und Mary Annings riesige Meeresechsen gesehen hatte, notierte er sofort, diese riesigen Knochen müssten zu
einem «Proteosaurus oder *Ichthyosaurus*» gehören. Schließlich
war dies das einzige große Geschöpf, das in England beschrieben
worden war. Angefeuert durch die Entdeckung des größten Knochens, den er bisher erhalten hatte, unternahm er eine Reihe von
Exkursionen nach Whiteman's Green im Weald, dem kleinen
Steinbruch, wo Arbeiter Baumaterial gewannen, ohne sich bewusst zu sein, dass sie die Geheimnisse der Vergangenheit freileg-
ten. Für Mantell war der Steinbruch ein magischer Ort, es war
ihm, als betrete er eine alte Grabstätte, wo fantastische Aufzeichnungen aus einer früheren Welt ihrer Entschlüsselung harrten. Mit
großer Begeisterung nahm er am 16. August 1820 die ganze Familie mit auf einen Ausflug zum Steinbruch. «Wir machten eine Exkursion nach Cuckfield: Mein Bruder kutschierte die Damen, und
ich ritt nebenher.»

Doch je mehr Exemplare er fand, desto verwirrender erschien
ihm der Fundort. Seltsamerweise stieß er – obwohl er doch
meinte, die Tierknochen gehörten zu einem *Ichthyosaurus*, einer
Meeresechse – auf die versteinerten Überreste von Landpflanzen.
Diese Fossilien waren schwer zu deuten, einige waren schwarz wie
Kohle, mit Rissen und Schrunden, die mit weißen kristallinen Mineralien oder bronzefarben leuchtendem Katzengold gefüllt waren. Als er den Stein näher untersuchte, meinte er, Überreste von
Blättern, Stängeln und anderen «holzartigen Strukturen» zu erkennen, die offenbar pflanzlichen Ursprungs waren.

Vor 1820 war über die fossile Flora nur wenig bekannt. Im 18.
Jahrhundert hatte Carl von Linné ein ausgeklügeltes Klassifizie-
rungssystem für Pflanzen entwickelt und legte in seinen Katalogen
mit mehreren tausend Pflanzenarten aus aller Welt die Grundregeln nieder, denen ein Botaniker folgen sollte, um ein Gewächs
korrekt zu beschreiben und zu benennen. Seitdem hatten andere
Gelehrte gelegentlich versucht, fossile Pflanzen zu identifizieren,
doch vor 1820 gab es kaum systematische Untersuchungen sol-

cher Arten, und die Namen waren wissenschaftlich nicht verbind-
lich. Konfrontiert mit faszinierenden Abdrücken von Pflanzenre-
likten, die er nicht bestimmen konnte, wusste Mantell keine Informationsquelle, an die er sich hätte wenden können. «Ich kenne
kein Gewächs, weder rezent noch fossil, mit dessen Hilfe diese
Überreste identifiziert werden könnten», schrieb er.

Bei einem Besuch des Steinbruchs von Cuckfield 1820 gelang
ihm ein Durchbruch. Er holte zusammen mit weiteren riesigen
Knochen ein mehr als neunzig Zentimeter langes Teilstück eines
stark verwitterten Baumstammes mit Astrudimenten aus dem Boden. Er sah sofort, dass der Stamm von deutlich abgegrenzten,
rautenförmigen Narben bedeckt war, die ihn an die verholzten
Ansatzstellen von Blattstängeln erinnerten. Dieses Exemplar hatte
keinerlei Ähnlichkeit mit den englischen Bäumen rundherum, mit
den vertrauten Einkerbungen auf der Rinde von Eichen, Kastanien
und Birken. Die raue Oberfläche des Stammes, das charakteristi-
sche Narbenmuster, das von verholzten Blattstängeln herrührte –
all dies ließ an tropische Palmen denken.

Mantell fand bald noch weitere Fossilien, die eher an eine tropische Flora erinnerten. Einige der Blätter und Stängel, dachte er,
sahen wie Teile einer *Euphorbia* aus Ostindien aus, einem üppigen, blühenden Gewächs. Mit einiger Selbstsicherheit notierte er
am 17. August 1820 in sein Tagebuch: «Ein prachtvolles Exemplar einer *Euphorbia* aus Cuckfield.» Zwei Wochen später sandte
er «ein großes und schönes Exemplar einer fossilen Euphorbie aus
Cuckfield an Mr. Greenough … es war in Mastix eingebettet, die
gleiche Zusammensetzung, wie sie für die Minarette und Kuppeln
des orientalischen Palastes in Brighton benutzt wurde». Blütenpflanzen wie *Euphorbia* und Palmen waren tatsächlich bisher
noch nicht auf der Karte der urtümlichen Landschaft aufgetaucht.
Die Geschichte fossiler Pflanzen und der Lebensraum von Mantells unbekanntem Riesengeschöpf waren seltsamer als alles, was
er mit den begrenzten Hinweisen, über die er verfügte, hätte erah-
nen können.

Im Jahre 1821, als Mantell versuchte, mehr über tropische Pflanzen und Tiere herauszufinden, vollendete Reverend William Conybeare seine detaillierte Untersuchung des *Ichthyosaurus* für die *Geological Society*; diese sollte einen weiteren Hinweis auf die riesigen Knochen liefern. Conybeare hatte wundervolle anatomische Zeichnungen der Ichthyosaurierknochen beigefügt. Als Mantell die fossilen Knochen, die er bei Whiteman's Green im Weald ausgegraben hatte, mit diesen Zeichnungen verglich, fand er, dass sie sich deutlich von denjenigen der Meeresechse aus Lyme unterschieden. Die Wirbel eines *Ichthyosaurus* waren schlank und an den Enden tief ausgehöhlt und ermöglichten damit die wendigen Bewegungen eines Wasserbewohners – ganz anders als die stämmigen, soliden Wirbel, die er in Sussex gefunden hatte. Die Extremitätenknochen des *Ichthyosaurus* schienen eher die Flossen eines Fisches zu formen; sie stützten «unmittelbar eine sehr große Anzahl kleiner Knochen, die ein sehr flexibles Paddel bildeten». Aber der Teil des riesigen Femurs, des Oberschenkelknochens, den er im Weald gefunden hatte, wies keinerlei Ähnlichkeit mit irgendeinem Knochen der Meeresechse auf. Er war wirklich gigantisch: Das Bruchstück aus dem oberen Bereich des Knochens war mehr als sechzig Zentimeter lang und hatte einen Umfang von fünfzig Zentimetern. Wenn dieses Fragment eines riesigen Beines nicht von einem *Ichthyosaurus* stammte, zu welcher Art von Ungeheuer konnte es *dann* gehören?

Abgesehen von der Form der Knochen sprach noch ein anderer Hinweis dagegen, dass das unbekannte Geschöpf aus dem Weald eine Meeresechse war. Wenn ein Tier im Meer stirbt, sinkt sein Körper auf den Meeresboden und wird allmählich durch herabschwebende feine Partikel eingehüllt, die sich ablagern und neue Sedimente bilden. Da der Kadaver nach und nach vollständig von Sedimentschichten bedeckt wird, die sich über ihm ansammeln, ist das knöcherne Skelett häufig gut erhalten, wie bei dem Ichthyosaurier aus Lyme. Doch wenn ein Tier an Land stirbt, ist die Wahrscheinlichkeit viel größer, dass das Skelett zerstört wird, sei es, weil es Aasfressern zum Opfer fällt oder die Knochen Wind und Regen ausgesetzt sind, sodass nur ein ungeordneter Haufen übrig bleibt. Mantell konnte im Weald lediglich Fragmente bergen, niemals ein vollständiges Skelett. Bisher hatte er nicht einmal zwei zusammenhängende Knochen gefunden. Es kam ihm daher in den Sinn, diese schlecht erhaltenen Relikte von riesigen Knochen könnten möglicherweise einem Tier gehört haben, das zumindest einen Teil seines Lebens an Land, im Schatten von Palmen, verbrachte.

In der Stille der Nacht, wenn die ganze Stadt längst schlief und er seine ärztlichen Pflichten erledigt hatte, untersuchte Gideon Mantell die Fossilien, die er gefunden hatte, so völlig vertieft in seine Arbeit, dass er oft gar nicht merkte, wenn der Morgen heraufdämmerte. Unter seinem gezielten und gleichzeitig behutsamen Einsatz von Meißel und Hammer schälte sich langsam die Form der Knochen aus dem sie umschließenden Gestein heraus wie eine seltsame, vorzeitliche Skulptur – vielleicht eindrucksvoller als ein fertiges Objekt, weil noch all die Versprechungen eines großen Kunstwerks enthalten waren, das allmählich vor seinen Augen Gestalt annahm. Er wird einen schwachen Eindruck von den unheimlichen Fragmenten des urzeitlichen Tieres gewonnen haben: die exquisite, glatte Kurve des riesigen Oberschenkelknochens, die scharfen Spitzen der beschädigten Wirbel, die seltsamen Leisten auf dem Zahnschmelz, die Foramen oder Öffnungen für die Blutgefäße, viel größer als ihr Pendant beim Menschen. Es war gespenstisch.

Um dieses verwirrende Stück besser einordnen zu können, zog er als Referenz Cuviers renommierte vierbändige Zusammenfassung *Recherches sur les ossements fossiles des quadrupèdes* heran, die 1813 ins Englische übersetzt worden war. Hier beschrieb Cuvier detailliert mehrere Arten urzeitlicher, ausgestorbener Krokodile, die in Honfleur und Le Havre gefunden worden waren. Mantell verglich seine Fossilien mit Cuviers Abbildungen, und einige der Knochen, insbesondere die Wirbel, korrespondierten offenbar.

Um eine zweite Meinung einzuholen, traf er nun Vorkehrungen, das Hunterian Museum im Royal College of Surgeons in London zu besuchen. John Hunters Sammlung, die an die zehntausend anatomische Exemplare umfasste, war nach seinem Tod 1793 von der Regierung aufgekauft und im Royal College an den Lincoln's Inn Fields untergebracht worden. Hier wurde sie von seinem ehemaligen Assistenten, William Clift, katalogisiert.

Clift, Kind einer armen Familie in Devon, besaß ein außerordentliches Zeichentalent; dies war von der örtlichen Gentry bemerkt worden, und so war er nach London geschickt worden, um Hunter zu assistieren. Der junge Clift, der diese Stellung als hohe Ehre ansah, hatte von früh bis spät für wenig Geld gearbeitet, hatte um sechs Uhr morgens vor dem Frühstück bereits bei Sektionen geholfen und war oft erst nach Mitternacht fertig geworden, denn der Abend diente dem Schreiben von Protokollen etc. Noch vor Ende seines ersten Lehrjahres starb Hunter, doch Clift hatte seinen früheren Meister verehrt und war entschlossen, sein Werk fortzusetzen.

Obwohl ihm aufgrund von Sir Everard Homes Nacht- und Nebelaktion viele Manuskripte fehlten, die geholfen hätten, die Exemplare zu identifizieren, gab Clift nicht auf, sondern versuchte beharrlich, Hunters Sammlung für eine öffentliche Präsentation vorzubereiten. In den 1820er Jahren hatte er bereits ein beträchtliches Wissen angesammelt. Als Gideon Mantell ihm einen der spitz zulaufenden, gebogenen Zähne zeigte, die er gefunden hatte, zögerte Clift nicht lange: «Ohne Zweifel hat er einem Krokodil oder einem Waran gehört. Ich weiß von keinem Tier, bei dem die seitlichen Leisten der Zähne so markant sind.»

Aufgrund derartiger Diskussionen mit Clift und Vergleichen mit Cuviers Zeichnungen kam Mantell der Gedanke, dass sich zumindest einige der Riesenknochen nicht einer Meeresechse, sondern einer urzeitlichen Krokodilart zuordnen ließen. Im Sommer 1821 schrieb er einem Freund, einem Mitglied des Parlaments und Fellow der *Royal Society*, Davies Gilbert, und berichtete ihm von den riesenhaften Krokodilknochen, die er in diesem Frühjahr im Weald gefunden hatte. «Es kann keinen Zweifel geben», meinte Mantell zuversichtlich, dass sie «zu derselben unbekannten Art von Krokodil gehören, wie in Honfleur und Havre gefunden.»

Doch nur wenig später machte Mary Mantell eine erstaunliche Entdeckung, die nicht zu dieser Schlussfolgerung passte. Es gibt mehrere Versionen dieses Ereignisses; die plausibelste berichtet, dass Mary ihren Mann auf seiner ärztlichen Runde begleitete. Während er nach seinen Patienten sah, suchte sie nach Fossilien. Als sie so umherwanderte, wurde ihr Blick unwiderstehlich von einem seltsamen Umriss in einem Steinhaufen angezogen, der am Straßenrand aufgeschüttet worden war. Sie nahm den Stein auf, wischte den weißen Staub ab und entfernte anhaftende Steinchen vorsichtig mit ihren Fingern. Langsam trat ein Gebilde in Erscheinung, das zuvor wohl noch kein menschliches Auge gesehen hatte: Es war sehr glatt, verwittert und dunkelbraun und sah wie das abgeflachte Bruchstück eines riesigen Zahnes aus.

Als sie den Fund ihrem Mann zeigte, sah dieser sofort, dass sie auf etwas Wichtiges gestoßen war. «Bald nach meiner Entdeckung der riesigen Knochen», schrieb er, «erregten einige Zähne von wirklich bemerkenswertem Typ meine Neugier, denn sie waren ganz anders als alles, was ich jemals zuvor gesehen hatte.» Das Zahnfragment war mehr als 2,5 Zentimeter lang, und die Krone wies eine stumpfe, mahlende Oberfläche auf. Den beiden Mantells gelang es, den Weg des Steinhaufens bis zu demselben Steinbruch in Whiteman's Green zurückzuverfolgen, wo Mantell die anderen riesigen Knochen gefunden hatte. «Selbst die Arbeiter im Steinbruch, die gewohnt waren, die Überreste von Fischen, Schalentieren und anderen im Gestein eingebetteten Objekten zu sammeln», schrieb er, «hatten noch nie derartige Fossilien gesehen und wussten nichts vom Vorkommen solcher Zähne im Gestein, das sie ständig für den Straßenbau brachen.»

Der «Zahn» ließ all seine Überlegungen zweifelhaft erscheinen. Er sah, dass es sich nicht um einen Krokodilzahn handeln konnte, denn er lief nicht in die scharfe Spitze aus, die für einen Fleischfresser typisch ist. Der Zahn hatte eine breite, flache Oberfläche, die zum Zermahlen von Nahrung geeignet war, auf einer Seite von dickem Zahnschmelz unterstützt und in der Mitte mit einer deutlichen Leiste. Das erinnerte viel mehr an den Zahn eines herbivoren, eines Pflanzen fressenden Säugers, der durch ständiges Kauen abgenutzt war. «Das erste Exemplar ähnelte so gänzlich dem Teil eines Schneidezahns eines großen Säugers», schrieb er, «dass ich ziemlich verlegen war, seine Anwesenheit in derart alten Schichten zu erklären, in denen nach aller geologischen Erfahrung niemals fossile Säugerüberbleibsel entdeckt werden würden.»

Obwohl der Zahn dem eines herbivoren Säugers, wie eines Nashorns oder Flusspferdes, ähnelte, schien es unvorstellbar, dass solche Relikte in derart alten Gesteinsformationen existierten. Cuviers ausgestorbene Großsäuger, wie Mammut und Mastodon, waren in tertiären Ablagerungen gefunden worden. Aufgrund seiner Korrespondenz mit Etheldred Benett schloss Mantell, dass das Weald-Gestein viel älter war und aus der sekundären Periode stammte. Anzudeuten, es habe damals schon Säuger gegeben, war ein Schritt, der über alles hinausging, was Naturforscher sich vorstellen konnten. Wie James Parkinson geschrieben hatte, war zwar die *Zeitskala* der Schöpfung, wie sie im ersten Buch Mose beschrieben war, infrage gestellt worden, die Reihenfolge der Schöpfung wurde jedoch nicht angezweifelt. Parkinson fand es auffallend, dass die Ordnung der Schöpfung, wie in der Bibel dargelegt, «in enger Übereinstimmung» mit geologischen Befunden stand. «Die schöpferische Kraft wurde mit zunehmender Kunstfertigkeit ausgeübt ... wobei das höchste und letzte Werk, das geschaffen wurde, der Mensch war.» Niemand hatte bisher die Annahme infrage gestellt, dass die Säuger zuletzt geschaffen worden waren, als Gott die Erde für die höheren Tiere vorbereitet hatte.

Mantells Suche war von diesem Glauben erfüllt; er hatte noch nicht genug Beweise, um das gewaltige Gewicht allgemein akzeptierter Überzeugungen zu ignorieren. Und so fragte er sich: Wenn der Besitzer dieses Zahnes kein großer Säuger war, was war er dann? Der Zahn zeigte keinerlei Ähnlichkeit mit dem irgendeines Fisches im Hunterian Museum. Er konnte nicht von einer Schildkröte stammen, denn diese haben keine Zähne, nur Hornkiefer. Man kannte kein Amphibium, das derart gigantische Maße erreichte. Und er stammte sicherlich nicht von einem Vogel – damals kannte man keine bezahnten Vögel. Im Verlauf eines Eliminationsprozesses führte die Beweislage zu einer bizarren Schlussfolgerung: Der Zahn gehörte zu einer riesigen Pflanzen fressenden Echse.

Diese Schlussfolgerung ergab jedoch keinen Sinn. «Da keine bekannten existierenden Reptilien in der Lage sind, ihre Nahrung zu kauen, konnte ich es nicht wagen, den fraglichen Zahn einer Eidechse zuzuordnen», schrieb Mantell. Ein herbivores Reptil, das seine Nahrung wie eine Kuh zermahlen konnte – so etwas hatte man noch nie gehört. Es war eine abwegige Idee. Die Fachleute in London, wie William Clift, folgten Georges Cuviers Ansatz und interpretierten die Fossildaten mittels Analogien zu lebenden Formen. Es gab jedoch kein neuzeitliches Analogon zu einem derart seltsamen Reptil.

Gideon Mantell fehlte das eine Beweisstück, das belegt hätte, dass der Zahn zu einem Reptil gehörte: ein fossiler Kiefer. Der Kiefer eines Säugers ist sehr charakteristisch. Selbst wenn Zähne fehlen, gibt es unterschiedlich geformte Höhlen für die verschiedenen Zahntypen: hintere und vordere Backenzähne, Eckzähne und Schneidezähne. Reptilien verfügen nicht über verschiedene Zahntypen; obwohl sich ihre Zähne in der Größe unterscheiden können, sind die Höhlen alle gleich geformt. Aber Mantell konnte keinen Kiefer finden, nur einen einzelnen, losgelösten Zahn.

Als er den Zahn zu Hause im Wohnzimmer inmitten seiner Sammlung untersuchte, fragte er sich in Momenten des Zweifels – das große Bruchstück war so stark verwittert –, ob er überhaupt etwas gefunden hatte. Aus einigen Richtungen betrachtet,

war es kaum als Zahn zu erkennen. Über die Oberfläche zogen
sich feine, fedrige schwarze Linien wie ein Spinnennetz. Da lag es
in seiner Hand, ein Splitter eines Fossils, kaum größer als ein Kieselstein, und barg das Geheimnis einer unbekannten Vergangenheit.

Im Verlauf des Sommers 1821 verdoppelte Mantell seine Bemühungen, Hinweise zu sammeln, die mehr Licht auf das Rätsel werfen konnten. Kaum berührt vom Tagesgeschehen – sei es der Tod
von Kaiser Napoleon auf St. Helena, die spektakuläre Krönung
des alternden Königs George IV., die Sommerrennen und der Jahr-
markt von Brighton –, stürzte er sich in seine geologische Forschung, wann immer er neben seiner Praxis Zeit finden konnte.
Manchmal nahm er mit seinem jungen Lehrling, George Rollo,
den Einspänner nach Cuckfield; gelegentlich ritt er auch allein
aus, um nach weiteren Hinweisen auf sein Ungeheuer zu suchen.

Bis zum Herbst hatten sich Mantells Räume im ersten Stock
mit einem seltsamen Sortiment von Bruchstücken riesenhafter
Knochen aus dem Weald gefüllt. Aufgrund des anatomischen Wissens, das er während seiner ärztlichen Ausbildung erworben hatte,
konnte er viele von ihnen identifizieren. Er schrieb an Reverend
Conybeare von der *Geological Society* und teilte ihm mit, er habe
«Rippen, Schlüsselbein [Teil des Schultergürtels], Speiche [einer
der beiden Unterarmknochen], Schambein [vorderer Teil des
Beckengürtels], Darmbein [Seitenteil des Beckengürtels], Oberschenkelknochen, Schienbein, Mittelfußknochen, Wirbel, die die
Wirbelsäule bildeten, und Zähne» gefunden. Obwohl die Zähne
offenbar in der Nähe des Kiefers ausgefallen und zerbrochen waren, ließ sich der Kiefer selbst nicht auffinden. Einige der Knochen
wiesen gemeinsame Merkmale auf und gehörten anscheinend zusammen. Andere waren so stark beschädigt, dass sie sich nicht
mehr identifizieren ließen. Alle Knochen waren hoffnungslos vermischt mit Überresten anderer Tiere, Schildkröten, Fischen, Muschelschalen und Pflanzen.

75

Die einzige Möglichkeit, die er hatte, um dieses Puzzle zu verstehen, bestand darin, die verschiedenen Zahntypen zu identifizieren. Offenbar gab es hier zwei Sätze, die nicht von derselben Tierart stammen konnten. Ein Satz von Zähnen war klingenförmig und bis zu 7,5 Zentimeter lang, seitlich abgeplattet, mit zwei scharfen Kanten, die sich von der Spitze bis zur Basis erstreckten. Die Kanten waren gezähnt wie bei einem Steakmesser und dazu bestimmt, Fleisch zu zerteilen, aber nicht etwa Pflanzen zu fressen. Die Zähne konnten nur einem Fleischfresser gehört haben. Und obwohl er es nicht zweifelsfrei beweisen konnte, war Mantell davon überzeugt, dass sie zu einem riesigen Reptil gehört hatten, denn sie sahen Krokodilzähnen ähnlicher als alles andere, was er im Royal College of Surgeons gesehen hatte. Es gab jedoch einige entscheidende Unterschiede: Krokodilzähne sind kegelförmig und leicht gebogen, die Oberfläche des Zahnschmelzes ist bedeckt von Leisten, die sich von der Spitze bis zur Basis ziehen. Ein Krokodil packt seine Beute und gebraucht dann seine kräftige Schwanzmuskulatur, um sich im Wasser um seine Längsachse zu drehen, sodass es leichter Fleischbrocken aus seinem Opfer herausreißen kann. Diese ungewöhnlichen, klingenartigen Fleischfresserzähne hätten ihrem unbekannten Besitzer ermöglicht, seine Beute wie mit Messern zu zerlegen.

Noch verblüffender war der zweite Satz Zähne in seiner Sammlung, die Pflanzenfresserzähne, zu denen auch der Fund seiner Frau gehörte. Sie «besaßen Merkmale, die so eigenartig waren, dass selbst dem oberflächlichsten Beobachter sofort aufgefallen wäre, dass hier etwas Neues und Interessantes vorliegt», schrieb er. «In vollständigem Zustand müssen sie von beträchtlicher Größe sein.»

Als Autodidakt, ohne die Unterstützung einer Universität oder die Mitgliedschaft in einer angesehenen wissenschaftlichen Gesellschaft, konnte Mantell kaum behaupten, diese Zähne hätten einst zu einer riesigen herbivoren Echse gehört, denn ein derart unwahrscheinliches Geschöpf sollte es eigentlich gar nicht gegeben haben.

Ebenso gut hätte er behaupten können, er habe einen Zentauren, ein Einhorn, einen Drachen oder irgendein anderes fantastisches Geschöpf aus alten Mythen gefunden.

Das allererstaunlichste Merkmal war jedoch die schiere Größe der Tiere. Einige der Wirbelbruchstücke waren bis zu 12,5 Zentimeter lang; ein Rippenfragment maß über einen halben Meter, selbst die Mittelfußknochen waren groß und stämmig. Als er eines Nachts dabei war, einen Knochen freizulegen, erkannte er, dass jenes Oberschenkelknochenfragment, das aus dem Gestein hervortrat, auf ein Tier hindeutete, das viel größer war als irgendeines, das er kannte – dieses Bruchstück maß beinahe fünfundsiebzig Zentimeter und hatte einen Umfang von 62,5 Zentimetern. Da lag es vor ihm auf dem Tisch und widersetzte sich jeder Logik und Vernunft. Es gab keine Möglichkeit zu beweisen, zu welchem Satz Zähne es gehörte. Wenn man einen Säugerknochen als Vergleich heranzog und im entsprechenden Verhältnis vergrößert vom Fragment auf die Maße des Besitzers schloss, würde seine Entdeckung ein groteskes Tier ergeben, viel größer als selbst ein Haus.

«Man mag mir vorwerfen, ich schwelgte im Wunderbaren, wenn ich zu sagen wage, dass es beim Vergleich der größeren Knochen der Sussex-Echse mit denjenigen eines Elefanten Gründe zu der Annahme gibt, dass Erstere, was ihre Masse angeht, Letzterem mehr als gleichkommt und eine Länge von über neun Metern gehabt haben muss! Und dennoch rechtfertigen einige Knochen in meinem Besitz einen derartigen Schluss ... diese Art übertraf an Größe jedes bisher entdeckte Tier des Eidechsenstammes, sei es rezent oder fossil.»

Konnte ein Herz tatsächlich Blut durch ein Wesen pumpen, das zehn bis zwölf Meter lang war? Wären Muskeln stark genug, ein derartiges Gewicht zu tragen? Was müsste es fressen, um seine mehreren Tonnen Reptilienfleisch bei Kräften zu halten? Dieses Geschöpf, das sich bei seiner einsamen nächtlichen Arbeit zu zeigen begann, war kaum glaublich, ein Phantom aus der Unterwelt, doch hier lag es, massiv wie ein Fels, nicht zu leugnen. Es erlaubte ihm einen flüchtigen Blick auf eine uralte Lebensform, ein faszinierendes, anscheinend endloses Puzzle, das nicht vervollständigt werden konnte. Nichts ließ sich zu einem ganzen Tier zusammenfügen oder ergab auch nur einen sinnvollen Eindruck von einem Teil eines Tieres. Doch mit zielstrebiger und beharrlicher Hingabe fuhr Mantell fort, seine gesamte freie Zeit dem Versuch zu widmen, dieses Rätsel zu lösen. Alles in seinem Leben war dieser einen verzehrenden Leidenschaft gewidmet. *Er* würde die Knochen an ihren Platz in der Geschichte rücken. *Er* würde der gefeierte Mann sein.

Aber Gideon Mantell wusste nicht, dass er nicht der einzige Mann in England war, der in den frühen 1820er Jahren Hinweise dafür gefunden hatte, dass einst riesige Echsen das Land durchstreiften.

KAPITEL 3

Zum Tee mit Mäusetoast
und Krokodilhäppchen

Here we see the wrecks of beasts and fishes
With broken saucers, cups and dishes ...
Skins wanting bones, bones wanting skins
And various blocks to break your shins.
No place in this for cutting capers,
Midst jumbled stones und books and papers,
Stuffed birds, portfolios, packing cases
And founders fallen upon their faces ...
The sage amidst the chaos stands,
Contemplative with laden hands,
This, grasping tight his bread and butter
And that a flint, whilst he doth utter
Strange sentences that seem to say
«I see it all as clear as day.»

> «A Picture of the Comforts of Professor Buck-
> land's rooms in Christ Church, Oxford» *von*
> *Philip Duncan (1821), zitiert in* The Life and
> Correspondence of William Buckland *von Anna*
> *Gordon (1894)*[*]

---

[*] Hier sehen wir die Überreste von Vierbeinern und Fischen / Mit zerbrochenen Tellern, Tassen und Schüsseln ... / Haut ohne Knochen, Knochen ohne Haut, / Und verschiedene Klötze, um sich das Schienbein zu stoßen. / Kein Platz dazwischen, um Kapern zu schneiden, / Inmitten eines Gewirrs von Steinen, Büchern und Papieren, / Ausgestopften Vögeln, Aktenmappen, Packkartons, / Und Stifterbüsten, aufs Gesicht gefallen ... / Der Weise inmitten des Chaos steht, / Nachdenklich, mit vollen Händen, / Diese fasst das Brot mit Butter, / Jene einen Feuerstein, während er / Seltsame Sätze murmelt, die zu sagen scheinen: / «Ich sehe alles klar wie der lichte Tag.»

(Ein Bild der Bequemlichkeiten in Professor Bucklands Räumen in Christ Church, Oxford)

Im Herzen Oxfords, aufmerksam beobachtet von den Dekanen und Geistlichen der Universität, begann Reverend William Buckland mit seiner Begeisterung für «Untergrundkunde» allmählich breitere Unterstützung zu gewinnen. Als Dozent für Mineralogie hatte er seine Vorlesung erweitert, um die neuesten geologischen Vorstellungen zu diskutieren: Ob die «Tage» in der Schöpfungsgeschichte möglicherweise der Länge von «Zeitaltern» entsprachen, wie es um die Natur der Sintflut oder um die Reihenfolge der Schöpfung bestellt sei. Einem Kritiker zufolge war Buckland ein so inspirierender Redner, dass er «in der Universität und anderenorts Bewunderung und Interesse für die Geologie weckte». Buckland erzählte einer Freundin, der Amateurgeologin Lady Mary Cole, er habe vor einem «bis auf den letzten Platz gefüllten Saal» geredet «… und unter den Zuhörern habe ich den Bischof von Oxford, vier andere College-Vorstände und drei weitere Geistliche von Christ Church gesehen».

Seine Eigenarten und Marotten wurden bald ebenso berühmt wie seine Vorlesungen und an der Universität als Teil einer brillanten Persönlichkeit akzeptiert. Jeder, der durch den ordentlich gestutzten Rosengarten im Innenhof von Corpus Christi auf Bucklands Räume zuschritt und erwartete, die übliche gediegene Mischung aus elegantem Interieur und Studierstube zu finden, wie sie für einen Universitätsdozenten angemessen war, musste bald entdecken, dass der Professor andere Prioritäten hatte. «Ich werde niemals die Szene vergessen, die mich erwartete, als ich mich vom Gasthof Stern zu Buckland begab», erinnerte sich Roderick Murchison, ein Student in Oxford. «Nachdem ich die engen Treppen hinaufgestiegen war … betrat ich einen langen korridorartigen Raum, der mit einem wüsten Durcheinander von Steinen, Muschelschalen und Knochen gefüllt war. Am Ende, in einer Art Allerheiligstem, hockte mein Freund, der in seinem schwarzen Gewand wie ein Geisterbeschwörer aussah, mit Fossilien bedeckt auf einem wackligen Stuhl und löste einen Fossilknochen aus dem Gestein.»

Aber nicht nur, dass auf fast jeder Oberfläche Fossilien ver-

streut lagen und die Halle mit ausgestopften Geschöpfen angefüllt
war – Professor Buckland war darüber hinaus ein eifriger Naturforscher und hielt eine Reihe ungewöhnlicher Haustiere. Im
Wohnzimmer, wo Ichthyosaurierwirbel als Kerzenständer dienten, standen beispielsweise Käfige voller Schlangen und grüner
Frösche, und in seinem Büro tummelten sich Meerschweinchen
frei nach Lust und Laune. Walter Stanhope, ein Tutor in Oxford,
beschrieb einen Abend in Bucklands Wohnung so: «Ich achtete
darauf, meine Beine aufs Sofa hochzuziehen, aus Angst, so ganz
nebenbei von dem Schakal gebissen zu werden, der im Zimmer
umherwanderte. Nach einer Weile hörte ich, wie das Tier unter
dem Sofa auf etwas herumkaute, und war erleichtert, dass es etwas gefunden hatte, um sich zu beschäftigen. Ich machte darüber
eine Bemerkung gegenüber Buckland. ‹Meine armen Meerschweinchen!›, rief er daraufhin aus, und so war es auch: Vier der
fünf Tiere hatten ihr Leben ausgehaucht.»

Das bei weitem prächtigste Geschöpf in Bucklands Menagerie

William Buckland lehrt im Ashmolean Museum, 1822.

Eine Karikatur von «Professor Ichthyosaurus», inspiriert von
Bucklands Vorlesungen.

war ein Bär, der reichlich bombastisch nach dem Gründer des as-
syrischen Reiches im alttestamentarischen *Buch der Könige* Tiglath Pileser benannt worden war. Im Gegensatz zu seinem Na-
mensvetter, der berüchtigt war für die grausame Bestrafung seiner
Gegner, war Tiglath der Bär «zahm und anschmiegsam». Buckland ging sogar so weit, ihn mit einem Studentenkostüm auszustatten, in dem er am studentischen Leben der Universität teilnahm, insbesondere an den Weinfesten. «Wir hatten ein riesiges
Fest im Botanischen Garten», erinnerte sich Charles Lyell, einer
von Bucklands Studenten. «Der junge Buckland hatte einen Bär,

Tig, der ganz wie ein Student gekleidet war, mit Kappe und
Robe.» Bedeutenden älteren Herrschaften an der Universität
wurde Tiglath Pileser förmlich vorgestellt. «Es war unterhaltsam,
zwei oder drei Dozenten zu beobachten, die aus Angst um ihre
Würde nicht wussten, was sie tun sollten.»

Das Verblüffendste von allem, was Besucher in Bucklands
Wohnung erwartete, war das Menü, da sich Buckland, ein geborener Experimentator, entschieden hatte, sich ebenso gründlich
durch das ganze Tierreich hindurchzuessen, wie es zu erforschen.
«Ich erinnere mich an verschiedene seltsame Gerichte, die er auf
dem Tisch hatte», erinnerte sich sein Freund John Playfair. «Der
Igel war ein gelungenes Experiment und sowohl Liebig als auch
ich fanden ihn wohlschmeckend und zart. Bei anderer Gelegenheit
gab es Krokodil, und das war ein völliger Fehlschlag ... obwohl
die Philosophen einen Mund voll nahmen, waren sie nicht zu
überzeugen, es herunterzuschlucken, und wiesen den Bissen mit
starken Worten zurück.» John Ruskin, der sich an seine Studen-
tentage an Bucklands Tafel erinnerte, schrieb dazu: «Ich traf die
führenden Wissenschaftler jener Tage, angefangen mit Herschel
... Jedermann fühlte sich wohl, es ging außerordentlich locker zu
an dieser Frühstückstafel, das Menü und dessen wissenschaftliche
Erörterung waren gewöhnlich gleichermaßen interessant. Ich habe
stets den Tag bedauert, an dem ich leider verhindert war und einen
delikaten Mäusetoast verpasste.»

Die Diskussionen, die diese gastronomischen Ereignisse würz-
ten, waren zweifellos nicht weniger exotisch. Buckland war der
Meinung, die geologische Geschichte spiegele eine allmähliche
Vorbereitung der Erde auf das Auftreten des Menschen wider, und
war guten Mutes, dass eine wissenschaftliche Geschichte des Planeten mit den biblischen Berichten übereinstimmen werde. Er war
ein eindrucksvoller Debattenredner und beeinflusste bald einige
liberale Kirchenmänner seiner Zeit. John Bird Sumner, der Bischof
von Chester und spätere Erzbischof von Canterbury, verfasste
1816 eine *Treatise on the Records of Creation*, in der er Buckland

und andere Mitglieder der *Geological Society* in ihrer Auffassung unterstützte, die sechs «Tage» als sechs schöpferische «Epochen» anzusehen.

Bucklands Bestreben, die neue Wissenschaft mit der Religion zu versöhnen, bescherte ihm Unterstützung in höchsten Kreisen. Als seine Reputation wuchs, machte er die Bekanntschaft führender Persönlichkeiten seiner Zeit, darunter Lord Grenville, Kanzler der Universität Oxford, Sir Joseph Banks, der berühmte Botaniker, Sir Everard Home von der *Royal Society* wie auch hoher Politiker, beispielsweise Robert Peel. Diese mächtigen Kontakte nutzend, setzte sich Buckland für die Einrichtung eines ersten Lehrstuhls für Geologie in Oxford ein. Er versicherte Lord Grenville, die Naturwissenschaften würden natürlich der Altphilologie untergeordnet sein. «Ich würde kein einziges Teilchen von unserem System des altphilologischen Studiums hergeben», versprach er. Die Angelegenheit wurde der Regierungsspitze vorgelegt und erreichte schließlich auch Seine Königliche Hoheit, den Prinzregenten.

Im Jahre 1818 wurde mit Zustimmung Seiner Königlichen Hoheit von der Schatzkammer das Gehalt für einen Professor der Geologie in Oxford bewilligt. «Ich bin recht stolz auf die hohe Beachtung, die der noblen unterirdischen Wissenschaft von so hoch stehenden Persönlichkeiten zuteil wird», äußerte sich Buckland gegenüber Lady Mary Cole auf Penrice Castle. Eine derartige Zustimmung von führenden Vertretern der Gesellschaft erhöhte jedoch den Druck auf Buckland, das dringende Bedürfnis nach geologischen Belegen zu befriedigen, die die Heilige Schrift bestätigten, wie etwa dem einer biblischen Flut. Die religiöse Tradition war in Oxford so tief verwurzelt, dass es der jungen Wissenschaft an Glaubwürdigkeit mangeln würde, wenn es den Geologen nicht rasch gelänge, solche Beweise zu entdecken.

Durch seine Berufung als Dozent für Geologie wurde Buckland gleichzeitig Direktor des Ashmolean Museum. Und in diesem Museum, direkt unter seiner Aufsicht, mitten im Herzen Oxfords,

wurden seit mehr als einem Jahrhundert die Knochen eines unbekannten Riesentieres ausgestellt. Bereits 1677 waren sie vom ersten Kustos des Museums, einem Dr. Robert Plot, beschrieben worden. Beim Verfassen seiner *Natural History of Oxfordshire* war
Dr. Plot auf ein unerklärlich großes Fragment eines Oberschenkelknochens aus einem örtlichen Steinbruch gestoßen, der mehr als
neun Kilogramm wog. Er hatte zunächst vermutet, es handele sich
um den Knochen eines Elefanten, der während der römischen In-
vasion Britanniens nach England gebracht worden war. Als er später Gelegenheit hatte, das Skelett eines Elefanten zu studieren,
stellte er zu seiner Verwunderung fest, dass das riesige Oxford-
Fossil ganz anders aussah. Daraus ließ sich scheinbar nur ein einziger Schluss ziehen. Er schrieb, das Fossil sehe «genauso aus wie
der untere Teil eines menschlichen Oberschenkelknochens».

Im Verlauf des 18. Jahrhunderts waren weitere Riesenknochen
in den Steinbrüchen rund um Oxford gefunden worden. Joshua
Platt, ein «Kuriositätenhändler», fand bei Stonesfield, in der
Nähe von Woodstock, drei große Wirbel. Später berichtete der-
selbe Händler von dem Bruchstück eines riesigen, fast fünfundsiebzig Zentimeter langen Oberschenkelknochens, dessen Wert er
mit vier Schilling bezifferte, und dem Teil eines Schulterblattes.
Anfang des folgenden Jahrhunderts hatte Professor Kidd, Bucklands Vorgänger als Dozent für Mineralogie, die Knochen untersucht und war zu dem Schluss gekommen, dass sie von einem großen Säuger stammten. Als William Buckland 1818 Direktor des
Museums wurde, äußerte er sich nicht zu dem unbekannten Geschöpf, obwohl er wahrscheinlich um seine Meinung gebeten
wurde. Nicht zu klassifizieren und Gegenstand fantastischster
Spekulationen, waren die Knochen einerseits wohl bekannt und
galten als gewöhnliche Objekte, verkörperten aber andererseits
eine Vergangenheit von unvorstellbarer Fremdheit.

Später im Verlauf des Jahres hatte Buckland Gelegenheit, seine
einzigartige Form englischer Gastfreundschaft einem sehr distin-
guierten französischen Besucher angedeihen zu lassen: Georges

Cuvier. Cuvier war dabei, seinen ausführlichen Überblick über Fossilien, *Recherches sur les ossements fossiles*, auf den neuesten Stand zu bringen, und wollte die jüngst entdeckten Riesenknochen in Oxford sehen. Inzwischen genoss er in ganz Europa einen beinahe schon legendären Ruf. Auf die fünfzig zugehend, der kräftige rote Haarschopf längst verblasst, machte der «Napoleon des Verstandes» überall, wo er auftrat, einen tiefen Eindruck, und das Selbstvertrauen, das aus einem lebenslangen «Rechthaben» erwuchs, war nahezu körperlich spürbar. Über Cuvier hieß es, seine Bibliothek – die rund 19 000 Bände enthielt – sei ihm so vertraut, dass er sich an alles erinnern und jeden Band oder jede Abhandlung, die er brauchte, in Sekundenschnelle finden könne. Er war mit Auszeichnungen überhäuft und 1813 zum Staatsrat ernannt worden; später erhielt er sogar den Ehrentitel Baron.

Cuvier besuchte das Ashmolean Museum und fand eine Vielzahl riesiger Knochen vor: Zähne, Wirbel, Rippen, den Teil eines enorm großen Oberschenkelknochens und verwirrende Bruchstücke anderer Knochen. Mit Ausnahme einiger Wirbel waren nicht zwei der gefundenen Knochen miteinander verbunden. Anhand der Einzelknochen ließ sich unmöglich sagen, ob sie von verschiedenen Tieren unterschiedlichen Alters und unterschiedlicher Größe stammten oder zu ein und demselben Wesen gehörten. Obwohl es keine Aufzeichnungen darüber gibt, was Buckland und Cuvier 1818 besprachen, zeigt der folgende Briefwechsel zwischen beiden, dass Cuvier das Puzzle in null Komma nichts gelöst hatte.

Der erste Hinweis stammte aus dem Gestein selbst. Die Knochen aus Stonesfield wurden in beträchtlicher Tiefe gefunden. Das Gestein wurde abgebaut, um damit die Dächer neuer Gebäude zu decken, und war nur tief in der Erde zu finden. «Sie steigen senkrechte Schächte durch soliden, mehr als zwölf Meter dicken Fels … in die schieferhaltige Schicht … hinab, die diese Überreste enthält», schrieb William Buckland. Die riesigen Knochen «liegen nicht in Spalten und Höhlen, sondern sind völlig eingebettet in eine tief gelegene geologische Schicht … die sich von der Gegend um Stamford in Lincolnshire bis nach Hinton in der Nähe von Bath erstreckt».

Buckland hatte diese Gesteinsformationen untersucht und die früheren Arbeiten des Landvermessers William Smith bestätigt, denen zufolge der Stonesfield-Schiefer direkt über einer Schicht lag, die in der geologischen Abfolge als «der oolithische Kalkstein» von Bath bekannt war. Dieser oolithische Kalkstein galt ganz zu Recht als sehr alt, er hatte sich zur selben Zeit wie die «jurassischen Kalksteinschichten» auf dem Kontinent gebildet und lag deutlich unter dem Kreidekalk in der sekundären Formation. Kein Säuger war jemals in einer derart frühen geologischen Abfolge gefunden worden; Cuviers Großsäuger waren in jüngeren, tertiären Formationen entdeckt worden. Obwohl der Oberschenkelknochen mit seinem untersetzten, geraden, vertikal ausgerichteten Schaft Säugermerkmale aufwies, kam Cuvier bei näherer Untersuchung der Knochen rasch zu der Überzeugung, dass sie mit sehr viel höherer Wahrscheinlichkeit von einem Reptil und nicht von einem Säuger stammten.

Anders als bei Gideon Mantells Entdeckungen in Sussex steckten die riesigen Zähne, die im Ashmolean ausgestellt wurden, noch im Kiefer, und auch das lieferte einige wichtige Hinweise. Obwohl die Größe der Zahnhöhlen längs des Kiefers variierte, hatten sie allesamt die gleiche Form, wie es für Reptilien typisch ist. Neben den ausgewachsenen Zähnen schauten winzige, spitze Zähnchen aus dem Kieferknochen, ebenfalls ein Hinweis auf ein Reptil, denn diese verfügen über Ersatzzähne, die das ganze Leben lang nachwachsen. «Die üppige Ausstattung dieses Geschöpfes», schrieb Buckland, «mit einem großen Vorrat an jungen Zähnen, die rasch den Platz derjenigen einnehmen können, die abgenutzt oder abgebrochen sind, ist höchst bemerkenswert.» Cuvier war überzeugt, dass die Knochen zu einem Reptil gehörten, und zwar sowohl aufgrund des Gesteinsalters als auch aufgrund der Kiefermerkmale, und so konnte er mit einiger Sicherheit behaupten, dass dieses Tier noch weitere Reptilienmerkmale aufgewiesen habe: Es war ovipar, Eier legend, gewesen und hatte eine trockene, schuppige Haut besessen.

Viel schwerer zu sagen war, um welche *Art* von Reptil oder Schuppentier es sich gehandelt haben könnte. Cuvier war sich sicher, dass dieser Angehörige der Klasse Reptilia keine Schildkröte war, denn es gab keinen Panzer, und die typische Kopf- und Wirbelform fehlte. Das größte damals bekannte Reptil war ein Krokodil. Diese Knochen hatten einiges mit Krokodilknochen gemeinsam, zum Beispiel die doppelköpfigen Rippen und die Wirbel mit ihren flachen, artikulierenden Oberflächen; zudem wies der riesige Oberschenkelknochen einen vierten Trochanter auf, eine zusätzliche Ansatzstelle für die Muskulatur. Säuger haben nur drei derartige Muskelansatzstellen oben am Oberschenkelknochen, Krokodile hingegen wie das unbekannte Geschöpf vier, die der mächtig entwickelten Schwanzmuskulatur als Ansatz dienen. Hier endeten die Ähnlichkeiten jedoch.

Im Gegensatz zu den kegelförmigen, gefurchten Zähnen von Krokodilen waren diese Zähne seitlich abgeplattet und wiesen über die gesamte Höhe des Zahnschmelzes lange, gesägte Schneiden wie ein Steakmesser auf. Die Außenfläche des Kiefers zeigte auffällige Öffnungen für den Durchtritt von Nerven und Blutgefäßen, die auf eine sehr gute Blutversorgung hinwiesen; die Kiefermuskulatur war also augenscheinlich sehr «aktiv» gewesen. Und während ein Krokodilkiefer lang und dünn ist und spitz zuläuft, war dieses Unterkieferfragment kurz, hoch und schmal und seitlich abgeplattet. Da das fast dreißig Zentimeter lange Teilstück keinerlei Krümmung aufwies, schien es wahrscheinlich, dass der Kiefer dieses Geschöpfes in einer stumpfen, geraden und sehr schmalen Schnauze geendet hatte. Cuvier kam zu dem Schluss, diese Knochen ähnelten von allen lebenden Tieren am stärksten denjenigen einer Fleisch fressenden Echse, eines Warans. Es gab jedoch einen entscheidenden Unterschied: die Größe. Wenn man den Oberschenkelknochen, der einen Umfang von fünfundzwanzig Zentimetern hatte, mit dem entsprechenden Knochen des Warans verglich, dann war er einfach gigantisch. «Aufgrund dieser Abmessungen», schrieb Buckland, «ist dem Individuum, dem dieser Knochen gehörte, von Cuvier eine Länge von mehr als zwölf Metern und eine Masse wie die eines 2,10 Meter hohen Elefanten zugeschrieben worden ... wir können mit Sicherheit davon ausgehen, dass seine Größe die aller heute lebenden Eidechsen bei weitem übertroffen hat.»

Auch wenn die Unterlagen in den Archiven vermuten lassen, dass Buckland all diese Informationen bei seinem Treffen 1818 mit Cuvier und in dem darauf folgenden Briefwechsel gesammelt hatte, zeigte er keine Eile, die Befunde zu publizieren. Seine Zurückhaltung, das Ergebnis öffentlich zu verkünden, könnte einfach vernünftige wissenschaftliche Vorsicht gewesen sein. Anders als die Ichthyosaurier, die Mary Anning in Lyme gefunden hatte, waren die Stonesfield-Tiere alles andere als vollständig. Aber Buckland war sich auch durchaus bewusst, dass die anglikanischen Autoritäten, die ihm geholfen hatten, von der Schatzkammer sein Gehalt als Professor zu erhalten, darauf hofften, er werde sämtliche geologischen Entdeckungen mit der Bibel in Einklang bringen. Ein mehr als zwölf Meter langes Krokodil war dafür kaum der geeignete Kandidat. Schließlich stand von einem derart fantastischen, fast sagenhaften Geschöpf nichts in Mosis Schöpfungsbericht.

Statt seine Zeit damit zu verbringen, die Steinbrüche nach weiteren Hinweisen für sein riesiges Reptil zu durchkämmen, nahm Buckland eine völlig andere Suche in Angriff: Er wollte Beweise für die Sintflut finden. Im Jahre 1819 hielt er in Oxford seine Antrittsvorlesung in Geologie: «*Vindiciae Geologicae* oder Eine Erklärung der Verbindung zwischen Geologie und Religion». Mit großer Ehrerbietung vor der altphilologischen Tradition erläuterte er, warum «kein Übel zu erwarten» sei, wenn die Geologie «der Religion als Magd» dienen dürfe. Er versicherte den Bischöfen und Dekanen in der Zuhörerschaft, es werde zwischen Gottes «Werken» und seinen «Worten» keinen Gegensatz geben. Das

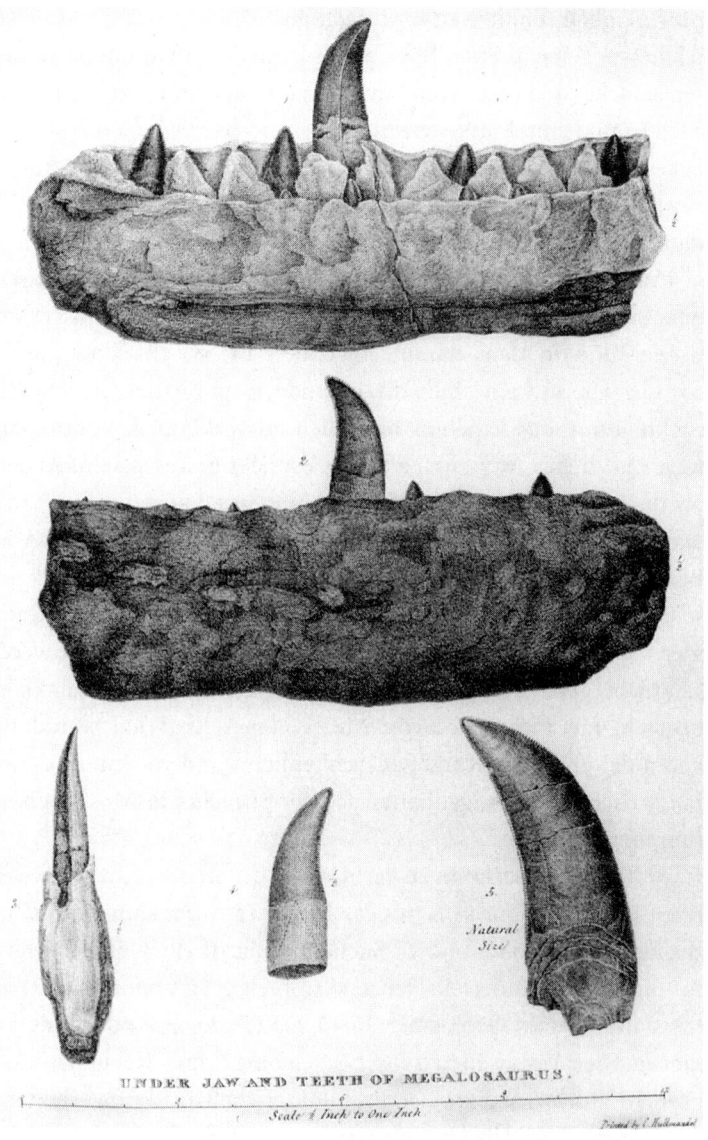

Der Unterkiefer des Fleischfressers im Ashmolean Museum, bei dem die jungen Ersatzzähne zu erkennen sind – ein typisches Reptilienmerkmal.

Ungeheuer von Stonesfield wurde nicht erwähnt, stattdessen legte Buckland seine Überzeugung dar, dass diese neue Wissenschaft Beweise für den erdgeschichtlich jungen Ursprung des Menschen und die Sintflut liefern werde.

Um diese Zeit, 1819, meinte Buckland, er habe genügend überzeugende Beweise für die Sintflut gesammelt. In Begleitung seines Freundes, des geologischen Enthusiasten Graf Breunner aus Wien, untersuchte er die Vorkommen von Quarzkieseln und Quarzkies in England. Sie wiesen diesen Kies «in den Ebenen von Warwickshire, den Midlands, auf einigen Hügeln in Oxfordshire und im Tal der Themse ... bis nach London» nach. Später, im Herbst, schrieb Buckland einen Artikel für die *Geological Society* über «die Belege für die jüngst erfolgte Sintflut», in dem er die These aufstellte, die reißenden Sturzwasser der «ersten Flutwelle der herannahenden Sintflut» hätten diesen Kies über Südengland verteilt. Es sei ihnen gelungen, so meinte er, den tatsächlichen Weg der Sintflut aufzuspüren.

Der nächstgelegene Herkunftsort, auf den Buckland und der Graf die Kiesel zurückführen konnten, war Lickey Hill in Worcestershire: «Sie weisen an Bruchstellen den gleichen glasigen Glanz auf ... überall die gleichen kleinen, zerfallenen Feldspat-Kristalle.» Daher nahmen die beiden Geologen an, die Kiesel stammten aus Worcestershire und seien «von den Wassern der Sintflut mitgerissen worden». Als die Flut wieder zurückwich, «höhlten Gewicht und Kraft des Wassers die Ketten von mächtigen Bergrücken und Tälern aus», wie man sie beispielsweise zwischen Bath und Stow-on-the-Wold sieht. Obwohl Buckland keine geologischen Hinweise finden konnte, die erklärt hätten, was das Hochwasser ausgelöst hatte, und auch seine Ausmaße nicht näher beschreiben konnte, zweifelte er nicht daran, dass es einstmals eine riesige Flutwelle gegeben hatte.

Mit seiner Suche nach Belegen für eine Flut hoffte Buckland, philosophische Fragen zu lösen, die im Zentrum der Geologie standen. Das würde der neuen Wissenschaft nicht nur Glaubwürdigkeit verleihen, sondern auch Licht auf das Schicksal der «früheren Welten» werfen, die die Geologen entdeckt hatten. Es gab bisher noch kein System, innerhalb dessen ein Geschöpf wie *Ichthyosaurus* oder das seltsame Reptil aus Stonesfield verstanden werden konnte. Woher kamen diese Ungeheuer, und vor allem, was war mit ihnen geschehen? Warum hatte Gott diese Kreaturen wieder vom Antlitz der Erde verbannt? In England, wo der anglikanische Glaube akademische Zentren wie Oxford dominierte, war die beste Begründung für das Aussterben die biblische Sintflut. Aber in Frankreich begannen Naturforscher, neue Ideen zu entwickeln.

Seit der Entdeckung, dass Säugerarten wie Mammut und Mastodon von der Erdoberfläche verschwunden waren, wurde das Rätsel um das Aussterben am Muséum National d'Histoire Naturelle in Paris heftig diskutiert. Georges Cuvier und ein älterer Kollege am Museum, der «Professor für Insekten und Würmer», Jean-Baptiste Lamarck, hatten dazu radikal gegensätzliche Theorien entwickelt. Lamarck zufolge waren die Arten nicht unbedingt ausgestorben; sie hatten sich lediglich durch «Transmutation» in andere Lebensformen verwandelt.

Lamarcks Denken entstammte dem Glauben des 18. Jahrhunderts, dass alle Lebewesen durch unsichtbare Übergänge miteinander verbunden waren; die Natur war eine kontinuierliche «Kette des Lebens». Die einfachsten Organismen auf der Stufenleiter waren diejenigen, die die Minimalbedingungen für Leben erfüllten, und der Mensch, die höchste Lebensform, stand an der Spitze der Hierarchie. Die große Kette des Lebens war ein Versuch, die unglaubliche Vielfalt von Lebensformen ohne eine Chronologie zu erklären, die die Reihenfolge hätte anzeigen können, in der die Tiergruppen auf Erden erschienen waren. Wenn Organismen auf dieser «Stufenleiter des Lebens» nach größerer Perfektion strebten, so konnten sie sich nach Lamarcks Überzeugung, indem sie sich an ihre Umgebung anpassten, selbst umwandeln. Sich ändernde Umweltbedingungen führten bei Tieren zu neuen Reaktionen, die schließlich zur Gewohnheit wurden. Durch häufigen Gebrauch oder Gewohnheiten konnten sich Organe dauerhaft verändern und erlaubten auf diesem Wege das Fortschreiten von Tierformen zu komplexeren Typen *ohne* einen speziellen göttlichen Schöpfungsakt. Das ist es, was er mit «Transmutation» von Arten meinte. In seinem 1809 publizierten Werk *Philosophie zoologique* (*Zoologische Philosophie*) legte er seine These dar, nach der sich niedere Kreaturen zu höheren Lebensformen «entwickeln» konnten.

Lamarck hatte wenig in der Hand, um seine Vorstellung zu untermauern; die Fossildaten waren Anfang des 19. Jahrhunderts so unvollständig, dass sich eine Progression des Lebens auf Erden nicht belegen ließ. Aufgrund seiner Untersuchungen an fossilen Wirbellosen konnte er nur zeigen, dass sich die fossilen Weichtiere aus alten sekundären Gesteinsformationen, wie Ammoniten und Belemniten, sehr stark von lebenden Arten unterschieden. Zudem konnte er keinen überzeugenden Mechanismus vorschlagen, um zu demonstrieren, wie die Evolution verlaufen sein könnte. Nichtsdestotrotz beschrieb er in seinen Vorlesungen die Wirbellosen als die primitivsten Lebensformen, und sie waren, so spekulierte er, «vielleicht diejenigen, mit denen die Natur begann, während sie mit Hilfe von viel Zeit und günstigen Umständen all die anderen formte». Seine Vorstellungen über Entwicklung implizierten, dass keine Art wirklich ausstarb – Arten wurden lediglich in neue Arten umgewandelt. «Man sollte nicht annehmen», schrieb er 1802, «dass irgendeine Art wirklich verloren gegangen oder ausgestorben ist.»

Jean-Baptiste Lamarcks revolutionäre Gedanken führten zu beunruhigenden Schlussfolgerungen. Konnten sich Intelligenz und rationales Denken, die gottgegebenen Attribute, die den Menschen von den Tieren unterschieden, aus primitiveren Lebensformen entwickelt haben? Wenn sich Organismen umwandeln und sich aus niederen Formen höhere Formen entwickeln konnten, dann war der Mensch nicht eigens von Gott geschaffen. Bucklands Freund Conybeare war einer der vielen, die Lamarcks «lächerliche» Theorie ablehnten. Es sei eine «derart *monströse* Idee», teilte Conybeare der *Geological Society* 1821 mit, «dass es schon der Leichtgläubigkeit eines materialistischen Philosophen bedarf, um sie auch nur für einen einzigen Augenblick zu erwägen, und ebensolcher Borniertheit, um sie zu verteidigen». Die Vorstellung, dass die Natur autonom sei und zufällig höhere Lebensformen, darunter auch den Menschen, generieren könne, wurde außerordentlich feindselig aufgenommen und rundweg verdammt.

In Frankreich hatte Lamarck Schwierigkeiten, auch nur einen Verleger für seine Ideen zu finden. Cuvier stand diesem «evolutionistischen» Denken derart ablehnend gegenüber, dass er Kaiser Napoleon geraten haben soll, eine Kopie von Lamarcks *Philosophie zoologique* zurückzuweisen – eine gut vorbereitete öffentliche Demütigung seines Kontrahenten. In seinen Vorlesungen spottete Cuvier über die Vorstellung, Organe könnten sich durch ständigen Gebrauch verändern, und griff Lamarcks Ansicht an, das gesamte Tierreich sei in einem einzigen Stammbaum vereinigt. Cuvier hielt die Unterschiede zwischen einem bescheidenen Weichtier und einem komplexen Wirbeltier für zu groß, als dass sie aus einer kontinuierlichen Kette entstanden sein könnten.

Cuvier hatte eine andere Theorie entwickelt, um das Aussterben von Arten zu erklären, die so genannte Katastrophentheorie. Der zufolge hatten gewaltige Umwälzungen frühere Welten hinweggefegt und alle alten Lebensformen vernichtet. Diese Vorstellungen resultierten aus Untersuchungen, die er mit einem Kollegen vom Muséum National d'Histoire Naturelle, dem Mineralogieprofessor Alexandre Brongniart, durchgeführt hatte. Gemeinsam hatten sie die Bedingungen, unter denen Fossilien in den tertiären Gesteinsformationen des Pariser Beckens eingeschlossen worden waren, im Detail studiert. Vier Jahre lang bestiegen sie fast jede Woche ihre Kutsche und fuhren ins Seine-Tal.

Über dem Kreidekalk der sekundären Schichten identifizierten sie mehrere wichtige tertiäre Formationen. Jede Gesteinsschicht enthielt ihre eigenen typischen Fossilien, in einigen fanden sich marine Wirbellose, in anderen nur Süßwasserbewohner. Diese alternierenden Strata mit Meeres- und Süßwasserformen ließen die beiden Wissenschaftler zu der Überzeugung gelangen, dass es wiederholt zu einer Überflutung mit Meerwasser gekommen war. Da die Übergänge zwischen Meeres- und Süßwasserformationen derart «abrupt» waren, zogen sie den Schluss, das Meer sei plötzlich vorgedrungen, habe das Land für längere Zeit überflutet und dessen Fauna ausgelöscht.

Georges Cuvier

Der alte Erdball, argumentierte Cuvier in seinem *Essay on the Theory of the Earth*, war von einer Reihe «Umwälzungen» heimgesucht worden, «die so tief greifend waren, dass … der Faden der Natur von ihnen durchtrennt und ihr Fortgang verändert wurde». Er nahm an, dass es vor der Schöpfung des Menschen mehrere verschiedene Perioden in der Erdgeschichte gegeben habe, wie die unterschiedlichen, mit Fossilien gefüllten Gesteinsschichten in der Erdkruste belegten. Jede Periode endete mit einer dramatischen geologischen «Katastrophe», bei der Arten ausstarben. «Das Leben auf dieser Erde ist häufig von schrecklichen Ereignissen gestört worden», schrieb Cuvier. «Zahllose Lebewesen sind diesen Katastrophen zum Opfer gefallen, und ihre Arten sind seitdem ausgestorben.»

Bei der Übersetzung von Cuviers Essay ins Englische stellte der Herausgeber, Professor Robert Jameson von der Universität Edinburgh, Cuviers Theorie so dar, als sei die jüngste «Katastrophe» tatsächlich die biblische Sintflut gewesen. Das war eine offensichtliche Fehlübersetzung der ursprünglichen Ideen des Franzosen, die sich auf Untersuchungen im Pariser Becken stützten. Nichtsdestotrotz wurde dies in England als gewichtige wissenschaftliche Unterstützung der Bibel gewertet. William Buckland pries Cuviers «unschätzbare Abhandlung» und war eifrig bestrebt, dessen Vorstellungen von wiederholten marinen Überflutungen auf «eine jüngst erfolgte Sintflut, die sich über die Oberfläche des gesamten Erdballs erstreckte», auszudehnen. Er hoffte auch zu zeigen, wie dies mit den Gesteinsschichten korrespondieren könnte, die die Erdkruste bildeten.

Bis 1821 hatten Buckland und seine Freunde von der *Geological Society* beträchtliche Fortschritte bei der Kartierung der Gesteinsabfolge in England vollbracht. Auf William Smith' frühen Arbeiten aufbauend, identifizierten sie mehrere wichtige Formationen in der sekundären Schichtung und ergänzten Cuviers Untersuchungen der darüber liegenden tertiären Gesteinsschichten. Nur wenig war bis dahin über den Aufbau der ältesten Lagen, der

Populäre Vorstellung von der Sintflut (*The Deluge*), gemalt von John Martin, 1828.

primären Schicht und der Übergangsschicht, bekannt. Nichtsdestoweniger hatten Buckland und seine Kollegen einen Blick in eine Periode der Erdgeschichte geworfen, die heute als «Devon» bezeichnet wird und die am tiefsten gelegenen sekundären Schichten umfasst. Sie nannten diese uralten Gesteine den «Old Red»-Sandstein. Darüber identifizierte Buckland jüngere Formationen: den «kohlehaltigen Kalkstein», gefolgt von «Kohleflözen», den «New Red»-Sandstein» (triassisch), den «Jura-Kalk» (jurassisch) und schließlich die jüngsten Schichten, Kreidekalk und Grünsand (kreidezeitlich). Diese Formationen bildeten zusammen die wichtigsten Perioden der sekundären Folge. Traurig für William Smith: Als die Gentlemen-Geologen der *Geological Society* von London ihre Karte publizierten, gingen die Verkäufe seiner Karte beinahe auf null zurück. Smith wurde so arm, dass er sogar eine Zeit lang im Schuldturm verbrachte.

Zwar war über die Fossilien in den verschiedenen Schichten

nur wenig bekannt, doch diese Klassifikation der sekundären Gesteinsformationen erwies sich als bemerkenswert genau und hält selbst heute noch jeder Überprüfung stand. Wenn sich jede Gesteinsschicht über unzählige Jahre hinweg aufgrund allmählicher Abtragung und Ablagerung bildete, wie James Hutton behauptet hatte, unterstützte diese Klassifikation entschieden die Vorstellung, vor der Schaffung des Menschen habe es geologische Epochen von sehr langer Dauer gegeben. Buckland war dabei, einen Blick auf weit entfernte Perioden zu erhaschen, deren Kenntnis ihm helfen konnte, die in der Erdkruste vergrabene frühe Vorgeschichte unseres Planeten zu enthüllen.

Buckland war bestrebt, alle Beweisfäden miteinander zu verknüpfen: die Abfolge der Gesteinsschichten, Cuviers «Katastrophen» und die biblischen Berichte von einer Sintflut. Seine Chance kam im weiteren Verlauf des Jahres 1821, als Steinbrucharbeiter in Kirkdale in Yorkshire auf eine Höhle stießen, die alte fossile Knochen enthielt. Sofort eilte er zum Fundort, voller Hoffnung, dort auf weitere Erkenntnisse zu stoßen. Sicherlich waren die Tiere von den schrecklichen Wirbeln der Sintflut in die Höhle geschwemmt worden? Was er fand, war seltsamer als alles, das er sich hätte träumen lassen können.

Auf Händen und Knien drang er im Lichtschein einer Kerze immer tiefer ins Höhleninnere vor, wobei die Stimmen seiner Begleiter in der uralten Stille hallten. Seit Jahrhunderten ungestört, teilte sich die Höhle bald in mehrere Passagen, die sich über mehr als sechzig Meter in den Hügel erstreckten. Zuerst war alles, was er erkennen konnte, Schlamm und Matsch, doch nach und nach wurde deutlich, dass die Szenerie viel schauerlicher war. Im Schatten der Stalagmiten und Stalaktiten «war der Boden der Höhle vom einen bis zum anderen Ende mit Hunderten von Zähnen und Knochen bedeckt». «Kaum ein einziger Knochen, der nicht zerbrochen war», äußerte er.

Zeichnungen der Fossilien wurden zu Georges Cuvier gesandt, der Bucklands Verdacht bestätigte, dass die Knochen von vielen verschiedenen Tierarten stammten und wild zusammengewürfelt waren. Sie gehörten zu Geschöpfen, die niemals zusammengelebt hätten: Tigern und Hirschen, Bären und Pferden, zudem ausgestorbenen Arten von Elefant, Nashorn, Flusspferd und Hyäne. Überdies war schwer vorstellbar, auf welche Weise große Tiere, wie Elefanten, durch den gerade einmal sechzig Zentimeter breiten Zugang zur Höhle gepasst haben sollten. Und was noch verblüffender war: Buckland stellte an den gesplitterten Fragmenten und den Zahnspuren fest, dass alle Knochen offenbar *halb aufgefressen* waren.

In Buckland begann der Verdacht aufzukeimen, es handele sich um einen uralten Hyänenschlupfwinkel und die größeren Tiere seien – ein Kadaverteil nach dem anderen – in die Höhle hineingezerrt worden. Um seine Theorie zu testen, importierte er eine

Karikatur von William Conybeare, die William Buckland zeigt, wie er die Höhle von Kirkdale betritt.

Hyäne vom Kap und verglich die Biss- und Kauspuren auf den von
ihr angefressenen Knochen mit denjenigen aus der Höhle. Bald
darauf teilte er einem Freund höchst erfreut mit: «Billy [die
Hyäne] hat an Rinderschienbeinen wunderbare Arbeit geleistet
und genau diejenigen Teile übrig gelassen, die in Kirkdale übrig
geblieben sind, und das verschlungen, was in Kirkdale fehlt ... so
wunderbar gleich waren die Knochen in ihren Brüchen ... dass es
unmöglich war zu sagen, welcher Knochen von Billy durchgebis-
sen worden war und welcher von den Hyänen von Kirkdale!»

Buckland sammelte in der Höhle mehr als dreihundert Hyä-
neneckzähne und dazu die Knochen von über fünfundsiebzig Hyänen. Durch Vergleich mit den Skeletten rezenter Arten fand Cuvier
heraus, dass «die fossile Hyäne fast um ein Drittel größer war als
die größte moderne Art. Ihre Schnauze war kürzer und stärker ...
und ihr Biss kräftiger». Da es sich bei der Hyäne um eine Form
handelte, die in der Gegenwart nur in wärmeren Breiten vor-
komme, argumentierte Buckland, müsse in Nordeuropa einst eine
höhere Temperatur geherrscht haben. Seine Deutung der Höhle
als alte Hyänengrube hat sich als richtig herausgestellt, und als er
der *Royal Society* seine Vorstellungen schilderte, wurden sie dort
so gut aufgenommen, dass er mit der renommierten Copley-Me-
daille der Gesellschaft geehrt wurde, die zuvor noch nie an einen
Geologen gegangen war.

Buckland erklärte der *Royal Society*, die Hyänen hätten «in
der vorsintflutlichen Periode, unmittelbar der Sintflut vorausge-
hend» gelebt, und er vermute, die ausgestorbenen Arten in der
Höhle seien der biblischen Flut zum Opfer gefallen. Diese Schlussfolgerungen basierten auf der Annahme, dass es seit der Sintflut
keine Berichte über diese Art in Europa gab. Da die Knochen im
Schlamm so gut erhalten waren, nahm er an, die Tiere seien plötzlich umgekommen, und aufgrund des Umfangs der Stalagmiten in
der Höhle oberhalb des Schlamms schätzte er, dass die Überflutung vor sechstausend Jahren stattgefunden haben müsse. Im
Jahre 1823 veröffentlichte Buckland eine vollständige Abhand-

lung mit dem Titel *Reliquiae Diluvianae, or Relics of the Deluge*, in der er versuchte, diese Höhlenstudie und seine früheren Arbeiten über Kies mit Cuviers jüngster «Katastrophe» in Übereinstimmung zu bringen.

Cuviers Untersuchungen im Pariser Becken hatten darauf hingedeutet, dass während jeder lokalen Katastrophe Land und Meer einander abgewechselt haben; das spiegelte sich in den alternierenden Schichten aus marinen Strata und Landstrata wider. Da die Yorkshire-Höhle von Hyänen bewohnt war, *bevor* die Katastrophe sie vernichtete, nahm Buckland an, dass diese Region vor und nach der Flut Festland gewesen war. Die Flut, so argumentierte er, war ein vorübergehendes Ereignis gewesen, währenddessen das Land unverändert fortbestand. Das stützte seine Ansicht, dass jede Flut als Brandungs- oder Gezeitenwelle gesehen werden sollte, nicht als ein länger andauerndes Ereignis. Er versuchte auch nachzuweisen, dass die Flut den ganzen Erdball bedeckt hatte. Die in der Höhle aufgefundenen Fossilien waren identisch mit jenen, die in Ton- und Kiesablagerungen überall in Europa entdeckt worden waren; daher vermutete Buckland, dasselbe katastrophale Ereignis habe die Tiere in der Höhle getötet und den Kies an seine heutige Position geschwemmt. Derartige Kiesvorkommen waren unter ähnlichen Gegebenheiten in ganz Europa zu finden, so auch «auf Hügeln, auf die sie kein Fluss hätte verdriften können».

Obwohl *Reliquiae Diluvianae* ungemein populär wurde und fast sofort vergriffen war, löste das Werk eine Lawine von kritischen Kommentaren seitens konservativer Theologen aus, die die Bibel wörtlich nahmen, an jedem Buchstaben klebten und jede Schlussfolgerung ablehnten, die in ihren Augen die Macht der Sintflut reduzierte. Keineswegs sei diese Höhle ein Hyänenschlupfwinkel gewesen, wetterte Reverend George Young, ein Gottesmann aus Yorkshire, sondern die Ehrfurcht gebietende Gewalt der Flut habe die Tiere Glied für Glied auseinander gerissen und ihre durcheinander gewirbelten Überreste in Felsspalten und Höhlen gedrückt. Die Brüche und «Bissspuren» gingen nicht darauf zurück, dass die Knochen angefressen worden waren, sondern zeugten vielmehr von dem «wilden Durcheinander» der gewaltigen Wasserstrudel, in denen die Tiere hin und her geworfen und verstümmelt wurden. Auch andere äußerten Zweifel, dass in England einst tropische Tiere gelebt hatten. Diese seien in Yorkshire gestrandet, weil die mächtigen Strömungen sie Tausende von Kilometern mitgerissen hatten. «Können wir mit den Geologen den Schluss ziehen, dass England einst von tropischen Tieren bewohnt gewesen sein muss, nur weil man heute ihre zerbrochenen und verstreuten Überreste hier findet?», protestierte der Theologe George Fairholme. «Wäre dies nicht die Hypothese einiger unserer fähigsten Geologen, hätte man sie sicherlich als das Resultat unbesonnenster Ignoranz bezeichnet!»

Als sich in Reaktion auf Bucklands Darstellung der Sintflut der Widerstand formierte, attackierten andere theologische Gelehrte die Vorstellung, die Flut habe nur die Oberfläche des Erdballs betroffen. In Mosis Bericht «brachen alle Sprudel des großen Meeres auf», und die Erdkruste wurde von mächtigen, reißenden Wassermassen völlig zerstört. Buckland zufolge war die Flut eine recht bescheidene Angelegenheit gewesen und hatte sich lediglich darauf beschränkt, oberirdische Kiesmassen zu verschieben. Es dauerte nicht lang, bis die Bibeltreuen auch gegen Bucklands Grundannahme Sturm liefen, es habe vor der Flut geologische Epochen von immenser Dauer gegeben.

Nach Meinung des Bibelgelehrten George Cumberland waren während der Sintflut mehrere tausend Fuß mächtige Gesteinsschichten zerstört worden. «Die Wassersprudel im Innersten der Erde brachen auf», meinte er. «Weltweit muss es zu einer Absenkung gekommen sein. Das alles muss sehr rasch vor sich gegangen sein, und es müssen sich immens dicke Gesteinsschichten gebildet haben, angefüllt mit den Trümmern der zerbrochenen Oberfläche.» Es sei keineswegs so, dass sich die Strata fast unmerklich über unzählige Jahre bilden; ganz im Gegenteil, behauptete Cumberland, sei es zu einer «plötzlichen Produktion einer mächtigen

Folge von Gestein» gekommen. «Eine Welt wie die unsrige kann sehr wohl augenblicklich in all ihrer vollendeten Schönheit entstehen.» Reverend Young lieferte sogar eine Einschätzung der Geschwindigkeit, mit der sich die Erdkruste gebildet habe: «Vorausgesetzt, es gibt Strömungen, die das nötige Material liefern, können sich Strata mit einer Rate von 900 Fuß [ca. 275 Meter] pro Monat bilden!», verkündete er.

George Fairholme gab dem Gefühl der Empörung Ausdruck, das der anmaßenden neuen Wissenschaft entgegenschlug, die es wagte, die Berichte der Bibel in Zweifel zu ziehen. «Es ist nicht unbekannt, welch gottlosen Eifer ungläubige Professoren an den Tag legen können … um jede wissenschaftliche Tatsache in einen Sophismus gegen die Heilige Schrift und die ewige Wahrheit zu verdrehen. Vor diesen offenen Lästerern … haben wir keine Angst, denn die Bibel hat nichts zu verlieren, wenn man sie testet, ebenso wenig wie Gold im heißesten Schmelztiegel», predigte er. «Die Tore der Hölle selbst können nicht gegen das Wort Gottes bestehen.»

William Buckland mit seinem stürmischen Selbstvertrauen und seinem großen Enthusiasmus für seine «edle Untergrundwissenschaft» versuchte wie üblich, zwischen diesen Hindernissen hindurchzusteuern. Aber sogar seine Kollegen von der *Geological Society* stellten einige seiner Schlussfolgerungen infrage. Wie konnte er annehmen, dass die Flut global war, wenn man Kies nur in nördlichen Hemisphären fand? Je mehr sich Reverend Buckland darum bemühte, die geologischen Befunde mit den Berichten der Bibel in Einklang zu bringen, desto mehr Fragen schienen aufzutauchen. War die Sintflut ein vorübergehendes Ereignis gewesen, oder hatte sie länger angedauert, war sie lokal oder global gewesen? Hatten die Wasser nur oberflächliche Schichten zerstört oder die ganze Erdkruste? Waren Tierarten bei einer einzigen biblischen Flut ausgestorben oder aufgrund einer Reihe von Cuvier'scher «Katastrophen»? Oder war es vielleicht sogar so, wie Lamarck vermutete, und Tierarten waren gar nicht wirklich ausgestorben, sondern hatten sich nur in andere Formen umgewandelt?

Mit einer gewissen Berechtigung fasste ein schottischer Geistlicher, John Flemming, die allgemeine Verwirrung in einem Artikel für das *Edinburgh New Philosophical Journal* so zusammen: «Die geologische Flut, wie von Baron Cuvier und Professor Buckland interpretiert, steht im Widerspruch zum Zeugnis von Moses und den Phänomenen der Natur.» In Oxford wurde Bucklands Dilemma in einer populären Satire, *Facetiae Diluvianae*, unsterblich gemacht, bei der Buckland Noah trifft und jeder die Verwirrung des anderen nur noch steigert.

Angesichts dieses Sturms bei der Geburt der neuen Wissenschaft kann es kaum überraschen, dass der von allen Seiten angegriffene Professor Buckland keinen Wert darauf legte, in dieser Situation die unglaubliche Entdeckung eines rund zwölf Meter langen Krokodils zu verkünden. Georges Cuvier in Paris wurde jedoch langsam ungeduldig, weil er die Erkenntnisse über das Stonesfield-Reptil in die aktualisierte Auflage seiner *Recherches sur les ossements fossiles* aufnehmen wollte. Im September 1820 schrieb sein Assistent Joseph Pentland vom Muséum National in Paris an Buckland: «Werden Sie uns das Stonesfield-Reptil schicken, oder werden Sie die Daten selbst veröffentlichen?» Buckland, daheim in heftige Kontroversen verwickelt, zögerte. Ein Jahr später erwähnte auch Reverend Conybeare die riesige, Fleisch fressende Echse von Stonesfield in seinem Artikel über den *Ichthyosaurus* und fügte hinzu: «Es ist zu hoffen, [dass Buckland] der Öffentlichkeit bald die Ergebnisse seiner Beobachtungen zugänglich macht.» Aber das tat Buckland nicht. Kurz darauf schrieb Pentland erneut und drängte Buckland, die Einzelheiten seiner Untersuchungen zu veröffentlichen. Und wieder reagierte Buckland nicht.

Daher lagerten die riesigen Knochen weiterhin im Ashmolean Museum, sorgfältig präpariert und ordentlich in Glaskästen ausgestellt, eine unerklärte Kuriosität. Durch lange Gewöhnung waren sie fast unsichtbar geworden; seit mehr als einem Jahrhundert gehörten sie mit den ausgestopften Tieren und anderen Objekten zum Drum und Dran des Museums. Einstweilen wurde in Oxford das Fragezeichen, das sie hinsichtlich der Natur riesiger Reptilien aufwarfen, die einst das Land durchstreift hatten, sorgsam und beharrlich übersehen.

KAPITEL 4

Der unterirdische Wald

Die Welt zu sehn im Korn aus Sand
Das Firmament im Blumenbunde,
Unendlichkeit halt' in der Hand
Und Ewigkeit in einer Stunde.
William Blake, Weissagungen der Unschuld

Während sich William Buckland mit großen Theorien beschäftigte und wenig Zeit fand, sich weiter um das gigantische Reptil von Stonesfield zu kümmern, wurde Gideon Mantell von den seltsamen Fossilien, die aus dem Weald in Sussex auftauchten, mehr und mehr in Bann gezogen. Als er im Spätherbst 1821 begann, sein erstes Buch *Fossils of the South Downs* vorzubereiten, schrieb er begeistert, «die Relikte einer früheren Schöpfung», die er entdeckt hatte, seien «außergewöhnlicher als alle, von denen bisher berichtet wurde».

Alles an dieser geheimen, verborgenen Welt, die unter der Landschaft von Sussex begraben lag, erschien bizarr und unvorhersagbar. Eines der ungelösten Rätsel war, warum die Knochen der großen reptilienhaften Lebewesen zusammen mit Bruchstücken einer tropischen Vegetation auftraten. Nachdem Gideon Mantell 1820 in den Steinbrüchen von Whiteman's Green erstmals etwas entdeckt hatte, das wie eine uralte «Palme» aussah, versuchte er, mit Hilfe seines Kontaktmannes am British Museum, Charles Konig, mehr über die Flora der Tropen herauszufinden. Tropische Pflanzen waren in Großbritannien bekannt, seit

Captain Cook, der unter anderem die Ostküste Australiens entdeckt hatte, 1771 von seiner Reise mit der *Endeavour* zurückgekehrt war. Begleitet von dem Botaniker Joseph Banks hatte Cook Hunderte von Pflanzen mitgebracht und dem British Museum geschenkt. Später hatte Banks George III. überredet, Kew Gardens zu einem botanischen Forschungszentrum zu machen, in dem Pflanzen aus aller Welt ausgestellt wurden. Diesen Forschungsreisen des 18. Jahrhunderts verdankten die englischen Gartenbauer erste Erkenntnisse über die feuchtwarmen Ökosysteme, die keine Jahreszeiten kannten und in denen diese tropische Flora gedieh.

Um die Fossilien zu vergleichen, die er entdeckt hatte, machte sich Gideon Mantell daran, Spezialquellen für lebende tropische Pflanzen zu suchen. Er war «sehr erfreut» über die «unvergleichliche Sammlung lebender Palmen der Messrs Loddiges in Hackney», eine der wenigen Palmenhandlungen im georgianischen Britannien. Als sich die Nachrichten von Mantells seltsamem Fund verbreiteten, erhielt Mantell auch unerwartete Hilfe aus der Umgebung, beispielsweise von der «ehrenwerten Mrs. Thomas of Ratton, Eastbourne, die [mir] interessante Exemplare – Stämme fossiler Palmen – aus Antigua überreichte». Aus diesen Vergleichen schloss Mantell, dass mehrere der fossilen Stängel und Stämme, die er entdeckt hatte, von uralten Baumfarnen stammten. «Die Oberfläche dieser Fossilien ist rau, der Stamm fast zylindrisch … Sie ähneln baumartig wachsenden Farnarten, vielleicht Dicksonia?», spekulierte er. *Dicksonia* ist ein zeitgenössischer Baumfarn mit einem schlanken Stamm und riesigen Wedeln, der sehr groß werden kann. Mantell sandte Fossilien zu König im British Museum, der seine Vermutung bestätigte: «Einige Baumfarne sehen sehr ähnlich aus, was die rautenförmige Basis der Wedel angeht», antwortete er.

Der größte fossile Stamm in Mantells Sammlung hatte einen Umfang von fünfunddreißig Zentimetern und eine Länge von 1,20 Meter. Aus seiner Dicke und den rudimentären Zweigen konnte man schließen, dass der Stamm einst Teil von etwas Großem, Baumähnlichem war und nicht von einem kleinen Strauch. Mantell verglich die Maße dieses Stammes mit denjenigen von Baumfarnen aus Neu-Südwales, die bei einem Stamm von nur dreißig Zentimetern Durchmesser zehn Meter hoch werden können. «Aus dem unvollständigen Zustand dieser [Fossilien] wird offensichtlich, dass die Originale sehr groß wurden», schrieb er ungläubig. Riesige tropische Pflanzen neben riesigen reptilienhaften Geschöpfen – es war kaum zu glauben.

Jeder Besuch des Treibhauses der Loddiges lieferte jedoch weitere Belege. Bald identifizierte Mantell Palmfarne: «Die Eindrücke der Blattstängel auf der Rinde weisen große Ähnlichkeit mit denjenigen auf dem Stamm von Cycas revoluta auf», schrieb er. Palmfarne sehen wie kleine Palmen aus; der Stamm ist von verholzten Blattstängelansätzen bedeckt und trägt eine üppige Blattkrone. Er fand auch Fragmente unbekannter Blätter, von Kohle tiefschwarz gefärbt und ganz anders geformt als irgendetwas im Treibhaus der Loddiges. «Diese Exemplare unterscheiden sich so deutlich von allen Gewächsen, die wir aus europäischen Ländern kennen, dass wir vergeblich nach Analogien suchen», meinte Mantell. Viele der Fossilien, die er entdeckte, waren, wie wir heute wissen, *Bennettitales*, eine ausgestorbene Gruppe palmfarnähnlicher Pflanzen, die einstmals im alten Weald üppig gedieh.

In diesem fossilen tropischen Wald fanden sich auch die Überreste aquatischer Wirbelloser. Aufgrund seiner früheren Untersuchungen in den Downs war Gideon Mantell zu einem Experten für marine Wirbellose der Kreideablagerungen geworden. Die Wirbellosen des Weald waren anders. Er vermisste die vertrauten Windungen der Ammoniten, der Schlangensteine, und sah weder Belemniten, *Nautilus* noch andere Gehäuse tragende Mollusken, die einst jene Urmeere bevölkerten, welche die Kalkschicht bildeten. Stattdessen fand er Abdrücke von Schalen, die er nicht kannte, Eindrücke, manchmal so schwach, dass sie kaum eine Spur der äußeren Form hinterließen: das Gelenk zweier miteinander verbundener Schalen, wie bei bestimmten Herzmuscheln und Perlenaustern, oder vielleicht Bruchstücke vom Gehäuse einer Schneckenart. Es war wie verhext: Bruchstücke, bekannte wie unbekannte, die niemals ein vollständiges Fossil ergaben oder klar einzuordnen waren. Unsicher, was er vor sich hatte, schrieb Mantell an seine üblichen Briefpartner, darunter James Sowerby, einen Experten für fossile Schalen und Gehäuse, in der Hoffnung, er werde mehr Licht auf diese Wirbellosenfauna werfen können.

Was die massiven Tierknochen anging, die zwischen den Überresten dieses tropischen Waldes verstreut lagen, so blieben sie unentzifferbar, uralte Hieroglyphen, die er nicht entschlüsseln konnte. Er war sich zunehmend sicher, dass viele dieser Knochen, wie der riesige Oberschenkelknochen, nicht mit denjenigen der Meeresechsen übereinstimmten. Sie waren viel zu stämmig und massiv. Obwohl einige Knochen denen urtümlicher Krokodile ähnelten, besaß er zwei Sätze sehr großer Zähne, auf die das nicht zutraf: Die verwitterten Zähne eines Pflanzenfressers und die klingenartigen Zähne eines Fleischfressers. «Von den zahlreichen Exemplaren in meiner Kollektion ist kein Einziges perfekt; der weitaus größte Teil besteht aus Fragmenten, die vom Wasser abgeschliffen und der anatomischen Merkmale beraubt sind, die so wichtig sind, um die Form des Originals zu rekonstruieren», schrieb er, völlig verwirrt von diesen Überbleibseln einer «früheren Schöpfung».

Seine Untersuchungen nahmen ihn derart in Anspruch, dass andere Aspekte seines Lebens im Vergleich dazu verblassten. «Habe zwei Abende beim Kartenspiel vertan», beklagte er sich in seinem Tagebuch. Ob er den örtlichen Schafsmarkt oder die so populären Rennen in Brighton besuchte, als Doktor musste er seine Position inmitten der Gemeinde aufrechterhalten. In der provinziellen Gesellschaft wäre es ungehörig gewesen, in Eile zu sein oder unzugänglich zu erscheinen. Aber jede Nacht, wenn er seine ärztlichen Pflichten erledigt hatte, vertiefte er sich in die Details von Tierknochen und tropischer Vegetation und versuchte, Ord-

Der Steinbruch bei Whiteman's Green im Tilgate Forest, wo Mantell, der im Vordergrund sitzt, große Knochen ausgestorbener Reptilien fand.

nung in das wilde Durcheinander der Relikte einer vergangenen Zeit zu bringen.

Am Abend des 4. Oktober 1821 klopfte ein unerwarteter Besucher an die Tür des Hauses am Castle Place, der ihm weiter helfen konnte. Mantell wurde herbeigerufen und sah sich einem jungen Mann gegenüber, der «nichts Besonderes darstellt, sieht man einmal von der breiten hohen Stirn ab», schrieb er. «Er ist von mittlerer Größe … hat kleine Augen, ein spitzes Kinn und ein recht reserviertes Auftreten.» Der Fremde stellte sich als Charles Lyell vor. Lyell hatte seine frühere Schule in Midhurst, Sussex, besucht, als Steinhauer ihm von einem «furchtbar gescheiten Mann in Lewes» erzählt hatten, «… der Kuriositäten aus den Kalkgruben sammelt, um daraus Arznei zu machen». Die Steinhauer waren Mantells Arbeiter, und Lyell war durch das, was er gehört hatte, so neugierig geworden, dass er die vierzig Kilometer über die Downs ritt, um diesen Mann aufzusuchen.

Bald wurde deutlich, dass Lyell und Mantell viel gemeinsam hatten. «Mr. Lyell ist ein begeisterter Geologe», schrieb Mantell in sein Tagebuch, «er trank Tee mit uns, und wir haben bis jetzt über geologische Dinge geplaudert – nun ist es Mitternacht.» Lyells Interesse an Geologie war geweckt worden, als er an der Universität Oxford studierte. Obwohl Student der Altphilologie, hatte er Bucklands Antrittsvorlesung gehört, in der der Professor ein rhetorisches Feuerwerk geboten hatte. Lyells Vater hatte damals an einen Freund geschrieben: «Bucklands Vorlesungen haben meinen Sohn auf der Stelle mit Haut und Haaren gepackt!» Später hatte er sich, wie es üblich war für den ältesten Sohn niederen Adels, in London der Juristerei gewidmet, aber seine Augen machten ihm Schwierigkeiten. Schließlich hatte sein Vater seinem Interesse an den Naturwissenschaften nachgegeben und ihn mit auf den Kontinent genommen. Auf einer Kutschfahrt durch die Alpen hatte Lyell die Auswirkungen von Gletschern auf die Landschaft studiert, und auf einer zweiten Reise hatte er besichtigt, wie Flüsse an der italienischen Adria eine Küstenebene geformt hatten.

Da seine Familie vermögend war und in Schottland ausgedehnte Ländereien besaß, war Lyell finanziell unabhängig und verfügte über mehr Mußestunden, die er der Geologie widmen konnte, als Mantell. Am darauf folgenden Tag, als dieser Patienten besuchte, ritt Lyell hinaus, um die Sussex-Strata zu untersuchen, und kehrte dann zum Castle Place zurück, «um den Sechs-Uhr-Tee mit uns einzunehmen», schrieb Mantell. «Meine wenigen Schubladen mit Fossilien waren rasch durchgesehen, doch wir plauderten bis zum nächsten Morgen.» Dieser Besuch war der Beginn einer dauerhaften Freundschaft zwischen den Männern, die beide hofften, in der Geologie Karriere zu machen.

Obwohl keinerlei Aufzeichnungen über ihre Konversation in diesen beiden Tagen existieren, gibt es Belege dafür, dass Lyell Mantell von Bucklands riesigem Reptil im Ashmolean Museum erzählte und sie die Fossilien aus Stonesfield in der Grafschaft Oxford mit denjenigen aus Cuckfield in Sussex verglichen. Beflügelt von dieser Diskussion, verlor Lyell, nachdem er Mantells Haus verlassen hatte, keine Zeit und besuchte Stonesfield, um dort eine Kiste voller Fossilien zu erstehen, die er umgehend an Mantell sandte. Drei Wochen später, am 25. Oktober 1821, schrieb Mantell in sein Tagebuch: «Erhielt eine interessante Sammlung Stonesfield-Fossilien von Mr. Lyell; in vieler Hinsicht ähneln sie denjenigen aus Cuckfield.»

Charles Lyells Neuigkeiten über die riesigen Reptilienknochen in Oxford bestätigten Mantell, dass seine Fossilien nicht allein von regionalem Interesse waren. Er hatte nicht nur von Georges Cuviers Schlussfolgerung erfahren, dass das Stonesfield-Ungeheuer ein Reptil war, sondern auch, dass es mindestens zwölf Meter lang und so schwer wie ein Elefant gewesen sein müsse. Dies ließ seine eigenen Spekulationen über riesige Echsen, die im Weald vergraben lagen, nicht ganz so abwegig erscheinen. Mantell konnte nun darangehen, seine eigenen Fossilien zu klassifizieren, indem er untersuchte, welche von ihnen die meiste Ähnlichkeit mit der gigantischen Echse aus Oxford aufwiesen.

Höchstwahrscheinlich erfuhr Mantell etwa um diese Zeit von Lyell, dass Buckland die Absicht hatte, einen ausführlichen Artikel über das Stonesfield-Reptil zu publizieren. Da Buckland, der berühmte Professor, plante, die neue Fleisch fressende Echse zu beschreiben und ihr einen Namen zu geben, war es für den unbekannten Mantell kaum angemessen, diese Gelegenheit für sich selbst zu beanspruchen. Niemand hatte jedoch bisher über so etwas wie den unidentifizierten Pflanzenfresserzahn berichtet. Mantell glaubte daher, der Erste sein zu können, der dieses der Wissenschaft neue Tier identifizierte, und die Entdeckung für sich beanspruchen zu können, ohne Buckland ins Gehege zu kommen.

Geduldig jede Empfehlung nutzend, die er gewinnen konnte, sandte Gideon Mantell einen Prospekt seines geplanten Buches über die Geologie von Sussex an Mitglieder des Landadels und lud sie ein zur Subskription. Der Earl von Chichester, der Bischof von Durham, der Earl of Egremont und viele andere antworteten; alles in allem gewann er zweihundert Subskribenten. Und was noch besser war: 1821 traf ein Umschlag von Carlton House Palace ein. Mantell brach das königliche Siegel und las: «Seine Majestät sind erfreut zu befehlen, dass Ihr Name am Kopf der Subskriptionsliste stehen soll, und ordern vier Exemplare.» Wie George IV. von diesem Buch hörte, ist nicht klar; Mantell schrieb einfach zurück: «Ich danke J. Martin Cripps Esquire für diese Ehre.» Aber es besteht kein Zweifel an Mantells Reaktion: Die königliche Ermutigung tue ihm «in höchstem Maße wohl», wie er es ausdrückte. Er setzte inzwischen große Erwartungen in sein Buch und hoffte, es werde ihm einen Platz «in den ersten Kreisen» verschaffen und genügend Mittel einbringen, um sich stärker der Geologie widmen zu können. Die sorglosen Reichen konnten ihn so leicht von seinen drückenden täglichen Routinepflichten befreien.

Fossils of the South Downs wurde im Mai 1822 publiziert; es zeigt die Fortschritte, die Gideon Mantell bei der Interpretation der seltsamen Fossilien gemacht hatte, die im Weald vergraben lagen. Im Vorwort wies er darauf hin, dass dieses Buch seinen «Mußestunden abgerungen war ... ein Bericht, angefertigt unter Umständen, die für literarische Unternehmungen ungünstig sind», und er entschuldigte sich sogar für die Qualität der Zeichnungen seiner Frau. «Da die Stiche die ersten Arbeiten einer Dame sind, die in dieser Kunst noch wenig Übung hat, bitte ich sehr darum, sie mit größter Nachsicht zu betrachten ... obwohl es ihnen vielleicht an der Feinheit und Gleichmäßigkeit fehlt, die das Werk eines professionellen Künstlers auszeichnen, mangelt es ihnen nicht, so hoffe ich, an dem wichtigeren Erfordernis der Korrektheit.»

Gideon Mantell begann mit der Klassifizierung der Strata von Sussex. Das am tiefsten gelegene und älteste sekundäre Gestein identifizierte er als «Eisensand». Darüber platzierte er in aufsteigender Reihenfolge Kalkstein, Sandstein und Schiefer, wo er die Riesenknochen gefunden hatte, und nannte dies nach Tilgate Forest die «Tilgate-Schichten». Darauf folgten der Weald-Ton, Grünsand und mehrere Kreidekalkformationen. Über den sekundären Schichten kamen die jüngeren Formationen, wie der Londoner Ton. Er beschrieb viele der Fossilien, die er im Kreidekalk gefunden hatte. Zu einer Zeit, in der die Paläoichthyologie, das Studium fossiler Fische, noch unbekannt war, hatte Mantell wunderbare Exemplare von Fischen gefunden. Er ordnete auch marine Wirbellose aus der Kreideschicht systematisch ein und benannte mehr als sechzig neue Arten, darunter verschiedene Typen von Ammoniten, Zoophyten, Echiniten, Univalvia und Bivalvia.

Mit einem gewissen Understatement, das die Monate fiebriger Erregung Lügen strafte, stellte Gideon Mantell fest, die Tilgate-Schichten gehörten zu den «wichtigsten Ablagerungsschichten», die er entdeckt hatte. Er versuchte, die außergewöhnlichen fossilen Riesenknochen zu katalogisieren. Unter der Überschrift «Fossile Lacertae» [Eidechsen] schrieb er: «Die Zähne, Wirbel, Knochen und anderen Überreste eines enorm großen Tieres aus dem Stamm der Eidechsen sind vielleicht die interessantesten Fossilien, die in der Grafschaft Sussex entdeckt worden sind.» Er beschrieb die typischen Merkmale der scharfen, gebogenen Fleischfresser-zähne und gab die Maße der Wirbel- und Rippenfragmente an, die, wie er schrieb, «zweifellos analog zu denjenigen des Eidechsenstammes sind». Auch andere Knochen wurden aufgelistet: ein Speichenkopf (Teil des Unterarms), Mittelhandknochen und ein Oberschenkelknochen. «Einige Fragmente eines zylindrischen Knochens, wahrscheinlich vom Oberarmknochen, sprechen für ein Tier von wahrhaft gigantischer Größe», schrieb er. «Ich habe Exemplare von fünfundzwanzig bis 67,5 Zentimetern Länge und von 27,5 bis 62,5 Zentimetern Umfang; die Knochensubstanz ist mehr als fünf Zentimeter dick.»

Der Pflanzenfresserzahn belegte die Existenz eines zweiten Typs von Riesentier, das sich von dem Fleisch fressenden Oxford-Ungeheuer unterschied, aber vielleicht wollte Mantell keine Kontroverse heraufbeschwören, indem er andeutete, er habe eine herbivore Echse gefunden; daher klassifizierte er die anderen Riesenknochen unter einer neutralen Überschrift: «Zähne und Knochen eines unbekannten Tieres» und schrieb: «An dieser Stelle ist eine kurze Beschreibung dieser Fossilien beigefügt, nicht in der Hoffnung, ihre Natur erhellen zu können, sondern um in Hinblick auf weitere Untersuchungen von ihrer Existenz in Tilgate Forest zu berichten ... [Die Zähne] sind von einem sehr ausgefallenen Typ und unterscheiden sich von allen bisher bekannten.» Er habe nur die Kronen der Zähne, erklärte er, ohne Verbindung zum Kiefer. Obwohl sie verwittert und abgeschliffen waren, brachten es einige Exemplare auf 3,5 Zentimeter Länge. «Wenn sie vollständig sind, müssen diese Exemplare eine ganz beträchtliche Größe haben.»

Mantell wies sogar auf die Ähnlichkeit zwischen den Fossilien von Tilgate und von Stonesfield in der Grafschaft Oxford hin. Vielleicht als sanften Ansporn für Professor Buckland schrieb er: «Der Kalkstein von Stonesfield ist schon seit langem berühmt für den außergewöhnlichen Charakter seiner Fossilien, über die jedoch bisher noch kein detaillierter Bericht veröffentlicht wurde.» Mit Unterstützung von Mr. Charles Lyell «und mit Hilfe einer interessanten Sammlung von Stonesfield-Fossilien, für die ich seiner Großzügigkeit Dank schulde», fuhr er fort, «konnte ich feststellen, dass die folgenden organischen Überreste in beiden Ablagerungen vorkommen:

Die Zähne, Rippen und Wirbel eines gigantischen Tieres aus dem Eidechsenstamm.

Knochen und Platten mehrerer Schildkrötenarten.

Zähne einer *Anarhichas*-Art [Seewolf].

Schuppen von Fischen und Eidechsen.

Knochen von Vögeln? und von Vierbeinern [unbekannt].

In seiner Schlussfolgerung behauptete Mantell kühn, eingegraben in den Hügeln von Sussex lägen «ein oder mehrere gigantische Tiere vom Stamm der Eidechsen».

Obwohl er die Geschöpfe, die er beschrieb, nicht benennen konnte, war dies der erste Versuch einer wissenschaftlichen Beschreibung von Dinosaurierüberresten, die korrekt als riesige Echsen identifiziert wurden. Es war eine lebhafte Momentaufnahme einer wunderbaren, unbekannten Vergangenheit. «Wir kennen nicht den millionsten Teil der Wunder dieser wunderbaren Welt», schrieb er. «Es ist die angenehme Aufgabe des geologischen Forschers ... Ordnung und Intelligenz in Szenarien von scheinbarer Wildheit und Verwirrung zu finden ... eine Reihe von schrecklichen, aber notwendigen Eingriffen zu erkennen, durch die Harmonie, Schönheit und Ganzheit des Universums aufrechterhalten bleiben ... was als weise Planung des Höchsten betrachtet werden muss.»

Als er im Mai 1822 stolz das erste gedruckte Exemplar seines Buches in Empfang nahm, machte er sich große Hoffnungen, dieses würde sich als Wendepunkt in seiner Karriere erweisen. «Ich bin entschlossen, jede nur mögliche Anstrengung zu unternehmen, um den Rang in der Gesellschaft einzunehmen, der mir meinem Empfinden nach sowohl aufgrund meiner Erziehung als auch aufgrund meines Berufes zusteht», schrieb er in sein Tagebuch. Sicherlich würde doch, von diesen seltsamen Funden beflügelt, irgendein reicher Gönner auftauchen, und seine endlosen ärztlichen Routinepflichten, die einen so großen Teil seiner Zeit in Anspruch nahmen, würden vielleicht bald der Vergangenheit angehören? Zumindest hoffte er darauf, dass seine Arbeit von den prestigeträchtigen Londoner Gesellschaften, der *Royal Society* und der *Geological Society*, gut aufgenommen würde. Kurz nach Veröffentlichung seines Buches nahm Mantell einen Teil seiner Sussex-Fossilien mit zu einem Treffen der *Geological Society* in Covent Garden. Die verwitterten Zähne des riesigen Pflanzenfressers waren sorgfältig in Tuch gewickelt. Es war eine lange und ermüdende Kutschfahrt nach London; mehrmals auf dem Weg mussten die Pferde gewechselt werden, bis er den Sitz der *Geological Society* in der Bedford Street 20 erreichte. Reverend William Buckland, inzwischen Vizepräsident der Gesellschaft, war mit seinem Freund Reverend Conybeare aus Oxford gekommen. William Clift, Kurator des Hunterian Museum des Royal College of Surgeons, war ebenfalls anwesend.

Mantells Tagebuch und seine folgenden Berichte zeigen, dass er nach Beendigung des geschäftlichen Teils des Treffens diesen Experten die verwitterten braunen Zähne seines unbekannten Pflanzenfressers zeigte. «Ich wurde entmutigt durch die Bemerkung, die Zähne seien von keinem besonderen Interesse», schrieb er. Die Experten teilten mitnichten Mantells Meinung, der Typ Zahn gehöre zu einer uralten Pflanzen fressenden Echse. Weit entfernt von einer derart exotischen und seltsamen Ansicht, behaupteten sie: «Es kann kaum Zweifel geben, dass die Zähne entweder zu irgendeinem großen Fisch aus der Verwandtschaft von ‹Anarhic[h]as lupus›, dem Seewolf, gehören, die Kronen dieser Schneidezähne sind prismatisch geformt, oder es handelt sich um Säugerzähne aus einer diluvialen [jungen] Ablagerung.»

Die hehren Mitglieder der *Geological Society* mit ihrem geballten Sachverstand waren zu dem Schluss gekommen, dass der Zahn, auf den Mantell all seine Hoffnungen gesetzt hatte, zu nichts Ausgefallenerem als einem rezenten Säuger, wie einem Rhinozeros, oder einem übergroßen Fisch gehörte! Mantell spürte deutlich ihr Desinteresse. Wie konnte irgendjemand seine Reputation auf einem großen Fisch aufbauen? Es gab an diesem Abend nur eine Person, die der Expertenmeinung nicht zustimmte – William Hyde Wollaston –, und er war der Einzige unter den Anwesenden, der kein Geologe war.

Die Skepsis der Experten basierte auf der Tatsache, dass sie Mantells Klassifikation der Weald-Strata als sekundäres Gestein nicht akzeptierten. Seine Schlussfolgerung, er habe eine riesige Pflanzen fressende Echse gefunden, konnte falsch sein, wenn seine Interpretation der Tilgate-Lagen als uraltes sekundäres Gestein nicht zutraf. In den jüngeren tertiären Gesteinen, die über den sekundären Strata lagen, waren zahlreiche Säugerüberreste gefunden worden: Mammuts, Elefanten, Rhinozerosse und Flusspferde. Wenn die Weald-Gesteine in Sussex eine Tertiärformation waren, dann stammten die riesigen Fossilien darin mit sehr viel größerer Wahrscheinlichkeit von einem dieser großen Säuger als von irgendeiner unwahrscheinlichen Art Pflanzen fressender Reptilien. Um die Experten zu überzeugen, dass er tatsächlich ein uraltes Reptil gefunden hatte, musste er zuallererst zweifelsfrei beweisen, dass die Tilgate-Schichten Sekundärgestein waren.

Die ehrenwerten Mitglieder zerbrachen sich daher über die Details von Mantells Funden den Kopf und versuchten herauszufinden, ob der Kalk- und der Sandstein von Tilgate Forest Teil der «Purbeck»-Formation waren oder «eisenhaltiger Sand», «Grünsand», «Eisensand» oder «Hastings-Sand». Ihre Aufgabe wurde dadurch erschwert, dass die Namen der Sussex-Strata noch nicht standardisiert waren und jedermann unterschiedliche Termini für die verschiedenen Schichten verwandte, was die allgemeine Verwirrung noch steigerte. Für Mantell zerbröckelten mit jeder gelehrten Äußerung der Experten die Jahre mühevoller und sorgfältiger Arbeit, und die exotischen Echsen von sagenhafter Größe verblassten rasch zu nichts anderem als einer reinen Erfindung seiner Fantasie. Er war schließlich und endlich doch nur ein kleiner Landarzt.

Es gab gute Gründe, verwirrt zu sein, wenn man versuchte, die Strata von Tilgate Forest in die richtige geologische Abfolge zu bringen. Anders als das Stonesfield-Gestein in der Nähe von Oxford, wo Fossilien tief im Erdboden verborgen waren, lag das Gestein bei Whiteman's Green im Weald unerklärlich nahe an der Oberfläche. Traten an dieser Stelle, wie Mantell behauptete, ältere, sekundäre Gesteinsformationen hervor? Oder war es eine rezente Ablagerung, vielleicht von tertiärem oder gar noch jüngerem alluvialem Gestein, wie Buckland annahm? In seinem Buch *Fossils of the South Downs* unternahm Mantell keinen Versuch, seine Verwirrung über die exakte Position der Strata zu verbergen, in denen er seine gigantischen Reptilien gefunden hatte. Obwohl er die Tilgate-Lagen korrekt als sekundäre Formation identifiziert hatte, gab er zu, dass die präzise «geologische Position dieser Lagen [in der sekundären Abfolge] recht unklar ist und gegenwärtig nicht zufrieden stellend geklärt werden kann».

Angesichts des Unglaubens der *Geological Society* untersuchte Mantell kurz nach diesem Treffen die Sussex-Gesteine erneut, diesmal zusammen mit seinem Freund Charles Lyell. Vom Tilgate Forest nach Westen reitend, suchten Mantell und Lyell nach Steinbrüchen mit Strata und Fossilien, die denjenigen entsprachen, welche bei Whiteman's Green entdeckt worden waren. Sie hofften, eine Stelle zu finden, wo die geologische Sequenz der verschiedenen Gesteinsschichten klar zutage trat, sodass sie die exakte Position der Tilgate-Schichten in der sekundären Reihe zweifelsfrei beweisen konnten. Falls es ihnen gelang, die Experten davon zu überzeugen, dass die Tilgate-Gesteine Sekundärgesteine waren, dann könnte doch sicherlich niemand mehr daran zweifeln, dass Mantell tatsächlich eine uralte riesige Echse gefunden hatte?

Zu Mantells Freude entdeckten sie in den Sandsteinklippen von Hastings, Rye und Winchelsea tatsächlich ähnliche organische Überreste – Knochen, Zähne und «zahlreiche mit Cycas verwandte Pflanzen». Und was noch besser war, in einem Steinbruch nahe Rye fanden sie frei liegende Strata. Sandstein und Kalkstein, die den Tilgate-Lagen entsprachen, waren in ein als Eisensand bekanntes, sekundäres Gestein gebettet.

Nach seiner Expedition am 1. Juni 1822 schrieb Mantell triumphierend an Dr. William Fitton, den Sekretär der *Geological Society*: «Ich denke, wir können eindeutig den Schluss ziehen, dass der Sandstein von Rye, Winchelsea, Hastings, Tilgate Forest und Horsham nichts anderes ist als verschiedene Teile derselben Ablagerungsfolge, die zur ‹Eisensand›-Formation gehört.» Mantell war nun völlig davon überzeugt, dass der Kalk- und der Sandstein, in denen er die riesigen Knochen im Weald gefunden hatte, in der

Die stratigraphische Abfolge in Sussex, wie sie Mantell in seinem Buch *The Fossils of the South Downs* (1822) zeichnete. Markierten die Weald-Gesteine [Nr. 7] eine Stelle, wo ältere Gesteine an die Erdoberfläche traten, oder handelte es sich um eine Ablagerung jüngerer Gesteinsformationen?

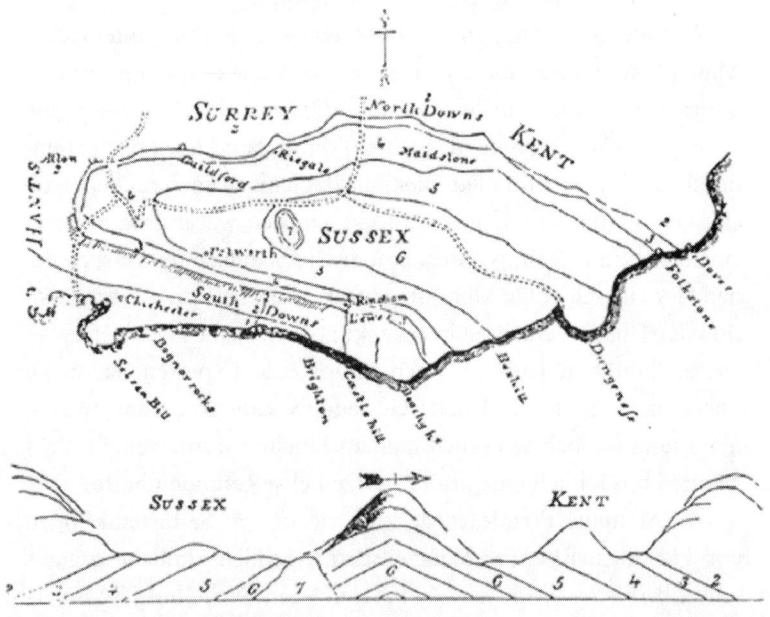

sekundären Abfolge platziert werden konnten – deutlich unter der Kreidekalk-Formation. Entsprechend ging er in seinem Brief an die *Geological Society* sogar noch ein Stück weiter und wiederholte seine Interpretation der von ihm gefundenen tierischen Relikte, die im Widerspruch zu jener von Experten wie Buckland stand. Mantell identifizierte die großen Pflanzenfresserzähne nun eindeutig als «Zähne eines unbekannten herbivoren Reptils, die sich von allen bisher gefundenen, seien sie rezent oder fossil, unterscheiden». Außerdem bekräftigte er, dass er die Zähne und Knochen einer Echse gefunden habe, die den bei Stonesfield gefundenen ähnelten, sowie «Zähne und Knochen von Krokodilen und anderen eidechsenartigen Tieren von enormer Größe». Aufgrund der Belege, die er in seinem Brief schilderte, zweifelte der Amateur Mantell nicht daran, dass sein verlockendes Bild einer vergrabenen uralten Welt, bevölkert von verschiedenen Arten riesiger Reptilien – Pflanzen- und Fleischfressern –, das zutreffende war.

Sein Schreiben wurde jedoch von führenden Mitgliedern der Gesellschaft als so belanglos erachtet, dass es nicht einmal, wie geplant, vor der erhabenen Versammlung verlesen wurde. Zum einen war George Bellas Greenough, Mitglied der *Royal Society*, ehemaliger Parlamentsabgeordneter sowie Erster Vorsitzender und Präsident der *Geological Society*, davon überzeugt, dass Eisensand stets eine *marine* Ablagerung war. Da Mantell über einige Schalen von *Süßwasser*tieren zwischen den Riesenknochen berichtet hatte, bestand Greenough darauf, dass die Tilgate-Schichten kein Eisensand sein konnten, und weigerte sich, seine Meinung im Licht von Mantells Funden zu ändern.

Auch William Buckland war sich sicher, dass das Weald-Gestein einem jüngeren, tertiären Gestein ähnelte, das er auf einer Italienreise gesehen hatte, und keine sekundäre geologische Schicht war. Daher mussten Mantells «Reptilien» seiner Ansicht nach große Säuger sein. Und Buckland wie auch Greenough standen in so hohem Ansehen, dass es den übrigen Mitgliedern unvorstellbar erschien, ein Landarzt könne unter Umständen ein Wissen haben, das jenes der auf diesem Gebiet führenden Männer aus Oxford und London überrage.

Mehr als sechs Monate vergingen, bis entschieden wurde, Mantells Brief an Fitton über die Strata von Tilgate Forest nun doch vor der *Geological Society* zu verlesen. Das Protokoll des Treffens vom 17. Januar 1823 zeigt, dass Mantell wie auch Lyell anwesend waren. Auf der Sitzung des Rates in der folgenden Woche wurde Mantells Text verlesen und an die Gutachter weitergeleitet, die ihn vor einer Publikation prüfen sollten. Er blieb jedoch drei weitere Jahre unveröffentlicht. Wie die Archive enthüllen, hatte Gideon Mantell beträchtliche Schwierigkeiten, seinen Artikel in der Zeitschrift der Gesellschaft unterzubringen. In einem unsignierten Brief eines Gutachters heißt es zu seinem Beitrag über fossile Pflanzen: «Die Mitteilung ist nicht bedeutsam genug, um gedruckt zu werden.» Auch George Greenough lehnte Mantells Artikel über Tilgate Forest ab. William Buckland war dermaßen davon überzeugt, dass Mantell sich irrte, dass er ihm einen Brief schrieb und ihn davor warnte zu behaupten, die Zähne und Knochen stammten aus der «älteren Eisensand-Formation». Mantell, der davon überzeugt war, dass dieser Rat in bester Absicht gegeben wurde, äußerte sich daraufhin über «die großzügige Freundlichkeit, die typisch für seinen Charakter ist».

Mantells mühsamer Kampf um die Akzeptanz seiner Ideen war kein Einzelfall. Ein Amateurgeologe, Robert Bakewell, dem die Mitgliedschaft in der *Geological Society* verweigert wurde, obwohl er ein populäres Buch, *Introduction to Geology*, verfasst hatte, schrieb offen über die Schwierigkeiten: «Es gibt gewisse Vorurteile unter den Mitgliedern der wissenschaftlichen Gesellschaften in London und Paris, die es ihnen schwer machen zu glauben, dass Leute, die in Provinzstädten oder auf dem Land leben, irgendetwas Wichtiges zur Wissenschaft beitragen können.» William Smith, der Pionierarbeit beim Kartographieren der Strata von England geleistet hatte und ebenfalls kein Mitglied der *Geological Society* war, meinte einmal: «Die Theorie der Geologie war im Besitz einer Klasse von Männern [bei der *Geological Society*] und die Praxis bei einer anderen.» Gideon Mantell, ein Amateur aus der Provinz ohne irgendwelche Abzeichen der Oberklasse, war ein völliger Außenseiter. Die Enttäuschung, die er fühlte, weil seine Ideen zurückgewiesen wurden und es ihm nicht gelang, Aufmerksamkeit für seine Riesenechsen zu wecken, wird in seinem Tagebuch deutlich:

> Das vergangene Jahr ist wie seine Vorgänger fast unmerklich dahingeeilt, und ich bin weit davon entfernt, die Bedeutung in meinem Beruf zu erlangen, auf die ich anfangs gehofft habe. Die Veröffentlichung meines Buches über die Geologie von Sussex ... hat mir bisher noch keinen Zutritt zu den ersten Kreisen ... verschafft, wonach ich gestrebt hatte. Tatsächlich sehe ich so viele Möglichkeiten, die dagegen sprechen, dass es mir gelingen könnte, die Vorurteile zu überwinden, die die bescheidene Situation meiner Familie natürlich in den Köpfen der Großen wachruft, dass ich ernsthaft daran gedacht habe, mein Glück in Brighton oder London zu versuchen.

Da in den Augen der Experten bei der *Geological Society* so viele Zweifel an der Stratigraphie des Weald herrschten – die entscheidend für die Interpretation der tierischen Überreste war –, kam der Sekretär William Fitton aus London, um die Angelegenheit ein für alle Mal zu klären. Im Gegensatz zu Mantell war Fitton Absolvent zweier Universitäten, er hatte in Edinburgh und Cambridge studiert. Zu seinem makellosen akademischen Stammbaum kam hinzu, dass er auch Mitglied der *Royal Society* war. Sein Glück war perfekt, als er 1820 «eine äußerst liebenswerte Dame» heiratete, «die genügend Mittel für eine komfortable Existenz» mit in die Ehe brachte – tatsächlich so komfortabel, dass er sich zur Ruhe setzen und ganz seinen geologischen Studien widmen konnte.

Mit Gideon Mantell, der einen großen Teil der Fossildaten lieferte, begann Fitton 1822 seine Untersuchungen im Weald. Da Mantell seinen ärztlichen Pflichten nachgehen musste, konnte er den Geologen oft nicht auf seinen Exkursionen in ganz Sussex begleiten, doch allmählich brachte Fitton Licht in die Stratigraphie des Weald.

Den ersten Hinweis auf den Ursprung der dortigen Strata lieferte das ausgeprägte «Riffelmuster» im Sandstein von Tilgate Forest. Diese Riffel erinnerten an das Muster auf einem Sandstrand – so, als ob sich zahllose kleine Wellen über die weichen Strata bewegt hätten. Mantell hatte «das außergewöhnliche Aussehen» dieses Gesteins bereits bemerkt, das «überall mit wellenförmigen Furchen überzogen war, die so sehr den Eindrücken im Sand ähneln ... wie sie von Wellenbewegungen herrühren». Nach Dr. Fittons Vermutung konnten sich die Gesteine in einem flachen, tief gelegenen Überflutungsgebiet, am Rand eines Sees oder eines Flussdeltas gebildet haben, wo sich Sandbänke angesammelt hatten.

Eine sorgfältige Untersuchung der Schalen und Gehäuse, die im Gestein eingebettet waren, bestätigte, dass die Tilgate-Schichten tatsächlich Teil einer Süßwasserablagerung waren. William Fitton nahm einige der Schalen mit nach Paris, um sie mit Wirbellosenspezialisten wie Adolphe Brongniart zu diskutieren, Sohn des renommierten Alexandre Brongniart, des Kollegen von Cuvier. Aus den schwachen Abdrücken der Geschöpfe konnte Fitton neun bis zehn Arten von Univalvia und Bivalvia identifizieren. Einige dieser Mollusken, wie die Flussmuschel *Unio valdensis*, hätten in Salzwasser niemals überleben können. Fitton erkannte auch, dass der Sussex-Marmor, der in Weald-Ton eingebettet war und seit Jahrhunderten dazu diente, die Wände von Petworth Priory und anderen großen und berühmten Häusern zu schmücken, aus den Gehäusen eines anderen Süßwasserbewohners bestand, der Sumpfdeckelschnecke *Paludina*. Mit der Zeit wurden Mantell und Fitton zu Experten für Süßwassergehäuse und -schalen, wie von *Planorbis, Lymnaea, Paludina* und *Cyrena*. Nach Fittons Ansicht ließen sich die Süßwasserablagerungen des Weald erklären, wenn diese Region einst ein riesiges Flussdelta gewesen war.

Doch wenn die Tilgate-Schichten Süßwasserablagerungen waren, wie konnten sie dann Teil des marinen Eisensandes der sekundären Abfolge sein? Fitton brauchte mehrere Jahre, um seine Daten zu verstehen. Schließlich erkannte er, dass die Annahme von Greenough und anderen renommierten Mitgliedern der *Geological Society*, Eisensand könne nur marinen Ursprungs sein, falsch war. Es gab *zwei* Typen von Eisensand, einen marinen und einen Süßwassertyp. «Und nun fielen alle Teilchen an ihren richtigen Platz», schrieb Fitton einem Freund. Die Tilgate-Schichten gehörten zum Süßwassertyp des Eisensandes. Und wie Mantell die ganze Zeit behauptet hatte, waren es tatsächlich sekundäre Gesteine.

Fittons Bestätigung, dass es sich bei den Formationen von Tilgate Forest um Süßwasserablagerungen handelte, erklärte auch die Tierdaten. Im Gegensatz zum Ichthyosaurier kamen Lebewesen wie Krokodile nicht auf hoher See vor, sondern lauerten in Flüssen oder Überflutungsgebieten. «Tatsächlich scheint die Existenz von Festland in nicht allzu großer Entfernung durch diese Überreste von Pflanzen und Amphibien klar angezeigt; einige der Ersteren müssen an den Ufern eines Sees oder Flusses gewachsen sein», schrieb Mantell. «Wann und unter welchen Bedingungen lebten Schildkröten und gigantische Krokodile in unseren Breiten, beschattet von Palmenwäldern und Baumfarnen?»

Je mehr von diesem riesigen, begrabenen Flussdelta sichtbar wurde, desto besser konnte sich Mantell in die Tierwelt eindenken, die dort verbreitet gewesen war. Das war nicht die Meereswelt von Lyme Regis, die Mary Anning erkundete. Was sich vor ihren Augen zu formen begann, war eine kreidezeitliche Landschaft: «Ein mächtiger Strom, der über Sandsteinfelsen ... durch eine tropische Landschaft voller Palmenhaine und baumgroßer Farne ... floss, bevölkert von Schildkröten, Krokodilen und anderen amphibischen Reptilien.» Ein Szenario, in dem die höchsten Wedel eines Waldes gigantischer Palmfarne aus dem Nebel auftauchten, der über dem Flussdelta lag, und tropische Pflanzen üppige Weidegründe für riesige Pflanzenfresser boten. Wenn Mantell im Steinbruch arbeitete und dabei gelegentlich einen Blick auf die englischen Äcker, Wiesen und Weiden jenseits seiner Ausgrabungsstätte warf, schien ihm schwer vorstellbar, dass unter dieser jahrtausendealten Kulturlandschaft lange vergrabene Relikte einer derart fremdartigen Welt ruhten.

Die Gesteinsschichten, die den Weald bildeten, zu bestimmen, erwies sich als derart komplex, dass Fitton mehrere Jahre benötigte, bis er seiner Sache sicher sein konnte, und die Ergebnisse seiner Untersuchungen wurden vor 1833 nicht komplett veröffentlicht. Zehn Jahre vor dieser Publikation fand Charles Lyell jedoch ebenfalls überzeugende Beweise dafür, dass der Weald tatsächlich aus sekundären Gesteinen bestand.

Im Juni 1823 unternahm Lyell mit Professor Buckland und anderen Geologen eine Expedition auf die Isle of Wight. An der Südseite der Insel, zwischen Compton Chine und Brook, liegen die geologischen Schichten völlig frei. All die Sussex-Gesteine, die einzuordnen Mantell sich mühte, waren vorhanden, und so war sofort zu sehen, welche Schichten über bzw. unter anderen lagen. Daher schrieb Lyell am 11. Juni aufgeregt an Mantell: «Wir sehen hier auf einen Blick die ganze Geologie Ihres Teils der Welt, vom Kreidekalk mit Feuersteinen bis zu den Battle-Schichten [Stadt in Sussex], alles im Umkreis von einer Stunde, und keine der Schichten fehlt ... Das ist ein so wunderbarer Hinweis, *dass es mir völlig unverständlich geblieben wäre, wie sich so viel Pfuscherei entwickelt haben könnte, wenn ich nicht Zeuge der hastigen Art und Weise geworden wäre, wie Buckland über das Gelände galoppierte.*»

Lyell blieb einen Tag länger als der Rest der Gesellschaft, um Fossilien zu sammeln, und schrieb verächtlich über die «Konfusion, die ihren Weg in die Köpfe einiger unserer Geologen gefunden hat, was Ihre Sussex-Schichten betrifft». Seine wunderbaren Klippen bewiesen eindeutig, dass die Weald-Gesteine in der sekundären Abfolge lagen. Dies stellte Mantells Überzeugung wieder her, dass die Fossilien, die er gefunden hatte, tatsächlich zu einem uralten riesigen Reptil gehören könnten.

Aber wer würde ihnen glauben? Bucklands Auffassung, dass die Tilgate-Schichten des Weald rezent seien, war zur Lehrmeinung geworden. Charles Lyell, noch keine fünfundzwanzig Jahre alt, hatte sein Geologiestudium erst vor drei Jahren abgeschlossen und war noch immer ein Jurastudent. Gideon Mantell, Sohn eines Schuhmachers, Landarzt und Teilzeitgeologe, konnte kaum mehr Gewicht in die Waagschale werfen. 1823 lehnte die *Royal Society* Mantells ersten Antrag auf Mitgliedschaft ab. Die *Geological Society* wollte ihre Belege dafür, dass der Tilgate Forest einen Teil der älteren, sekundären Strata bildete, noch immer nicht veröffentlichen. William Fitton, von bewundernswerter wissenschaftlicher Umsicht, wollte seiner Daten sicher sein, bevor er die Befunde bekannt gab. Charles Lyells Brief an Gideon Mantell, der die Erkenntnisse von der Isle of Wight schilderte, wurde nicht veröffentlicht und kam erst Jahre später ans Licht.

Mantell blieb eine letzte Hoffnung. Lyell plante einen Besuch in Paris und erbot sich, einige von Mantells Fossilien zu führenden französischen Gelehrten mitzunehmen. Mantell kam auf den kühnen Gedanken, den geheimnisvollen Pflanzenfresser-«Zahn» Baron Cuvier vorzulegen. Er brachte es nicht über sich, Bucklands Verdikt zu akzeptieren, wonach er von einem einfachen Wolfsfisch stamme. Sicherlich würde der legendäre Baron die richtige Antwort liefern? Mantell hegte wie alle anderen höchste Bewunderung für Georges Cuvier. «Der scharfe Verstand und das leuchtende Genie [des Barons] könnten wie der fabelhafte Zauberstab des Magiers dazu führen, dass die Lebewesen früherer Zeitalter an uns vorüberwandern», schrieb er. Derart groß war seine Bewunderung für Cuvier, dass Mantell, als er zehn Jahre später Gelegenheit hatte, ihn persönlich zu treffen, schrieb, er habe das ganze Treffen hindurch «vor Aufregung gezittert».

1823 war Cuvier ein hoher Ehrentitel der Universität Paris verliehen worden. Gewöhnlich war er dort inmitten einer Schar von Bewunderern und Anhängern zu finden, die von seinem Wissen und seinem Ruf angezogen wurden. Selbst sein privater Studienraum, das «Sanctum sanatorium», war beeindruckend. «Es ist wahrhaft typisch für den Mann», schrieb Lyell. «Es zeigt diese außergewöhnliche Fähigkeit zum methodischen Arbeiten, welche das große Geheimnis der außergewöhnlichen Leistungen ist, die er jedes Jahr erbringt, scheinbar ohne sich im Geringsten anzustrengen ... es ist ein lang gestreckter Raum, möbliert mit elf Schreibpulten, an denen man stehen kann ... wie ein öffentliches Büro mit ebenso vielen Angestellten. Aber dies ist alles für einen Mann, der sich als Autor vervielfacht und niemanden in seinen Raum hineinlassend umhergeht, wie es ihm gerade in den Sinn kommt, von einer Beschäftigung zur nächsten.»

Jeder Besucher, der Georges Cuvier zu treffen hoffte, versuchte, eine Einladung zu seinen samstäglichen Soireen zu bekommen. Diese Abendgesellschaften, schrieb Lyell, wurden besucht von «den Gelehrten und Begabten einer jeden Nation, eines jeden Alters und jeden Geschlechts. Alle Meinungen wurden diskutiert; je zahlreicher die Schar, desto erfreuter war der Herr des Hauses, er mischte sich unter seine Gäste, ermunternd, amüsant, jedermann willkommen heißend, denjenigen höchsten Respekt zollend, die diese Auszeichnung wirklich verdienten. Sofort stieß man auf Intellekt in all seiner Pracht, und der Fremdling fand sich erstaunt in angeregter Unterhaltung wieder; dabei ging es zwanglos und ohne Förmlichkeit zu, und anwesend waren die führenden Persönlichkeiten Europas: Prinzen, Pairs, Diplomaten und der würdige Gelehrte selbst.»

Es war in dieser erlauchten Gesellschaft, dass Gideon Mantells Pflanzenfresserzahn feierlich ausgepackt und am Samstag, den 28. Juni 1823 dem großen Baron präsentiert wurde. Mantells Biographen Sidney Spokes zufolge äußerte Cuvier seine Meinung ohne Zögern. Der verwitterte «Zahn» sei nichts anderes als der obere Schneidezahn eines Rhinozerosses. Als Lyell nicht locker ließ und einige Mittelhandknochen vorlegte, wurden auch diese als Flusspferdknochen abgetan.

Wissenschaftshistoriker haben Mutmaßungen darüber angestellt, ob Georges Cuvier bei diesem Treffen über die Unsicherheiten hinsichtlich der Sussex-Strata informiert war. Höchstwahrscheinlich hatte ihm William Buckland mitgeteilt, das Sussex-Gestein sei jüngeren Ursprungs, und aufgrund dieser falschen Information war er, in Anbetracht eines so stark verwitterten Zahns, zu der logischen Schlussfolgerung gekommen, er stamme von einem herbivoren Säuger. Einiges spricht sogar dafür, dass Cuvier seine Meinung am nächsten Tag geändert haben könnte, denn Lyell berichtete später einschränkend, obwohl der Franzose den Zahn zum Schneidezahn eines Rhinozerosses erklärt habe, «war dies jedoch auf einer Abendgesellschaft. Am nächsten Morgen sagte er mir, er sei überzeugt, es wäre etwas ganz anderes». Seltsamerweise scheint diese so überaus wichtige Information Mantell nicht erreicht zu haben. Wie die Korrespondenz zwischen Buckland und anderen Wissenschaftlern zeigt, wurde in England nun weitgehend angenommen, dass Mantell lediglich ein Rhinozeros gefunden hatte.

Als Mantell den Brief aus Paris enthielt, der ihn über Cuviers Urteil informierte, musste er schließlich akzeptieren, dass es so aussah, als habe er sich getäuscht. Während er den Brief immer wieder las und nach irgendeinem Zeichen der Ermutigung suchte, musste er der Tatsache ins Auge sehen, dass das Schreiben einen schweren Schlag darstellte, einen Schlag, von dem er sich nicht leicht erholen würde. Es war klar, er hatte seine Zeit verschwendet, ja sogar einen Narren aus sich gemacht. Weit entfernt von einer Entdeckung, die die wissenschaftliche Welt auf den Kopf stellte, hatte er nichts anderes entdeckt als ein gewöhnliches modernes Säugetier. Er musste akzeptieren, dass seine mühsamen und kräftezehrenden Versuche, die früheren Welten von Sussex zu verstehen, nirgendwohin führten.

Auch seine Frau spürte die Last seiner ständigen Enttäuschungen. Seit sieben Jahren war sie es nun gewohnt, dass er nach Erledigung seiner ärztlichen Pflichten spät vom Besuch der Steinbrüche nach Hause zurückkehrte, um morgens allein aufzuwachen, weil er bereits vor Morgengrauen das Haus verlassen hatte. Schwer verdientes Geld wurde ausgegeben, um die Steinbrucharbeiter für neue Fossilien zu bezahlen – ein Opfer, von dem erwartet wurde, dass sie es bereitwillig mit ihm teilte. Selbst sein Buch wurde mit Verlust veröffentlicht und führte zu Schulden von über dreihundert Pfund, für die weitgehend ihr erfolgreicher älterer Bruder, George Woodhouse, gebürgt hatte.

Mary Mantell schien es, als käme bei dem teuren Hobby ihres Mannes nichts heraus als noch mehr Knochen. Sie waren überall – Reihe um Reihe ordentlich etikettierter Knochen, die weder bewegt noch berührt werden durften und das ganze Wohnzimmer beanspruchten, wo sie hätte herrschen und vielleicht nachmittags Gäste zum Tee einladen sollen. Ihr Wohnzimmer war mit Träumen möbliert, aber es waren nicht länger ihre Träume.

So sah sich Gideon Mantell der Tatsache gegenüber, dass er nicht mehr ohne weiteres auf die Unterstützung seiner Frau zählen konnte. Seine häusliche Situation, die endlosen Verpflichtungen, denen er sich als Arzt gegenübersah, und sein Unvermögen, Anerkennung für seine Ideen zu gewinnen – all das ließ ihn schließlich in eine tiefe Depression verfallen. Seine unermüdliche Energie und sein grenzenloser Ehrgeiz machten einem überwältigenden Gefühl von Enttäuschung und Verlust Platz. Er sah sich in einem schrecklichen Konflikt zwischen seinem Hunger nach Erfolg, gespeist aus seiner Überzeugung, etwas außerordentlich Wichtiges entdeckt zu haben, und dem Desinteresse, mit dem seine Entdeckungen aufgenommen worden waren. «Meine unaufhörlichen Verpflichtungen und Tätigkeiten [als Arzt] haben meine Zeit so sehr in Anspruch genommen, dass selbst dieses Tagebuch vollständig vernachlässigt worden ist», schrieb er in selbiges. «So unglücklich waren meine Tage, dass ich nicht die Entschlossenheit aufgebracht habe, mein Elend niederzuschreiben ...»

KAPITEL 5

Die riesigen Saurier

> Die Geologie rangiert auf der Skala der Naturwissen-
> schaften in der Größe und Erhabenheit der Objekte,
> die sie behandelt, gleich neben der Astronomie.
> *Sir J. F. Herschel, zitiert in* Thoughts on a Pebble
> *von Gideon Mantell (1849)*

Die Klippen von Black Ven bei Lyme Regis – eine dunkle, drohende
Silhouette, die selbst im Nebel zu sehen war, der vom Cobb und
dem Hafen in einer Meile Entfernung aufstieg – lieferten Mary Anning weiterhin die zerborstenen Überreste des jurassischen Zeitalters aus. Nach zehn Jahren der Fossilsuche war ihr jeder Fleck der
Felsoberfläche vertraut geworden. Der graue Kalkstein und der
Schiefer, die Felsen, die den frühen Tod ihres Vaters verursacht hatten, sorgten nun für den Unterhalt der Familie. Anfang der 1820er
hatte Mary ein derartiges Geschick beim Aufspüren von Fossilien
entwickelt, dass sie einem Bericht zufolge «zum Beispiel in der
Lage war, ohne Zögern aus fünfzig ‹Klümpchen›, die alle … eines
wie das andere aussahen, das eine herauszugreifen, das, mit einem
geschickten Schlag gespalten, einen perfekten Fisch zeigte, eingebettet in eine Masse, die einstmals weicher Lehm war».

Seit Lieutenant-Colonel Birchs Verkauf seiner privaten Sammlung, in der viele Funde von Mary Anning enthalten waren, hatte
sie mehrere verschiedene Ichthyosaurier-Arten entdeckt. Begleitet
von ihrem Hund Tray, der ihre Entdeckungen bewachte, während
sie Hilfe holte, grub sie im Mai 1821 den ersten *Ichthyosaurus pla-*

tyodon aus, ein Geschöpf von fast sechs Metern Länge. Zwei Monate später fand sie ganz in der Nähe ein 1,50 Meter langes Fossil, das den Namen *Ichthyosaurus vulgaris* erhielt. Anfang des folgenden Jahres wurde ein weiterer Ichthyosaurier, diesmal 2,70 Meter lang, gefunden. Aber trotz dieser Erfolge waren Mary, Joseph und ihre Mutter Molly häufig in Geldnot. Das Ergebnis bei der Jagd nach Fossilien war nicht kalkulierbar, und bereits Anfang der 1820er nahm die Konkurrenz durch andere Fossiliensucher zu.

Daher empfand Mary Anning ein ungewohntes Gefühl der Erwartung, als sie am Abend des 10. Dezember 1823 am Fuß der Black-Ven-Klippen etwas entdeckte, das sie zuvor noch nie gesehen hatte. Das Objekt sah aus wie ein Schädel. Aber dieser Schädel war nicht lang und zugespitzt mit großen knöchernen Augenhöhlen, wie für einen Ichthyosaurier typisch, sondern klein, nur zehn bis zwölf Zentimeter lang, und erinnerte eher an einen Schildkrötenschädel. Als sie, begleitet vom Kreischen der sie umkreisenden Möwen, begann, die tief eingebetteten Knochen auszugraben, wurde rasch deutlich, dass das Tier eine sehr lang gestreckte, schlangenähnliche Form mit einer großen Zahl von Wirbeln aufwies, die das Rückgrat bildeten. Der Hals des Tieres war anscheinend mindestens ebenso lang wie der übrige Körper samt Schwanz. Dieses Geschöpf unterschied sich deutlich von allen der Wissenschaft bisher bekannten Lebewesen.

Mit Hilfe einiger Dorfbewohner arbeitete Mary die ganze Nacht hindurch im Wettlauf gegen die aufkommende Flut. Die Witterungsbedingungen waren hart; der bitterkalte Wind wirbelte Sand und Gischt auf, bis alle völlig durchnässt waren und steif gefrorene Finger hatten. Bis zum frühen Morgen hatten sie das Rückgrat des Tieres freigelegt, das aus neunzig Wirbeln bestand. Diese seltsame «Schildkröte» war 2,70 Meter lang, länger als eine Schlange. Sie legten vierzehn Rippen und die Beckenknochen frei, die tief im Schiefer eingebettet waren. Statt Beinen wie ein Lurch oder Flossen wie ein Fisch hatte das Geschöpf Paddel, die aus vielen dünnen Knochen bestanden.

Wie Mary Anning wusste, vermuteten Experten wie Bucklands Freund Conybeare schon seit längerem, dass neben dem Ichthyosaurier einst eine zweite Art von Meeresechse die Urmeere durchstreift hatte. Als Conybeare 1821 zusammen mit seinem Freund Henry de la Beche seinen Artikel über den *Ichthyosaurus* vorbereitete, hatte er von großen Knochen berichtet, die nicht zu denen der ersten Meeresechse passten. In Somerset war er auf einen Schädel gestoßen, der demjenigen einer Schildkröte ähnelte, ohne dass ein Panzer zu finden gewesen wäre; Knochen, die eine paddelförmige Struktur gestützt haben mussten, sowie ungewöhnlich geformte Wirbel vergrößerten das Rätsel. Obwohl er nur von ein paar fossilen Knochen ausgehen konnte, war Reverend Conybeare seiner Sache sicher genug gewesen, um einen Namen für das unbekannte Lebewesen vorzuschlagen: *Plesiosaurus*, was so viel wie «reptilienähnlich» bedeutet. Doch selbst Conybeare musste zugeben, dass «genügend Anlass für den Verdacht» bestand, er habe aus einem zusammengeworfenen Haufen Knochen, die zu verschiedenen Arten gehörten, unabsichtlich ein fiktives Tier kreiert. Als Mary Anning das seltsame Geschöpf musterte, fragte sie sich, ob es sich dabei um das vollständige Skelett des Tieres handeln könne, das Conybeare vermutet hatte.

Als Conybeare die Nachricht von ihrer Entdeckung erhielt, brach in seinem friedlichen Haushalt ein derartig untypischer Tumult aus, dass er nicht in der Lage war, «mich hinzusetzen und meine Sonntagspredigt vorzubereiten». Er schrieb einen euphorischen Brief an de la Beche, der gerade in Jamaika weilte: «Buckland … brachte wichtige Neuigkeiten – dass die Annings einen vollständigen Plesiosaurier entdeckt und dem Duke von Buckingham für zweihundert Pfund angeboten haben.» Drei Tage später erhielt Conybeare «von Miss Anning eine sehr hübsche Zeichnung des außerordentlich schönen Exemplars … Es war am Abend unseres Treffens der *Philosophical Society* im Bristol-Institut, und du kannst dir die Aufregung vorstellen, die entstand. Meine Predigt, obwohl teilweise fertig, war noch nicht halb ins

Reine geschrieben, aber eine meiner Schwägerinnen, die gerade bei mir zu Besuch weilte, übernahm dies freundlicherweise, und so eilte ich zum Treffen der Gesellschaft … Eine derartige Mitteilung erweckte natürlich großes Interesse, einige der Zuhörer rannten sofort zum Pressebüro, wohin ich ihnen folgen musste, um manch seltsame Schnitzer zu verhindern … daher kam ich nicht vor Mitternacht nach Hause.»

Als die Neuigkeit Paris erreichte, erhielt die allgemeine freudige Aufregung jedoch einen Dämpfer. Der renommierte Baron Georges Cuvier am Muséum National d'Histoire Naturelle vermutete, dieses neue Tier sei möglicherweise eine Fälschung. Wie konnte ein Geschöpf einen Hals haben, der länger als der gesamte Rumpf samt Schwanz war? Nicht einmal die langhalsigsten Vögel, wie der Schwan, sind so proportioniert. Das Tier wich in höchstem Maße von dem fast universellen anatomischen Gesetz ab, das die Anzahl der Halswirbel bei großen Säugern auf nicht mehr als sieben begrenzt. Bei Vögeln variiert die Zahl der Halswirbel zwischen neun und dreiundzwanzig, bei rezenten Reptilien zwischen drei und acht. Doch dieses angeblich reptilienhafte Geschöpf besaß offensichtlich allein fünfunddreißig Halswirbel!

Auf der Grundlage der Zeichnungen, die ihm übersandt wurden, hielt Cuvier es für möglich, dass Mary Anning und ihre Familie die Experten hinters Licht führten. Von den englischen Anatomen hatte er bereits wegen ihres Umgangs mit «dem Londoner Baronet», Sir Everard Home, dessen frühe Artikel über den «Proteosaurus» in Paris so sehr bespöttelt worden waren, eine recht geringe Meinung. Daher konnte er sich leicht vorstellen, dass die englischen Experten sich von gerissenen bäuerlichen Fossiliensuchern hatten hereinlegen lassen. Sicherlich hatten die Annings Kopf und Hals einer Seeschlange genommen und sie am Körper eines Ichthyosauriers befestigt? Wie um Cuviers Verdacht zu bestätigen, wies das Skelett an der Halsbasis eine passende Bruchstelle auf, genau so, als ob der Übergang zwischen Hals und Rumpf gefälscht sei. Cuvier schrieb daher an Reverend Conybeare und riet ihm dringend, die Echtheit des Fossils sicherzustellen.

Für Mary Anning war Cuviers Verdacht eine Katastrophe. Er war *die* Weltautorität. Wenn er andere davon überzeugte, dass das neue Fossil eine Fälschung war, wäre die Familie Anning ruiniert. Es war bekannt, dass Amateure Exemplare gelegentlich «überrestauriert» hatten: In den Funden des exzentrischen Fossiliensuchers Thomas Hawkins, zum Beispiel, tauchte gelegentlich eine Substanz auf, die stark an Ziegelsteine erinnerte. Mit Hilfe von Ruß zum Färben und Gips als Modelliermasse wurden manchmal Details «nachgebessert» – einige zusätzliche Schwanzwirbel da, ein paar Extremitätenknochen dort. «Er ist ein derartiger Enthusiast, dass er die Dinge so darstellt, wie er meint, dass sie sein müssten, und nicht so, wie er sie wirklich findet», bemerkte Mary Anning später einmal.

Bald begannen Gerüchte über das neue Fossil von Lyme umherzuschwirren, und es setzte ein hektischer Briefwechsel der geologischen Enthusiasten ein. «Ich wäre dir sehr dankbar, wenn du Mr. Webster [von der *Geological Society*] aufsuchtest, der dir wahrscheinlich das Originalfossil zeigen wird», schrieb der Amateurgeologe George Cumberland an einen Freund in London, «und sag mir dann deine Meinung, ob es ein Fisch ist oder nicht. Frag ihn auch nach seiner Meinung über den neuen Fisch, sag ihm aber nicht, was du selbst denkst.»

Eine Sondersitzung der Gesellschaft wurde einberufen, um über die Angelegenheit zu diskutieren. Mary Anning war nicht zugegen. Die Mitglieder fragten sich, wie irgendein Tier die «Schwäche» habe kompensieren können, die mit einem derart lang gestreckten Hals einhergegangen sein musste. Könnte ein derartiges Lebewesen seinen Hals überhaupt aufrecht halten? Könnte es sich bewegen, und wenn ja, wie? Angenommen, sein fürchterlichster Feind sei der *Ichthyosaurus* gewesen, so wäre es mit seinem winzigen Kopf und seinem schlanken Hals ein stark unterlegener Geg ner gewesen, und sein gering entwickelter Bewegungsapparat hätte eine rasche Flucht praktisch unmöglich gemacht.

Als die Gentlemen die unwahrscheinliche Kombination von Merkmalen diskutierten, die das neue Geschöpf aufwies, wurde bald deutlich, dass diese alle mit den fossilen Funden korrespondierten, die Reverend Conybeare und de la Beche bereits früher gemacht hatten und die sie auch dazu bewogen hatten, die Existenz eines solchen Geschöpfes vorherzusagen. «Das wunderbare Exemplar aus Lyme», erklärte Conybeare, «hat meine früheren Schlussfolgerungen hinsichtlich der Skelettorganisation in allen wesentlichen Punkten bestätigt.» Die anderen waren bald überzeugt, dass Conybeare Recht haben musste.

«Das ist wirklich ein außerordentlich seltsames Objekt», schrieb Charles Konig vom British Museum an einen Freund. «Trotz der offensichtlichen Missverhältnisse der Teile, besonders des Halses und des Kopfes, ist es zweifellos vollkommen echt; Letzterer ist im Verhältnis zur Masse des Tieres der *kleinste* Hirnschädel, den wir kennen, und spricht dafür, dass sein Besitzer nicht der Klügste war, wenn auch zweifellos für seine Zwecke klug genug.» Als dies zur allgemein akzeptierten Meinung wurde, waren die Annings rehabilitiert, und dieses eine Mal hatte sich Cuvier als fehlbar erwiesen. Es wurde geplant, dass Reverend Conybeare beim nächsten Treffen der *Geological Society* Anfang Februar 1824 einen detaillierten wissenschaftlichen Artikel über den *Plesiosaurus* vorlegen sollte.

Etwa um dieselbe Zeit, im Winter 1823, veröffentlichte *The Gentleman's Magazine* einen Artikel über die außergewöhnliche Entdeckung riesiger Knochen in Sussex. Mitarbeiter der Zeitschrift waren in der Lokalpresse Brightons auf einen Beitrag über Gideon Mantells Sammlung gestoßen, in dem die gigantischen Knochen eines Fleisch fressenden Tieres aus dem «Eidechsenstamm» klar beschrieben wurden. *The Gentleman's Magazine* war eine etablierte nationale Zeitschrift, die an viele Landsitze ging und sicherlich auch in der Universitätsbibliothek von Oxford auslag, sodass William Buckland sie lesen konnte. Nach sieben Jahren, in denen ihn die Knochen des riesigen Fleisch fressenden Reptils im Ashmolean Museum nur am Rande interessiert hatten, erkannte Reverend Buckland möglicherweise plötzlich, dass ihm ein kaum bekannter Teilzeitgeologe die Schau stehlen könnte. Diese Erkenntnis stachelte ihn an zu handeln und überschattete anscheinend zeitweise seine typische, großzügige Natur. Er schrieb an Cuvier in Paris und erklärte, dass die bemerkenswerten Funde, die Mantell in Sussex gemacht hatte, es zwingend scheinen ließen, bald Genaueres über das riesige Oxforder Reptil zu veröffentlichen – womit er das Verdienst beanspruchen würde, dieses Geschöpf entdeckt zu haben. Buckland entschloss sich, sein Stonesfield-Reptil auf demselben Treffen der *Geological Society* Anfang Februar 1824 vorzustellen, auf dem Conybeare seine Befunde über den *Plesiosaurus* vorstellen wollte. Die beiden Männer machten sich an die Arbeit und verfassten ihre Aufsehen erregenden Vorträge, welche das gesamte wissenschaftliche London sicherlich in Erstaunen versetzen würden.

Beinahe possenhaft kam es nach all diesen Jahren des Wartens in letzter Minute zu einer Verzögerung. Reverend Conybeare erklärte in einem Brief an Henry de la Beche, der noch immer in Übersee weilte: «Der Herzog [hat] den Plesiosaurus verschifft, damit er bei der *Geological Society* gelagert wird, und mich beauftragt, die Sendung abzuholen, um unter allen Umständen zu verhindern, dass sie Sir Everard Home in die Hände fällt ... Als ich in die Stadt kam, stellte ich fest, dass die Sendung im Kanal aufgehalten worden war. Auch in den nächsten zehn Tagen kam sie nicht an.» Conybeares Bekanntgabe seiner Befunde musste einige Wochen zurückgestellt werden.

Bei aller Begeisterung, mit der Conybeares *Plesiosaurus*, das «Wunder, das übers Meer kam», von der modernen Welt erwartet wurde, kam es zu weiteren Pannen. Das Exemplar war von den Annings sorgfältig präpariert, in Gips eingebettet und in einem großen hölzernen Schaukasten – drei Meter lang und 1,80 Meter breit – platziert worden. Dieser Kasten sollte oben im Versammlungsraum ausgestellt werden, damit die Mitglieder das Fossil betrachten konnten, während Conybeare seinen Vortrag hielt. Aber als die Sendung schließlich eintraf, konnte die massive, prähistorische Meeresechse trotz größter Anstrengungen nicht weiter als bis in die Halle transportiert werden. «Nachdem wir bei dem vergeblichen Versuch, [das Fossil] mit Hilfe zweier Männer nach oben in den Versammlungsraum der *Geological Society* zu bringen, einen ganzen Tag verschwendet hatten, waren wir gezwungen, es in der Eingangshalle auszupacken», schrieb Conybeare. Die Gentlemen der Gesellschaft waren daher genötigt, ihre Neugier in einem dunklen Gang zu befriedigen, wo sie das Geschöpf bei Kerzenschein betrachten konnten.

Am 20. Februar 1824, dem Tag, der für die erste Zusammenkunft mit Professor Buckland als neuem Präsidenten festgelegt war, füllte sich der Versammlungsraum bis auf den letzten Platz mit erwartungsvollen Zuhörern, die Gerüchte über die anstehenden Enthüllungen gehört hatten. Viele Mitglieder hatten Besucher mitgebracht. Dr. Fitton wurde von Captain Franklin begleitet, Charles Lyell brachte zwei Freunde mit, einen Mr. Brookes und einen Mr. Hill, Georges Sowerby war von Mr. Children eingeladen worden und Mantells Freund John Tilney von Mr. Fraser. Alles in allem waren etwa dreißig Gäste anwesend. Die üblichen Präliminarien des Treffens – Danksagungen, Schenkungen, wichtige Nachrichten – waren rasch abgeschlossen, und dann wurde Reverend Conybeare aufgefordert, mit seinem «Bericht über die Entdeckung eines perfekten Plesiosaurus-Skeletts» zu beginnen.

Bei all seiner intellektuellen Brillanz war Conybeare kein guter Redner. Einmal, als er einen öffentlichen Vortrag hielt, soll er Berichten zufolge «die Damen mit seinen ‹unbeholfenen› Manieren erschreckt haben», was «viel Füßescharren und Kleiderrascheln» hervorrief. Aber an diesem Tag hing die Zuhörerschaft in den Räumen der *Geological Society* sicherlich an seinen Lippen und lauschte mit gebannter Aufmerksamkeit.

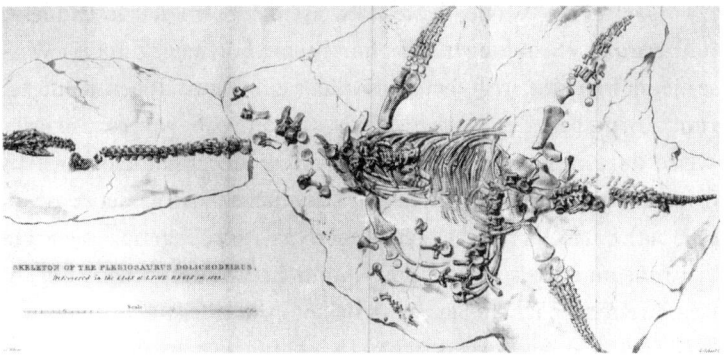

Der 2,70 Meter lange *Plesiosaurus*, der 1824 von Reverend Conybeare beschrieben wurde.

Er beschrieb ein Lebewesen, das, wie selbst Cuvier inzwischen anerkannte, alles in allem das «monströseste» war, welches bisher in den Trümmern einer früheren Welt gefunden worden war. Nach einem Jahrtausende währenden Einschluss, erklärte er, waren die fossilen Überreste in einem beinahe ebenso perfekten Zustand wie die Knochen von Arten, die gegenwärtig auf Erden lebten. «Mit dem Kopf einer Eidechse vereint es die Zähne eines Krokodils, einen enorm langen Hals, der dem Körper einer Schlange ähnelt, einen Rumpf und einen Schwanz, welche die Proportionen eines gewöhnlichen Quadrupeden aufweisen, die Rippen eines Chamäleons und die Paddel eines Wals.» Laut Protokoll der Zusammenkunft fuhr Conybeare fort, die außerordentlichen Merkmale des Tieres zu betonen. Der Kopf war «bemerkenswert klein und macht weniger als den dreizehnten Teil der Gesamtlänge des Skeletts aus, während sein Anteil beim Ichthyosaurus ein Viertel beträgt». Die Zahl der Wirbel überstieg die eines jeden anderen Tieres; insgesamt wies die Wirbelsäule neunzig Gelenke auf. Die Paddel «bestehen aus zwei Reihen beinahe runder Knochen», die abgeflacht waren wie bei einer Schildkröte, was ihn vermuten ließ, das Tier habe sich in ähnlicher Weise fortbewegt.

«Dass es im Wasser lebte, beweist die Form seiner Paddel», fuhr er fort. «Sein langer Hals muss seine Fortbewegung im Wasser jedoch behindert haben und bildet einen auffälligen Kontrast zum Körperbau des Ichthyosaurus, der in so bewundernswerter Weise dazu geschaffen ist, die Wellen zu durchschneiden.» Aus diesem Grund, argumentierte er, «schwamm diese Riesenechse an oder nahe der Oberfläche, den langen Hals zurückgebogen wie ein Schwan, und stieß gelegentlich damit herab, um einen Fisch in Reichweite zu packen. Sie hat vielleicht in seichtem Wasser vor der Küste gelauert, verborgen zwischen Seetang, der ihr einen sicheren Unterschlupf vor den Angriffen gefährlicher Feinde bot.» Die Länge und Flexibilität seines Halses könnten sein Unvermögen, sich rasch durchs Wasser zu bewegen, kompensiert haben, weil sie dem Tier ermöglichten, jede Beute, die in seine große Reichweite gelangte, plötzlich und blitzschnell zu attackieren. Schließlich beendete Reverend Conybeare seinen Vortrag, indem er die Art wegen ihrer beträchtlichen Größe auf den Namen *Plesiosaurus giganteus* taufte.

Nun erhob sich William Buckland, um die Zuhörerschaft mit Belegen für ein noch größeres Geschöpf zu erstaunen. Er begann: «Ich möchte der *Geological Society* verschiedene Abschnitte des Skeletts eines fossilen Tieres vorstellen, das bei Stonesfield gefunden wurde, in der Hoffnung, dass diejenigen unter Ihnen, die andere Teile dieses außergewöhnlichen Reptils besitzen, der Gesellschaft entsprechende Informationen zugänglich machen, die zu einer weiteren Rekonstruktion seines Knochengerüsts führen könnten.» Wie er erklärte, war der Umfang der Fossildaten begrenzt, und es seien bisher nur ein paar Wirbel gefunden worden, die noch miteinander verbunden waren. Nichtsdestotrotz meinte er, allein aufgrund der Zähne das uralte Geschöpf als Angehörigen der Klasse Reptilia und der Ordnung Sauria, oder Eidechsen, identifizieren zu können.

Anschließend legte Buckland die Gründe für seine Überzeugung dar, dieses Geschöpf sei eine Eidechse. Obwohl er zugab, dass Wirbelsäule und Extremitätenknochen denjenigen von Säugern ähnelten, verriet der gut erhaltene Kiefer die Zugehörigkeit des Fossils zu den Reptilien. Junge Zähne, die neben den ausgewachsenen Zähnen zu sehen waren, veranschaulichten den Zahnersatzzyklus, der für Reptilien so typisch ist und bei Säugern nicht auftritt. Obwohl das Fossil neben vielen Meeresbewohnern gefunden wurde – Muscheln, Fischen und Krebstieren –, gab es eingebettet in denselben Strata auch Überreste von amphibisch lebenden Tieren, wie Krokodilen und Schildkröten. Daher zog Buckland den Schluss, dass das Geschöpf «wahrscheinlich ein amphibisches Tier war». Er vermutete, dass dieses riesige Reptil im Gegensatz zu den Meeresechsen an Land kriechen konnte.

Schließlich wandte sich Buckland der Größe des Tieres zu. Georges Cuvier hatte den Umfang des Oberschenkelknochens von fünfundzwanzig Zentimetern mit dem Umfang entsprechender Knochen von modernen Reptilien verglichen und durch Hochrechnen ihrer Proportionen geschlossen, das fossile Reptil sei zwölf Meter lang gewesen. Buckland wollte dem nicht widersprechen, wenn er auch vorsichtig betonte: «Wir können nicht sicher sein, dass rezente und ausgestorbene Arten genau die gleichen Proportionen aufweisen, wir können dem Tier jedoch mit Sicherheit eine Größe zuschreiben, welche die einer jeden lebenden Eidechse bei weitem übersteigt.» Angesichts der enormen Größe, die dieser Saurier erreichte, hatten er und Reverend Conybeare ihm den Namen *Megalosaurus* gegeben.

Gideon Mantell, der im Auditorium saß, nahm jedes Detail begierig auf. Er hatte gehört, dass auf diesem wegweisenden Treffen die Oxford-Echse vorgestellt werden würde, und war mit Fossilknochen und -wirbeln der Fleisch fressenden Echse aus seiner eigenen Sammlung nach London gereist. Ermutigt von Professor Bucklands Bitte an die Zuhörerschaft um weitere Informationen erhob er sich und erklärte, während alle Augen auf ihn gerichtet waren, er habe fossile Fleischfresserzähne im Weald entdeckt, die denjenigen aus Stonesfield entsprachen. Und was noch bemerkenswerter war: Er besaß einen riesigen Oberschenkelknochen ähnlich dem von Bucklands *Megalosaurus*, dessen Umfang mit sechzig Zentimetern den des Oxforder Knochens um das Doppelte übertraf. Wie wohl jedermann im Auditorium klar war, musste Mantells Exemplar – wenn man Cuviers Beweisführung akzeptierte – zu einer Echse von fast vierundzwanzig Metern Länge gehört haben!

Leider findet sich in den Unterlagen der Gesellschaft – vielleicht aufgrund von Mantells niedrigem sozialen Status – kein Bericht über seine informelle Präsentation, die nur in seinem eigenen Tagebuch erwähnt wird. Seine Ausführungen erregten jedoch genügend Interesse, dass Reverend Buckland zwei Wochen später «express von Oxford» anreiste, um Mantells Sammlung mit eigenen Augen zu sehen. Am 6. März 1824 kam er mit Charles Lyell, der inzwischen Vizepräsident der *Geological Society* geworden war, am Castle Place in Lewes an. Die beiden Männer wurden in den ersten Stock geleitet, um Mantells umfangreiche Fossiliensammlung zu besichtigen. Buckland konnte nun die Resultate all der jahrelangen mühsamen Arbeit studieren: so viele Fossilien, so geduldig auf zahllosen Expeditionen gesammelt. Der riesige Oberschenkelknochen beeindruckte ihn; das Sussex-Ungeheuer, dachte Buckland, musste tatsächlich eine beträchtliche Größe gehabt haben. Buckland und Lyell blieben den ganzen Nachmittag und diskutierten Mantells Sammlung bis in den Abend hinein. Am nächsten Tag trug Mantell in sein Tagebuch ein: «Begleitete Professor Buckland und Lyell am Nachmittag nach Cuckfield; es begann zu regnen.»

Wie es üblich war, machte sich Professor Buckland nach dem Treffen der Gesellschaft daran, seinen Vortrag für die Veröffentlichung zu bearbeiten. Dem Wissenschaftshistoriker Professor Hugh Torrens zufolge gibt es Belege dafür, dass William Buckland, als er seinen Artikel über *Megalosaurus* vorbereitete, versuchte, Mantells Entdeckungen für seine eigenen Zwecke zu nutzen. Ein strenger Brief vom Publikationskomitee der *Geological*

Society eine Woche später hielt ihn jedoch davon ab, zu weit zu gehen. Das ist umso bemerkenswerter, weil das Publikationskomitee den neuen Präsidenten der Gesellschaft ausdrücklich davor warnte, die Arbeit eines anderen unfair auszubeuten. Am 12. März 1824 schrieb Mr. Warburton im Namen des Gremiums an Buckland:

> Was immer Sie über das Stonesfield-Tier, das in Cuckfield, Sussex, gefunden wurde, zu sagen haben, muss sofort abgesandt werden, da alle Artikel innerhalb der nächsten vierzehn Tage zum Druck vorliegen müssen. Ich hoffe, dass keine neuen Platten des Cuckfield-Exemplars für diesen Artikel vorgesehen sind; das ist nicht korrekt und eine Praxis, die anderen Autoren wiederholt untersagt wurde, nämlich am Vorabend der Veröffentlichung letzte Worte nachzuschieben; als Präsident müssen Sie auf Fair Play für alle an der Autorschaft beteiligten Parteien achten.

Während Mantell Schwierigkeiten hatte, von den Gutachtern das Plazet für seine Ideen zu erhalten, verzögerte das Publikationskomitee den Druck eines Bandes seiner *Transactions*, der Sitzungsberichte, um Conybeares und Bucklands hastig zusammengeschriebene Artikel noch aufnehmen zu können.

Buckland, derart ernsthaft auf die Verpflichtung zur Fairness hingewiesen, gab seine Bemühungen auf, in seinen Artikel Illustrationen von Mantells Fossilien aufzunehmen. Als seine Untersuchung schließlich veröffentlicht wurde, erwähnte er, wie es für ihn typischer war, Gideon Mantell in großzügiger Weise, lobte seine «reichhaltige und höchst wertvolle Sammlung» und erkannte den Beitrag an, den das *Megalosaurus*-Exemplar aus Sussex zum Wissen über dieses neue Lebewesen leistete. «So groß die Proportionen des Oxford-Exemplars auch sind», gab Buckland zu, «wirken sie doch geradezu klein im Vergleich zu denjenigen eines anderen Exemplars derselben Art, das im eisenhaltigen Sandstein von Tilgate Forest entdeckt worden ist.» Ausgehend vom Oberschenkelknochen, den Mantell gefunden hatte, fuhr Buckland vorsichtig fort, das Sussex-Exemplar müsse «doppelt so groß wie jenes gewesen sein, zu dem der gleiche Knochen im Museum von Oxford gehörte, und wenn Gesamtlänge und Höhe der Tiere in Proportion zu den linearen Dimensionen ihrer Extremitäten standen, wäre das fragliche Tier, was seine Höhe betrifft, unseren größten Elefanten gleichgekommen und, was seine Länge angeht, kaum kürzer als die größten Wale gewesen. Da das Längenwachstum von Tieren aber kein derart hohes Verhältnis aufweist, können wir nach einem gewissen Abzug die Länge dieses Reptils aus Cuckfield in Sussex auf achtzehn bis einundzwanzig Meter schätzen.»

Tatsächlich waren diese Größenschätzungen falsch. Die frühen Geologen waren von der Philosophie Cuviers inspiriert, der Fossilien mit lebenden Tierformen verglich, um die Vergangenheit wieder sichtbar werden zu lassen. Dieser Ansatz hatte bei der Entschlüsselung der Fossilien von spät ausgestorbenen Säugerarten, für die Cuvier inzwischen so berühmt war – Mammut, *Megatherium* und Mastodon –, gut funktioniert. Was bisher niemand wusste: Wenn es darum ging, die uralten Reptilien aus einer noch viel ferneren Vergangenheit zu verstehen, war es nicht immer der beste Weg, Analogien zu lebenden Formen zu suchen. Aufgrund dieses Verfahrens hatte Cuvier zunächst an Mary Annings *Plesiosaurus* und an der Vorstellung eines Pflanzen fressenden Reptils gezweifelt. Die Geologen sahen sich etwas völlig Neuem gegenüber und besaßen keinen Bezugsrahmen, innerhalb dessen sie ihre Deutungen hätten einordnen können.

Nach der wegweisenden Tagung am 24. Februar, auf der ihr *Plesiosaurus* in der *Geological Society* im Herzen Londons ausgestellt wurde, war Mary Annings Ruf als Fossiliensucherin sichergestellt. Nun vielen Sammlern wohl bekannt, war sie «zur bedeutendsten Fossilsucherin» geworden. Der Mineraloge Thomas Allen schrieb im Juni 1824 in sein Tagebuch: «Die Wissenschaft ist ihr für die Erhaltung einiger der hervorragendsten Überreste einer früheren Welt, die in ganz Europa bekannt sind, wirklich zu Dank verpflichtet.» Sie sei sich ihres Könnens inzwischen sehr sicher, fügte er hinzu, «sie ist völlig vertraut mit der Anatomie ihrer Objekte, und ihr Bericht über ihre Dispute mit Buckland, für dessen anatomische Kenntnisse sie nur Verachtung übrig hat, war sehr amüsant».

Mary Annings Freundin Anna Maria Pinney beschreibt dieses Selbstbewusstsein anders: «Sie wird von all den klügsten Männern Englands beachtet, die sie in ihre Häuser einladen, mit ihr über Geologie korrespondieren etc. Das hat ihr vollständig den Kopf verdreht, und sie hat den stolzesten und unnachgiebigsten Geist, dem ich jemals begegnet bin. Zu viel ‹Gelehrsamkeit hat sie verrückt gemacht›. Sie rühmt sich, niemanden zu fürchten und alles zu sagen, was ihr gefällt. Sie würde alle Welt beleidigen, würde man sie nicht als privilegierte Person betrachten.» Das passt jedoch alles in allem nicht zu einer anderen Seite ihres Charakters. Sie wurde in der ganzen Gegend respektiert, weil sie «freundlich zu den Armen war ... wann immer sie ein kleines Fässchen am Strand fand, verbarg sie es und ließ es die Männer vom Küstenschutzdienst nicht sehen, sondern erzählte einer armen Person davon».

Im Gegensatz zu der Anerkennung, die Mary Anning fand, litt Gideon Mantell noch immer unter seinem Mangel an Fortkommen. Höchstwahrscheinlich war es seine unabhängige Entdeckung der Knochen einer riesigen Fleisch fressenden Echse gewesen, die Bucklands wissenschaftlichen Artikel angeregt hatte. Aber da Reverend Buckland der Erste war, der einen Namen vorgeschlagen und eine vollständige wissenschaftliche Beschreibung geliefert hatte, fiel natürlich aller Ruhm an ihn. Mantells Artikel, in dem er die Tilgate-Schichten des Weald als sekundäres Gestein identifizierte, war noch nicht von der *Geological Society* akzeptiert, geschweige denn publiziert worden, und infolgedessen war auch seine Interpretation der verwitterten Pflanzenfresserzähne als diejenigen einer uralten Echse noch immer umstritten.

«Wie um die Schwierigkeiten der Lösung dieses Rätsels zu vergrößern», schrieb Mantell, wurde in denselben Schichten ein

«Tuberkel» oder Horn entdeckt, «von gleicher Größe und kaum anders geformt als das kleinere Horn eines Rhinozerosses. Es ist außen dunkel gefärbt, und einige Teile seiner Oberfläche sind glatt, während andere runzelig und gefurcht sind, als seien Blutgefäße hindurchgetreten ... Das Horn ... wurde von kompetenten Fachleuten zum kleineren Horn eines Rhinozerosses erklärt.» Sowohl die abgenutzten Zähne als auch das Horn schienen die Schlussfolgerung der Experten zu bestätigen, dass Mantell nichts weiter als ein Rhinozeros entdeckt hatte.

Auch wenn Professor Buckland nicht akzeptierte, dass Mantell eine uralte Pflanzen fressende Echse gefunden hatte, gestand er sich im Frühjahr 1824 wahrscheinlich ein, dass die Tilgate-Schichten im Weald sekundäres Gestein waren. Tatsächlich konnte Buckland kaum mehr widersprechen, nachdem ihm so viele Fossilknochen aus den Tilgate-Schichten vorgelegt worden waren, die mit denjenigen des *Megalosaurus* aus dem alten Sekundärgestein bei Stonesfield in Oxfordshire übereinstimmten. Da Georges Cuvier in Paris jedoch erklärt hatte, die unbekannten Pflanzenfresserzähne gehörten zu einem Rhinozeros, war Buckland in einem Circulus vitiosus gefangen. Weil er keine Meinung vertreten wollte, die von derjenigen Cuviers abwich, stellte er sich nun auf den Standpunkt, die Pflanzenfresserzähne stammten aus einer jüngeren Ablagerung nahe der Oberfläche und seien durch eine Spalte im Gestein in ältere Schichten gelangt. Noch immer beharrte er darauf, diese unbekannten Zähne einem rezenten Säuger oder einem Fisch zuzuordnen. Zu seinem Pech konnte Mantell Bucklands Schlussfolgerung nicht widerlegen. Viele der Zähne waren lose, manche sogar am Straßenrand verstreut aufgefunden worden, wo die Arbeiter Steine abgeladen hatten, daher war es schwierig, Buckland davon zu überzeugen, dass sie stets korrekt in altem sekundärem Gestein eingebettet gewesen waren.

Inzwischen war Gideon Mantells jugendlicher Optimismus, er könne zwei Karrieren bewältigen und durch schiere harte Arbeit in der Wissenschaft Fortschritte machen, merklich erschüttert worden. Die Anforderungen, die seine ärztliche Praxis in Lewes an ihn stellte, gingen unvermindert weiter, selbst die Hilfe seines jüngeren Bruders Joshua änderte daran nichts. «Außerordentlich beschäftigt», schrieb er einmal in sein Tagebuch, «mein Bruder und ich besuchten 90 Patienten.» Die Nächte wurden immer wieder durch dringende Einsätze zu Entbindungen, die Visiten tagsüber von traurigen Notfällen unterbrochen. «Wurde zu einem Unfall bei Mailing Mill gerufen; bei meiner Ankunft fand ich einen armen Jungen, der seine Hand schrecklich zerfleischt hatte, hielt es für notwendig, Zeigefinger und Daumen am Handgelenk zu amputieren», schrieb Mantell in sein Tagebuch. Ein anderes Mal behandelte er «einen schweren Fall von Schädelbruch bei Barcombe, musste trepanieren [den Schädel öffnen]; der Mann wird sich wahrscheinlich nicht wieder erholen.» Er hatte dennoch bei vielen Operationen Erfolg – er richtete Frakturen des Schlüsselbeins und der Beine und leistete selbst chirurgische Feinarbeit, wie das Entfernen von Katarakten. Seine Bemühungen um die Armen wurden allseits gewürdigt: «... erhielt eine Danksagung für das Geschick und die Umsicht, mit denen er die Armen von St. John's versorgte.»

Gelegentliche Besuche von Landadeligen, die kamen, um seine Sammlung zu sehen, hielten Mantells Hoffnung auf eine Unterstützung wach. «Der Earl of Chichester kam vorbei und schenkte mir einen schönen, antiken Goldring, der bei Bormer gefunden worden war; Seine Lordschaft waren sehr leutselig und höflich und schenkten Mrs. Mantell etwas Irish Gold.» Seine Kuriositätensammlung wurde auch von anderen angesehenen Persönlichkeiten besichtigt, vom lokalen Adel, wie Lady Gage und George Shiffner, aber auch von Besuchern, die von weiter her anreisten, wie Mary Shelley, die Frau des berühmten Dichters und Autors von *Frankenstein*. Jeder Zeit raubende Besuch wurde höflich und beflissen von einem hoffnungsvollen Mr. Mantell oder seiner Frau herumgeführt.

Trotz seiner zwiespältigen Gefühle hinsichtlich des Fortschritts seiner geologischen Forschungen brachte Mantell es nicht über sich, sie aufzugeben. Überall im Wohnzimmer waren Knochen verstreut, sie lagen in Kisten über Kisten, stapelten sich auf dem Boden und in den Regalen, die bis an die Decke reichten; je nach Tageszeit glitt das Licht über sie hinweg und hob ihre nicht menschlichen Konturen hervor. Das ganze Szenario war durchdrungen von der ungesunden, muffigen Aura uralter Knochen. Und inmitten all dessen, völlig in seine Untersuchungen vertieft, hockte der außerordentlich feinfühlige Dr. Mantell.

Nun, da er dank der Artikel, die von der *Geological Society* veröffentlicht worden waren, detaillierte Zeichnungen und Stiche der neuen Meeresechse, des *Plesiosaurus*, und des riesigen *Megalosaurus* besaß, machte er sich daran, alle Knochen seiner Sammlung mit denen der neu identifizierten Tiere zu vergleichen, um sie vielleicht genauer zuordnen zu können. Mantell wusste seit langem, dass einige der fossilen Zähne mit ihrer sehr typischen Kegelform denjenigen einer alten Krokodilart ähnelten. Den enorm großen Oberschenkelknochen, die klingenartigen Fleischfresserzähne und einige Wirbel hatte er dem Oxforder Fleischfresser, *Megalosaurus*, zugeordnet. Und es gab andere Wirbel und Zähne, die denjenigen des *Plesiosaurus* entsprachen. Aber bei diesem sich ständig ausweitenden Puzzlespiel, das sich in seinem Wohnzimmer ausbreitete wie ein langsam wuchernder Pilz, gab es Teilchen, die übrig blieben, meist riesige Wirbel und Zähne, die nirgendwohin passten. Konnten diese fossilen Knochen zu den Pflanzenfresserzähnen gehören?

«Dadurch, dass ich die fleißige Suche der Arbeiter mit geeigneten Belohnungen anfeuerte», schrieb Mantell, erhielt er noch eine große Anzahl weiterer Exemplare der unbekannten Pflanzenfresserzähne. Bei jedem neuen Fundstück fiel ihm ein Merkmal auf, das ihm zuvor entgangen war. Die jungen Zähne waren im ganzen Kronenbereich deutlich *gesägt* und hatten in dieser Hinsicht keinerlei Ähnlichkeit mit den Zähnen eines Seewolfs oder eines Rhi-

nozerosses. Einige der jungen Zähne waren so perfekt, dass sie
«die gesägten Kanten, die längs verlaufenden Leisten und die
ganze Form der noch unbenutzten Krone» zeigten. Im Frühjahr
1824 war sich Mantell sicher, dass Reverend Buckland irrte, wenn
er behauptete, die Pflanzenfresserzähne stammten von einem rezenten Säuger oder Fisch.

Obwohl er viele enttäuschende Exemplare erhielt – eine ab-
gebrochene Zahnspitze oder eine mit Sandstein gefüllte Zahn-
höhle –, begann sich allmählich ein Muster der Bezahnung herauszukristallisieren. Wenn die Krone eines jeden jungen Zahnes
durch Abnutzung heruntergeschliffen wurde, dann, so vermutete
er, wurde auch die typische Sägung an den Leisten des Zahnschmelzes getilgt, sodass bei einem ausgewachsenen Zahn schließlich nur noch ein abgenutzter Stumpf übrig blieb. Es schien ihm,
dass einige der Zähne an der Basis eine Höhle oder Delle aufwiesen, die vielleicht durch den Druck eines sekundären Zahnes
entstanden war, der von unten durchbrach. Bei einem Exemplar
war die Höhle an der Basis des Zahnes für die Aufnahme des
neuen Zahnes bemerkenswert deutlich ausgeprägt. Selbst ohne
einen fossilen Kiefer – wenn er beweisen konnte, dass es einen
Zahnersatzzyklus gegeben hatte, bei dem neue Zähne aus dem
Kiefer nachwuchsen, um die abgenutzten, alten zu ersetzen, dann,
argumentierte er, musste das Lebewesen doch sicherlich ein Reptil
gewesen sein? Im Verlauf mehrerer Monate sammelte er eine
ganze Reihe von Zähnen, die «jede Formabstufung [zeigten,] vom
perfekten Zahn beim jungen Tier bis zum letzten Stadium, einem
bloßen Knochenstumpf, abgenutzt vom Kauen». Georges Cuvier
hatte die ausgewachsenen, abgenutzten Zähne gesehen, aber was
würde er zu den jungen Zähnen mit ihren ausgeprägten Sägekanten sagen?

Im Frühjahr 1824 fühlte sich Gideon Mantell optimistisch ge-
nug, um nochmals sein Glück mit Cuvier zu versuchen, fertigte
Zeichnungen von der ganzen Serie Zähne an und sandte sie nach
Paris. Er legte einige Fossilien und Zeichnungen des *Megalosaurus*

aus Sussex für Cuviers neues Buch bei und erklärte, die schiere Größe der stattlicheren Funde mache es schwierig, sie zu versenden. Er fügte hinzu: «Ich habe einige Exemplare der Zähne beigelegt, die Mr. Lyell Ihnen bereits früher zur Kenntnis gebracht hat … Diese Zähne sind in keinem anderen Teil Englands entdeckt worden, und unsere vergleichenden Anatomen waren nicht in der Lage, mir irgendeine sie betreffende Information zu geben. Es drängt mich daher, sie Ihnen zu treuen Händen zu geben, im Vertrauen darauf, dass sie gründlich untersucht werden.»

Wie die Korrespondenz zeigt, war Cuvier zunächst von dieser Zahnserie verblüfft. Buckland schrieb ihm am 2. Juni 1824 und legte seine Auffassung dar, nach der sie «vom vorderen Teil des Kiefers irgendeines Fisches, wie eines Ballistes oder eines Tetradons» stammten. Schließlich, am 20. Juni, erhielt Mantell Antwort aus Paris. Als er den Umschlag öffnete, erkannte er sofort die distinguierte und elegante Handschrift des Barons. Der Brief war in Französisch, daher konnte er den Inhalt nicht auf den ersten Blick verstehen: «*Ces dents me sont certainement inconnues; elles ne sont point d'un animal carnassier, et cependant je crois qu'elles apartiennent …*»

Allmählich begann Gideon Mantell zu dämmern, dass er gute Neuigkeiten in den Händen hielt. «Ich beeile mich, Ihnen meine Dankbarkeit [für die fossilen Exemplare] auszusprechen und einige Ideen zu offerieren, die von den sonderbaren Zähnen inspiriert sind, welche Teil Ihres Paketes waren», schrieb Cuvier. «Diese Zähne sind mir sicherlich unbekannt. Sie stammen nicht von einem Fleischfresser, dennoch glaube ich … sie gehören zur Ordnung der Reptilien. Von ihrem Aussehen her könnte man sie auch für Fischzähne halten, ähnlich denen von Tetradonten oder Diodonten, doch ihre äußere Struktur ist ganz anders. Könnten wir es hier nicht mit einem neuen, Pflanzen fressenden Reptil zu tun haben?»

Obwohl ihm nur eine Reihe von Zähnen vorlag, gab der Baron Mantell endlich die Ermutigung, die er brauchte.

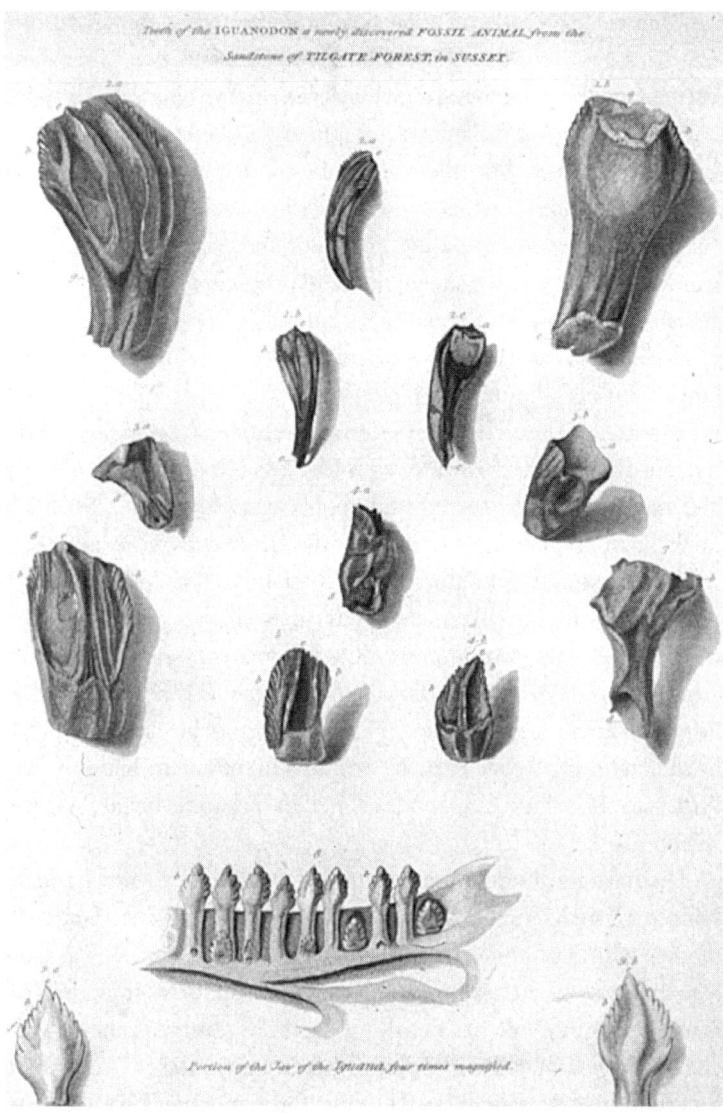

Iguanodon-Zähne. Zwar waren die ersten Zähne, die Mantell fand, sehr stark abgenutzt, doch im Laufe der Zeit sammelte er zahlreiche weitere Exemplare, darunter auch junge Zähne mit auffälligen Sägekanten.

«Einige der großen Knochen, die Sie besitzen, sollten zu diesem Tier gehören, das bisher einzigartig ist. Die Zeit wird diese Vermutung bestätigen oder widerlegen, denn eines Tages wird vielleicht ein Teil des Skeletts mit Teilen des Kiefers samt Zähnen gefunden werden. Vor allem nach diesem letztgenannten Objekt muss mit größter Hartnäckigkeit gesucht werden. Wenn es Ihnen gelänge, einige dieser Zähne zu bekommen, die noch in einem kleinen Teil des Kiefers sitzen, dann, glaube ich, wäre das Problem gelöst.» Er schloss mit dem Satz, Mantell würde ihm «einen sehr großen Dienst» erweisen, wenn er ihn bei allen weiteren Entwicklungen auf dem Laufenden hielte.

Mantells Vision von einem riesigen Pflanzen fressenden Reptil, das die Urwelt durchstreifte, eine Idee, die er so lange gegen die allgemeine Kritik aufrechterhalten hatte, stellte sich schließlich doch als richtig heraus. Für ihn war das der Wendepunkt; mit Cuviers Unterstützung konnten seine Ansichten von den englischen «Experten» in London nicht mehr so leicht beiseite geschoben werden. «Nichts könnte mir willkommener sein als Ihre Bestätigung meiner Meinung, dass die seltsamen Zähne aus Tilgate Forest zu einem unbekannten Tier gehören», schrieb er am 9. Juli hocherfreut an Cuvier zurück, «und nicht zu einem Diodon, wie Professor Buckland und andere meiner Freunde beharrlich behaupten.»

Um herauszufinden, um welche Art von Reptil es sich handeln könnte, reiste Mantell mit einigen Zähnen im Gepäck Anfang September nach London, um das Hunterian Museum im Royal College of Surgeons zu besuchen. Er wollte wissen, ob es irgendein rezentes Tier mit ähnlicher Bezahnung gab. Es könnte erhellen, welche Art von Kiefer das alte Reptil besaß und welcher Tiergruppe innerhalb der Reptilienklasse es angehören mochte. Das Museum war nur wenige Monate im Jahr zwei Tage pro Woche geöffnet. Der Kurator, William Clift, bemühte sich noch immer darum, eine Vielzahl von Exemplaren zu identifizieren. Nichtsdestotrotz hieß er Mantell willkommen und half ihm sogar bei seiner Suche. Zusammen durchforschten sie Schublade um Schublade voller Fossilien und hielten Ausschau nach solchen, die vergleichbare Merkmale wie die unbekannten Reptilienzähne aufwiesen. Sie konnten jedoch nichts mit ähnlich seltsamen gesägten Kanten finden. Aber ihre gelehrte Diskussion erregte die Aufmerksamkeit anderer, darunter des Hilfskurators Samuel Stutchbury.

Stutchbury hatte im Museum von Bristol gearbeitet, wo durch die Sklavenschiffe, die mit ihrer Ladung Zuckerrohr und Baumwolle heimkehrten, gelegentlich Kurioses und Seltsames von den Westindischen Inseln eintraf. Daher besaß er gewisse Kenntnisse über rezente tropische Tiere. Ihm erschienen Mantells Fossilzähne einer gigantischen Version der Zähne einer lebenden Echse, des Leguans, nicht unähnlich. Es war ein glücklicher Zufall, dass er gerade am Royal College mit der Alkoholpräparation eines Exemplars aus Barbados fertig geworden war, und er bot an, es ihnen zu zeigen.

Bei direktem Vergleich der Zahnsätze – von Fossil und rezentem Tier – ergaben sich verblüffende Ähnlichkeiten. Bei beiden Tieren, schrieb Gideon Mantell, «sind die Kanten stark gesägt, die äußere Oberfläche ist von Leisten überzogen, die innere glatt und konvex, die sekundären Zähne werden offenbar in einer Höhlung in der Basis der primären gebildet, die sie verdrängen, während sie heranwachsen ... Die Zähne sind bei jungen Tieren anscheinend hohl und werden bei den erwachsenen massiv». Die Übereinstimmungen waren wirklich auffällig.

Die düstere Halle des Hunterian Museum, voller seit langem lebloser Geschöpfe, die allmählich Staub ansetzten, stand in starkem Kontrast zu dem lebhaften Interesse der drei Männer, die – bewaffnet mit Vergrößerungsgläsern – völlig in die komplexen Details ihrer Wissenschaft vertieft waren. Sie fanden einige feine Unterschiede zwischen den Leguanzähnen und denjenigen des unbekannten Fossils: Die Dellen und Leisten folgten nicht ganz dem gleichen Muster. Nichtsdestotrotz stand bald fest, dass es nur einen einzigen wichtigen Unterschied gab: die Größe. Die fossilen

Zähne waren zwanzigmal größer als die lebender Leguane. Für Mantell eröffnete dies eine weitere aufregende Möglichkeit. Die kleine moderne Echse vor ihnen war knapp einen Meter lang. Wenn man von der Größe der Zähne hochrechnete, könnte sein Urtier zwanzigmal größer – vielleicht achtzehn bis einundzwanzig Meter lang – gewesen sein: in der Tat groteske Ausmaße – eine Echse, die sich auf der Hauptstraße von Lewes von Castle Place bis fast zur St. Mary's Lane erstrecken würde.

Kurz nach diesem Treffen im September 1824 begann Mantell, eine wissenschaftliche Veröffentlichung über sein neues Tier vorzubereiten. Er schrieb an William Clift: «Seit ich das Vergnügen hatte, Sie in der Stadt zu sehen, habe ich mich bemüht, ein Exemplar von Iguana Tuberculata zu erwerben, sodass ich eine Skizze der Kiefer beifügen kann, um die Historie meines herbivoren Reptils zu illustrieren … dürfte ich Ihre Nachsicht nochmals in Anspruch nehmen und um die Erlaubnis bitten, eine Skizze vom Unterkiefer des Leguans im Museum anzufertigen?» Clift, der ein geschickter Zeichner war und nur zu gern half, erstellte für Mantells Artikel zuvorkommenderweise eine wunderbare Zeichnung vom Kiefer eines modernen Leguans in vierfacher Vergrößerung, um die gesägten Kanten zu zeigen.

Es gab nur eine brennende Frage: Wie sollte das neu identifizierte Reptil heißen? Mantell schrieb am 13. November an Cuvier, um ihm über die Ähnlichkeiten zwischen seinem Fossil und einem modernen Leguan [lateinisch *Iguana*] zu berichten: «So auffällig ist diese Analogie, dass ich gewagt habe, den Namen ‹Iguana-saurus› für das fossile Tier vorzuschlagen», schrieb er. Er erhielt jedoch von Reverend Conybeare einen anderen Rat: «Ihre Entdeckung der Analogie zwischen den Leguanzähnen und den fossilen Zähnen ist sehr interessant», schrieb Conybeare, «aber der Name, den Sie vorschlagen, ‹Iguana-saurus›, wird kaum seinen Zweck erfüllen, weil er genauso auf den rezenten Leguan zutrifft. ‹*Iguanoides*›, wie ein Leguan, oder ‹*Iguanodon*›, Leguanzahn, wäre passender.» Bis Dezember 1824 hatte Mantell die Angelegenheit anscheinend geklärt und Conybeares Rat angenommen: *Iguanodon* sollte es sein.

Im Herbst 1824 sollte es das Schicksal nochmals gut meinen mit Mantell. Als Georges Cuvier endlich seine neue Ausgabe *Recherches sur les ossements fossiles* herausbrachte, gab er freimütig zu, dass er bei der Identifikation des *Iguanodon*-Zahns einen Fehler begangen hatte. Er erklärte, er habe den verwitterten Zahn auf den ersten Blick für den Schneidezahn eines Rhinozerosses gehalten, und er wies auf die große Schuld hin, die er Mantell gegenüber empfand: «Erst als Monsieur Mantell mir eine ganze Reihe mehr oder minder abgenutzter [Zähne] sandte, war ich völlig von meinem Fehler überzeugt.»

Mit einer derartigen öffentlichen Anerkennung von Cuvier wurde Mantell eilig in die Elitezirkel der Londoner Gesellschaften eingelassen. William Buckland schrieb ihm, drängte ihn, dem nächsten Treffen der *Geological Society* beizuwohnen, und lud ihn ein, zuvor mit ihm und einigen anderen in einem Gasthaus in der St. James Street zu speisen. Sein Ruhm erreichte sogar den Kontinent. Am 28. November 1824 trug er in sein Tagebuch ein: «Während der letzten Woche zahlreiche Anfragen verschiedener Personen wegen des neuen Tieres, dessen Zähne ich im Sandstein gefunden und welches ich *Iguanodon* getauft habe. Habe Päckchen für Cuvier, Brongniart, Schlotheim und Baron Humboldt vorbereitet und zwei Pakete mit Fossilien für Dr. Brown in Glasgow.»

Cuviers Veröffentlichung veränderte auch William Bucklands Schicksal, und zwar in unerwarteter Richtung. Nach einem Bericht in den Familienarchiven «war William Buckland in Dorsetshire auf Reisen und las ein neues und gewichtiges Buch von Cuvier, das er gerade vom Herausgeber erhalten hatte; in der Kutsche saß auch eine Dame und las genau das gleiche Buch, das Cuvier ihr ebenfalls geschickt hatte». Zwar war niemand da, der sie einander hätte vorstellen können, doch der Magnetismus der beiden Bücher erwies sich als unwiderstehlich. Bald fanden sich die beiden in eine lebhafte Diskussion vertieft, «deren Verlauf so eigenartig war, dass

Buckland schließlich ausrief: ‹Sie müssen Miss Morland sein, der ich gerade einen Empfehlungsbrief überbringen will.›» Sie war in der Tat Mary Morland, eine anerkannte Fossilkennerin und Geologin. Die junge Frau teilte Bucklands Liebe zur Naturgeschichte und fühlte sich anscheinend in seiner Menagerie in Christ Church in Oxford mit Tiglath und den anderen exotischen Haustieren ganz heimisch. Buckland, nun mit über vierzig Jahren ein hartgesottener Junggeselle, heiratete Miss Morland vom Fleck weg. Die Hochzeitsreise führte die beiden auf eine geologische Exkursion von fast einem Jahr kreuz und quer durch Kontinentaleuropa.

Buckland hatte eine sehr glückliche Wahl getroffen. «Sie war nicht nur fromm und eine ausgezeichnete Hilfe für meinen Vater», berichtete ihr Sohn Frank, «sondern von Natur aus mit scharfem Verstand, Ausdauer und Methodik gesegnet, assistierte sie ihrem Mann bei seinen literarischen Arbeiten und verlieh ihnen eine Brillanz, die nicht wenig zu ihrem Erfolg beitrug.» Darüber hinaus war sie den Unternehmungen ihres Mannes «ergeben» und «geschickt darin, Fossilien aus einer Masse zerbrochener und zersplitterter Bruchstücke zusammenzusetzen und zu reparieren … sie etikettierte sie besonders ordentlich, und es gibt kaum ein Fossil oder einen Knochen hier im Oxforder Museum, der nicht ihre Handschrift trägt». Und als Krönung dieser herausragenden Qualitäten «beschäftigte sie sich auch mit wohltätigen Werken … und vernachlässigte die Erziehung ihrer Kinder nicht».

Inzwischen konnte Gideon Mantell seinen Ehrgeiz endlich auf ein Ziel richten. Vielleicht weil die Mitglieder der *Geological Society* so lang gegen ihn opponiert hatten, plante er, einen Artikel in der wichtigsten Wissenschaftszeitschrift überhaupt zu veröffentlichen: in den *Transactions of the Royal Society.* Ihr erster Präsident war Sir Isaac Newton gewesen, und ihre Mitglieder waren bekannt als Gentlemen von «außergewöhnlichen Fähigkeiten … die sich dem unermüdlichen Streben nach Wissen widmeten». Die Mitgliedschaft in dieser prestigeträchtigen Gesellschaft bot eine Gelegenheit, die eigene soziale Stellung zu verbessern, Status zu gewinnen und, was am wichtigsten war, reiche Mitglieder des Hochadels mit wissenschaftlichem Interesse zu treffen, die als Mäzene helfen könnten. Die Eintrittskarte in diese Welt der Möglichkeiten bestand für jemanden aus bescheidenen sozialen Verhältnissen darin, ein «Fellow» der *Royal Society* zu werden, was nur dann gewährt wurde, wenn der Antragsteller von einem Mitglied nominiert wurde und sich auf einem wissenschaftlichen Gebiet eindrucksvoll ausgezeichnet hatte.

Gideon Mantell sprach seinen Freund Davies Gilbert an, inzwischen Vizepräsident der *Royal Society*, und bat ihn um Unterstützung. Er schrieb Gilbert am 1. Januar 1825 einen Brief, in dem er seine Entdeckung des *Iguanodon* schilderte, und erfuhr bald darauf, dass er am 10. Februar als wissenschaftlicher Artikel vor der Gesellschaft verlesen werden würde. Das Treffen sollte in der großen Versammlungshalle von Somerset House in Strand abgehalten werden. Mantell war verhindert und konnte nicht teilnehmen.

Der große und luftige Vortragsraum, geschmückt mit den vergoldeten Porträts früherer Würdenträger, hallte wider vom Geplauder der eintreffenden Besucher. Als der Präsident, Sir Humphrey Davy, berühmt für seine Entwicklung einer Grubensicherheitslampe, seinen Platz einnahm, trat Stille ein. Der Sekretär eröffnete die Versammlung mit der üblichen Formel: «Die folgenden Nichtmitglieder haben die Erlaubnis zu bleiben ...» – woraufhin all diejenigen, die keine Fellows der ehrwürdigen Institution waren, formell vorgestellt wurden. Dann wurde das Protokoll des letzten Treffens verlesen. «Folgende Präsente wurden mit Dank in Empfang genommen», fuhr der Sekretär fort. Memoiren, Artikel, Journale und Illustrationen, die der Gesellschaft zugesandt worden waren, wurden ordnungsgemäß festgehalten. «Als Nächstes haben wir eine Urkunde für Reverend Robert Morrison aus Kanton in China zu präsentieren, die im Versammlungsraum aufgehängt werden soll ...»

Schließlich übergab der Präsident das Wort an Davies Gilbert Esq., der sich daraufhin würdevoll erhob und begann, Mantells

Artikel, «Bericht über das Iguanodon, ein neu entdecktes fossiles Reptil aus dem Sandstein von Tilgate Forest», zu verlesen:

Sir,

ich nutze Ihr zuvorkommendes Angebot, der Royal Society einen Bericht über die Entdeckung von Zähnen und Knochen eines fossilen herbivoren Reptils im Sandstein von Tilgate Forest vorzulegen, in der Hoffnung, dass, unvollständig wie das bisher gesammelte Material auch ist, es dennoch von genügend Interesse sein wird, weitere und erfolgreichere Untersuchungen anzuregen ...

Mantell fuhr fort, in seinem Brief die mühevolle und langwierige Detektivarbeit zu schildern, die er unternommen hatte, um das Tier zu identifizieren. «Doch obwohl meine Mitteilungen mit der Offenheit und Liberalität aufgenommen wurden, die den Verkehr wissenschaftlich gebildeter Männer auszeichnet, konnte niemand etwas Erhellendes beitragen, mit Ausnahme des berühmten Barons Cuvier.» Gilbert las einen Auszug aus Mantells Korrespondenz mit dem Franzosen vor: «*N'aurions-nous pas ici un animal nouveau, un reptile herbivore?*» Für seine Hilfsbereitschaft beim Vergleich der fossilen Zähne würdigte Mantell auch William Clift, «dem ich besonders zu Dank verpflichtet bin für sein Entgegenkommen und seine Großzügigkeit». Er erklärte, das Tier könne wegen der Süßwasserfossilien, mit denen zusammen die Überreste gefunden worden waren, «nicht marinen Ursprungs» sein. Mit großer Genugtuung wandte er sich schließlich der Namensfrage zu: «Der Terminus Iguanodon, der sich von der Form der Zähne ableitet ... wird daher hoffentlich nicht auf Ablehnung stoßen.»

Da sie jedoch lediglich Zähne hatten, nach denen sie sich richten konnten, gab es ein schwieriges Dilemma:

Bis ein zusammenhängender Teil des Skeletts gefunden wird, ist es unmöglich, die Knochen des einen von denen des anderen zu unterscheiden. Da die Zähne von Iguanodon im Stonesfield-[Oxford-]Schiefer jedoch offenbar nicht auftauchen, könnte man vielleicht diejenigen Knochen aus Tilgate Forest, die den von Professor Buckland beschriebenen ähneln, dem Megalosaurus zuschreiben, während andere, nicht weniger gigantische dem Iguanodon zugeordnet werden könnten. Dass das Iguanodon Ersterem in der Größe gleichkommt, wenn es ihn nicht gar übertrifft, ist höchstwahrscheinlich, denn wenn das rezente und das fossile Tier die gleichen relativen Proportionen aufweisen, muss der Zahn zu einem Individuum gehört haben, das länger als achtzehn Meter war!

Ich habe die Ehre, Sir, Ihr gehorsamster Diener zu bleiben

Gideon Mantell

Für Mantell war dies ein bedeutender Fortschritt. Niemand hatte das Recht eines Amateurs infrage gestellt, eine neue Reptiliengattung zu benennen. Niemand hatte seiner Vermutung über die außerordentliche Größe der Echse widersprochen. Ohne die Unterstützung irgendeiner Institution oder eines engen Kreises von Kollegen hatte er einige der gelehrtesten Männer im Lande von seiner Entdeckung überzeugt. Innerhalb weniger Wochen wurde er nicht nur in den Beirat der *Geological Society* gewählt, sondern erhielt auch einen Brief, der seine Wahl zum Mitglied der Philomathischen Gesellschaft in Paris ankündigte.

Aber als Krönung wurde Gideon Mantell schließlich die Ehre zuteil, die ihm am meisten bedeutete. Er wurde informiert, dass mehrere hervorragende Wissenschaftler, darunter William Clift und William Buckland, ihn als Fellow der *Royal Society* nominiert hatten; er wurde empfohlen als «Gentleman, der in den Wissenschaften, insbesondere in der Geologie, wohl bewandert ist und wohl bekannt ob seines bemerkenswerten Artikels über das Iguanodon». Dann, am 22. Dezember 1825, wurde Mantell eingeladen, an einer abendlichen Zeremonie in Somerset House teilzunehmen, um formell in die Gesellschaft aufgenommen zu werden. In den großen Versammlungsräumen traf er Mr. John Herschel, Sohn des berühmten Astronomen Sir William und ein renommierter Mathematiker in Cambridge, zusammen mit seinem Freund Mr. Charles Babbage, der später die erste Rechenmaschine konstruieren sollte. Babbage und Herschel stellten Mantell den anderen Fellows vor, und dann wurde er aufgefordert, die «Verpflichtung» der Charta der Gesellschaft zu unterzeichnen. Von dem gelblichen Pergament las er ab: «Wir, die wir hier unterschrieben haben, versprechen hiermit jeder für sich, dass wir uns bemühen werden, das Gut der *Royal Society of London* zur Mehrung des Wissens um die Natur zu fördern und die Ziele zu verfolgen, für die selbige gegründet worden ist.»

Anschließend wurde er mit den anderen Fellows zur großen Versammlung geleitet, wo Sir Everard Home, der «Londoner Baronet», auf seinem Stuhl thronte und präsidierte. Der Sekretär erhob sich, um die Veranstaltung in der jahrhundertealten traditionellen Weise zu eröffnen: «Die folgenden Nichtmitglieder haben die Erlaubnis, zu bleiben …» Dann wurden verschiedene Nichtmitglieder vorgestellt, das Protokoll des letzten Treffens verlesen, Geschenke dankbar angenommen und wichtige Botschaften verlesen. Schließlich erhob sich Sir Everard und wandte sich an Mantell. «Gideon Mantell Esq., der … die Verpflichtung der Charta durch seine Unterschrift akzeptiert hat, wird in die *Royal Society* aufgenommen.»

Rundum wurde freundlich gelächelt und Zustimmung gemurmelt. Der Gentleman neben ihm schüttelte ihm die Hand, und er wurde eingeladen, seinen Tee zusammen mit den anderen Fellows in der Bibliothek zu nehmen: Sir Anthony Carlisle, leitender Beirat des Royal College of Surgeons, Charles Babbage, John Herschel und weiteren. Zur Gesellschaft zählten auch Aristokraten, die Mantell sicherlich als Mäzene unterstützen würden. Als er, umgeben von Wänden voller verblichener eingebundener Bücher, in einen der weichen Ledersessel sank und Tee aus feinem Bone China nippte, konnte er mit einiger Zufriedenheit die Ereignisse Revue passieren lassen, die ihn an diesen Punkt gebracht hatten. Hier saß er, der Sohn eines Schuhmachers, nun als Wissenschaftler und Gentleman anerkannt, im Herzen all dessen, in der prestigeträchtigsten Gesellschaft ganz Englands. Endlich konnte er den

Ruhm genießen, Recht gehabt zu haben gegenüber anderen, bedeutenderen Männer – wenn man so wollte, sogar gegenüber dem berühmten Georges Cuvier.

All seine Ahnungen hatten sich als richtig erwiesen, seine Ratgeber hatten sich geirrt. Er, Gideon Mantell, hatte einige der besten Fossilfragmente der beiden einzigen großen Landreptilien entdeckt, die der Menschheit bisher bekannt waren. Er hatte aufgrund eines unglaublich kleinen Hinweises, eines Zahnes, eine ganze herbivore Gattung, *Iguanodon,* entdeckt. Zudem war es sein Fossil, das den ersten Artikel über den *Megalosaurus,* das große Fleisch fressende Reptil, angeregt und Licht auf seine Größe geworfen hatte. Mit meisterlichem Verständnis war es ihm schließlich gelungen, seine Überlegenheit auf diesem Forschungsgebiet zu etablieren, und all dies, während er als Landarzt arbeitete.

Nun endlich wähnte er sich im Besitz des Blauen Bandes der Wissenschaft. Er konnte einen Blick auf das gelobte Land erhaschen, auf das Leben gelehrter Männer, die auf allen wissenschaftlichen Gebieten, die sich auftaten, neue intellektuelle Territorien erkundeten. Wie John Herschel bemerkte, war die Geologie dabei, mit der Astronomie gleichzuziehen, was die Ehrfurcht gebietende «Größe und Erhabenheit» der erörterten Ideen anging; die kaum fassbare, faszinierende Geschichte des Erdballs entrollte sich vor ihren Augen. Mantell schrieb in sein Tagebuch: «Mit nicht wenig Freude habe ich meinen Namen unter die Gründungsurkunde geschrieben, die denjenigen von Isaac Newton und so vielen anderen hervorragenden Männern trägt.» Auch er wollte die Unwissenheit erhellen und die ruhmreichen Wunder der Schöpfung enthüllen. Er sehnte sich danach, «die fruchtbaren Schaffensperioden der Natur in chronologischer Ordnung» zu verstehen und «die Geschichte Tausender von Jahrhunderten, die der menschlichen Existenz vorangingen», zu enträtseln. Wenn Newton die größte Leuchte am wissenschaftlichen Firmament war, dann hoffte Mantell, dass sein Name von nun an ebenfalls die Seiten der Geschichte beleuchten möge.

ZWEITER TEIL

Der junge Streiter

> From Millions take thy choice.
> In all that lives a guide to God is given,
> Ever thou hear'st some guardian angel's voice,
> When nature speaks of heaven!
> *Zitiert in* Thoughts on a Pebble *von Gideon Mantell (1849)* *

In wenig mehr als einem Jahrzehnt hatte sich William Bucklands bescheidene «Untergrundkunde» zur «Königin der Wissenschaften» entwickelt. Geologen hatten die Abfolge der sekundären und tertiären Gesteine in England kartiert und begannen, die verschiedenen Perioden kennen zu lernen, die die «Seiten der Geschichte» des prähistorischen Erdballs bildeten. Bemerkenswerte Fossilfunde engagierter Sammler hatten offenbart, dass auf Erden einst seltsame Geschöpfe lebten, die ganz anders aussahen als moderne Tiere. Da waren zum einen Mary Annings monströse Meeresechsen, die Ichthyosaurier und Plesiosaurier, welche die urzeitlichen Meere durchstreiften. Ebenso bizarr waren William Bucklands zwölf Meter langer, Fleisch fressender *Megalosaurus* und Gideon Mantells gigantisches Pflanzen fressendes *Iguanodon*, dessen Länge verschiedentlich auf fünfzehn bis dreißig Meter geschätzt wurde.

Doch Mitte der 1820er begann sich der Schwerpunkt der Geo-

---

* Aus Millionen triff deine Wahl, / In allem, was lebt, steckt ein Weg zu Gott. / Stets hörst du eines Engels Stimme, / Wenn die Natur vom Himmel spricht!

logie allmählich zu verlagern. Anstelle einer tiefen Kenntnis des Gesteins gewannen neue Fähigkeiten an Bedeutung, um die fossilen Tiere dieser «früheren Welten» zu verstehen. 1825, in dem Jahr, in dem sich der fünfunddreißigjährige Gideon Mantell endlich als Gentleman-Wissenschaftler in der *Royal Society* etablierte, kam ein junger Mann nach London, der eine bedeutende Rolle bei der Interpretation fossiler Reptilien spielen sollte, obwohl er kein Geologe war und niemals einen Fuß in einen Steinbruch gesetzt hatte. Sein Name war Richard Owen, und er war Anatom.

Schon als junger Mann war Owen eine eindrucksvolle Erscheinung. Er war sehr groß und besaß, wenn man dem Philosophen und Essayisten Thomas Carlyle glauben darf, «große und funkelnde Augen». Ein Ölgemälde, das Owen in jenen Jahren zeigt, spricht dafür, dass seine Augen tatsächlich auffällig waren: groß und dunkel und von eindringlicher Intensität. Sein glattes Haar ist zurückgekämmt, sodass die hohe und breite Stirn frei liegt, und sein Gesicht wird von den damals modischen Koteletten eingerahmt. Ein gestärkter, aufgebogener weißer Kragen verdeckt teilweise ein kräftiges Kinn, und die dunklen Farben seines Anzuges bilden einen deutlichen Kontrast zu seiner hellen Haut.

Als junger Mensch zeigte Richard Owen keinen besonderen Lerneifer. Er stammte aus der im Norden Englands gelegenen Stadt Lancaster, wo seine Familie an der Ecke der Dalton Street ein fünfstöckiges Haus besaß. Sein Vater hatte die neue Entwicklung der Textilfabriken und Kanäle um die Wende zum 19. Jahrhundert genutzt, um seinen Tuchhandel zu vergrößern. Durch Geschäftsbeziehungen zu den Westindischen Inseln hatte er ein beträchtliches Vermögen angehäuft, wenn er auch einen Teil wieder verloren hatte, als Napoleon ablehnte, Schulden der Franzosen an die Briten zurückzuzahlen. Die wohlhabenden Owens waren bemüht, ihren beiden Söhnen eine gute Erziehung angedeihen zu lassen. Unbeeindruckt von der Tatsache, dass Richard keinen Sinn im Lernen sah, meldete ihn seine ehrgeizige Mutter Catherine im zarten Alter von sechs Jahren an der Oberschule von Lancaster an.

Der junge Richard Owen

Wie die Familienarchive zeigen, waren die nachhaltigsten Erinnerungen des lebhaften jungen Owen an seine Schulzeit die
«Schwarzen Montage». Das war der Tag, an dem jedwedes Fehl-
verhalten der verflossenen Woche öffentlich bekannt gegeben und
anschließend ordnungsgemäß mit schrecklichen Strafen geahndet
wurde, die sich charakterbildend auswirken sollten. Richard geriet manchmal mit dem schlauesten Jungen der Schule, William
Whewell, aneinander und kam gelegentlich mit einem blauen
Auge nach Hause. Whewell sollte später ein berühmter Professor
am Trinity College in Cambridge werden. Für Richard Owen
hegte der Lehrer hingegen keinerlei Hoffnung: Er sei «faul und
frech» und würde «ein schlimmes Ende nehmen».

Im Jahre 1820, nach zehn Jahren Schule, konnte sich der nun

sechzehnjährige Owen zunächst für kein bestimmtes Gewerbe entscheiden. Im selben Jahr trat er dann eine Lehrstelle beim örtlichen Chirurgen an, Mr. Leonard Dickson, dessen ärztliche Praxis auch die Häftlinge in den Krankenräumen des Gefängnisses einschloss. Mit wenig mehr als einigen Blutegeln kämpften der Doktor und sein junger Lehrling täglich gegen Schwindsucht, Cholera, Pocken und viele andere tödliche Krankheiten. Eine Überbelegung des Gefängnisses war normal, und die dunklen, verlausten Gemäuer bargen so viel Elend, dass man sich kaum vorstellen konnte, wie hier irgendjemand überleben sollte. In dieser schauerlichen Umgebung wurde Owen in die Wissenschaft der Anatomie eingeführt, und zwar durch Autopsien an unglücklichen Insassen, die hier verstorben waren.

Die erste Autopsie, der Owen beiwohnte, war ein solcher Schock für ihn, dass er seine Lehrstelle beinahe auf der Stelle aufgegeben hätte. Bereits das Betreten des Gefängnisses war Furcht einflößend genug: Die abweisende, mit Wällen und Türmen versehene Festung lag hoch aufragend auf einem Hügel. Owen und sein Lehrherr traten durch ein großes, mit einem Fallgitter versehenes Tor, das von einem Schließer bewacht wurde. Gehorsam folgte er dem Chirurgen über den Hof und eine endlose Spirale von steinernen Stufen hinauf zu einer Kammer im alten Turm, die als Waschraum des Gefängnisses diente. Mit einem Gefühl des Unglaubens erkannte er unter weißen Laken die Konturen menschlicher Körper, die auf Steintischen lagen.

Als ein Leintuch zurückgeschlagen wurde, sah Owen mit Entsetzen «die bleichen, kalten, eingefallenen Züge des Verstorbenen, die halb offenen Augen ... die glasigen, starrenden Augäpfel». Vor ihm lag der Körper eines jungen Mannes, den er nur ein paar Tage zuvor zu retten versucht hatte. Er fühlte sich «überwältigt von der Macht des menschlichen Körpers» und angewidert und abgestoßen von der klinischen Sektion, die ihm als «schreckliche Entweihung der Heiligkeit des Toten» erschien. Der junge und naive Owen, der nicht daran zweifelte, dass das Rückwärtsaufsagen des

Vaterunsers den «Teufel herbeirufen» könne, und an eine ganze Menge ähnlicher Schuljungengeschichten glaubte, fand seine Begeisterung für die Wissenschaft «beträchtlich gedämpft».

Zufällig wurde Owen um neun Uhr am selben Novemberabend nochmals zum Gefängnis gerufen, um sich um einige Fieberfälle zu kümmern. Während er durch die Stadt eilte, erhob sich ein Sturm. Es war dunkel, als er das Fallgitter erreichte und den schweren eisernen Klopfer betätigte. Nochmals überquerte er, die Laterne in der Hand, den kopfsteingepflasterten Hof und eilte auf die Tür zu, die zum Turm führte. Als er den schweren Schlüssel drehte, wurde er von einem heftigen Windstoß zur Seite gedrückt. Die Laterne sprang auf, und das Licht erlosch. Als die Tür zum Turm hinter ihm ins Schloss fiel, stand er, gefangen im Treppenaufgang, in totaler Dunkelheit.

«Die Einsamkeit meiner Lage kam mir erst in diesem Augenblick erschreckend zu Bewusstsein», erinnerte er sich. Jeder Schritt brachte ihn näher an die kalte Kammer, in der die aufgeschnittenen Leichname unter ihren weißen Laken auf ihren Steintischen lagen. Als er an dem Raum vorbeiging, ließ ihn ein Laut aufhorchen. «Meine Unruhe verwandelte sich in schleichendes, lähmendes Entsetzen, als ich, gebannt nach oben starrend, allmählich die bleichen, eingefallenen Züge und diese halb offenen, glasigen Augen ausmachte, die mich den ganzen Tag hindurch verfolgt hatten und nun kalt in die meinen blickten.» Die schattenhafte Figur umklammerte die zentrale Säule des Treppenaufgangs. So rasch wie möglich hastete der junge Owen die steilen Stufen zum Ausgang hinab, aber «ich hatte die geschlossene Tür der Totenkammer kaum eine Treppenwindung weit hinter mir gelassen, als unter mir eine zweite Gestalt in Weiß erschien, als wolle sie mir den Weg verstellen … und sie trug ebenfalls die Züge des nämlichen Leichnams! Ich klammerte mich an die Säule, um Halt zu finden, und starrte das Spektakel in sprachlosem Entsetzen an!»

Während ein anderer vielleicht so schnell wie möglich aus dem dunklen Gefängnis geflohen wäre, zeigte Owen eine Geistesgegenwart, die etwas über seinen Charakter aussagt. Als er zur Flucht ansetzte, bemerkte er plötzlich, dass seine Füße ein seltsames Objekt mitschleiften. Beim ersten dünnen Lichtstrahl konnte er sehen, dass sich ein weißes Laken um seine Füße gewickelt hatte. Dieser einfache «Beweis von Materialität» brachte ihn offenbar wieder zur Besinnung. All seinen Mut zusammennehmend, stieg er die Stufen wieder hinauf und sah im Mondschein, der durch einen schmalen Fensterschlitz fiel, dass ein Nagel in der Wand dazu diente, die Gefängnislaken zum Trocknen aufzuhängen. In seiner Panik hatte er das baumelnde Leintuch für einen Geist gehalten. Er hängte das Laken zurück und stieg die Stufen weiter hinauf, um nach der Herkunft des ersten Geistes zu forschen. Auch dieses Geheimnis konnte er durch den Winkel erklären, in dem das Mondlicht durch das obere Fenster fiel.

Nachdem er das Problem gelöst hatte, kehrte er um, nickte dem Schließer höflich zu und versuchte nach besten Kräften, eine Aura von Autorität und Würde auszustrahlen. Sobald er jedoch außer Sichtweite war, musste er sich erst einmal hinsetzen. Als er sich von seinem Schock erholt hatte, schwor er sich den ganzen Heimweg lang, «niemals, niemals wieder den christlichen Leib zu entweihen und einem Beruf [zu] entsagen, der nur durch Praktiken erlernt werden kann, die für die besten Gefühle der eigenen Natur derart abstoßend sind».

Innerhalb von sechs Wochen war Owen jedoch derart von der Anatomie fasziniert, dass er alle Ängste und Skrupel beiseite schob. Ermutigt von Mitschülern und angeregt von einigen Artikeln, die er gelesen hatte, begann er, sich mit Hunde- und Katzenschädeln sowie Mäuseskeletten eine kleine anatomische Sammlung anzulegen. Doch diese «zahme» Sammlung von Haustieren reichte bald nicht mehr aus, um seinen Wissensdurst zu stillen.

Zufällig war im Gefängnishospital ein schwarzer Patient gestorben, und Owen assistierte bei der Obduktion. Inspiriert durch einen Artikel über die «Varietäten der menschlichen Rasse», den er gelesen hatte, drückte er dem alten Schließer einige Silbermünzen in die Hand. «Ich sagte ihm, ich müsste abends noch einmal vorbeikommen, um mir die Sache etwas genauer anzusehen, bevor der Sarg endgültig geschlossen wurde.» Als er in dieser Nacht zum Gefängnis zurückkehrte, schneite es. Er stieg dieselbe Wendeltreppe hinauf, auf der er nur wenige Wochen zuvor so in Angst und Schrecken versetzt worden war, betrat den Autopsieraum und trennte den Kopf des toten Mannes vom Körper ab. Dann verbarg er ihn sorgfältig in einer braunen Papiertüte unter seinem Umhang, stieg die Stufen wieder hinab und ging am Schließer vorbei. Seine Gedanken, so berichtete er später, kreisten nur um kraniologische Spekulationen über «Gesichtswinkel», «prognathe Kiefer» und die «seltsame Weiße des Knochengewebes».

Aber seine Gedanken sollten sich nicht lange in solch luftigen Höhen bewegen. Als er den Hügel hinuntereilte, rutschte er auf einer Eisfläche aus und verlor das Gleichgewicht. Der schwarze Kopf wurde aus der Tüte katapultiert und rollte, verfolgt von Owen in seinem weiten, flatternden Umhang, den glatten Hügel hinunter, wobei er auf den weiß verschneiten Gehwegplatten rote Spritzer hinterließ. Schließlich prallte er gegen die Tür eines Häuschens, die aufflog, und Owen hörte von drinnen schauerliche Schreie. Er eilte hinterher, «sah einen Rockschurz durch die Tür verschwinden und den schrecklichen Kopf mit seinen weißen, hervorstehenden Augäpfeln zu meinen Füßen liegen». Rasch packte er ihn und rannte nach Hause.

Am nächsten Tag sprach die ganze Stadt von dem Phantom, vom dem es hieß, es sei der Geist eines gewissen Kapitän Tasker und seines schwarzen Sklaven, vielleicht sogar der Teufel selbst. Alle Zweifler konnten sich selbst überzeugen: Ein Tropfen Blut auf der Türschwelle des Häuschens, nun dunkel und getrocknet, lieferte einen untrüglichen Beweis für den nächtlichen Besuch. Allein Richard Owen kannte die Wahrheit über diese schreckliche Erscheinung, die die Stadt heimgesucht hatte, doch viele Jahre lang bewahrte er Stillschweigen über das, was passiert war.

Anscheinend hatte sich der sechzehnjährige Owen, angeregt

lediglich durch einige Artikel in einer Enzyklopädie, innerhalb weniger Wochen von einem Lehrling, der von Schuljungenaberglauben beherrscht wurde, in einen jungen Mann verwandelt, der praktisch vor nichts Halt machte, um seine Fähigkeiten beim Präparieren zu verbessern und mit seiner Karriere voranzukommen. Diebstahl von Körperteilen, Bestechung von Beamten, selbst schreckliche Ängste waren nicht länger ein Hindernis. Das sich gerade entwickelnde Gebiet der Anatomie hatte den jungen Owen in seinen Bann gezogen.

Im Jahre 1824, kurz nachdem Reverend Buckland und Reverend Conybeare der *Geological Society* die Existenz des *Megalosaurus* und des *Plesiosaurus* verkündet hatten, nahm Richard Owen sein Medizinstudium an der Universität Edinburgh auf. Die schottische Hauptstadt war im Verlauf der zweiten Hälfte des 18. Jahrhunderts zu einem der kosmopolitischen und modischen Zentren Europas geworden. Als Owens Kutsche in die Princeton Street einrollte, konnte er durch die Seitenstraßen hindurch einen Blick auf die eleganten, neu errichteten Plätze der New Town und die klassischen Häuser der wohlhabenden Händler werfen. Auf der anderen Seite der großen Schlucht, die die Stadt teilte, jenseits der engen Gässchen und der steilen Stufen, die zur prächtigen High Street führten, stand das Schloss auf einem massiven Felsen. Es thronte hoch über der New Town, über den Gerichten mit ihren perückenbewehrten Richtern, die die Canongate hinuntereilten, und auch über einer Reihe von Schulen und gotischen Gebäuden rund um die Universität, in denen sich das studentische Leben abspielte. Hier, in der Nicholson Street, fand Owen eine Wohnung, und bald schrieb er sich in die Lehrveranstaltungen ein.

In der Zeit der schottischen Aufklärung, als die Ideen von Philosophen wie David Hume, William Robertson und Adam Smith die Intelligenzija ganz Europas beeinflusst hatten, war Edinburgh als Zentrum des geistigen Lebens berühmt geworden. Auch wenn dieses «goldene Zeitalter» um 1800 geendet hatte, war die medizinische Ausbildung in Edinburgh wegen der engen Beziehungen

zu anderen europäischen Universitäten noch immer breiter gefächert als in England. In den 1820ern bot Edinburgh mehr Lehrveranstaltungen an, und man war der Entwicklungen auf dem
Kontinent stärker gewahr als irgendwo sonst in Britannien. Viele
Medizinstudenten besuchten Paris – nicht zuletzt deshalb, weil
man in französischen Hospitälern leicht und billig an Leichen
kommen konnte – und kamen mit Neuigkeiten über die radikals-
ten europäischen Ideen zurück.

Trotz seines großen Interesses für Anatomie mied Owen die
Vorlesungen des Anatomieprofessors Alexander Monro III., der
wie ein seltsamer Rückfall ins 18. Jahrhundert wirkte. Monro
hatte seine prestigeträchtige Position und seine Vorlesungsnotizen
von seinem Vater und seinem Großvater geerbt. Allen Berichten
zufolge war er eine schäbige, verdreckte Erscheinung und fand
nichts dabei, den Vorlesungssaal noch blutbespritzt von der letzten Obduktion zu betreten. Sein Unterricht war jammervoll alt-
modisch, und es gab Zeiten, in denen sich seine Vorlesungen in
studentische Protestaktionen verwandelten. Diese Vorlesungen
von Monro waren es, die im folgenden Jahr beim jungen Charles
Darwin eine starke Abneigung gegen das Studium der menschlichen Anatomie wecken sollten.

Richard Owen konnte sich viel stärker für die außeruniversitä-
ren Vorlesungen von Dr. John Barclay begeistern, der seit fast dreißig Jahren Anatomie am Surgeon's Square in Edinburgh lehrte.
Barclays Vorlesungen wurden vom Royal College of Surgeons in
Edinburgh anerkannt und als «sehr viel besser als die des dritten
Monro» beurteilt. In den klaustrophobisch engen Räumen von
Barclays Anatomieschule, umgeben vom beißenden Geruch der
Konservierungsmittel, erkannte Richard Owen bald, dass Anatomie nicht nur das praktische Werkzeug des Chirurgen war, das
ihm half, das Funktionieren des menschlichen Körpers und die Ur-
sachen des Todes zu verstehen. Sie war auch ein mächtiges Instrument, um fundamentale Themen der Wissenschaft anzugehen:
den Ursprung und das Aussterben von Arten, den Prozess der

Jean-Baptiste Lamarck

Schöpfung selbst. Und nirgendwo wurden die Ideen dieser so genannten philosophischen Anatomie heißer diskutiert als im Muséum National d'Histoire in Paris.

Seit Jean-Baptiste Lamarck, Professor für Wirbellosenkunde am Museum, um die Jahrhundertwende seine frühen evolutionistischen Ideen dargelegt hatte, war er kaltgestellt worden von seinem politisch geschickten jüngeren Kollegen Georges Cuvier, der zu viel größerem Ruhm gelangte. Cuvier hatte sich auch weiterhin gegen Lamarcks Auffassung gestellt, lebende Formen könnten Abwandlungen alter Geschöpfe sein. Keineswegs entmutigt, hatte sich Lamarck zwischen 1815 und 1822 darangemacht, seine Theorien in seinem siebenbändigen Werk über Wirbellose, *Histoire naturelle des animaux sans vertèbres*, neu zu formulieren. Darin stellte Lamarck die These auf, die Natur strebe nach zunehmend komplexen Tierformen. Sich verändernde Umweltbedingungen lösten bei Tieren neue Reaktionen aus, die dann zur Gewohnheit werden konnten. Im Laufe der Zeit würden tierische Organe durch häufige Beanspruchung modifiziert werden und so eine Weiterentwicklung von Tierarten ermöglichen.

Lamarck, der gegen das Nachlassen seiner Sehkraft ankämpfte, hatte beträchtliche Mühen, die Bände fertig zu stellen. Ab 1818 war er völlig blind und konnte das Projekt nur beenden, indem er seiner Tochter diktierte. Obwohl dieses Werk heute als eines der «Ruhmesblätter der französischen Wissenschaft» gilt, nahm es kaum Einfluss auf die Hauptströmung der Wissenschaft seiner Zeit. Als Lamarck wenige Jahre später starb, war seine Familie so verarmt, dass sie kein Geld für eine standesgemäße Beerdigung aufbringen konnte und die *Académie des Sciences* bitten musste, für sein Begräbnis aufzukommen.

Wenn auch unpopulär, war Jean-Baptiste Lamarck nicht ohne Anhänger. Der bedeutendste unter ihnen war der fast dreißig Jahre jüngere Étienne Geoffroy Saint-Hilaire. Geoffroy war 1793 im Alter von kaum einundzwanzig Jahren auf die prominente Position eines Professors für Wirbeltierkunde am Muséum National d'Histoire Naturelle in Paris berufen worden. Er begleitete Napoleon um die Jahrhundertwende auf seinem Ägyptenfeldzug und machte sich mit einer Reihe von Untersuchungen über Nilkrokodile bald einen Namen. Seine brillanten Vorlesungen und sein Beitrag zur Zoologie brachten ihm die Bewunderung des Schriftstellers Honoré de Balzac ein, der ihn als «den Großmarschall der Großen Armee der Philosophen» bezeichnete.

Im Verlauf des frühen 19. Jahrhunderts verfolgte Geoffroy Lamarcks Ideen und entwickelte sie mit einem Nachdruck weiter, der unausweichlich einen Konflikt mit Georges Cuvier zur Folge hatte. Für Cuvier hatte Gott die Arten für eine bestimmte Rolle im Haushalt der Natur geschaffen. Da diese Rolle von Anfang an feststand, gab es keine Notwendigkeit für eine Art, sich zu verändern; Evolution machte keinen Sinn in Gottes Plan. Für Cuvier war die Vorstellung, die Natur könne autonom sein und fast nach dem Zufallsprinzip – ohne Gott – höhere Lebensformen erschaffen, einfach undenkbar. Aber Geoffroy ließ sich durch eine derartige Argumentation nicht zum Schweigen bringen. Er interessierte sich besonders dafür, wie Arten durch ihre Umwelt modifiziert werden könnten, und suchte nach Belegen für Lamarcks These, dass sie sich im Lauf der Zeit von einfachen zu höheren Lebensformen transformieren können. Im Jahre 1822 veröffentlichte Geoffroy seine *Philosophie anatomique*, in der er die Aufmerksamkeit auf Rätsel in der Anatomie lenkte, die für die evolutionistischen Vorstellungen von Lamarck sprachen.

Gute Argumente lieferte ihm die Untersuchung von Homologien. Beispielsweise sind der Flügel einer Fledermaus, die Flosse eines Fisches und die Hand eines Menschen homolog, denn sie nehmen bei ganz verschiedenen Wirbeltiergruppen äquivalente Positionen ein. Während Cuvier auf seiner Meinung beharrte, die Flosse eines Fisches weise keinerlei Beziehung zu der Pfote eines Säugers auf und beide Teile seien separat von Gott entworfen worden, erhellten nach Geoffroys Ansicht homologe Organe wichtige Beziehungen: Der Fledermausflügel, die Tierpfote und die Menschenhand bestanden aus *den gleichen* Knochen. Solche Beobachtungen ließen ihn zu der Überzeugung kommen, dass alle Wirbeltiere nach einem einfachen Grundbauplan konstruiert waren. Diese «Einheit des Planes», in der sich eine enge Beziehung oder Verwandtschaft zwischen verschiedenen Wirbeltiergruppen zeigte, verlieh seiner Ansicht Plausibilität, dass höhere Formen aus niederen entstanden sein könnten.

Um zu demonstrieren, wie sich beispielsweise Säuger aus Fischen entwickelt haben könnten, studierte er die Entwicklung von Embryonen. Aus Untersuchungen, die im 18. Jahrhundert in Deutschland durchgeführt worden waren, wusste man bereits, dass Wirbeltiere im Verlauf ihrer Embryonalentwicklung verschiedene Stadien durchlaufen, die an primitivere Lebensformen erinnern. Das war für die Vertreter des Kreationismus nicht leicht zu erklären. Wenn Gott jedes Geschöpf geschaffen hatte, warum sollte der menschliche Embryo dann im Frühstadium Anlagen für Kiementaschen besitzen wie ein Fisch? Für Geoffroy verliehen solche Beobachtungen evolutionistischen Vorstellungen Gewicht. Er nahm an, dass höhere Säuger während ihrer Embryonalentwicklung darauf programmiert waren, sich von niederen Lebensformen – ihren vermutlichen Vorfahren – zu komplexeren Formen zu erheben. Und um zu versuchen, seine Theorie der Evolution zu beweisen, wandte er sich den Fossildaten zu. Cuvier hatte darauf hingewiesen, dass es – falls die Evolutionstheorie richtig war – möglich sein sollte, Übergangsformen im Gestein zu finden. Wenn sich beispielsweise Säuger aus Reptilien entwickelt hatten, wo tauchten dann in den Fossildaten die intermediären «Reptil-Säuger-Formen» auf? Cuvier forderte ihn also heraus, die Missing Links, die «fehlenden Glieder» der Evolution zu finden.

Im Jahre 1824, als Cuvier seine zweite Auflage von *Recherches sur les ossements fossiles* herausbrachte, entdeckte Geoffroy, dass dieser in seinem Abschnitt über fossile Krokodile einen Fehler gemacht hatte, und ergriff die Gelegenheit, gegenüber seinem berühmten Rivalen einen Punkt zu erzielen. Dank seiner früheren Reisen auf dem Nil war Geoffroy zu einem Experten für die Anatomie von Krokodilen geworden. Er erkannte rasch, dass Cuviers fossiles «Krokodil» aus den sekundären Gesteinsschichten von Caen seltsame *säugerartige* Merkmale besaß, die Cuvier übersehen hatte. Insbesondere der Nasengang im Schädel des «Krokodils» ähnelte demjenigen eines Säugers. Daher benannte er Cuviers Krokodil aus Caen in *Teleosaurus* um, was so viel bedeutet wie die Echse, die das Aufkommen der Säuger im tertiären Gestein ‹aus weiter Entfernung› (*teleo*) – d. h. aus den alten sekundären Gesteinen – ankündigt.

Für Geoffroy waren solche «Übergangsformen» wichtig: Aus den primitiven Reptilien hatten sich auf irgendeine Weise die modernen Formen entwickelt. Tatsächlich waren seine detaillierten Beobachtungen über die säugerartigen Merkmale am Schädel des *Teleosaurus* korrekt. Wütend ging Cuvier 1825 in seinem *Dictionnaire des sciences naturelles* zum Gegenangriff über und betonte die Absurdität einer Theorie, in der der Schöpfer offenbar nutzlose Geschöpfe schuf, nur um die Lücken in einer Kette des Lebens zu schließen. Anstatt die Natur als eine einzige ununterbrochene Kette anzusehen, in der aus einfachen Formen komplexere Formen erwachsen, nahm Cuvier an, das Tierreich lasse sich in vier getrennte Gruppen einteilen: die Wirbeltiere oder Vertebraten, wie Säuger, Fische und Reptilien, die Weichtiere oder Mollusken, wie Schnecken und Muscheln, die Gliedertiere oder Articulata, wie die Insekten, und schließlich die radiärsymmetrischen Tiere oder Radiata wie die Seesterne. Diese vier *embranchements* oder Zweige waren seiner Meinung nach anatomisch so verschieden, dass es unvorstellbar erschien, ein Zweig könne sich aus oder zu einem anderen Zweig entwickelt haben. Natürlich waren Cuviers Vorstellungen für die Theologen viel akzeptabler als diejenigen Geoffroys; sicherlich hatte Gott die ursprünglichen Formen einer jeden Gruppe von Tieren in getrennten Schöpfungsphasen geschaffen.

In Paris fand die Debatte dieser renommierten Anatomen nicht nur in den gelehrten Zirkeln der Académie und des Muséum National ihren Widerhall. Seit sich politisch Radikale zum evolutionistischen Denken hingezogen fühlten und es mit Reform verbanden, gewann dieser Ansatz weitaus mehr Bedeutung. Wie der Historiker Adrian Desmond gezeigt hat, verwandten Sympathisanten der Republikaner, wie Jean-Baptiste Bory de Saint-Vincent und François Raspail, in den 1820ern evolutionistische Ideen als Metapher für soziale Veränderungen. Schließlich, wenn Naturforscher zeigten, dass sich niedere Tiere durch eigenes Streben in höhere Tiere transformieren konnten, könnten sich dann nicht auch die unterdrückten Armen aus eigener Kraft emporarbeiten, wenn man ihnen günstigere Lebensbedingungen bot?

Studenten, die vom Kontinent nach Edinburgh zurückkehrten, wo Richard Owen studierte, erzählten von den scharfen Debatten, die dort stattfanden. In Anatomiesälen und Studentenclubs wurden die radikalen französischen Ideen leidenschaftlich diskutiert. Zur selben Zeit hatte der Ökonom und Geistliche Thomas Malthus dem Gedanken, den Armen durch Reformen zu helfen, eine scharfe Absage erteilt. Wenn die Überlebensrate der Armen steige, argumentierte er, werde die rasch anwachsende Bevölkerung alle Nahrungsvorräte aufzehren, und es komme zu einer Hungersnot. Seine pessimistische Philosophie stand gegen einen wachsenden Chor von Stimmen, die sich für einen Wandel aussprachen. Warum sollten nicht alle Menschen das Stimmrecht erhalten und ihre Lage durch Bildung verbessern?

Da die frühe Evolutionsbiologie mit dem republikanischen Materialismus verknüpft wurde, gerieten die Attacken gegen sie zunehmend erbittert und emotionsgeladen. Die kirchlichen Autoritäten verdammten sie, weil sie angeblich das moralische Gefüge der Gesellschaft untergrub. Wenn die Natur autonom war, wo war dann Gott? Um es mit den Worten der *Quarterly Review* zu sagen, «brechen [Ideen wie diese] die besten und heiligsten Schranken moralischer Verpflichtung nieder und ... lassen den schlimmsten Leidenschaften des menschlichen Herzens freien Lauf». Wenn der Mensch seinen Platz im Himmel nicht durch sein Tun und Lassen auf Erden erwerben konnte, dann gab es keine Basis für moralisches Handeln, und das würde unweigerlich zu einer «Brutalisierung des Menschen» führen. Kirchenführer zeigten sich erschüttert von dem Materialismus, der sich im Evolutionsgedanken ausdrückte. Es war undenkbar, dass das Leben durch den «Lauf der Natur» statt durch die Hand Gottes entstanden sein sollte.

William Buckland gehörte zu den vielen führenden wissenschaftlichen Autoritäten, die Geoffroys evolutionistisches Denken ablehnten. Er spottete über die Idee, dass sich Säuger aus primitiven Eidechsen und Krokodilen entwickelt haben könnten. «Ich streite mich nicht mit einem Krokodil und habe an ihm auch nichts auszusetzen; ein Krokodil ist auf seine Weise eine sehr respektable Persönlichkeit», stichelte er, «aber ich bestreite, dass ein Mensch ein *verbessertes Krokodil* ist.» Buckland verstand das Tierreich im Sinne einer Kette des Lebens. Für ihn waren die riesigen Reptilien fehlende Glieder in Gottes wunderbarer Schöpfung. Als Reverend Conybeare seinen Kollegen Details der Ichthyosaurier oder «Fischechsen» beschrieb, behauptete er ebenfalls, es handele sich um ein Bindeglied zwischen Fischen und Reptilien im großen Netzwerk des Seins. Der *Plesiosaurus*, das «Beinahe-Reptil», war ein Bindeglied zwischen Ichthyosaurier und Krokodilen. Nach der Entdeckung des Plesiosaurus äußerte sich auch Charles Lyell in seinem Brief an Gideon Mantell in diesem Sinne: «Was für einen Sprung in der Kette des Lebens haben wir hier, und wie viele Bindeglieder wird die Geologie noch liefern müssen?»

Anders als für Lamarck und Geoffroy war die große Vielfalt des Lebens, die sich in jedem neuen «Bindeglied» in der Kette äußerte, für die britischen Gelehrten kein Zeugnis der Evolution. Ganz im Gegenteil: Gott entwarf jedes Geschöpf für seinen speziellen Platz in der Natur. In jedem lebenden Etwas steckte «ein Weg zu Gott».

In Edinburgh schienen Richard Owen all diese Argumente überzeugend. Auf dem Prüfstand befand sich der Prozess der Schöpfung selbst: Hatte Gott jede einzelne Art geschaffen? Hatte es im Laufe der Zeit eine Reihe von Schöpfungsakten gegeben, die helfen könnten, zu verstehen, warum sich fossile Lebewesen von rezenten Tieren unterschieden? Oder war es so, wie die Evolutionisten meinten, und die Natur konnte selbst neue Arten schaffen – ohne Gott? Owen richtete sich vorsichtig nach der Hauptströmung der intellektuellen Meinung in Britannien, die die Billigung der anglikanischen Kirche genoss. Er fühlte sich zu dem Ansatz des berühmten englischen Anatomen John Hunter hingezogen, dessen Epitaph ihn rühmte als «den begabten Interpreten der göttlichen Macht und Weisheit, die sich in den Gesetzen des organischen Lebens ausdrückt». Owen sah sich selbst als Anatom, der Gottes wunderbare Werke enthüllte, nicht als Beobachter eines materialistischen Prozesses, durch den sich der Mensch selbst aus niederen Lebensformen entwickelt hatte. In seinem Enthusiasmus gründete er als Student in Edinburgh sogar eine «Hunter-Gesellschaft», in der solche Ideen diskutiert wurden.

Innerhalb von sechs Monaten erwarb sich Richard Owen bei seinem Lehrer John Barclay ein so hohes Ansehen, dass dieser ihm riet, in London eine Karriere als Chirurg zu starten, statt sein Universitätsstudium abzuschließen. Damals mussten Ärzte zwar einen Abschluss erwerben, diejenigen, die Chirurgie praktizieren wollten, jedoch nicht. Es genügte für prospektive Chirurgen, eine Reihe von Vorlesungen zu hören und ein Zertifikat von der Worshipful Society of Apothecaries oder dem Royal College of Surgeons zu erlangen. Barclay empfahl Owen, am St. Bartholomy's Hospital bei John Abernethy, dem angesehenen Präsidenten des Royal College of Surgeons, zu lernen.

«Nie werde ich den Tag vergessen, an dem ich zum ersten Mal in London ankam», schrieb Owen über seine Ankunft im April 1825, «wo ich buchstäblich keinen einzigen Freund hatte ... Das Gefühl der Verlassenheit, das ich erfuhr, als ich die Holborn entlang auf St. Bartholomy's zuging, lässt sich nicht beschreiben.» Seine bange Erwartung wuchs, als er den großen Abernethy entdeckte, umgeben von einer Gruppe ihn bedrängender Studenten und keineswegs bester Laune. Da Owen sehr groß war, dauerte es nicht lange, bis Abernethy die Ankunft des Fremden bemerkte. Abrupt wandte er sich ihm zu und fragte: «Und was wollen *Sie* hier?»

Aber trotz des ungünstigen Starts machte Owen in London Karriere. Sein Empfehlungsbrief von John Barclay war voll des

Lobes, und man bot ihm direkt den Posten eines Vorlesungsassistenten bei Abernethy an. Owens Glück war es, dass Abernethy im Royal College of Surgeons gerade unter Beschuss stand. Die Regierung hatte 1799 15 000 Pfund für John Hunters berühmte anatomische Sammlung gezahlt. Über 10 000 Exemplare, darunter die «weichen Tiere, die auf der Weltumsegelung von Captain Cook gefangen worden waren», kamen unter die Obhut des Royal College. Die Treuhänder dort sollten dafür sorgen, dass sie für die öffentliche Ausstellung vorbereitet und ein ausführlicher Katalog mit einer Erklärung der Exponate erstellt wurde. Fünfundzwanzig Jahre später war dieses Werk noch immer nicht vollbracht. Ab Mitte der 1820er begann die Presse, Fragen zu stellen, warum es so lange dauerte, bis die Öffentlichkeit Hunters berühmte Sammlung sehen konnte. Das Royal College wurde in Medizinerzeitschriften wie *Lancet* und *Medical Gazette* zunehmend als «korrupter Unterstützer einer privilegierten medizinischen Elite» kritisiert. John Abernethy, Sir Astley Cooper und Sir Anthony Carlisle, die leitenden Gentlemen des College, wurden zur Zielscheibe der radikalen Presse.

Entsetzt erfassten die Treuhänder am Royal College schließlich das Ausmaß des Problems: William Clift, der Kurator des Hunterian Museum, schätzte, dass neun Zehntel von Hunters Unterlagen von Sir Everard Home gestohlen worden waren, was die Identifizierung der anatomischen Präparate außerordentlich schwierig machte. Es war inzwischen durchgesickert, dass Home fast die gesamten Originalmanuskripte vernichtet hatte. Als Clift den «Londoner Baronet» einmal besuchte, musste er zu seinem Entsetzen gar feststellen, dass Hunters Unterlagen – dieser nationale Schatz – als Toilettenpapier benutzt wurden!

Die Gentlemen des College erkannten, dass sie vor einer Krise standen. Sie brauchten jemanden, der zu einem der Ihren herangezogen werden konnte, jemanden, der hart arbeitete und dem Werk von John Hunter ergeben war. Vor allem brauchten sie einen talentierten Anatomen, der all die Exemplare für die öffentliche

Ausstellung identifizieren und vorbereiten konnte, und zwar rasch. Es war ganz offensichtlich, dass der ehrgeizige junge Richard Owen der richtige Mann war.

Owen, der 1826 sein Diplom und seine Mitgliedschaft des Royal College of Surgeons erhielt, wurde bald zum Assistenten von William Clift am Hunterian Museum ernannt und im Zentrum der medizinischen Gentry von London mit offenen Armen empfangen. Innerhalb von zwei Jahren nach seiner Ankunft in London hatte er fast ohne Mühen in den privilegierten inneren Kreis einer reichen und eng vernetzten medizinischen Elite Einlass gefunden.

Ein Brief seiner Mutter aus dieser Zeit zeigt, dass sie «dankbar» war, «einen Sohn zu haben, der seiner Familie so viel Ehre» machte, und sie fuhr fort: «Du hast Glück, eine derartige Anstellung zu bekommen, während viele, die diesen Beruf ergriffen haben, kaum wissen, wohin sie sich wenden sollen.» Catherine Owen, die französischer Abstammung war, nahm an der Laufbahn ihres Sohnes regen Anteil, vielleicht nun umso mehr, weil ihr einziger anderer Sohn, James, gestorben war. Sie warnte Richard, bei seinen Sektionen große Vorsicht walten zu lassen: «Achte darauf, dein Gesicht, deinen Hals sowie deine Arme und Hände etc. jeden Abend, bevor du zu Bett gehst, gründlich zu waschen.» Klug riet sie ihm: «Eine Sache, die man jungen Männern, die hoffen, in ihrem Beruf voranzukommen, niemals nahe genug ans Herz legen kann, ist ... Schüler einer Person zu werden, die bereits bekannt ist und einen hohen Ruf genießt; dadurch erreichen sie gleichzeitig zwei Ziele – ein fundiertes berufliches Wissen und die Gelegenheit, all die Freunde und Verbindungen ihres Lehrers kennen zu lernen.»

Der rührige Richard Owen beschränkte sich nicht auf bloße Bekanntschaft mit den Freunden und Kollegen von William Clift am Royal College. Es dauerte nicht lange, bis sich eine weitere Chance ergab. Clifts einzige Tochter, Caroline, war dabei gewesen, im Zimmer ihrer Mutter einige Klingelzüge aufzuhängen, die

sie als Geschenk gefertigt hatte. Als sie ihre Röcke zusammen-
raffte, um von der Leiter zu steigen, fiel sie unglücklich, zog sich
einige kleinere Verletzungen zu und verlor das Bewusstsein. Angesichts dieser Notlage – die einzige Tochter des Hauses offensichtlich ohnmächtig – wurden alle Bedenken hinsichtlich sozialer Eti-
kette beiseite geschoben. Eilig wurde der nächste Arzt gerufen, der
verfügbar war. Caroline wurde auf eine Chaiselongue gebettet
und erhielt Riechsalz, und als sie ihre Augen öffnete, fand sie sich
Auge in Auge mit Richard Owen, der sich gewissenhaft um ihre
Verletzungen kümmerte. Vielleicht entwaffnet durch die Intimität
der Situation oder den unerwarteten Charme des jungen Mannes,
fiel es Caroline Clift schwer, den Lehrling ihres Vaters nicht zu bemerken, und bald begann Richard Owen, mehr als nur höfliches
Interesse für die Tochter seines Lehrherrn zu zeigen.

Caroline Clifts Mutter hatte sehr große Pläne für ihre Tochter.
Ein Mann mit beträchtlichem Einkommen oder Besitz war das
Mindeste, was sie erwartete; ein junger Mann am Museum ohne
eigenes Vermögen war definitiv nicht ihr idealer Schwiegersohn.
Unter normalen Umständen hätte Richard Owen nicht in densel-
ben Kreisen wie Caroline Clift verkehrt.

Aber ungeachtet dessen, dass er als unpassender Verehrer betrachtet wurde, ließ Owen nicht davon ab, um Caroline zu wer-
ben. Caroline begann, über ihn in ihrem Tagebuch zu schreiben:
«R. O. gab mir einen geschnitzten Schildpattkamm» und «R. O.
schenkte mir einen Band mit Gedichten von Cowper». Vermutlich
aufgrund ihres Drängens wurde Owen nun zu gesellschaftlichen
Anlässen, zu Musikabenden und Dinners, eingeladen. Zur Bestürzung seiner zukünftigen Schwiegermutter verlobten sich Richard
und Caroline innerhalb von drei Monaten. Um Weihnachten 1827
hatte sich Richard Owen, dreiundzwanzig Jahre alt, gesellschaftlich und beruflich mitten im Zentrum des wissenschaftlichen
Schauplatzes in London etabliert.

Im Museum am Royal College widmete er sich mit unermüd-
licher Energie der Wiederherstellung der Hunter'schen Sammlung.

Inmitten großer Flaschen voller Alkohol zum Konservieren und buchstäblich Tausenden von anatomischen Präparaten und Exemplaren in verschiedenen Stadien des Verfalls machte er sich an die monumentale Aufgabe, Hunters Werk für die öffentliche Ausstellung vorzubereiten. Rasch gewann er die Sympathie seines zukünftigen Schwiegervaters, der sehr erleichtert war, einen derart geschickten und enthusiastischen Assistenten gefunden zu haben. William Clift beschrieb Owen als «nüchtern und ruhig – ganz anders als irgendein anderer junger Mann, den ich kenne».

Den liebenswürdigen William Clift zu beeindrucken, war nicht Owens einziges Ziel. Er erfuhr, dass Baron Georges Cuvier beabsichtigte, das Museum des Royal College zu besuchen, um seine Forschung an fossilen Fischen auf den neuesten Stand zu bringen. Und bald wurde offensichtlich, dass niemand im Museum Französisch sprach – mit Ausnahme von Clifts fleißigem Assistenten. Owen hatte sich in der Schule vielleicht nicht besonders hervorgetan, doch dank seiner französischen Mutter besaß er diese weitere Fähigkeit, die ihm Entree verschaffen konnte zu den höheren Rängen der intellektuellen Pariser Gesellschaft. Er war offensichtlich der richtige Mann, um als Gastgeber für den renommierten Baron zu fungieren.

Die beiden waren ein seltsames Paar: Der ernste junge Owen, schlaksig und hoch gewachsen, führte den einundsechzigjährigen Baron herum, der inzwischen außerordentlich dick geworden war und darob den wenig schmeichelhaften Spitznamen «Mammut» erhalten hatte. Langsam, gemessenen Schrittes, der sowohl mit der Würde des Barons als auch mit seinen körperlichen Grenzen in Einklang stand, wandelten beide durch das Museum. Da er noch immer keinerlei Geduld mit Leuten hatte, die ihn nicht verstanden, und sie dies auch deutlich spüren ließ, war der Baron hocherfreut, einen Engländer zu treffen, der ihn nicht nur aufrichtig bewunderte und in Anatomie bewandert war, sondern auch Französisch so flüssig wie ein geborener Franzose sprach. Und was Richard Owen anging – in intimer Konversation mit dem großen

Cuvier gesehen zu werden und die Ausstellungsstücke in einer fremden Sprache zu erklären, die alle anderen überflüssig werden ließ, war ein Triumph, der genossen werden wollte. Zu seiner großen Freude lud Cuvier ihn ein, ihn im folgenden Jahr im Muséum National in Paris zu besuchen.

Bei seiner Ankunft in der französischen Hauptstadt im darauf folgenden Sommer erfuhr Owen, als er aus seiner Kutsche stieg, dass sogleich Illuminationen und Feuerwerk stattfinden sollten. Von der Menge mitgerissen, eilte er, sich an Karren und Kutschen vorbeiquetschend, zur Place Louis XV. «und fand mich plötzlich nach einer Biegung zwischen prächtigen Wegen, Statuen, Springbrunnen, glasklaren Teichen an einem der schönsten Plätze der Welt ... im Jardin des Tuileries ... ein Gewehr wurde abgefeuert, und von der Vorderfront des Palastes stieg eine Rakete empor, die vom Pont de la Révolution aus mit einer immensen Zahl von Raketen, roten, grünen und blauen Feuerbällen, beantwortet wurde ... dann folgte ein Lichterregen, der die Nacht in hellen Tag verwandelte». Dieses spektakuläre Schauspiel ließ ihn nicht unbeeindruckt. Es war ein glücklicher Auftakt seines Besuchs in Paris.

Am nächsten Tag wurde er in Cuviers privates Arbeitszimmer am Muséum National d'Histoire Naturelle geleitet. Owen berichtete von den Fortschritten bei der Restauration der Hunter-Sammlung und überbrachte ehrerbietig William Clifts respektvolle Grüße. Cuvier führte ihn persönlich im Museum herum und bat ihn, zu kommen, wann immer er wolle. Während seines mehrmonatigen Aufenthaltes in Paris wurde Owen zu einem willkommenen Gast bei den berühmten samstäglichen Soireen des Barons. Er hörte Cuviers Vorlesungen und arbeitete sogar in den Sezierräumen und Ausstellungshallen des Museums neben den Assistenten des großen Mannes.

Die außerordentlich reichhaltige Fossiliensammlung in Paris machte einen dauerhaften Eindruck auf Owen. Er erkannte, dass hinter Cuviers großem Erfolg dieses außerordentliche Museum stand, weltweit das beste seiner Art: eine große Kathedrale, angefüllt mit den Trophäen der natürlichen Welt, deren luftige Korridore und hoch gewölbte Decken die bemerkenswertesten Geschöpfe bargen, die der Wissenschaft bekannt waren. In England gab es nichts Vergleichbares – jedenfalls noch nicht.

Seine Mutter verfolgte die Entwicklung von Owens Karriere mit Stolz: «Dass du Cuvier aufgefallen bist, war wirklich ein großes Glück», schrieb Catherine an ihren Sohn, «und dass du Zugang zu seinem Museum hast, ist in deiner Profession in vieler Hinsicht von Vorteil, und ich vertraue darauf, dass du schließlich daraus deinen Nutzen ziehen wirst.» Owen hatte sich bereits in der ersten Reihe der anatomischen Forschung postiert und nahm Unterricht beim großen Baron persönlich. Der Junge aus dem Norden, dem vorhergesagt worden war, es werde «ein schlimmes Ende» mit ihm nehmen, schlug sich recht gut, und das war erst der Anfang.

Satans Geschöpfe

So versessen sucht der Böse
Durch Sumpf und Stich und Sattel, Dick und Dünn,
Mit Kopf, Hand, Fuß und Flügel sich den Weg
Und schwimmt und sinkt und watet, kriecht und
fliegt.

John Milton, Das verlorene Paradies, *Zweites
Buch*

Während Richard Owen damit beschäftigt war, die Hunter-
Sammlung zu präparieren und sich mit der Anatomie rezenter
Tiere vertraut zu machen, brachten die Geologen immer weitere,
noch interessantere Hinweise auf prähistorische Geschöpfe ans
Tageslicht. Seit langem war bekannt, dass sich unter den seltsame-
ren Fossilien am Strand der Lyme-Region zahlreiche dunkelgraue
Gebilde befanden, die wie längliche Kiesel oder Nierenkartoffeln
geformt waren und ein typisches Riffelmuster aufwiesen. Anfangs
wurden sie als «Bezoarsteine» [Ziegensteine] bezeichnet, denn
William Buckland hatte gegenüber seinen ein wenig verwirrten
Kollegen von der *Geological Society* behauptet, sie ähnelten «den
Konkrementen in der Gallenblase von Bezoarziegen, die einst in
der Medizin so berühmt waren». Die Experten zerbrachen sich
den Kopf darüber, wie diese seltsamen Funde in die prähistorische
Welt passten.

Zunächst dachte Buckland, dass die eigenartigen Riffel auf der
Oberfläche der Bezoarsteine von Wellenbewegungen auf weichem
Ton herrührten. Gideon Mantell hatte im Sandstein von Tilgate

Forest ähnliche Fossilien mit deutlichem Riffelmuster gefunden. Er diskutierte sie mit Buckland, und beide entdeckten, dass die Bezoarsteine besonders häufig in Strata vorkamen, die reich an tierischen Fossilien waren. Durch seine Untersuchung in der Höhle von Kirkdale waren Buckland die versteinerten Faeces von Hyänen bereits wohl bekannt, und es kam ihm der Gedanke, dass die Exkremente der uralten Meeresechsen, die im älteren sekundären Gestein von Lyme eingebettet lagen, ebenfalls versteinert sein könnten. Mary Annings Beobachtung, dass diese Bezoarsteine häufig im *Inneren* der Ichthyosaurier vorkamen, gewöhnlich im Rumpf in der Nähe des Brustkorbes und des Beckens, verlieh seiner Annahme weiteres Gewicht. Es wurde immer deutlicher, dass es sich bei den Bezoarsteinen tatsächlich um fossile Kotbrocken handelte, deren wellenförmige Zeichnung bei der Passage durch den Darm entstanden war.

Die Steine, die bald als «Koprolithen» oder «Kotsteine» bekannt wurden, enthielten die teilweise verdauten Überreste der Beutetiere, die von diesen Ungeheuern einer vergangenen Welt verschlungen worden waren. «Unregelmäßig verteilt und überall in diesen versteinerten Faeces reichlich vorhanden sind Schuppen, gelegentlich auch Zähne und Knochen von Fischen», beobachtete Reverend Buckland, «die anscheinend unverdaut durch die Körper der Saurier gewandert sind.» Er sandte einige Kotsteine zur chemischen Analyse an Dr. William Wollaston, einen Freund in der *Geological Society*. Bald erhielt er von Wollaston die Antwort, die Proben seien reich an Calciumphosphat, was darauf hindeutete, dass ein großer Teil der Nahrung dieser Saurier aus den Knochen anderer Lebewesen bestanden hatte.

Nur schwer gelang es der neuen Wissenschaft der Koprologie, innerhalb geologischer Kreise im georgianischen England Fuß zu fassen, denn sie galt als zu indelikat, als dass man sie hätte diskutieren können. «Auch wenn solche Sachen interessant sein können», warnte Wollaston Buckland, «könnte es für dich und mich besser sein, nicht in den Ruf zu geraten, uns allzu häufig und allzu intensiv mit Ausscheidungsprodukten zu beschäftigen.» Buckland warf sich jedoch mit seinem üblichen ungebremsten Enthusiasmus auf das Studium der Koprologie. «Wenn wir den Körper eines *Ichthyosaurus* sehen, der noch immer die Nahrung enthält, die er kurz vor seinem Tod vor zehntausend oder mehr als zehntausend Mal zehntausend Jahren gefressen hat», meinte er, «dann scheinen all diese riesigen Zeiträume ausgelöscht, zusammengeschrumpft, verschwunden, und wir erleben Ereignisse in unermesslich weit entfernten Perioden fast wie Angelegenheiten von gestern.» Er verbrachte mehrere Wochen mit Mary Anning und studierte die vielen Bezoarexemplare, die in Lyme gefunden worden waren. Die meisten Koprolithen waren zehn bis fünfzehn Zentimeter lang, doch «einige sind deutlich größer und stehen im richtigen Verhältnis zu den gigantischen Ausmaßen der größten Ichthyosaurier», bemerkte der Professor. «Einige sind flach und amorph, als ob die Substanz in einem halb flüssigen Zustand ausgeschieden wurde, andere sind durch den Druck des Schiefers flach gepresst.»

William Conybeare teilte ihm mit, dass ähnliche Bezoarsteine in der Nähe von Bristol zu finden waren, und bald darauf reiste Buckland auf der Suche nach fossilen Exkrementen in ihren unterschiedlichen Erscheinungsformen kreuz und quer durchs ganze Land. In Oxford erregte seine neue wissenschaftliche Unternehmung – wie hätte es auch anders sein können – allgemeines Interesse, und einige seiner Kollegen, darunter ein gewisser John Shute Duncan, inspirierte sie sogar dazu, sich als Dichter zu versuchen – zumindest als eine Art Dichter:

> *Approach, approach ingenuous youth*
> *And learn this fundamental truth*
> *The noble science of geology*
> *Is firmly bottomed on Coprology**

---

* Herbei, herbei, ihr freimütigen jungen Leut', / Und lernet diese grundlegende Wahrheit: / Die noble Wissenschaft der Geologie / Ruht fest auf der Koprologie

Bucklands Forschungen enthüllten ein beunruhigendes Bild von Urmeeren voller gigantischer Meeresechsen, die unablässig in grausame und blutige Kämpfe verwickelt waren. Einige Koprolithen enthielten gar die unverdauten Wirbel und Zähne kleiner Ichthyosaurier. «Diese Ungeheuer der Tiefe haben möglicherweise die kleineren und schwächeren Vertreter ihrer eigenen Art verschlungen», erklärte Buckland. Miss Anning, berichtete er, habe dicht neben dem Skelett eines *Ichthyosaurus* zwei Koprolithen gefunden, «als ob sie von ihm im Todeskampf ausgeschieden worden seien».

Für Buckland waren die Kotsteine Belege für «Kriege, die von aufeinander folgenden Generationen der Bewohner unseres Planeten geführt wurden, einer gegen den anderen ... Wie sich gezeigt hat, existiert das universelle Gesetz der Natur, das allen Lebewesen gebietet, zu fressen und ihrerseits gefressen zu werden, seit es tierisches Leben auf unserem Planeten gibt.» Diese frühere Schöpfung, in der ein derart schreckliches Blutbad zum alltäglichen Le-

«Satans Geschöpfe»: Kampf zwischen Ichthyosaurier und Plesiosaurier, Detail aus Figuiers *Die Welt vor der Sintflut*, 1866

ben gehörte, war unerklärlich. Die schiere Gottlosigkeit dieser kannibalischen Seeungeheuer mit ihren lächelnden Kiefern und einem immensen Appetit spottete jeder Beschreibung. Wie der geologische Enthusiast und Amateursammler Thomas Hawkins betonte, waren dies eher Satans Geschöpfe: «Bewaffnet mit all der Zeugungskraft des wie aus dem Nichts entsprungenen Bösen scheint Satan, auf das Dreifache vergrößert, Schrecken erzeugt und einen wimmelnden Laich geschaffen zu haben, der in die tiefsten Abgründe des Chaos passte.» Warum sollte Gott derart schreckliche Ungeheuer schaffen?

War die Vorstellung von einem Urmeer, in dem es von Satans Geschöpfen wimmelte, schon verwirrend genug, so erwiesen sich Versuche, das Leben an Land zu rekonstruieren, als noch erfolgloser. In Lyme Regis existierten vollständige Skelette, die zeigten, wie die Meeresechsen aussahen, und nun hatten sogar fossile Exkremente ihre bunten Ernährungsgewohnheiten enthüllt. Aber im Tilgate Forest in Sussex gab es keine vollständigen Skelette; alle Fossilfragmente waren weit verstreut und unter Schichten um Schichten von Gestein vergraben.

Nach seinem Erfolg bei der *Royal Society* begann Mantell mit einem zweiten Buch, in dem er eine vollständige Übersicht über den Tilgate Forest des Weald liefern wollte. Um Experten zu finden, die ihm bei der Interpretation der fossilen Daten helfen könnten, bemühte er sich, wenn er Zeit neben seiner Praxis fand, sein Netzwerk von Korrespondenzen zu erweitern. Neben seinen üblichen Briefpartnern, wie der Sammlerin Etheldred Benett in Wiltshire, schrieb er an Mitglieder der *Geological Society*, wie Charles Lyell und William Fitton, sowie an Davies Gilbert von der *Royal Society*. Er trat auch in Briefwechsel mit ausländischen Experten «ersten Ranges», darunter Georges Cuvier und sein Kollege am Nationalmuseum in Paris, Adolphe Brongniart, ein Pionier auf dem Gebiet fossiler Botanik.

Seit Mitte der 1820er eröffneten Adolphe Brongniarts Forschungen an fossilen Pflanzen faszinierende Einblicke in die Geschichte der Landflora. Die ältesten – die primären – Gesteine zeigten überhaupt keine Spuren von Leben. Darüber, in den obersten Schichten der Übergangsgesteine, identifizierte Brongniart einfache Pflanzen, die wenig Vielfalt aufwiesen, beispielsweise Moose. Die ersten Nadelgewächse tauchten gegen Ende der Übergangsfolge auf. Darüber, in den stark geschichteten sekundären Felsformationen, in denen die fossilen Reptilien entdeckt worden waren, dominierten Palmfarne sowie Nadelgewächse die Vegetation, und es gab üppige Wälder. Oberhalb dieses Niveaus in der geologischen Abfolge, in den tertiären Gesteinen, stieß er erstmals auf Blütenpflanzen.

Die Geschichte des pflanzlichen Lebens war, wie Brongniart meinte, von zunehmender Komplexität der Formen gekennzeichnet. Einige der ältesten und primitivsten, darunter Farne, Schachtelhalme und Moose, vermehrten sich einfach mit Hilfe von Sporen. Danach erschienen die Gymnospermen [Nacktsamer], wie die Koniferen, die in ihren Zapfen große nackte Samen trugen. Die letzten, die in den Fossildaten auftraten, waren die Angiospermen [Bedecktsamer]. Diese haben besonders komplexe Blüten entwickelt, bei denen die Bestäubung vielfach durch Insekten erfolgt. Brongniarts Forschungen zeigten, dass sich das pflanzliche Leben im Laufe der Zeit verändert hatte; es war in gewisser Weise «fortgeschritten».

Er führte diese Veränderungen in der Vegetation auf unterschiedliche Lebensbedingungen auf der Erdoberfläche zurück. Seine Untersuchungen an fossilen Pflanzen, die in den Kohleschichten vergraben lagen, tief unten im sekundären Gestein, bestätigten, was von Mantell, Buckland und vielen anderen aufgrund der Fossildaten vermutet worden war, nämlich dass der Erdball früher viel wärmer war als gegenwärtig. Die riesigen Palmfarne und die Bärlappgewächse, die Brongniart in den Kohleflözen fand, wiesen größte Ähnlichkeit mit Pflanzen aus üppigen tropischen Wäldern auf. Er kam zu dem Schluss, dass früh in der Erdgeschichte ein wärmeres Klima geherrscht hatte und das pflanzliche Leben noch nicht so vielgestaltig war. Viel später wurde es kühler, und die Vegetation wurde formenreicher.

Gideon Mantell sandte Fossilien an Brongniart in Paris, der ihm half, weitere urzeitliche Pflanzen aus den sekundären Strata des Weald zu identifizieren. Mantell hatte interessante längliche fruchtartige Fossilien gefunden, die er für Palmfrüchte hielt. Neben ihnen zeigten sich die Abdrücke segmentierter Halme, die das Gestein mit einem Netzwerk feiner Linien überzogen. Mit Brongniarts Hilfe wurden die «Früchte» als die zapfenartigen «Blütenstände» von Bärlapp oder *Equisetum* identifiziert. Eine Art, die Mantell sehr häufig fand, nannte er nach seinem Freund *Equisetum lyelli*.

Neben den Riesenschachtelhalmen mit ihren hoch aufragenden, kantigen Stämmen und ihren Blattwirteln gab es Nadelbäume, Palmfarngewächse und vor allem Farne in solchen Mengen, dass es nach Mantells Beobachtungen «keinen größeren Felsblock ohne ihre Spuren gibt». Einige der Farne gehörten seiner Meinung nach zu Formen, die nur neunzig bis hundertzwanzig Zentimeter groß wurden, während die Palmfarne eine Höhe von zwölf Metern erreichen konnten. Die Wedel der Farne «scheinen sich von denjenigen heutiger Farne stark zu unterscheiden. Das ist ein weiteres Beispiel für den Unterschied, der zwischen der Vegetation unter prähistorischen und modernen Bedingungen auf unserer Erde existiert». Die urzeitliche Erde mit ihren hohen Temperaturen und ihrer seltsamen Vegetation unterschied sich seiner Meinung nach «völlig von ihrem gegenwärtigen Zustand» und war «wahrscheinlich ein ungeeigneter Lebensraum für Lebewesen mit einer perfektionierten Struktur».

Von 1826 an vermutete Mantell allein aufgrund von Zahnfunden, dass einst mindestens vier verschiedene Reptilienformen in dem tropischen Wald gelebt hatten, der den urzeitlichen Weald bedeckte: Krokodile, Plesiosaurier, *Megalosaurus* und *Iguanodon*. Die Zähne, meinte er, «weisen in Form und Struktur so auffällige Unterschiede auf, dass man sie leicht voneinander und von denjenigen heute lebender Arten unterscheiden kann». Aber dort endete stets die Möglichkeit, die urtümlichen Skelette zu rekonstruieren. Es war sehr schwierig, die Knochen, die er gefunden hatte, mit wissenschaftlicher Korrektheit zuzuordnen. «Die fossilen Knochen besitzen so viele gemeinsame Merkmale, dass die Schwierigkeit beim Versuch, die Knochen der jeweiligen Tiere zu identifizieren – zerbrochen und auseinander gerissen wie sie sind und vermischt mit den Überresten von Schildkröten, Pflanzen, Fischen und Muscheln –, fast unüberwindbar erscheint», schrieb Mantell.

Einige der Knochen, die Buckland dem *Megalosaurus* zugeschrieben hatte, gehörten nach Mantells Meinung möglicherweise zu einer der anderen Gattungen. Einmal, als Reverend Conybeare in Lewes zu Besuch war, sahen sie sich die gesamte Sammlung von Wirbeln an und trennten diejenigen voneinander, die zu einem Krokodil, zu einem *Plesiosaurus* und einem *Megalosaurus* gehört haben könnten. Anschließend blieben mehrere riesige Wirbel übrig, einige davon fünfundzwanzig Zentimeter breit. «Aufgrund ihrer enormen Größe», schrieb Mantell, «neigen wir dazu, sie dem Iguanodon zuzuschreiben, der einzigen anderen Riesenechse in den Tilgate-Strata.» Aber ohne ein komplettes Skelett oder wenigstens ein paar zusammenhängende Knochen gab es keinen Beweis dafür, dass seine Schlussfolgerungen richtig waren. Bei diesen spärlichen Hinweisen musste er die Knochen unter vage Rubriken, wie «Knochen, deren Merkmale noch nicht bestimmt sind», oder «Knochen, die vermutlich zum Iguanodon gehören», einordnen.

Und was die Köpfe der riesigen Ungeheuer anging – ohne die Schädelknochen war alles reine Vermutung. Da die Zähne des *Iguanodon* die eines Pflanzenfressers waren, konnte er mit Sicherheit allein den Schluss ziehen, dass sich der Kopf des Reptils von allem bisher Bekannten unterschied. «Allein schon aus der seltsamen Struktur der fossilen Zähne folgt, dass sich die Muskeln, die die Kiefer und die Knochen bewegten, mit denen sie verbunden waren, deutlich von denjenigen irgendeiner lebenden Eidechse unterschieden, und infolgedessen muss sich auch der Kopf eines Iguanodon ... von demjenigen heute lebender Reptilien unterschieden haben», argumentierte er. Aber wie sollte man sich die Gesichtsmuskulatur vorstellen, das weiche Gewebe der Wangenpartie, die Zunge und die Lippen? Es war alles sehr verwirrend.

Der einzige andere Hinweis auf das Aussehen von *Iguanodon*, den Mantell besaß, war das Horn – dieser seltsame Auswuchs, der ursprünglich als Beweis dafür galt, dass der unbekannte Pflanzenfresser ein Rhinozeros war. Bei einem weiteren Besuch des Hunterian Museum 1825 hatte er entdeckt, dass es eine Leguanart gab, die auf der Stirn ein Horn trug, ähnlich einem bescheiden ausgestatteten Einhorn. «Zwischen Augen und Nasenöffnungen sitzen vier recht große, beschuppte Verdickungen, hinter denen sich ein knochiges, kegelförmiges Horn erhebt», beobachtete er. «Es kann keinen Zweifel daran geben, dass unser Fossil ein solcher Auswuchs war.»

Obwohl die Daten zu ihrer Anatomie so spärlich waren, zogen ihn Größe und Majestät der Fossilien, die einst lebende Tiere gewesen waren, immer wieder in ihren Bann. Der Oberschenkelknochen des *Iguanodon*, schrieb er, war so «gewaltig ... wäre er mit Muskeln und Haut in passenden Proportionen versehen, wo ist das lebende Tier mit einem Oberschenkel, der mit dieser Extremität einer Eidechse aus der Urzeit der Erde wetteifern könnte»? Selbst die Fragmente der Mittelfußknochen, die Knochen im Fuß zwischen dem Fußgelenk und den Zehen, waren «so groß, dass sie eher wie die Knochen eines Mammuts oder eines Elefanten erschienen als die eines Reptils». Eines dieser Mittelfußknochenfragmente war mehr als zehn Zentimeter lang und hatte einen Umfang von 32,5 Zentimetern. «Wollten wir die wahrscheinliche Größe des ursprünglichen Tieres aus den Daten berechnen, die uns diese Mittelfußknochen liefern», bemerkte er, «könnten unsere Leser ohne Zweifel behaupten, dass die Realitäten der Geologie die Fiktionen der Literatur bei weitem übersteigen!»

Wie um das fantastische Bild dieser urzeitlichen Welt zu unter-

Populäre Darstellung vom *Megalosaurus* im *Penny Magazine*, 1833

streichen, fiel ihm eine weitere bizarre Tatsache auf. «Die organischen Überreste in Tilgate Forest sind außerordentlich zahlreich», schrieb er 1826. In jeder Grube, die er in Tilgate untersuchte, hatten sich die unteren Schichten des bläulich grauen Sandsteins zu Konglomerat verfestigt. Dieses «Konglomerat» war so reich an tierischen Fossilien, dass die größeren Kiesel offenbar vorwiegend aus Knochen und Sandstein bestanden – selbst die kleineren Teile wurden aus zerriebenen Knochen, Zähnen und Sand gebildet. Die einsamen Steinbrüche, die nun vom Echo seiner Meißelschläge widerhallten, zeugten von einer Zeit, in der es von urtümlichen Lebewesen *wimmelte*.

Obwohl diese ständig gegenwärtige uralte Welt Mantell faszinierte und seine Vorstellungswelt beherrschte, standen die nie endenden Verpflichtungen seiner Praxis an erster Stelle. Er blieb auf dem Laufenden und hielt mit den neuesten medizinischen Entwicklungen Schritt. Mantell war einer der Ersten, die das neue Arzneimittel «Mutterkorn» benutzten, um die Wehentätigkeit anzuregen, und er publizierte seine erfolgreichen Ergebnisse in der *London Medical Gazette*. Zu diesem Zeitpunkt hatte er bereits fast zweieinhalbtausend Kinder entbunden. Und für die Armen seines Bezirks war er noch immer die erste Anlaufstelle für zahllose schreckliche medizinische Notfälle: «Operierte Funnells Jungen, entfernte von der Rückseite seines Kopfes einen sehr großen, fast zwei Pfund schweren ‹Fungus haematodes›», berichtete er. Und ein anderes Mal: «Entfernte mit der Hey-Säge mehrere Teile des Schädels, die ins Gehirn gedrückt worden waren. Ein Junge, 16 Jahre alt, der von einem Pferd getreten worden war; er starb am nächsten Tag.» Erfolgreicher war er bei einem «Mr. Weller aus Southover, der einen schrecklichen Unfall hatte; durch die Entladung eines Gewehrs, das mit Schrot geladen war, zerschmetterte er seinen linken Arm, verwundete seinen Oberschenkel sehr schwer und verletzte auch sein Gesicht und seine Augen. Ich amputierte seinen Unterarm im Beisein von Mr. Hodson, der sich erfreut über meine Geschicklichkeit zeigte; gegenwärtig erholt sich der Patient gut.»

Und er nahm sich zusätzlich noch Zeit zu intervenieren, wenn es um soziale Gerechtigkeit ging. Im Jahre 1826 wurden eine arme Frau, Hannah Russell, und ihr Untermieter zum Tod durch den Strang verurteilt, weil sie angeblich den Ehemann der Angeklagten ermordet hatten. Er war bei dem Versuch, mitten in der Nacht einen Sack Korn von einer Nachbarfarm zu stehlen, plötzlich zusammengebrochen und gestorben. Man nahm nun an, Hannah und ihr Untermieter hätten eine Affäre gehabt und sich verschworen, ihn mit Arsen umzubringen. Zeugen sagten aus, Hannah habe «Gift» im Dorfladen gekauft; ein anderer Zeuge behauptete, gesehen zu haben, wie sie ein weißes Pulver auf eine Scheibe Brot mit Butter streute, das nach ihrer Aussage für die Mäuse sei. Mantell, der den Gerichtssaal rein zufällig betreten hatte, war betroffen über die dürftigen medizinischen Belege, auf die sich das Todesurteil stützte. Er forschte nach und bewies schließlich, dass Hannahs Ehemann tatsächlich an einer Herzerkrankung gestorben war, da er schon seit einigen Jahren an Angina Pectoris litt. Seine Beweisführung war so überzeugend, dass Hannah daraufhin freigesprochen wurde. Leider war es für ihren jungen Untermieter zu spät; bereits eine Woche nach dem ersten Urteil war er hingerichtet worden.

Aufgrund der vielen Verpflichtungen, die auf ihm lasteten, verzögerten sich die Forschungsarbeiten für sein zweites Buch über Tilgate Forest ständig, und er hatte wenig Zeit, potenzielle Käufer anzuschreiben. Vermutlich setzte ihn seine Frau Mary auch ab Ende der 1820er beträchtlich unter Druck, die Geologie aufzugeben und sich ganz auf die Medizin zu konzentrieren. «Das ist höchstwahrscheinlich der letzte Band, den ich über Geologie veröffentlichen werde», schrieb Mantell, als er die Einleitung seines Buches vorbereitete. «So interessant und zahlreich die Relikte einer früheren Welt auch sind, die meine bescheidenen Anstrengungen ans Licht gebracht haben, sind sie doch bloße Hinweise auf die reichen und wichtigen geologischen Schätze, die zu heben bleiben, um rührigere, weisere und ausgedehntere Forschungen als die meinen zu belohnen.»

Seit der Geburt seines dritten Kindes, Hannah Matilda, im November 1822 waren Mantells familiäre Verpflichtungen nur allzu klar. Er liebte seine drei Kinder sehr. Manchmal begleiteten sie ihn und erkundeten mit ihm gemeinsam lokale Fundplätze und Steinbrüche, tummelten sich am Strand auf der Suche nach Fossilien und fuhren mit ihrem Vater gelegentlich zu Stippvisiten nach London. Hannah war für ihren Charme und ihr sanftes Wesen bekannt, und sie war eindeutig sein Liebling. In seinem Tagebuch bezeichnet er sie stets als «mein Liebling Hannah» oder «meine süße Hannah».

Mantells *Illustrations of the Geology of Sussex* wurde schließlich im Januar 1827 veröffentlicht. Darin skizzierte er die Jahre mühsamer Forschung, die er damit verbracht hatte, die Gesteine von Sussex zu klassifizieren. Fast die Hälfte des Buches war der zusammenfassenden Beschreibung der Saurier gewidmet, die er gefunden hatte und nun korrekt benennen und identifizieren konnte. Er bekräftigte, dass im Weald einst mindestens vier Typen von

Riesenreptilien gelebt hatten: urzeitliche Krokodilarten, *Megalosaurus, Iguanodon* und *Plesiosaurus*. Anschließend beschrieb er, wie diese Lebewesen gefunden worden waren, versuchte, jedem Knochen zuzuordnen, und erörterte die Schwierigkeiten, die bei solchen Klassifikationen auftreten.

Im Bemühen, seine Leser an seiner Entdeckerfreude teilhaben zu lassen, schuf er ein lebhaftes Bild der urzeitlichen Welt:

«Man stelle sich ein Ästuar vor, von einem mächtigen Strom gebildet, der in tropischem Klima über Sandsteinfelsen fließt ... durch eine Landschaft, bedeckt von Palmen, baumhohen Farnen ... und bevölkert von Schildkröten, Krokodilen und anderen amphibischen Reptilien ... Der gigantische Megalosaurus und das noch gigantischere Iguanodon, denen die Palmen- und Farnhaine bloße Schilfbetten gewesen sein mochten, müssen von so ungeheurer Größe gewesen sein, dass uns die heute lebende tierische Schöpfung keine passenden Vergleichsobjekte bietet. Man stelle sich ein Tier aus dem Eidechsenstamm vor, drei- bis viermal so groß wie das größte Krokodil, die Kiefer mit Zähnen, die den Schneidezähnen eines Rhinozerosses gleichkommen, geschmückt mit Hörnern – ein solches Geschöpf muss das Iguanodon gewesen sein! Nicht weniger wundervoll waren die Wasserbewohner, man denke nur an den Plesiosaurus, dem nichts als Flügel fehlten, um ein Drache zu sein.»

Dieses Werk, die erste Veröffentlichung, die sich vor allem mit fossilen Riesenreptilien befasste, ist später von Mantells Biographen Dennis Dean als «das ungewöhnlichste und historisch bedeutsamste Dinosaurierbuch in Englisch» bezeichnet worden. Aber während die Monate des Jahres 1827 verstrichen, zeigte kaum jemand Interesse daran. Das könnte zumindest zum Teil daran gelegen haben, dass Mantell seine Entdeckungen noch immer im Kontext der lokalen Geologie von Sussex präsentierte, wie sich bereits am langen Untertitel des Buches ablesen ließ: «Eine allgemeine Übersicht über die geologischen Beziehungen des südöstlichen Teils von England mit Abbildungen und Beschreibungen der Fossilien von Tilgate Forest» (*A general view of the geological relations of the South-Eastern part of England with figures and descriptions of the Fossils of the Tilgate Forest*). Die Bedeutung und Universalität der Ungeheuer, die er beschrieb, wurde noch nicht allgemein erkannt.

Überdies war dieses Buch für den Verlag, Lupton Relfe, kostspielig in der Herstellung. Insgesamt wurden nur hundertfünfzig Exemplare gedruckt, und der Verkauf lief zäh. Was Mantell betraf, so führten dieser Fehlschlag nach all seinen übermenschlichen Anstrengungen sowie die ständigen Proteste seiner Frau wegen seiner Begeisterung für die Geologie zu Spannungen in seiner Ehe.

Kurz nach der Geburt ihres vierten Kindes, Reginald Neville, im August 1827 begann Mary Mantell, längere Zeit fern von ihrem Mann zu verbringen. «So viele Ärgernisse bedrängen mich», vertraute Mantell seinem Tagebuch an, «dass ich nicht gewillt bin, Tage des Elends festzuhalten, die Enttäuschung aller lang gehegten Hoffnungen.» Ab Herbst wurde unübersehbar, dass das Buch ein noch größerer finanzieller Fehlschlag war als sein erstes. Insgesamt wurden nur fünfzig Exemplare verkauft. Kurz vor Weihnachten ging Mary zu ihrer eigenen Familie und bleib wochenlang weg. «Gütiger Himmel, oh, befreie mich von den Qualen, die ich gerade erleide», schrieb Mantell.

Ein Jahr später lenkte eine überraschende neue Entdeckung am Strand von Lyme erneut das Interesse auf die seltsame vergangene Welt der Reptilien. Im Dezember 1828 fand Mary Anning die fragilen Überreste eines gespenstischen Geschöpfes aus einer fernen Zeit, teils Vampirfledermaus, teils Reptil, das keinerlei Ähnlichkeit mit irgendetwas aufwies, das sie kannte. Anders als die riesigen Meeresechsen war das geisterhafte Relikt, das aus seinem Kalksteingrab am Strand auftauchte, leicht und ungestalt, die dünnen, lang gestreckten Knochen verschoben und im Verlauf der Jahrtausende in bizarren Winkeln zusammengepresst. Der Kopf fehlte völlig.

Diese dürftige Ansammlung von Knochen, die Andeutung von Klauen und Flügeln wie denen eines Vogels, nicht größer als ein Kolkrabe, stellte eine überraschende neue Enthüllung dar. Bereits früher waren in Lyme Fragmente von hohlen, leichten, vogelartigen Knochen gefunden worden, doch ihre Identität blieb unklar. Auf die Nachricht hin eilte William Buckland sofort herbei, um sich den Fund anzusehen. «Miss Mary Anning ... hat kürzlich das Skelett einer unbekannten Art dieses seltensten und seltsamsten aller Reptilien entdeckt», verkündete er, «die bisher nur in den Kalksteinschichten von Aichstedt und Solnhofen gefunden worden ist, des Pterodactylus.»

Fünfzig Jahre zuvor hatte ein italienischer Naturforscher, Cosmo Alessandro Collini, in einem Steinbruch in der Nähe von Solnhofen in Bayern die zerbrochenen Überreste eines vogelähnlichen Geschöpfes entdeckt. Collini hatte das seltsame Fossil ins

Reptiles Restored («Reptilien wieder auferstanden») von George Scharf; links ist das *Iguanodon* als große Eidechse zu sehen, wie Mantell es sich vorstellte.

202

großherzogliche Museum in Mannheim gebracht, wo es als urtüm-
liches Wasserlebewesen identifiziert wurde. Andere Forscher meinten, es könne sich um einen Vogel, eine Fledermaus, vielleicht sogar
um eine neue Art von Vampir handeln. Im Jahre 1809 hatte Georges
Cuvier das bayerische Fossil ebenfalls untersucht und aus dem Bau
von Kiefer und Schädel geschlossen, dass es sich um ein Reptil handelte. Er war fasziniert vom vierten Finger des Tieres, der stark verlängert war, und hatte spekuliert, dass dieser Finger einst einen Flügel gestützt haben könnte. Das geringe Gewicht der Knochen und
ihre Anordnung sprachen in der Tat dafür, dass dieses bizarre Geschöpf fliegen konnte. Von allen Lebewesen der Urwelt, hatte er erklärt, sei dies «unbestreitbar das außergewöhnlichste». Es war ein
fliegendes Reptil. Er nannte es *Pterodactylus* oder «Flügelfinger».

Cuviers höchst originelle Interpretation war umstritten. Einige
deutsche Naturforscher, darunter Johannes Wagler, glaubten weiterhin, *Pterodactylus* sei ein Wasserbewohner gewesen. Wagler
meinte, das Tier habe Ähnlichkeiten mit dem Skelett eines Ichthyosauriers oder einer Meeresechse, und versuchte, das *Pterodactylus*-Fossil so zu rekonstruieren, als habe sich das Geschöpf
schwanengleich durchs Wasser bewegt, wobei seine langen Arme
wie bei einem Pinguin als Flossen gedient hätten. Obwohl Mary
Annings neues Geschöpf, das von Buckland *Pterodactylus macro-
nyx* getauft wurde, besser erhalten war als die früheren Fossilien,
dauerte die Unsicherheit über die wahre Natur des Tieres an. Das
Rätsel wurde erst zehn Jahre später gelöst, als man herausfand,
dass die *Pterodactylus*-Knochen Luftkanäle hatten, um das Ske-
lettgewicht zu verringern. Das sprach für Cuviers Schlussfolgerung: Das Reptil war dazu geschaffen zu fliegen.

Das fliegende Reptil, das erste, das in England identifiziert
wurde, kam für die Annings gerade zum rechten Zeitpunkt. Sie
hatten wieder einmal schwere Zeiten durchlebt, denn die Nachfrage nach den riesigen Seeungeheuern ließ nach, und viele ihrer
Gönner steckten selbst finanziell in der Krise. Richard Grenville,
der erste Duke of Buckingham, der zuvor viele der Anning'schen

Fossilien gekauft hatte, geriet Mitte der 1820er in solch finanzielle Bedrängnis, dass er ihnen keine weiteren Gebote mehr machen konnte. Es sickerte durch, dass der Duke einen großen Teil seines Reichtums für luxuriöse Unterhaltung und den Kauf von «Kunstwerken» ausgegeben hatte. Um sich der für einen Aristokraten nicht unbeträchtlichen Verlegenheit zu entziehen, von Gläubigern verfolgt zu werden, verbrachte er oft lange Zeit fern von England auf seiner Yacht. Die Annings waren auch von der *Bristol Institution* unterstützt worden, doch diese stand ebenfalls vor einer Finanzkrise, weil mehrere lokale Banken nach Fehlspekulationen an der Londoner Börse zusammengebrochen waren.

Da selbst das British Museum nicht in der Lage war, die nötigen Gelder aufzutreiben, um den *Pterodactylus* zu kaufen, erwarb William Buckland das neue Geschöpf schließlich selbst. Auf einem Treffen der *Geological Society* beschrieb er es seinen Kollegen in farbigen Worten:

«Der Pterodactylus ähnelt in gewisser Weise unseren modernen Fledermäusen und Vampiren, doch sein Schnabel war verlängert wie derjenige einer Waldschnepfe und mit Zähnen bewehrt wie die Schnauze eines Krokodils. Seine Wirbel, Rippen, Beckenknochen, Beine und Füße ähnelten denjenigen einer Eidechse; seine drei vorderen Finger endeten in langen, gebogenen Klauen wie jene am Zeigefinger einer Fledermaus, und sein Körper war bedeckt ... von einer schuppigen Rüstung wie ein Leguan: Kurz gesagt, es war ein Ungeheuer, das nichts glich, was man jemals auf Erden gesehen oder von dem man gehört hätte, abgesehen von den Drachen in Romanen und in der Wappenkunde.»

Er erklärte, dass die Flügel, wenn sie entfaltet waren, eine Spanne von 1,20 Meter erreicht haben mussten. Die anderen drei Finger endeten in sehr langen Krallen, mit denen das Geschöpf krabbeln, klettern oder sich von Bäumen herabhängen lassen konnte. «So wie der Böse Miltons», erklärte Reverend Buckland, «sucht er ‹mit Kopf, Hand, Fuß und Flügel sich den Weg/und schwimmt und sinkt und watet, kriecht und fliegt›.»

Diese vampirartigen fliegenden Reptilien mit ihren großen Augen, ihren scharfen Zähnen und Klauen nahmen die Fantasie der Öffentlichkeit gefangen. «Sie waren die ersten Versuche der Natur, etwas Vogelähnliches zu schaffen», schrieb Charles Dickens später. «Selbst wenn es sich herausstellen sollte, dass zu jener Zeit ein Mensch vor Adam existiert haben sollte, können wir uns nicht vorstellen, dass seine Frau Schosstiere aus ihnen gemacht hätte oder seine Kinder sie gern zu Hause in Käfigen gehalten hätten; sie haben eine solche Familienähnlichkeit mit den bösen Geistern, die Aeneas oder Satan in einem alten illustrierten Vergil oder in *Paradise Lost* (Das verlorene Paradies) bedrängen.» Inspiriert von Mary Annings Funden schuf der Geologe Henry de la Beche eine Illustration des urzeitlichen Dorset, *Duria Antiquior,* die ein Urmeer voller räuberischer, in Kämpfe verstrickter Plesiosaurier und Ichthyosaurier darstellt, während Pterodactylen über ihren Köpfen kreisen.

Die neue Entdeckung machte die fantastische Vielfalt des Reptilienlebens deutlich, dessen Spuren in den sekundären Formationen überall in Europa zu finden waren. Bis zum Jahre 1828 waren sowohl auf dem Kontinent, im bayerischen Kalkgestein, als auch in den Kalkschichten von Lyme Pterodactylen entdeckt worden, und Buckland vermutete, dass die in Stonesfield gefundenen «Vogelknochen» ebenfalls zu Pterodactylen gehörten. In Frankreich und im südlichen England waren Plesiosaurier, Mosasaurier, Ichthyosaurier und Krokodile ans Licht gebracht worden. Die fossilen Überreste von Reptilien, die Mantell im Weald entdeckt hatte, korrespondierten mit den Fossilien an anderen Fundorten unterschiedlichen Alters in der sekundären Abfolge, wie dem Stonesfield-Schiefer und dem Lias von Lyme.

Gideon Mantell verfolgte jede Entwicklung mit großem Interesse. Seine Frau war zu ihm zurückgekehrt, und sie hatten ihre Bemühungen erneuert, alle Uneinigkeit zwischen sich auszuräumen; Mary war sogar mit ihm zum Steinbruch gekommen, ein Ausflug,

Duria Antiquior oder *Ancient Dorsetshire* von Henry de la Beche, 1830, spiegelt das blutige Gemetzel in den Urmeeren wider.

den Mantell als «wunderbar» beschrieb. Anders als einige Gentlemen-Gelehrte in London war sich Mantell deutlich bewusst, dass die erstaunlichen Geschöpfe, von denen berichtet wurde, keine isolierten Beispiele waren. Aus seinen fast täglichen Beutezügen in den Steinbrüchen von Sussex, die er nicht aufgeben wollte – nicht einmal für seine Frau –, wusste er, dass Reptilienüberreste überaus häufig waren. «Einige der Reptilien waren ihrer Gestalt nach ausschließlich für ein Leben im Wasser geschaffen», beobachtete er, «während andere terrestrisch waren und viele Flüsse und Seen bevölkerten.» Nun gab es sogar Hinweise darauf, dass Reptilien den Luftraum erobert hatten.

Wie passte dies zu Cuviers «Zeitalter der Säugetiere» in den jüngeren tertiären Schichten, die über den sekundären Gesteinen lagen, in denen die Reptilien begraben waren? Im alten Gestein von Stonesfield war der Kiefer eines Säugers, eines opossumartigen Geschöpfes, gefunden worden, aber abgesehen davon gab es in sekundären Gesteinen keinerlei Säugerfossilien. Allmählich begann sich aus den Fossildaten des tierischen Lebens auf diesem Planeten eine ganz bestimmte Ordnung herauszukristallisieren, ähnlich wie Adolphe Brongniart sie für das pflanzliche Leben aufgezeigt hatte. Mantell schrieb dazu:

«Die verschwenderische Menge der Überreste dieser Reptilien, die innerhalb einer relativ kurzen Zeitspanne allein in England gefunden worden sind, ist wahrhaft erstaunlich. Wenn wir dazu die immens große Zahl derer addieren, die in Frankreich, Deutschland etc. entdeckt worden sind, und überlegen, dass für ein einziges Individuum, das in fossilem Zustand gefunden wird, Tausende oder mehr verschlungen worden sein müssen oder sich zersetzt haben, und selbst die Anzahl derer, die zu Fossilien geworden sind und den Naturforschern unter die Augen kommen, im Vergleich zu den Mengen, die übersehen oder von Arbeitern zerstört werden, sehr gering sein muss, dann bekommen wir vielleicht eine ganz entfernte Vorstellung von den Myriaden ‹kriechender Geschöpfe›, die die Urwelt bevölkerten.»

Das «räuberische Gemetzel», das die Koprolithen enthüllten, die schiere Anzahl von Tierknochen, die aus dem sekundären Gestein des Weald ausgegraben worden waren, und die Vielfalt des Reptilienlebens – all dies lief für Mantell auf eine bizarre Schlussfolgerung hinaus. Es hatte eine Zeitspanne in der Erdgeschichte gegeben, in der «kriechende Geschöpfe» die Landschaft beherrschten. Aber wenn das so war, wie hatte diese Landschaft ausgesehen, und was konnte mit diesen bizarren und fruchtbaren Lebensformen geschehen sein? Wie konnten sie so vollständig vom Erdboden verschwinden, dass von ihnen nichts als Zähne und Knochen übrig blieben?

Das geologische Zeitalter der Reptilien

Art, Empire, Earth itself, to change are doomed,
Earthquakes have raised to heaven the humble vale,
And gulfs the mountain's mighty mass entombed,
And where the Atlantic rolls wide continents have
bloomed.

Zitiert in Thoughts on a Pebble *von Gideon
Mantell*[*]

Während sich Gideon Mantell über die Funde aus dem Weald den Kopf zerbrach, beschäftigte sich Charles Lyell mit radikalen Ideen, die dazu beitragen würden, die Fundamente der Geologie zu legen und das Aussterben urzeitlicher Tiere in ein neues Licht zu stellen. Im Frühjahr 1828 nahm er endgültig Abschied von einer Karriere als Jurist und brach mit seinem Freund Roderick Impey Murchison zu einer Reise auf, die sie kreuz und quer über den Kontinent führen sollte. Murchison hatte ursprünglich eine Laufbahn beim Militär angestrebt; er war jedoch wie Lyell vermögend genug, um sich ganz seinem Interessengebiet, der Geologie, zu widmen. In Begleitung von Mrs. Murchison bereisten sie Mittelfrankreich und studierten die Landschaft.

Während sie in ihrer offenen Kutsche langsam und gemächlich

---

[*] Die Kunst, das Reich, die Erde selbst – sie alle sind verdammt, sich zu verändern, / Erdbeben haben das bescheidene Tal bis in den Himmel emporgehoben, / Meerbusen das mächtige Gebirge begraben, / Und wo heute der Atlantik rollt, erstreckten sich einst weite Kontinente.

durch die ländliche Gegend schaukelten, deren Konturen sich ihnen in allen Einzelheiten enthüllten, wurde Lyell zunehmend klar, dass Bucklands Theorien einer biblischen Sintflut das, was sie sahen, nicht erklären konnten; dies wurde insbesondere nach ihrer detaillierten Untersuchung von Flüssen in der Auvergne deutlich. Nach Bucklands Ansicht hatten sich Täler durch ein einziges, dramatisches Ereignis gebildet, eine große verheerende Flutkatastrophe, die über die ganze Welt hereinbrach. Auf den ersten Blick schienen einige der weiten Täler der Auvergne, durch die sich bescheidene Flüsse ihren Weg bahnten, Bucklands Theorie zu bestätigen. Die Größe der Flüsse und die der Täler standen offenbar in keinerlei Beziehung zueinander. Doch Charles Lyell, der auf frühere Beobachtungen eines Amateurgeologen namens George Scrope aufbaute, war überzeugt davon, dass diese Formationen nichts mit einer plötzlich hereinbrechenden Sintflut zu tun hatten.

Lyell fragte sich, ob die Täler nicht allmählich gebildet worden waren, als Flüsse sich in dieser vulkanischen Region ihren Weg durch aufeinander folgende Lavaschichten bahnten. Er war von der Erosionskraft der Wasserläufe beeindruckt, die von erhärteten Lavaströmen aufgestaut worden waren. Hier konnte er keine Hinweise dafür finden, «dass das Meer, eine alles mit sich reißende Welle oder eine andere außergewöhnliche Wassermasse diese Stelle seit Verfestigung der Lava passiert hat». Die Flüsse selbst hatten sich wiederholt ihren Weg durch mehrere Lavaschichten gegraben, manchmal bis weit in die Tiefe.

Als er seine Untersuchungen ausdehnte, fand Lyell einen Ort, wo Kies – der nach Bucklands These von den Wassern der Sintflut umgeschichtet worden war – unter einer vulkanischen Ablagerung lag, in der sich ein Tal gebildet hatte. Es war schwer zu erklären, auf welche Weise ein singuläres Ereignis wie die biblische Sintflut die Kiesschichten abgelagert und gleichzeitig ein Tal in die darüber liegenden Schichten unterschiedlichen Alters gegraben haben sollte. Das ließ sich nur dann mit Bucklands Theorie in Einklang bringen, wenn es mehr als eine Flut gegeben hatte. Lyell kam daher zu dem Schluss, dass die Täler der Auvergne nicht von der biblischen Flut geschaffen, sondern durch Erosion von den lokalen Flüssen gegraben worden waren.

In England befand sich William Buckland auf einer Woge allgemeiner Zustimmung und war eifrig damit beschäftigt, seinen zweiten Band von *Reliquiae Diluvianae, or Relics of the Deluge* zu schreiben. Als er von den Schlussfolgerungen hörte, die Lyell und Murchison aufgrund ihrer Befunde in Frankreich gezogen hatten, gab er seine Publikationspläne auf und ließ das Werk wieder in der Schublade verschwinden. Unter den Mitgliedern der *Geological Society* wurde der Glaube an Noahs Flut immer mehr zu einem Glaubensbekenntnis, unsterblich gemacht in einem Reim von Shuttleworth: «*Some doubts were once expressed about the Flood,/Buckland arose, and all was clear as – mud!*» («Einst wurden einige Zweifel an der Flut laut,/doch dann erhob sich Buckland, und alles war so klar wie – Schlamm.») William Conybeare, der Pfarrer-Geologe, eilte seinem Freund zu Hilfe. George Scrope, der Naturforscher, der Lyell beeinflusst hatte, sei nichts als ein bloßer «Dummkopf», versicherte er Buckland. Conybeare verwies auf die englischen Täler, durch die sich keine Flüsse wanden, und auf die riesigen Steinblöcke auf der Talsohle. Diese Täler sahen nicht so aus, als seien sie von Flüssen oder irgendeiner anderen natürlichen Kraft gebildet worden, sondern konnten tatsächlich bei einer großen Flut entstanden sein. Er machte sich nun entschlossen daran, die Bildung von Tälern im Detail zu untersuchen.

Im Gegenzug war Charles Lyell entschlossen, «die Wissenschaft von Moses zu befreien». England, erklärte er, sei «stärker von Pastoren infiziert als irgendein anderes Land in Europa, mit Ausnahme von Spanien», und das sei schädlich für das wissenschaftliche Denken. Als Roderick Murchison nach London zurückkehrte, um sich von einem Fieberanfall zu erholen, reiste Lyell allein nach Italien und Sizilien weiter und suchte überall unermüdlich nach Belegen, die Gottes Hand aus dem Prozess der Landschaftsbildung verdrängen würden. Er vertiefte sich in das Studium eines jeden natürlichen Vorgangs, der unter Umständen für eine Veränderung der Erdoberfläche verantwortlich sein könnte: die Erosion, die von Flüssen, Strömen und Wellenbewegungen herrührte, die allmähliche Ansammlung von Sedimenten in Flussmündungen und auf dem Meeresboden, das Emporheben geologischer Schichten durch Erdbeben und Vulkanausbrüche. Diese Phänomene waren nach Lyells Überzeugung «das Alphabet und die Grammatik der Geologie», die das «bescheidene Tal» schaffen und das «mächtige Gebirge» emporheben konnten. Solche Vorgänge, die unmerklich über viele Millionen Jahre hinweg abliefen, konnten die großen Veränderungen auf Erden erklären. Dazu bedurfte es weder einer biblischen Flut noch einer Reihe von Cuvier'schen «Katastrophen».

Nach Lyells Überzeugung war die Gegenwart der Schlüssel zur Vergangenheit. All die geologischen Prozesse, die sich heute untersuchen ließen, waren die ganze Erdgeschichte hindurch mit der gleichen Geschwindigkeit abgelaufen. Vorgänge wie Erosion oder Sedimentablagerung spielen sich so langsam ab, dass sie kaum wahrnehmbar sind, und das war schon immer so. Nur aufgrund der Lücken in den Fossildaten traten Veränderungen in der Vergangenheit scheinbar mit dramatischer Geschwindigkeit auf. Ereignisse, zwischen denen große Zeitabstände lagen, schienen danach abrupt aufeinander zu folgen, was auf den ersten Blick für Cuviers Katastrophentheorie oder gewaltsame Umwälzungen sprach. Tatsächlich war die Oberfläche der Erde jedoch immer Gegenstand langsamer und stetiger Veränderungen gewesen.

Georges Cuvier hatte auf seine Katastrophentheorie verwiesen, um das Aussterben von Arten zu erklären: «Zahllose Lebewesen», hatte er behauptet, seien von «schrecklichen Ereignissen» vernichtet worden. Lyell lieferte eine andere Erklärung für das Aussterben: Arten konnten nur überleben, wenn die Umweltbedingungen, die ihre Existenz begünstigten, stabil blieben. Da er aber gezeigt hatte, dass sich die belebte Erde unablässig wandelte und geologische Prozesse die Landschaft stetig unmerklich veränderten, verschwanden mitunter Lebensräume, und Arten starben aus. Jede Veränderung in einem Habitat zog viele Arten in Mitleidenschaft, begünstigte die einen, während sie andere vernichtete, bedingt durch das komplexe Beziehungsgeflecht der Tierarten untereinander. Lyells Theorie zufolge konnten ganz gewöhnliche geologische Prozesse große Veränderungen in der Erdgeschichte erklären. Zum ersten Mal war die göttliche Intervention beweiskräftig aus der Geschichte der Erde ausgeschlossen worden.

Als Lyell im Januar 1827 von seiner Reise zurückkehrte, machte er sich sofort daran, seine Vorstellungen für ein Buch zu formulieren, das er plante, *The Principles of Geology (Lehrbuch der Geologie)*. Obwohl er mitten in der Arbeit steckte, fand er im März desselben Jahres Zeit, seinem Freund Gideon Mantell zu schreiben. Lyell war sich durchaus der Schwierigkeiten bewusst, denen sich Mantell bei dem Bemühen um eine geologische Karriere gegenübersah, während er gleichzeitig einer arbeitsintensiven ärztlichen Praxis gerecht werden musste. Daher drängte er Mantell brieflich, seinem Namen in der wissenschaftlichen Welt Glanz zu verleihen, indem er die Gelegenheit ergriff, die Führung auf dem Gebiet fossiler Reptilien zu übernehmen:

Nun habe ich mir geschworen, dass du ihnen binnen weniger Jahre zeigen sollst, wer und was du bist, und die eifersüchtige Widerwilligkeit Lügen strafst, die die meisten großstädtischen Monopolisten in der Wissenschaft in Frankreich wie auch bei uns gegenüber all jenen an den Tag legen, die zufällig nicht ihre eigene exklusive Atmosphäre atmen. Aber du musst dich konzentrieren ... vergiss die Botanik ... gib alle Ideen betreffs eines populären Buches über Geologie auf ... Konzentriere dich von diesem Augenblick an darauf, ein umfassendes Werk über ‹Fossile Reptilien und Fische in Britannien› herauszubringen ... Clift hat keine Zeit, Buckland beschäftigt sich mit tausend Dingen und ist kein Anatom ... du musst eine Weile schweigen ... damit kannst du möglicherweise wahrhaft *groß* werden ... das Feld gehört dir, bleibt jedoch vielleicht nicht viele Jahre unbeackert. Es ist deines Ehrgeizes wohl wert und das Einzige, das du in vergleichsweise kurzer Zeit zu deinem Eigen machen kannst, in England und für immer.

Gideon Mantell hörte auf den Rat seines Freundes. Noch im Verlauf desselben Monats unternahm er Schritte, um seine berufliche Arbeitsbelastung zu verringern, und unterschrieb einen Vertrag mit einem jungen Arzt, George Rickward, der sich in seine Praxis in Lewes einkaufen wollte. Nun, da er mehr Freizeit hatte, begann er sofort, seine Saurierkollektion zu erweitern. Statt nur Saurier aus Sussex auszustellen, bemühte er sich um bedeutende Exemplare von anderen Fundstätten. Buckland, Murchison und andere Freunde steuerten Stücke bei; jeder Tag brachte neue Nachrichten von der Postkutschenstation in Lewes, die die Ankunft einer weiteren Fuhre ankündigte.

Im April traf eine große Kiste mit siebzig Abgüssen von Georges Cuvier ein. Um die stark erweiterte Sammlung unterzubringen, wurde ein großer neuer Raum angebaut, was mit beträchtlichen Störungen des Haushalts verbunden war. Im Juni wurden Schreiner angewiesen, zahlreiche neue Ausstellungsvitrinen und -schränke anzufertigen. Während die Arbeit voranschritt, war Mantell in Lewes so beschäftigt, dass er nicht an den Treffen der *Geological Society* in London teilnehmen konnte. Lyells Briefe waren eine willkommene Abwechslung und informierten ihn über die hitzigen Auseinandersetzungen, die sich abspielten, als Conybeare und Buckland schließlich gezwungen waren, von ihrer Vorstellung einer Sintflut Abstand zu nehmen. Im selben Monat schrieb Lyell:

Mein lieber Mantell – die letzte Entladung von Conybeares Artillerie führte am Freitag zu einer scharfen Musketensalve von allen Seiten, die heftig genug war, um Bucklands *Reliquiae Diluvianae* für immer zu versenken und den zweiten Band davon abzuhalten, sich jemals auf See zu trauen ... Murchison und ich kämpften tapfer. Buckland war sehr *piano*. Conybeare gibt inzwischen drei Fluten vor der Sintflut zu! Und Buckland fügt

noch Gott-weiß-wie-viele Katastrophen hinzu – so haben wir
sie recht schön aus dem mosaischen Schöpfungsbericht hinausgetrieben.

«Die Heiligen werden in heller Aufregung sein», schrieb Mantell
amüsiert. Er war schon seit langem zu jener Ansicht gekommen,
die in geologischen Kreisen immer mehr Gewicht gewann, dass
Moses als moralische Autorität angesehen werden sollte, statt
wortwörtlich genommen zu werden.

In diesem Sommer des Jahres 1829 nahm sein Plan, die Führung auf dem Gebiet der fossilen Reptilien zu übernehmen, Gestalt an. Im August entwarf er einen Katalog, und im September
war er bereit, sein Haus dem Publikum zu öffnen. Es wurde eine
große Gesellschaft eingeladen und zwei Tage lang gefeiert.

Doch trotz dieses Anscheins des Erfolges und der Feststim-
mung der Eröffnungsparty lief an der häuslichen Front nicht alles
so, wie es sollte. Auch wenn die kostbaren Relikte für Mantell von
«unübertroffener Schönheit» waren – für seine Frau hatten sie
längst jeden Charme verloren. Statt in einem heiteren, behaglichen
Zuhause lebte sie in einer kühlen, wissenschaftlichen Atmosphäre,
jeder Spaltbreit rundherum gefüllt mit den zerbrochenen Überresten uralter kaltblütiger Geschöpfe. Das Untergeschoss war von
den Dienstboten okkupiert. Im Parterre lagen die Praxisräume.
Sein Hobby breitete sich rasch über die Räume im Obergeschoss
aus und ließ der wachsenden Familie immer weniger Platz.

Um alles noch schlimmer zu machen, wirkten die Saurierkno-
chen wie ein unwiderstehlicher Magnet und lockten einen ständigen Strom von Besuchern ins Haus. Obwohl die Ankündigung in
der Lokalzeitung darauf hinwies, dass Mantells Museum nur nach
vorheriger Verabredung nachmittags am ersten und dritten Don-
nerstag im Monat besucht werden könne, wurde dies durchweg
ignoriert. «Werde aufs Ärgste von Besuchern geplagt», notierte
er in sein Tagebuch, «diese Bekanntheit ist ein Fluch ... meine
Vorschriften werden täglich übertreten, zum großen Ärger von
Mrs. Mantell.» Selbst er war gezwungen zuzugeben, dass einige

der Besucher nicht mehr als «Müßiggänger» waren, während andere von seinen Funden so «begeistert» waren, dass sie bis ein oder zwei Uhr nachts blieben. Trotz alledem und zweifellos zum Unwillen Mary Mantells brachte ihr Mann gelegentlich noch immer Fossilien nach Hause – und zwar ganze Wagenladungen!

Das Mantellian Museum wurde gut aufgenommen. Einer der ersten Besucher war Robert Bakewell, Autor von *Introduction to Geology*, ein Buch, das sich seit seiner Erstveröffentlichung im Jahre 1813 gut verkaufte. Als Bakewell die Reptilienknochen «von enormer Größe» sah, die eine ganze Seite des Museums einnahmen, war er tief beeindruckt. Mantell, meinte er, werde «auf dem Rücken eines Iguanodon in den Tempel der Unsterblichkeit reiten». Im *Magazine of Natural History* beschrieb Bakewell die drei Tage, in denen er mit «großer Befriedigung» die interessanten Objekte studiert hatte, von denen viele «ohne Beispiel und einzigartig» waren. Die Fossilien, meinte er, seien mit «einem Maß an Wissenschaftlichkeit und Sorgfalt [präpariert worden], wie ich es in keinem anderen Museum gesehen habe». Davon überzeugt, dass «das Werk von Mr. Mantell nicht ... die Aufmerksamkeit erhält, die ihm rechtmäßig gebührt», machte er sich daran, Mantells Karriere zu fördern, und brachte ihn in Kontakt mit einem der führenden Naturforscher Amerikas, Professor Benjamin Silliman in Yale. Silliman war der Erste, der in Amerika Geologie lehrte, und hatte das *American Journal of Science and Arts* gegründet. Er war sehr erpicht darauf, Fossilien mit einem britischen Sammler zu tauschen.

Das Museum hatte sich etabliert, und Mantell begann am 3. November 1829 mit dem Entwurf eines bemerkenswerten Artikels, der später den Titel *The Age of Reptiles* tragen sollte. Inzwischen völlig eingetaucht in die urzeitliche Welt, die er entdeckt hatte, fing er an, alle Beweisfäden zusammenzuführen und zu verknüpfen. Sein Ziel war nicht allein zu zeigen, dass der Weald von mehr als nur lokalem Interesse war, sondern er wollte auch eine außergewöhnliche Ära der Erdgeschichte beleuchten. Während er bei schwindendem Tageslicht arbeitete und die Fragmente zerbrochener Riesenknochen um ihn herum bizarre Schatten an die Wände warfen, versuchte er, die richtigen Worte zu finden, um das fremdartige Bild zu vermitteln, das ihm vor Augen stand: «Von den zahlreichen interessanten Fakten, die die Forschungen moderner Geologen ans Licht gebracht haben, ist keine außergewöhnlicher und eindrucksvoller als die Entdeckung, dass es eine Periode gab, in der *die Erde von Quadrupeden riesiger Größe bevölkert war* und diese Reptilien vor der Existenz der menschlichen Rasse *die Herren der Schöpfung* waren!»

Mantell konnte nicht wissen, dass der Staub der Knochen um ihn herum, der sich auf den Schultern seiner Anzugjacke absetzte, deutlich mehr als 100 Millionen Jahre alt war. In den fortgeschrittenen 1820ern gab es keine Möglichkeit, das genaue Alter von Gesteinen zu bestimmen; die radioaktive Zerfallsanalyse sollte erst viel später im 20. Jahrhundert entdeckt werden. Das Alter der Erde war noch immer eher eine Frage des Glaubens als des Wissens, auch wenn Geologen inzwischen nicht länger im Rahmen der kurzen Zeitskala dachten, die von Erzbischof Ussher vorgegeben worden war. Wie Thomas Hawkins bemerkte: «Wir haben das vorsintflutliche Zeitmaß verloren, mit dem uns Ussher zu so vielen bedauernswerten Dummheiten verleitet hat …» Doch auch wenn Mantell keine Möglichkeit hatte zu beweisen, vor wie langer Zeit seine riesigen Reptilien die Erde bewohnt hatten, so konnte er das «Zeitalter der Reptilien» dennoch hinsichtlich seiner *Lage* in der Abfolge der Gesteine definieren. «Die geologische Periode, in der die Existenz der Reptilien ihren Anfang nahm, muss nach unserem gegenwärtigen Wissensstand direkt an die Bildung der kolossalen Kohleablagerungen [das Karbon] anschließen.»

Wie wir heute wissen, begann das Zeitalter der Reptilien, das so genannte Mesozoikum, welches vor etwa 245 Millionen Jahren anbrach und vor 65 Millionen Jahren endete, deutlich nachdem sich die großen Kohleablagerungen – die Ansammlungen von

Jahrmillionen – hoben und freigelegt wurden. Als diese verwitterten, gelangte Kohlendioxid – heute als «Treibhausgas» bekannt – in die Atmosphäre und führte zu deutlich wärmeren klimatischen Verhältnissen, in denen Reptilien und speziell Dinosaurier gediehen. Die mesozoische Ära wird heute in drei Perioden – Trias, Jura und Kreide – eingeteilt. Aufgrund seiner Kenntnis der sekundären Gesteine konnte Mantell alle drei unterscheiden. Er wies darauf hin, dass einige fragmentarische Überreste von Eidechsen und Krokodilen oberhalb der Kohleschichten, in einigen der ältesten Gesteinsformationen der sekundären Abfolge, gefunden worden waren: auf dem Kontinent im Ölschiefer in Thüringen und im New Red Sandstone in England. Der New Red Sandstone korrespondierte mit dem Trias vor 245 bis 208 Millionen Jahren, der frühesten Periode des Mesozoikums. Im Jahre 1829 wusste man sehr wenig über die Geschöpfe in diesen alten Gesteinen.

«Erst wenn wir zu dem Gestein kommen, das als ‹Lias› bezeichnet wird, treten die Überreste von Reptilien in beträchtlicher Menge auf», schrieb Mantell. Mit dem Lias, dem Unteren Jura, blickte er 208 bis 145 Millionen Jahre zurück, auf den Beginn des jurassischen Zeitalters. «In dieser Periode muss es auf Erden gewimmelt haben von oviparen [Eier legenden] Quadrupeden», stellte er sich vor, «und diejenigen, die das Meer bevölkerten, waren offenbar ebenso zahlreich wie die Land- und Süßwasserbewohner.» Aus nur sehr spärlichen Hinweisen konnte er ein ganzes Ökosystem rekonstruieren. Er stellte sich eine lang verflossene Zeit vor, in der riesige Reptilien die Welt regierten.

Mantell fuhr fort, sich einen Überblick darüber zu verschaffen, welche Lebewesen in den verschiedenen Schichten des sekundären Gesteins gefunden worden waren. Dabei implizierte er, dass es eine bestimmte Reihenfolge gegeben hatte, in der die urzeitlichen Geschöpfe auf der Erde aufgetaucht waren, wenn auch er keine Spekulationen darüber anstellte, warum das so gewesen sein könnte. Die Überreste zweier ausgestorbener Meeresechsen, *Ichthyosaurus* und *Plesiosaurus*, waren in den unteren Schichten des Lias, der frühen jurassischen Periode, häufig zu finden und bevölkerten die Urmeere neben anderen Geschöpfen, wie urzeitlichen Krokodilen, Lurchen und Schildkröten, beobachtete er. Etwa um dieselbe Zeit «tauchten auch erstmals mehrere Arten von Pterodactylen oder fliegenden Reptilien auf». Wegen der Häufigkeit mariner Schalentiere wie Ammoniten, Belemniten und Nautilusformen in diesen unteren jurassischen Schichten nahm er an, dass dieses Gestein von einem Meer abgelagert worden war. «Die einzige augenscheinliche Ausnahme sind die Stonesfield-Lagen in Oxfordshire ... wo wir zuerst auf die Überreste des gigantischen Megalosaurus gestoßen sind.» Er nahm an, dass *Megalosaurus* ein Zeitgenosse der Meeresechsen gewesen war und zusammen mit urzeitlichen Krokodilen, Insekten und vielleicht sogar mit ein paar terrestrischen Säugern an Land lebte, da auch der winzige Kiefer eines opossumartigen Tieres gefunden worden war. «Das Auftreten von landlebenden Säugern in Schichten dieser alten Epoche ist bisher nicht zufrieden stellend erklärt worden», schrieb er.

Er zeigte dann, dass sich das Zeitalter der Reptilien bis in die jüngeren Gesteinsformationen des Weald in Sussex erstreckte. Diese wurden in der dritten Periode des Mesozoikums gebildet, die wir heute als *Kreidezeit* bezeichnen, vor 145 bis 65 Millionen Jahren. Die Steinbrüche im Tilgate Forest waren damals Teil eines ausgedehnten Süßwassergebiets, eines riesigen Flussdeltas, das sich über ganz Südengland erstreckte. Mantell erklärte, dass in dieser Epoche streng marine Echsen, wie der *Ichthyosaurus*, selten waren, aber man konnte Schildkröten, *Megalosaurus*, eine oder mehrere *Plesiosaurus*-Arten, mehrere Arten von Krokodilen und wahrscheinlich Pterodactylen finden. «In dieser Epoche lebte auch ein riesiges herbivores Reptil, das Iguanodon.» Er wies darauf hin, dass die Pflanzen, die zusammen mit *Iguanodon*-Fossilien gefunden wurden, ausschließlich tropisch waren, und deutete auch an, dass Zähne und Knochen anderer gigantischer Reptilien entdeckt worden waren, die bisher noch nicht hatten identifiziert werden können.

In noch jüngeren Ablagerungen, wie dem Meer aus Kalkstein über den Sand- und Tongesteinen, in denen das *Iguanodon* gefunden worden war, schrieb er, «sind die Reptilien weniger zahlreich, und Megalosaurus, Iguanodon und andere Pflanzen fressende Gattungen verschwinden vollständig. Danach lassen sich keine Spuren ihrer Existenz mehr finden. Man kann sagen, dass mit dem Kalk das Zeitalter der Reptilien endet. Der größere Teil dieser Gattungen scheint während der Veränderungen, die in dieser Periode auf der Erdoberfläche stattfanden, ausgestorben zu sein. Allein die Krokodile, Schildkröten etc. überlebten, eine neue Ordnung der Dinge begann, und in der darauf folgenden Formation erleben wir das Aufkommen moderner Verhältnisse auf Erden.»

Gideon Mantells Artikel, der im Herbst 1829 entstand, war der erste, der detaillierte Belege für ein Zeitalter der Reptilien vorlegte, das dem Zeitalter der Säugetiere vorausging, und er betonte die Reihenfolge, in der die Geschöpfe auf Erden erschienen. Auch wenn Cuvier schon früher bestätigt hatte, dass die Reptilien in der Wirbeltierentwicklung vor den Säugern auftraten, hatte er diesen Gedanken nicht zu einer kohärenten Argumentationskette entwickelt – möglicherweise deshalb, weil er seinen Gegnern, den frühen Evolutionisten wie Lamarck und Geoffroy Saint-Hilaire, keine Munition liefern wollte.

Wenn es tatsächlich eine Epoche der Reptilien gegeben hatte, bevor die Säuger auf Erden erschienen, würde dies der Ansicht der Evolutionisten Gewicht verliehen haben, dass es eine Art Fortschritt des Lebens von primitiveren zu moderneren Formen gegeben hatte. In seinen Werken vermied Cuvier jede Erörterung der offensichtlichen Progression tierischen Lebens, die sich dank seiner eigenen brillanten anatomischen Technik aus den Fossildaten erschloss. Obwohl Mantell kein Anhänger der Evolutionisten war und die Chronologie nicht erklären konnte, machte ihm seine genaue Kenntnis der Strata und der seltsamen gigantischen Geschöpfe, die in ihnen begraben lagen, das Zeitalter der Reptilien sehr lebendig. Er gab einen Überblick über die Gesteine in Europa, in denen Reptilien gefunden worden waren, wies darauf hin, dass sie in einer bestimmten Reihenfolge auftauchten, stellte fest, dass die Erde während eines Zeitabschnitts von diesen Geschöpfen beherrscht worden war, und zeigte, dass es eine Periode gab, in der sie alle aus dem Gestein verschwanden.

Als seine Vorstellungen 1831 im *Edinburgh New Philosophical Journal* veröffentlicht wurden, hoffte Mantell, dass sein Bericht großes Interesse auslösen und ihm finanzielle Unterstützung einbringen würde. Doch innerhalb eines kleinen Kreises löste er lediglich schockierte Reaktionen aus. Ein höchst respektierter Gelehrter, Reverend William Kirby, spottete über «Mr. Mantells Hypothese eines ‹Zeitalters der Reptilien›»: Die Vorstellung, «dass die Saurier sowohl die mächtigen Herren als auch Ungeheuer eines urzeitlichen Tierreiches waren und vor der Existenz des Menschengeschlechts die Krone der Schöpfung», wetterte er, «lässt sich nicht mit dem Bericht über die Schöpfung der Tiere in der Genesis vereinen.»

Für Reverend Kirby wies Mantells Hypothese mehrere Schwachstellen auf. Erstens war *Megalosaurus*, wie die geologischen Befunde gezeigt hatten, zusammen mit dem Fossil eines opossumartigen Säugers gefunden worden, «eine Tatsache, die stark gegen eine isolierte Herrschaft der Saurier spricht», argumentierte er. Kirby behauptete auch, die Überreste der mächtigen Echsen würden nicht nur in alten Ablagerungen, sondern auch in jüngeren Strata gefunden. «Diese Tiere wurden daher in unterschiedlichen Schichten begraben», meinte er, «und die Tatsachen sind unsicher ... sodass man darauf keine befriedigende Hypothese aufbauen kann.» Und zum anderen: «Was die Zahl dieser Tiere betrifft, die nach Mr. Mantells Ansicht ihre Vorherrschaft belegt ... kann man keineswegs mit Sicherheit behaupten, dass für ein Individuum, das in fossilem Zustand gefunden wurde, Tausende verschlungen worden sein oder sich zersetzt haben müssen. Diese mächtigen Ungeheuer haben eher [andere] gefressen, als dass sie gefressen worden wären; selbst die Pflanzenfresser, wie das riesige Iguanodon, von dem angenommen wird, es habe manchmal bis zu hundert Fuß lang werden können, würden es Krokodilen und anderen räuberischen Wesen schwer gemacht haben, sie zu überwältigen und zu töten.»

Am schärfsten wandte sich Kirby gegen die Infragestellung des göttlichen Plans, die Mantells Hypothese implizierte: «Wer kann nur auf den Gedanken kommen, dass ein Wesen von unbegrenzter Macht, Weisheit und Güte eine Welt erschaffen sollte, die nur von einer Rasse von Ungeheuern bewohnt wird, ohne ein einziges vernünftiges Lebewesen darunter, um es zu rühmen und ihm zu dienen! Die Annahme, diese Tiere seien eine separate, vom Menschen unabhängige Schöpfung und hätten ... lange bevor der Mensch geschaffen wurde ... seine herausragende Stellung eingenommen, hebt das ganze System aus den Angeln, das in einer solch majestätischen Kürze im ersten Kapitel der Genesis dargelegt wird.»

Ein anderer Geistlicher wandte sich mit ähnlichen Einwänden an Mantell. Der Mensch war von Gott geschaffen, und das war der Grund, warum wir keine Belege für Menschen zu dieser Zeit finden konnten; so etwas wie ein Zeitalter der Reptilien hatte es nie gegeben. «Nach allem, was wir von den Werken Gottes wissen», schrieb er, «erscheint es unwahrscheinlich, dass ein solches Wunderwerk, wie es unser Erdball ist, zu irgendeinem Zeitabschnitt ausschließlich von einer Rasse von Reptilien bewohnt worden sein könnte!»

In Geologenkreisen wurden Mantells Vorstellungen jedoch positiv aufgenommen. Kurz darauf beschrieb ihn Robert Bakewell als «den meiner Meinung nach zweifellos bedeutendsten wissenschaftlichen Anatomen in England ... ein britischer Cuvier». Andere Geologen suchten bei unbekannten Fossilien immer häufiger seinen Rat: So brachte ihm Roderick Murchison beispielsweise einen fossilen Fuchs, in der Hoffnung, Mantell könne die Art bestimmen. Ein anderes Mal berichtete auch Charles Lyell von Gideon Mantells «Genie». Doch diesem gelang es immer noch nicht, mit seinen Vorstellungen ein breiteres Publikum zu erreichen. Obwohl er seinen Bericht über das Zeitalter der Reptilien an mehreren weiteren Stellen veröffentlichte, darunter auch im *Scientific Annual*, in Sillimans *American Journal of Science* und im *Sussex Weekly Advertiser*, erfolgten zu seinem Leidwesen kaum sonstige Reaktionen.

Ironischerweise musste er bald feststellen, dass seine Publikationen seine Forschungen behinderten. Seitdem die Steinbrüche von Whiteman's Green im Weald derart bekannt geworden waren, lockten sie rivalisierende Geologen an, die durchaus bereit waren, ihn bei interessanten Fossilienfunden finanziell zu überbieten. Der eifrigste Amateursammler war ein Mr. Robert Trotter, der in der Nähe von Whiteman's Green lebte. Mantell war verzweifelt. «Fuhr nach Cuckfield und versuchte, einige Fossilien von den Steinbrucharbeitern zu erwerben, die von mir so viele Jahre angestellt worden waren, und die undankbaren Schufte weigerten sich, mir auch nur eines zu überlassen, weil sie einen Kunden vor Ort gefunden hatten. Hier enden all meine Hoffnungen, jemals den Kiefer eines Iguanodon zu entdecken!» Seine Pläne drehten sich noch immer um seine Forschung an fossilen Reptilien. Wenn er kein Geld durch Schreiben auftreiben konnte, gab es irgendeinen anderen Weg, an Kapital zu gelangen?

Im Juni 1830 starb plötzlich George IV. Als William IV. den Thron bestieg, kündigte er einen Bruch mit der Tradition an: Er und Königin Adelaide würden im Pavillon, ihrem Palast in Brighton, Sussex, residieren. Zwei Monate später besuchten der König und die Königin zum ersten Mal Brighton. Der *Sussex Gazette* zufolge «versammelte sich eine fast unüberschaubar große Menge, an die 60000 Menschen, um Ihre Majestäten bei dieser freudigen Gelegenheit willkommen zu heißen». Die kleine Seestadt, kaum mehr als ein Fischerdorf (ein Jahrhundert zuvor noch «Brighthelmstone»), wurde allmählich zu einem Magneten für die Reichen und Berühmten. Es war nicht ungewöhnlich, den König und die Königin zu sehen, wie sie in der offenen Kutsche spazieren fuhren, während die Fuhrwerke des Adels die Promenade beim *Old Ship Hotel* und die gepflasterten Straßen rund um die üppige orientalische Fassade des Pavillons säumten. Einige Monate jedes Jahr stand Brighton im Mittelpunkt der Saison, mit großen Bällen, Dinnerpartys, Festen und Pferderennen. Nun, da der königliche Hof weniger als zehn Meilen von Lewes entfernt residierte und der Adel in greifbarer Nähe war, erwachten erneut Gideon Mantells lange gehegte Hoffnungen auf einen Mäzen für seine Forschung.

Im Oktober desselben Jahres sollten der König und die Königin Lewes einen Besuch abstatten. Für Mantell war dies die perfekte Gelegenheit für einen Versuch, den König für die bemerkenswerte neue Wissenschaft zu interessieren. Er sandte Exemplare seiner Bücher mit einer Botschaft an Seine Majestät, und zu seiner großen Freude erhielt er die Nachricht, dass die königliche Gesellschaft sein Museum in Lewes besuchen wolle. Um Castle Place auf diese Ehre vorzubereiten, wurden die Hausmädchen angewiesen, überall «Frühjahrsputz» zu halten, das Silber wurde poliert, auf den Tischen wurden die besten Fossilstücke ausgelegt, die Knochen und Abdrücke wurden sorgfältig etikettiert und die Kinder in die Küche gescheucht. Voller Hoffnung erwarteten Mr. und Mrs. Mantell den Besuch des königlichen Paares.

Sie konnten das aufgeregte Lärmen in der Ferne hören: «Das höchst geschäftige Treiben hielt an … unter Kanonendonner und Glockenläuten zog die Prozession im Schritttempo durch die Stadt in ihrer gesamten Länge … die Musikkapelle spielte patriotische Weisen.» Innerhalb des Hauses war es still, alles stand bereit für den königlichen Besuch. Aber von einer Kutsche, die vor der Tür anhielt, war nichts zu hören, keine lärmende Menge näherte sich, keine eiligen Fußschritte erklangen auf der steinernen Eingangstreppe.

Schließlich klopfte ein Bote an die Tür. Die Zeremonien in der Stadt hätten mehr Zeit in Anspruch genommen als geplant, erklärte er, sodass es nun zu spät sei – «Ihre Majestäten werden Mr. Mantell zu einem anderen Zeitpunkt die Ehre geben». Mantell verließ daraufhin sofort das Haus und kämpfte sich durch die Menge zum Herrenhaus von Friar's Walk, wo, wie er wusste, König und Königin an einem Bankett teilnahmen. Anschließend wurden dem König, der umgeben vom Adel auf einem wunderbar geschnitzten Stuhl saß, die wichtigsten lokalen Würdenträger und Kirchenmänner vorgestellt.

Gideon Mantell wurde von Sir John Shelley herbeigerufen. Er trat vor und kniete nieder.

«Sire, da Eure Majestät bei einer früheren Gelegenheit gnädigerweise geruht haben, eine meiner geologischen Schriften anzunehmen, hege ich die Hoffnung, dass Eure Majestät mir erlauben, Euch die Geschichte dieser meiner Heimatstadt zu Füßen zu legen.» Er überreichte ihm höflich eine kurze Geschichte von Lewes, die er verfasst hatte. Seine Majestät, ihm fast ins Wort fallend, antwortete: «Sicherlich, sicherlich, vielen Dank, vielen Dank.» An seinen Kammerdiener, Lord Hope, gewandt, fügte er ungeduldig hinzu: «Nun nehmt schon, nehmt sie.» Mantell wurde weitergeschoben, um Platz zu machen für den nächsten Würdenträger.

Die Audienz hatte nur wenige Augenblicke gedauert. Die Gelegenheit war verstrichen, die Chance verspielt. Alle Vorbereitungen waren umsonst gewesen. Für Mantell war es nur eine weitere schmerzhafte Enttäuschung, die zu den vielen früher erlittenen hinzukam. Die Frustration, mit seiner wissenschaftlichen Forschung nie richtig voranzukommen, wurde allmählich fast unerträglich. «Meine kurze Existenz läuft mir davon ... meine Zeit verrinnt, und leider, leider bessert sich nichts, langweilige Routinevisiten, ständig Szenen des Elends vor Augen, die mich wie immer sehr betroffen machen, Verse kritzeln, Briefe, geologische Notizen schreiben und Hunderte anderer Nichtigkeiten.» Trotz seiner übermenschlichen Anstrengungen hatte er noch immer keinen Gönner und kein Geld für seine geologischen Forschungen.

Anfang der 1830er brach in Sussex eine schwere Choleraepidemie aus. Um der Furcht und dem Aberglauben entgegenzuwirken, die diese Krankheit umgaben, schrieb Gideon Mantell einen Leitfaden, «Kurze und klare Regeln zur Vorbeugung und Heilung der Cholera» (*Short and Plain Rules for the Prevention and Cure of the Cholera Morbus*). Darin zeigte er, wie mit der Cholera umzugehen war, «lenkte die Aufmerksamkeit der Reichen auf die Lebensbedingungen der unteren Klassen und machte deutlich, dass Erstere unmöglich entrinnen konnten, wenn die Krankheit unter Letzteren auftreten sollte». Seine kurze Schrift wurde in der renommierten Medizinerzeitung *Lancet* gelobt: «Mr. Mantell ... hat sich so klar und vernünftig ausgedrückt, dass seine Argumente die besten Wirkungen auf medizinisch nicht geschulte Leser ausüben sollten.»

Im Sommer 1832, als die Choleraepidemie auf ihrem Höhepunkt war, hörte Mantell Neuigkeiten von einem unerwarteten Fund in den Steinbrüchen von Tilgate Forest. Die Arbeiter hatten eine Schicht besonders harten Gesteins gesprengt, als sie in den

Gideon Mantell während des Besuchs von König William IV. in Lewes am 22. Dezember 1830 (Ausschnitt).

Trümmern Bruchstücke versteinerter Knochen bemerkten. Ihre Explosion hatte so viel Schaden angerichtet, dass, so war ihnen klar, wohl kaum ein Amateur das Material kaufen würde. Daher sandten sie, statt ihren neuen Kunden, Mr. Trotter, zu informieren, einen Brief an Mantell, den einzigen Käufer mit genügend Sachverstand, um sich an solches Material zu wagen.

«Bei meiner Ankunft im Steinbruch stellte ich fest, dass die beträchtliche Anzahl der Stücke, in die der Block zerbrochen war, die extreme Härte des Gesteins und das wenig viel versprechende Aussehen der Knochenfragmente, die sichtbar waren, den Versuch, sie freizulegen, hoffnungslos und unprofitabel erscheinen ließen», schrieb Mantell. Er hatte auf einen Teil vom Kiefer eines *Iguanodon* gehofft: «Wenn ich diesen finde, bevor ich sterbe, werde ich zufrieden sein.» Aber die tief eingebetteten Fossilien passten offenbar nicht zu den Knochen oder Zähnen eines *Iguanodon*. Geduldig machte er sich ans Werk und sammelte mehr als fünfzig verstreute Fragmente. Auch wenn ihm durchaus bewusst war, dass seine Frau nicht erfreut sein würde, traf er Vorkehrungen, die großen Steinblöcke per Fuhrwerk zu seinem Haus am Castle Place in Lewes schaffen zu lassen.

Mehrere Wochen lang arbeitete er ganze Nächte hindurch, löste die Knochen aus dem Gestein und versuchte, die Stücke zusammenzufügen, bis er eine große Platte vor sich liegen hatte, mehr als 1,35 Meter lang. Nach und nach konnte er den Teil einer Wirbelsäule mit mehreren Wirbeln, Rippen und Brustbein freilegen. Aber da war noch etwas, das er nie zuvor gesehen hatte: Links neben der Wirbelsäule fanden sich große knöcherne Anhängsel, die keinem offensichtlichen Zweck dienten und ganz anders aussahen als *Megalosaurus*- oder *Iguanodon*-Knochen. Es gab mindestens zehn dieser seltsamen Knochen, die bis zu 42,5 Zentimeter lang und an der Basis bis zu 17,5 Zentimeter breit waren.

Fasziniert widmete er seine «spärlich bemessene Freizeit ... der Arbeit, das großartige Exemplar mit Hammer und Meißel freizulegen». Die Wirbel und Rippen ähnelten am ehesten entsprechenden Teilen des Krokodils; das Brustbein erinnerte hingegen mehr an dasjenige von Eidechsen. Am verblüffendsten waren die flachen, spitz zulaufenden Knochen – sie entsprachen weder dem Panzer einer riesigen Schildkröte noch den schützenden Schuppen oder Knochenplatten eines gigantischen Gürteltieres. Mit großer Intuition entschied sich Mantell für eine radikale Interpretation: Diese Knochen, spekulierte er, mussten wie eine primitive Körperpanzerung entlang der Wirbelsäule gesessen haben.

Überdies fand er bizarre «Hautknochen», sehr dicken Schuppen ähnlich, die seiner Meinung nach Platten in der Haut gebildet hatten. Obwohl es für ein solches Geschöpf kein Pendant gab, erkannte er, dass es sich um einen weiteren Typ eines riesigen, der Wissenschaft bisher unbekannten Reptils handelte, das zum Schutz mit einer schweren knöchernen Rüstung ausgestattet war. «Ich habe eine große Entdeckung gemacht», schrieb er seinen Freunden stolz. Es handelte sich tatsächlich um den ersten gepanzerten Dinosaurier, heute unter dem Namen Ankylosaurier bekannt. Mantell nannte sein neues Reptil *Hylaeosaurus* oder Waldechse.

Sein Renommee in wissenschaftlichen Kreisen war inzwischen so groß, dass er bald darauf eingeladen wurde, seinen Fund auf einem Treffen der *Geological Society* vorzustellen. So sandte er sein berühmtes neues Fossil zusammen mit vielen Riesenknochen und einem großen Gemälde vom Hinterbein des *Iguanodon* nach London. «Ein sehr gut besuchtes Treffen», beobachtete Mantell, «alle meine Freunde waren da, selbst mein treuer Freund Mr. Bakewell war gekommen, obwohl er sich nicht wohl fühlte … Alles verlief sehr gut, und zum Abschluss ließ ich das Gemälde herunter, was vom größeren Teil der Zuhörerschaft sehr beifällig aufgenommen wurde.»

Völlig auf seinen Vortrag konzentriert, schenkte Mantell einem relativen Neuling auf dem Gebiet fossiler Reptilien, der unauffällig im Publikum saß, kaum Beachtung: Richard Owen, der junge Assistent am Hunterian Museum. Owen hatte sich völlig der Präparation von John Hunters Sammlung verschrieben; die Wochen hatten sich rasch in Monate verwandelt, während er die vielen ausführlichen Kataloge plante. Allein in der Physiologie konzipierten er und William Clift separate Bände über Verdauungsorgane, Kreislauf-, Atmungs- und Harnsystem, Nervensystem, Sinnes- sowie Fortpflanzungsorgane. Dazu kam eine pathologische Reihe, um Krankheitsprozesse zu illustrieren, die Clift persönlich überwachte, ganz zu schweigen von einer Sammlung «Abnormitäten und Missbildungen», die sein Sohn, William Home Clift, beschrieb. Darüber hinaus mussten sie für jede geplante Schriftenreihe zahlreiche Arten rezenter und fossiler Tiere klassifizieren. Owen schien bei all dieser Arbeitsbelastung aufzublühen. Während er John Hunters Sammlung präparierte und die Werke und Gedanken dieses berühmten Anatomen in sich aufnahm, wuchs er immer mehr in dessen Fußstapfen hinein.

Als Owen bei diesem Vortrag vor der *Geological Society* die außergewöhnlichen Fossilien betrachtete, die Gideon Mantell vorstellte, dachte er vielleicht schon darüber nach, wie er solche Reichtümer für das Museum im Royal College erwerben könnte. Er nahm das ganze Szenario in sich auf: Mantells brillante Interpretation der Fossilien, die an die Versammelten gerichteten anerkennenden Bemerkungen von Mr. Lyell und Mr. Fitton – wenn auch «zu parteiisch zu Mantells Gunsten» – und schließlich den dröhnenden Applaus der gelehrten Gentlemen, als Mantell geendet hatte.

Mantell hatte allen Grund zur Zufriedenheit. Er hatte zwei von drei der Wissenschaft bekannten riesigen Landreptilien gefunden und identifiziert, *Iguanodon* und *Hylaeosaurus*, und das Zeitalter der Reptilien klarer als irgendjemand vor ihm definiert. Es hatte ihn Jahre gekostet, um dahin zu gelangen, aber nun wurde er von vielen als Führer auf diesem Gebiet anerkannt und respektiert. Die Tatsache, dass der junge Owen rasch die Fertigkeiten in vergleichender Anatomie erwarb, die entscheidend für dieses Gebiet waren, entging ihm. Mantell hatte keinen Grund zu argwöhnen, dass sich hinter dem glatten Gesicht und den charmanten Umgangsformen dieses jungen Mannes ein wachsender, gut beherrschter Ehrgeiz verbarg.

KAPITEL 9

Natur, die Blut und Raub übt

Der Mensch …
Der fest geglaubt, daß Gott die Liebe sei
Und daß der Schöpfung Grundgesetz die Liebe,
Ob auch Natur zurück den Glauben triebe,
Die Blut und Raub übt, wie ein grimmer Leu.
Alfred Lord Tennyson, In Memoriam

Richard Owen war mit seinen Plänen, Mr. Clifts Tochter zu heiraten, auf ein Hindernis gestoßen. Trotz seiner schönsten Hoffnungen, Caroline zur Frau zu nehmen, vergingen die Monate, und er war dem Ziel, seine prospektive Schwiegermutter – insbesondere ihre finanziellen Erwartungen – zufrieden zu stellen, keinen Schritt näher gekommen. Schließlich war er keineswegs ein Gentleman mit ererbtem Vermögen; sein Lohn war bescheiden, und seine Aussichten waren es ebenso, jedenfalls solange er am Royal College blieb, denn es war ausgemacht, dass Clifts einziger Sohn William nach dem Tod seines Vaters den einen wichtigen Posten am Hunterian Museum, den des Kurators, erben würde. Es war Owen daher klar, dass er wenig Chancen hatte, mit seiner Karriere oder seinen Heiratsplänen voranzukommen, wenn er sich nicht anderswo umsah.

Dennoch lehnte Owen Stellen ab, die ihm schneller zu finanzieller Unabhängigkeit verholfen hätten, wenn diese verlangt hätten, sein verzehrendes Interesse für die Anatomie zu opfern. Als zwei Jahre nach seiner Verlobung mit Caroline ein Posten am Birmingham Hospital vakant wurde, ließ ihn die Vorstellung von anstrengender medizinischer Routinearbeit ohne Forschung schaudern. Ganz offen erklärte er Clift, dass er die Aussicht auf «zehn lange Jahre Plackerei und Sparsamkeit, weit weg von denjenigen, die ich am meisten liebe, und der Gesellschaft, an der ich so viel Freude empfinde», nicht ertragen könne. Er hatte keine Eile, die intellektuelle Freiheit, die ihm das College zum Anatomiestudium bot, einzig und allein deswegen aufzugeben, um sich die Hand seiner Braut zu sichern.

Dadurch, dass er die Anatomie von Lebewesen verstehen lernte, ihre Verwandtschaftsbeziehungen feststellte und sie klassifizierte, hoffte er, Rückschlüsse zu gewinnen auf ihre Entstehung und ihren Platz in der Natur: Er wollte Ordnung in das wilde Durcheinander im Tierreich bringen. Als Gewinn winkte die Lösung des verwirrenden Rätsels, wie Leben geschaffen worden war. Warum gab es in den Fossildaten eine Aufeinanderfolge von «früheren Lebewesen»?

Zu Beginn der 1830er fanden die Geologen ständig weitere Belege für eine derartige Sukzession und zeigten, dass dem Zeitalter der Säuger offenbar das Zeitalter der Reptilien vorausgegangen war; gleichzeitig stellte der Pionierarbeit leistende Anatom Étienne Geoffroy Saint-Hilaire in Paris im Rahmen seiner frühen evolutionistischen Ideen immer weitere provozierende neue Behauptungen auf. Seit vielen Jahren vermutete er, dass die rezenten Tiere «in einer ununterbrochenen Generationenfolge [von fossilen Vorfahren] abstammten». Er machte sich auch Gedanken über eine mögliche Ordnung der Tiere. Von den Reptilien hatten sich *Ichthyosaurus*, *Plesiosaurus*, *Pterodactylus* und *Teleosaurus* auf irgendeine Weise zu den ausgestorbenen riesigen Säugern in den tertiären Gesteinen, wie dem *Megatherium*, «weiterentwickelt». Georges Cuvier hielt diese evolutionistischen Ideen für grundsätzlich falsch. Seiner Ansicht nach ließ sich das Tierreich in vier «Äste» oder Gruppen einteilen, die sich anatomisch so stark voneinander unterschieden, dass sie sich nicht vergleichen ließen.

Geoffroy stieß immer weiter vor auf unbekanntes Territorium

und suchte nach äquivalenten Teilen oder «Homologien» zwischen verschiedenen Tierklassen, um zu beweisen, das sie miteinander verknüpft waren. Seine Ideen waren abenteuerlich, überschäumend, manchmal sogar absurd. Als er behauptete, der Carapax oder Rückenschild der Insekten entspreche den Wirbeln der Wirbeltiere, zog er sich Cuviers Spott zu. Es gab keinerlei Belege, die diese Spekulationen stützten, und Cuvier nutzte die Gelegenheit, seinen Gegner als reinen «Dichter» abzutun. Keineswegs entmutigt erkundete Geoffroy auch weiterhin das Wissensgebiet und suchte nach Übergängen zwischen verschiedenen Tiergruppen, um die These eines evolutionären Fortschritts zu untermauern.

Im Februar 1830 konfrontierte Geoffroy die Pariser Akademie der Wissenschaften mit einer kühnen Idee. Er behauptete, es gebe Homologien zwischen bestimmten Wirbeltieren, wie Fischen, und gewissen Wirbellosen, den Cephalopoden [Kopffüßern], einer Klasse mariner Weichtiere, zu der Kalmare, Kraken und Sepien wie auch die fossilen Ammoniten und Belemniten gehören. Seine Hypothese erregte sofort allgemeine Aufmerksamkeit. Wenn er Recht hatte, dann implizierte dies, dass ein evolutionärer Übergang zwischen zwei von Cuviers vier Zweigen des Tierreiches – den «höheren» Wirbeltieren und den «niederen» Weichtieren – tatsächlich *möglich* war. Cuvier war so empört, dass er sein ganzes politisches Gewicht in die Waagschale warf, um eine kritische Diskussion von Geoffroys Idee zu verhindern. Da alle Beamten verpflichtet waren, religiöse Überzeugungen zu unterstützen, war Cuviers Attacke für Geoffroy nicht ungefährlich, und ihre Fehde steigerte sich zu einer erbitterten öffentlichen Debatte, die in jenem Frühjahr in aller Munde war. Befürchtungen, solch radikale Philosophien könnten dazu beitragen, eine Rebellion anzufachen, flammten erneut während der Julirevolution auf, als Karl X. aus Paris floh.

Die frühen evolutionistischen Theorien, die Geoffroy in Frankreich entwickelte, wurden in der ausländischen Presse weiterhin ablehnend kommentiert. Wie die englische *Monthly Review* 1832 schrieb, war Evolution «die dümmste und lächerlichste» Idee, die jemals von «der überreizten Fantasie des Menschen» ausgebrütet worden war. Dadurch, dass die Evolutionisten die Autorität der Bibel infrage stellten, schienen sie die tragenden sozialen und moralischen Fundamente der Gesellschaft zu untergraben. Die Debatte wurde in England von sozialen Unruhen angeheizt; die staatliche Autorität war bedroht. Überall flammten Bauernaufstände auf, und die neuen industriellen Zentren sahen sich einer Welle gewalttätiger Proteste ausgesetzt. Der immense Reichtum der Aristokratie stieß auf heftige Ablehnung, und die Whigs gelangten inmitten von Forderungen nach Reformen sowie der Angst vor einer englischen Revolution an die Regierung. Die Parlamentsreform von 1832 verteilte die Macht neu, erhöhte die Zahl der parlamentarischen Sitze für Industriestädte und verschaffte deutlich mehr Haushalten das Stimmrecht.

Im Royal College war Richard Owen, der sich in Hunters und Cuviers Fußstapfen sah, eifrig darauf bedacht, mit Hilfe der Anatomie die progressiven französischen Ideen zu widerlegen. Seine Chance kam 1831 in Gestalt eines seltenen Meeresgeschöpfes, das dem Hunterian Museum aus Polynesien zugesandt wurde: ein Perlboot. Dieses herrliche Wesen mit einer spiralig gewundenen, gekammerten und mit Perlmutter ausgelegten Schale gehörte zu jener Klasse von Wirbellosen, den Cephalopoden, von der Geoffroy behauptet hatte, sie zeige «Homologien» zu Wirbeltieren. Als er in den Behälter mit dem Präparat spähte, sah Owen seine Gelegenheit gekommen: Dieses wundervolle Geschöpf war ein seltenes Juwel, mit dem er die wissenschaftlichen Autoritäten verblüffen konnte.

In einer sechzigseitigen Untersuchung startete er seinen Angriff auf seinen radikalen Widersacher und betonte die Einzigartigkeit dieses Geschöpfes. Das Perlboot war ein Lebewesen «ebenso reich in der Vielfalt der Teile wie beispiellos in der Art der Anordnung». Die Natur bilde keineswegs eine ununterbrochene Reihe, die den Weg für evolutionistische Behauptungen bereite, genau das Gegenteil sei der Fall, behauptete Owen: Die Anatomie dieses Weichtiers unterschied sich zu stark von derjenigen der Wirbeltiere, als dass es irgendwelche Verbindungen geben könnte. Owen hoffte, Cuvier werde sich positiv über seine Arbeit äußern, doch die Ereignisse nahmen eine unerwartete Wendung.

Georges Cuvier hatte ebenfalls nach einer Gelegenheit Ausschau gehalten, seine gottlosen Gegner anzugreifen. Als er am 8. Mai 1832 eingeladen war, eine öffentliche Vorlesung am Collège de France zu halten, verdammte er Geoffroy Saint-Hilaires «Pantheismus» und verurteilte die «nutzlosen wissenschaftlichen Theorien» seines Rivalen aufs Schärfste. Von den Emotionen des Augenblicks getrieben, hielt er einen eindrucksvollen Vortrag über die göttliche Intelligenz in der Naturwissenschaft.

Sein Vortrag hinterließ einen tiefen Eindruck, und sein Publikum wurde Berichten zufolge «von Gefühlen übermannt», doch diese physische und psychische Anstrengung blieb auch für den alternden Cuvier nicht ohne Folgen. An diesem Abend konstatierte er die rätselhaften Symptome einer leichten Lähmung – wahrscheinlich hervorgerufen von einem Schlaganfall, an dessen Folgen er sechs Tage später sterben sollte. Der plötzliche Tod eines derart bedeutenden Mannes, eines Pair von Frankreich, eines *grand officier* der Ehrenlegion, des großen «Barons» der Naturwissenschaften, wurde in wissenschaftlichen Kreisen als schmerzhafter Verlust empfunden und hinterließ auf dem Kontinent wie in England sofort ein Vakuum. Der Thron, von dem aus der «Napoleon der Intelligenz» das Denken einer Generation in den gerade erst flügge gewordenen Wissenschaften Geologie und Anatomie beherrscht hatte, wartete darauf, wieder besetzt zu werden. Wer würde der nächste Cuvier sein?

Richard Owen, den es selbst nach diesem Titel gelüstete, benutzte seine Arbeit über das Perlboot, um sich selbst auf die wissenschaftliche Bühne zu hieven. «Seit dem Tod des viel betrauerten Cuvier gibt es niemanden, dessen Urteil über diese Arbeit ich mit mehr Er-

wartung entgegensehe als dem Ihren», teilte er Reverend Buckland mit. Dieser erwiderte, er sei über die «meisterlichen Erkenntnisse dieser bewundernswerten Abhandlung höchst erfreut». Sir
Anthony Carlisle, ein früherer Präsident des Royal College und
Mitglied des Beirates, lobte ihren jungen Protegé ebenfalls in den
höchsten Tönen. «Es ist ein exzellentes Beispiel von hunterscher
und cuvierscher Naturgeschichte», schrieb er, «aber wie ich vorhergesehen habe, sind Ihre Perlen vor die Säue geworfen. Wenn
der englische Saustall noch zu unseren Lebzeiten gesäubert werden sollte, gibt es einen Hoffnungsschimmer für die Wissenschaft
einiger weniger, doch lassen Sie sich durch die allgemeine Nicht-
beachtung Ihrer Forschungen nicht entmutigen.»

Aber zu Owens Enttäuschung sagte die angesehene Zeitschrift
Lancet voraus, dass ein anderer Wissenschaftler «der nächste Cuvier» sein würde: der Anatomieprofessor Robert Grant von der
Universität London. Der Herausgeber der Zeitschrift, Thomas
Wakley, schrieb: «Grant *meistert* sein großes Gebiet perfekt.» Er
konnte dessen «Integrität, Fähigkeit und Geisteskraft» nicht genügend loben und meinte, seinesgleichen gebe es «in den ganzen
britischen Dominions» nicht noch einmal. Und um die Sache noch
schlimmer zu machen, stimmte Professor Grant völlig mit dem
evolutionistischen Denken der Franzosen überein. Dem Wissenschaftshistoriker Adrian Desmond zufolge war das neue University College in London – im Gegensatz zu Oxford – das «gottlose
College» und stand Studenten aller Glaubensrichtungen offen;
dort konnte Grant Geoffroys Ideen erörtern. Wie Geoffroy stellte
Grant sich vor, dass die Klimaveränderungen, die sich aus der
langsamen Abkühlung der prähistorischen Erde ergeben hatten,
neue Lebensräume schufen, dank deren sich das Leben zu der großen Formenvielfalt entwickeln konnte, die wir kennen. Von der
Vorstellung, dass die Evolution mit einem einfachen marinen
Schwamm – sicherlich eine primitive Lebensform – begonnen
hatte, bis zu dem ketzerischen Gedanken, dass sich der Mensch
auf irgendeine Weise aus dem Schimpansen weiterentwickelt ha-

ben könnte – für Grant war in der Diskussion nichts heilig. In seinem voll besetzten Hörsaal flossen die radikalen Ideen aus Paris, die von den anglikanischen Professoren so lange aus England fern gehalten worden waren, in das Studium der Biologie ein.

Um diesen Angriff zu parieren, benötigte Owen weitere Untersuchungsexemplare, mit deren Hilfe er die Irrtümer im evolutionistischen Denken von Geoffroy und Grant nachweisen konnte. Bald wurde deutlich, dass es keinen besseren Platz gab, um an neues Material zu kommen, als die *Zoological Society of London*. In den 1830ern war diese Gesellschaft so etwas wie ein elitärer Gentlemen-Club, wo sich Herzöge und Herzoginnen seltene Geschöpfe aus Britanniens wachsendem Empire aussuchen konnten, um damit die Parklandschaften ihrer Landsitze zu schmücken. Aufgrund mangelnder Erfahrung bei der Haltung exotischer Tiere waren Todesfälle im Zoo nur allzu häufig. Innerhalb eines Zeitraums von nur zwei Wochen notierte Caroline Clift in ihrem Tagebuch: «Der arme Löwe George ist gestorben … der Lippenbär wurde tot zwischen seinen beiden Artgenossen gefunden, die eifrig dabei waren, ihn aufzufressen … einer der Dingos ist entkommen.» Kurz darauf wurde der Wildesel «so schrecklich von einem Wapitihirsch zugerichtet, dass ihn der Wärter von seinem Elend erlösen musste».

Als Owen 1830 der *Zoological Society* beitrat, fand er seinen Rivalen, Professor Robert Grant, dort zu seinem Unmut bereits gut etabliert. Wie Owen hoffte Grant, sich durch Pionierarbeiten über Tiere, deren Anatomie der Aufmerksamkeit der Gelehrtenwelt bisher entgangen war, einen Namen zu machen. Grant genoss zu diesem Zeitpunkt einen derart guten Ruf, dass er auserkoren wurde, die erste Vorlesungsreihe über Anatomie vor den gelehrten Mitgliedern zu halten. Aber es dauerte nicht lange, bis sich der junge Owen in den Beirat der Gesellschaft manövriert hatte. Während er weiterhin seine aristokratischen Kontakte am Royal College kultivierte, suchte er gleichzeitig nach Gelegenheiten, seinen Einfluss in der *Zoological Society* zu verstärken. So half er dem Sekretär beim Arrangement der abendlichen Zusammenkünfte und bei der Veröffentlichung von Artikeln, darunter auch seinen eigenen. Geleitet von seinem räuberischen Instinkt, hielt er währenddessen ständig nach einer Möglichkeit Ausschau, sich Grants und dessen evolutionistischer Ideen zu entledigen.

Aber bei all seinen intellektuellen Ambitionen gelang es Owen nicht, die Meinung seiner zukünftigen Schwiegermutter zu ändern, die sich für ihre Tochter einen wirklich reichen Mann in den Kopf gesetzt hatte. Er war nun seit fünf Jahren mit Caroline verlobt, und Mrs. Clift begann sich Sorgen zu machen, weil er trotz all seiner Liebesbeteuerungen ihrer Tochter gegenüber noch keine ernsthaften Anstrengungen unternommen hatte, seine Einkommensverhältnisse zu verbessern. Im Jahre 1832 schrieb Owen an Caroline und bat sie um Beistand, «um den Zustand zu überbrücken, der sich unserer Vereinigung entgegenstellt». Es mangelte ihm offensichtlich nicht an Selbstbewusstsein, denn er fuhr fort: «Gegenwärtig sind unsere herrschenden Barbaren blind für das, was jedermann sonst sieht und was, wenn ich so in aller Bescheidenheit sagen darf, mein Verdienst ist.» «Aufgeklärtere» Mitglieder des College, versicherte er Caroline, dachten daran, eine permanente Professur für ihn zu schaffen, vielleicht in drei Jahren, was sein Gehalt mehr als verdoppeln würde, «und dann, mit welcher Glückseligkeit würde ich meine liebe Caroline in die Arme schließen ... nun, habe ich zu mir selbst gesagt, was sollte meine liebe Caroline und mich hindern, in der Zwischenzeit in bescheideneren Umständen miteinander glücklich zu sein ... wirst du ihr [Mrs. Clift] schreiben oder mit ihr sprechen?» Wie Owen erklärte, konnte er nicht richtig arbeiten, bis «ich ‹dieses aufgewühlte Herz beruhigen› und dich wirklich mein Eigen nennen kann». Mrs. Clift reagierte jedoch nicht auf seinen Charme.

Zufällig ereignete sich im Spätsommer des Jahres eine Tragödie, die Owens Schicksal, wenn auch ohne sein Zutun, dramatisch beeinflussen sollte. Am 11. September 1832 kehrte der junge William Home Clift eines Abends mit einer zweirädrigen Droschke zum College zurück. Als die Droschke aus der Fleet Street in die enge Chancery Lane einbog, ging der Kutscher zu schnell in die Kurve, und die Droschke kippte um. Obwohl nur ein unbedeutender Unfall, war er für Clift von katastrophaler Folge. Er schlug heftig mit dem Kopf auf und wurde bewusstlos ins St. Bartholomew's Hospital eingeliefert. Hier wurde er zu dem einen Mann gebracht, der vielleicht helfen konnte: Richard Owen.

Aber es gab wenig, was Owen tun konnte. Clift hatte einen Schädelbasisbruch erlitten, und es gab keine Behandlung, die die kurz darauf einsetzende Infektion hätte aufhalten können. William Clift senior war außerhalb der Stadt unterwegs, was selten genug vorkam, und hatte keine Ahnung vom Schicksal seines einzigen Sohnes. Da er auf Reisen war, dauerte es mehrere Tage, bis es gelang, ihn aufzuspüren. Die Hirnverletzung ließ William Clifts Lebensgeister langsam, aber sicher schwinden. Nachdem der junge Mann einige Tage dahingesiecht war, fand ihn sein Vater, als er endlich zu Hause eintraf, dem Tode nahe vor. Der Verlust stürzte Mr. Clift «in tiefe Trauer».

Der vakante Platz des einzigen Sohnes musste gefüllt werden, und dazu kam Owen gerade recht; mit der Zeit wurde er für Mr. Clift beinahe zu so etwas wie einem Sohnersatz. Seine Karriere, die so lange nicht recht vorangegangen war, kam plötzlich in Schwung. Innerhalb einiger weniger Monate erhöhte sich sein Gehalt auf dreihundert Pfund im Jahr, ein Niveau, das fast demjenigen des Kurators entsprach. Im Jahre 1833 wurden die ersten Bände des Hunter-Katalogs veröffentlicht und gelobt; man war allgemein der Ansicht, sie brächten dem College Ehre ein. Mächtige Gönner, wie der frühere Präsident des College, Sir Anthony Carlisle, schrieben Owen, um ihrer Zufriedenheit Ausdruck zu verleihen. «Ich werde meinen Einfluss geltend machen, Ihr Wohlergehen am College und außerhalb nach besten Kräften zu fördern», versprach Carlisle.

Owen fuhr fort, die frühen Evolutionisten mit Hilfe eines mächtigen Werkzeugs, der Anatomie, anzugreifen. Sein nächstes

Ziel wurde eine Gruppe von Tieren, die als Monotremata oder Kloakentiere bekannt sind; dazu gehören das Schnabeltier und der Schnabeligel. Geoffroy in Paris, der nach Belegen für seine evolutionistischen Vorstellungen suchte, hatte behauptet, bei diesen Tieren handele es sich um *Übergänge*, teils Reptilien, weil sie Eier legten, und teils Säugetiere, weil sie warmblütig waren. In einer brillanten Reihe von Untersuchungen zeigte Owen, dass die Monotremata keine Übergangstiere waren, sondern primitive *Säuger*.

Die Debatte konzentrierte sich schließlich auf kleine Drüsen in der Haut des Schnabeltieres, die eine milchige Substanz absondern. Geoffroy behauptete, es handele sich um Duftdrüsen. Owen sezierte fünf weibliche Schnabeltiere, die ihm aus den australischen Kolonien übersandt worden waren, und zeigte, dass die Größe der anomalen Drüsen abhängig vom Ovarialzyklus variierte: Die Drüsen waren dann am größten, wenn die Eier gerade aus dem Eierstock entlassen worden waren. Die geheimnisvollen Drüsen waren daher Milchdrüsen, ein typisches Säugermerkmal. Innerhalb der *Zoological Society* und des Royal College wurde Owens einfallsreiche Untersuchung als Triumph gefeiert. Sie symbolisierte Großbritanniens imperiale Größe und den wachsenden Reichtum naturwissenschaftlicher Sammlungen, die aus den Kolonien zusammengetragen wurden. Und noch besser: Es war das erste Mal, dass die Briten die Franzosen auf dem Gebiet der Anatomie entthront hatten.

Owens Arbeit begann, das Interesse mächtiger gleich gesinnter Verbündeter zu erregen, allen voran Professor William Buckland, der von ganzem Herzen dem unerschütterlichen Glauben des jungen Mannes zustimmte, das Studium der Anatomie werde das Werk Gottes erhellen. Inzwischen war Buckland auf dem Höhepunkt seiner Macht angelangt und stand sowohl beim wissenschaftlichen als auch beim religiösen Establishment in so hohem Ansehen, dass er als einer von acht herausragenden Gelehrten vom Präsidenten der *Royal Society* berufen wurde, die *Bridge-*

Das Hunterian Museum

water Treatises zu schreiben. Der Right Honourable Reverend
Francis Earl of Bridgewater war so bestürzt vom Vormarsch säku-
larer Ideen in der Wissenschaft, dass er der *Royal Society* in seinem Testament 8000 Pfund hinterlassen hatte mit der Aufforderung, «Personen zu berufen, um sie ein Werk über die Macht,
Weisheit und Güte Gottes, wie sie sich in der Schöpfung manifes-

tiert, schreiben und mit allen vernünftigen Argumenten illustrieren zu lassen, und tausend Kopien dieses Werkes zu drucken und zu veröffentlichen».

Reverend Buckland, der sich der Bedeutung dieser Aufgabe durchaus bewusst war, arbeitete sechs Jahre lang an den *Treatises* [Abhandlungen], unermüdlich unterstützt von seiner Frau, die «Wochen und Monate hindurch Nacht um Nacht aufsaß und schrieb, was Buckland diktierte, und das oft so lange, bis die Strahlen der frühen Morgensonne, die durch die Fensterläden drangen, den Ehemann mahnten, mit dem Denken aufzuhören, und die Frau, ihre müde Hand auszuruhen». Umgeben von seinen geologischen Trophäen, inmitten eines Wohnzimmers, in dem jemand «einen ganzen Tag verbringen könnte» und noch immer etwas Neues finden würde, mit seinem Tisch, der vollständig aus Koprolithen gefertigt war, die Schränke so voll gestopft, «dass sie die letzten fünf Jahre nicht mit einem Staubtuch in Berührung gekommen sind», war Buckland entschlossen, die scheinbaren Konflikte zwischen der neuen Wissenschaft und der Religion aufzulösen. Für ihn beinhaltete die Geologie nichts weniger als «die sich entfaltenden Seiten über das Vorgehen des allmächtigen Urhebers des Universums, von Gottes eigenem Finger auf die Fundamente der ewig währenden Hügel geschrieben».

Buckland konnte jedoch die wachsende Zahl von Paradoxien nicht übersehen. Den Geologen war es nicht gelungen, Belege für die Sintflut zu entdecken; noch weniger hatten sich wissenschaftliche Belege für die Schöpfungsgeschichte finden lassen, wie sie in der Genesis beschrieben wurde. Es gab zahlreiche ausgestorbene Arten in Gesteinsschichten, die «langsam und allmählich über sehr lange Zeitspannen hinweg in großen Intervallen abgelagert» worden sein mussten. Er ging diese Probleme an, indem er nach der Bedeutung der biblischen Botschaft fragte. Vers um Vers studierte er die Genesis und kam zu immer gewundeneren Erklärungen.

«Nirgendwo steht geschrieben, dass Gott den Himmel und die

Erde am ersten Tag schuf», stellte er fest, «sondern es heißt ‹am Anfang›, und dieser ‹Anfang› könnte eine Epoche von unermesslicher Dauer sein ... während der all die physikalischen Prozesse abliefen, die von der Geologie enthüllt worden sind ... das undefinierte Intervall zwischen dem Anfang, an dem Gott Himmel und Erde schuf, und dem Abend oder dem Beginn des ersten Tages der mosaischen Geschichte könnte Millionen und Abermillionen von Jahren gedauert haben.» Dann definierte er den Begriff «Schöpfung» neu: «Damit ist keineswegs notwendigerweise die Schöpfung aus dem Nichts gemeint, es könnte sich ... um eine neue Anordnung von Materie handeln, die bereits zuvor existierte.» Die Schöpfung von Sonne, Mond und Sternen am vierten Tag, meinte er, sollte lediglich als Neuordnung von Bedingungen betrachtet werden, sodass die Sterne für den Menschen sichtbar wurden.

Aber noch während Buckland sich darum bemühte, den immer größer werdenden Abstand zu überbrücken, tauchten neue Belege auf, die die gottlosen Progressisten unterstützten. Zufällig hatte er Roderick Murchison, dem damaligen Sekretär der Gesellschaft, gegenüber geäußert, möglicherweise ließe sich die Abfolge der Gesteine unterhalb der sekundären Strata an einer Stelle in der walisischen Grenzregion enträtseln. Murchison hatte eine so hohe Meinung von Bucklands stratigraphischen Kenntnissen, dass er sich aufmachte, um selbst nachzuforschen. Zwar waren die sekundären Schichten und ihre charakteristischen Fossilien inzwischen gut etabliert und von Mantell im «Zeitalter der Reptilien» beschrieben worden, doch die Abfolge der darunter liegenden Übergangsgesteine war relativ unbekannt. Im walisischen Grenzgebiet stieß Murchison tatsächlich auf eine Stelle, wo er die Schichten tiefer in die Erdkruste zurückverfolgen konnte. Unterhalb der Kohleschichten, die das Karbon kennzeichnen, beginnend, arbeitete er sich vom so genannten Old Red Sandstone in die darunter liegende Übergangsreihe hinab.

Diese uralten Gesteine enthüllten eine fremdartige Landschaft. Es gab keinerlei Anzeichen von terrestrischem Leben, von Land-

Zeichnung von William Buckland auf einer geologischen Exkursion. Die Zettel unter den Steinen zu seinen Füßen tragen die Aufschrift: Exemplar Nr. 1, 33333 Jahre vor der Schöpfung von einem Gletscher zerkratzt, Nr. 2, vorgestern von einem Karrenrad auf der Waterloo Bridge zerkratzt, das ganze Bild wurde von T. Sopwith gekratzt.

pflanzen oder Wirbeltieren. Die Fossilien waren marin, und sie erzählten von seltsamen Lebensformen, die in nichts an rezente Arten erinnerten. Es gab bizarre Meeresgeschöpfe, so genannte Trilobiten, die bis zu fünfzehn Zentimeter lang waren und ein segmentiertes Skelett sowie große, mit zahlreichen Linsen versehene Augen besaßen. Diese Lebewesen waren erstmals 1822 von Alexandre Brongniart in Paris systematisch beschrieben worden; Murchison stellte sie nun ins Zentrum eines ganzen Ökosystems. Trilobiten teilten die Urmeere mit anderen Wirbellosen: «Crinoiden», die wie Seelilien aussahen und mit einem Stängel am Meeresboden festsaßen, und «Echinoiden», die Seesternen, Seeigeln und Seegurken ähnelten. Murchison nannte das Gestein *silurisch*, nach den Silurern, die vor zwei Jahrtausenden in der walisischen Grenzregion gelebt hatten. Im silurischen Gestein konnte man einen Blick auf eine Periode in der Erdgeschichte werfen, während der einst einfache Lebensformen, wie marine Wirbellose, dominierten.

Als Murchison seine Funde bei einem Treffen der *Geological Society* beschrieb, deutete er einen beunruhigenden Gedanken an. Auch wenn es noch immer viele Lücken in den Fossildaten gab, so wurde die Fortentwicklung des Lebens, die so lange von den Faltungen und Verwerfungen des Übergangsgesteins verdunkelt worden war, mit erschreckender Klarheit immer deutlicher. Von den ältesten, den primären Gesteinen wusste man, dass sie keine Fossilien enthielten. Murchisons Belege sprachen nun dafür, dass es in der darüber liegenden Übergangsformation primitive marine Lebensformen – Trilobiten, Wirbellose und Pflanzen – gegeben hatte. Sehr viel später, in der sekundären Gesteinsformation begraben, folgte ein Zeitalter der Reptilien: zunächst Eidechsen und Lurche in den tieferen Schichten, dann die gigantischen Reptilien. Darüber, in den tertiären Gesteinsschichten, manifestierte sich das Zeitalter der Säugetiere, in dem schließlich der Mensch als Krone der Schöpfung erschien.

Diese Progression war eine starke Stütze für die Argumentation der frühen Evolutionisten, wie Geoffroy Saint-Hilaire und Grant. Doch selbst angesichts solcher Belege für eine Reihenfolge blieb Lyell bei der Behauptung, diese Fortentwicklung könnte eine Illusion sein. Er hielt die Fossilisation von Wirbeltieren in der sekundären und tertiären Schichtenfolge für unzuverlässig und meinte, sie sollte nicht als Beweis herangezogen werden. Wenn man die Wirbeltiere ausklammerte, gab es keine Progression. Auch Anomalien mussten erklärt werden. Wie konnten Säugerkiefer, wie der des Stonesfield-Opossums, in das Zeitalter der Reptilien geraten? Und was die älteren, primären Gesteine anging, in diesen fehlten die Fossilien Lyells Meinung nach nur deshalb, weil sie bei der Bildung der Gesteine zerstört worden waren.

William Buckland und andere führende anglikanische Wissenschaftler gingen die gottlosen Progressisten anders an. Ihnen lieferten die Fossildaten den Beweis einer ganzen Reihe göttlicher Schöpfungen, durch welche die Welt für das Erscheinen des Menschen perfektioniert wurde. Nach Bucklands Meinung *bewies* der vollendete Entwurf des gigantischen *Megalosaurus* oder *Iguanodon* die Existenz eines geschickten Schöpfers. Dieses «Argument aufgrund des Entwurfs» ist von klassischen Philologen in der ein oder anderen Gestalt seit Jahrhunderten vorgebracht worden: Die unglaubliche Vielfalt und Komplexität der Lebensformen, die man im ganzen Tierreich findet, muss die Präsenz eines intelligenten Konstrukteurs widerspiegeln.

Buckland illustrierte seine Argumentation anhand der Struktur der *Iguanodon*-Zähne: «Wir können derartige Beispiele für mechanische Findigkeit im Verein mit einem derart sparsamen Verbrauch an Material nicht betrachten … ohne eine tief greifende Überzeugung zu verspüren, dass all dies … auf Planung und hoher Intelligenz beruht.» Die wunderbare und komplizierte Gestalt dieser uralten Lebensformen sprach gegen die Vorstellung, dass sich das Leben von primitiven zu komplexen Formen entwickelt hatte. Selbst die bescheidenen Trilobiten, «seit zahllosen Zeitaltern in den frühen Schichten des Übergangsgesteins begraben», besaßen

Augen von außerordentlicher Komplexität; einige Arten wiesen auf der Corneaoberfläche mindestens vierhundert Linsen auf. «Das ist völlig unvorstellbar», erklärte er, wenn man nicht von der Existenz «derselben intelligenten schöpferischen Kraft» ausgeht.

In den *Brigdewater Treatises* ging es Buckland darum zu erklären, warum sich der Schöpfer entschieden hatte, die Welt mit bösartigen, blutgierigen Bestien zu füllen. Seine ureigenen Befunde zeigten, dass die räuberischen Reptilien «mit Organen ausgestattet waren, um ihre Beute zu packen und zu töten, mit Instrumenten, die ausdrücklich der Zerstörung dienten»; die Natur war abscheulich, *die Blut und Raub übt, wie ein grimmer Leu*. Er gab zu, dass dies nicht zu einer Schöpfung passte, «die sich auf Güte gründet und deren Ziel es ist, möglichst vielen Individuen möglichst viel Freude zu schenken». Nichtsdestoweniger versuchte er, selbst dies mit Gottes Weisheit zu versöhnen, und argumentierte:

«Es hat dem Schöpfer gefallen, jedes Geschöpf auf Erden mit einer gewissen Güte auszustatten, um das Ende des Lebens für jedes Individuum so leicht wie möglich zu machen. Der leichteste Tod ist sprichwörtlich der, den man am wenigsten erwartet … durch plötzliche Vernichtung und eine rasche Nachfolge werden die Kranken und Schwachen schnell von ihren Leiden erlöst, und die Welt wird stets von empfindenden und glücklichen Wesen bevölkert … der momentane Schmerz eines plötzlichen und unerwarteten Todes ist ein Übel, das unendlich klein ist im Vergleich zu den Freuden, deren Ende es ist.»

In Reverend Bucklands Interpretation des «endlosen blutigen Krieges» in der prähistorischen Welt wird der gigantische *Megalosaurus* paradoxerweise zu Gottes Gesandtem, der die Summe tierischen Leidens verringern sollte.

Im georgianischen England wurde sein Buch mit Begeisterung aufgenommen und war innerhalb weniger Wochen vergriffen. «Es wird alle Liebhaber der Wissenschaft erstaunen und erfreuen», begeisterte sich die *Quarterly Review*. Mit seiner «überzeugenden Eloquenz» habe Buckland «den Chor anschwellen lassen, in dem alle Kreaturen den Schöpfer lobpreisen», und er «bezeugt seine uneingeschränkte Macht, Weisheit und Güte». Einem Kommentar der *Edinburgh Review* zufolge zielte das Werk darauf ab, «tiefste Verehrung für jenes Große Wesen zu inspirieren». Für Buckland war es ein persönlicher Triumph. In wissenschaftlichen Kreisen galt er als der Mann, der erfolgreich die Grundregeln definiert hatte, innerhalb deren sich die geologische Forschung abspielen konnte.

Doch sogar noch Mitte der 1830er gab es nicht wenige, die die Bibel wörtlich nahmen und sich zu einem vielstimmigen Chor der Ablehnung vereinten. In *Blackwood's Edinburgh Magazine* geißelte ein Kritiker einen «Geistlichen, der der Welt leichtfertig und gedankenlos ein Datum und einen Ursprung gibt, die dem ausdrücklich in der Bibel Gesagten völlig widersprechen». Für Buchstabentreue wie George Bugg in seiner *Scriptural Geology*, einer «Geologie nach der Heiligen Schrift», war es nichts weniger als eine himmelschreiende Sünde, dem Schöpfungsbericht zu widersprechen. Er sah die wissenschaftliche Sicht als derart absurd an, dass er nicht einmal akzeptieren konnte, dass es vor Adams Sündenfall «Rassen» Fleisch fressender Tiere gegeben haben sollte.

«Tiere wurden *nicht als Fleisch fressende Kreaturen geschaffen*», wütete Bugg. «Ich halte dies für eine unbestreitbare Grundwahrheit. Denn wären sie als Fleischfresser geschaffen worden, dann müsste der ‹Tod›, sogar der gewaltsame Tod, von Anfang an in der Schöpfung gang und gäbe gewesen sein. Doch in der Heiligen Schrift steht, der Tod sei erst durch die *Sünde* in die Welt gekommen. Wenn Löwen und Tiger etc. von Anfang an so blutdurstig waren, wie sie es heute sind, wäre … selbst Adam nicht sicher davor gewesen, von einer dieser räuberischen Bestien verschlungen zu werden.» Es war Adam, der Tod und Leiden in die Welt gebracht hatte. Vor diesem Zeitpunkt, behauptete Bugg, war Adam nicht einmal von Läusen, Flöhen und parasitischen Würmern behelligt worden! Seiner Ansicht nach waren *Megalosaurus* und andere Riesentiere ursprünglich Pflanzenfresser, und solche Kreaturen «degenerierten später von ihrem Urzustand in ihre karnivoren [Fleisch fressenden] Gewohnheiten».

Bucklands *Brigdewater Treatises* wurden in *The Gentlemen's Magazine* als Fortsetzung abgedruckt, und die daraus resultierende Publizität führte zu noch bemerkenswerteren Spekulationen. Einem Mr. Thomas Thompson Esq., Vizepräsident der *Hull Literary and Philosophical Society*, zufolge ließen sich Bucklands riesige Reptilien tatsächlich mit den Berichten in der Bibel vereinen. «Es gibt guten Grund anzunehmen, dass der Leviathan der Heiligen Schrift mit dem neuen fossilen Megalosaurus und der Behemoth mit dem Iguanodon identisch sind», schrieb er im *Magazine of Natural History*. Doch andere widersprachen. «Soll damit gesagt werden, dass der Megalosaurus im Nil bis in die Zeit des Jesaja existierte, nur rund dreihundert Jahre vor der Zeit Herodots?», fragte ein Kritiker im *Edinburgh New Philosophical Journal*. «Und was den Leviathan angeht, so gibt es keine Stelle in der Bibel, an der wir aus dem Kontext schließen können, dass etwas anderes als das Nilkrokodil gemeint ist.»

Mit seinem Versuch, Wissenschaft und Religion zu versöhnen, hatte William Buckland erneut an einen blank liegenden Nerv gerührt.

Richard Owen, der die *Bridgewater Treatises* in seiner Wohnung im Symond's Inn im Herzen Londons sorgfältig studierte, war beeindruckt. Auch wenn er nicht akzeptierte, dass alle Geschöpfe der Natur einzeln von göttlicher Hand gestaltet worden waren, so glaubte er doch, dass hinter den verschiedenen Lebensformen fundamentale Gesetze der Anatomie standen, Gesetze, die von Gott entworfen und zu Beginn der Schöpfung festgelegt worden waren. Diese «göttlichen Blaupausen», aus denen seiner Überzeugung nach all die Myriaden unterschiedlicher Lebensformen entsprungen waren, wollte er verstehen. Mit besonderem Interesse las er, was Buckland über die großen Reptilien sagte.

Wenn die *fortschrittlichsten* Reptilien mit einem komplexen anatomischen Bau *früher* in der Erdgeschichte gelebt hatten, dann

sprach das gegen die Vorstellung von einer Evolution, die eine Entwicklung von einfachen zu fortgeschritteneren Formen implizierte. Vielleicht ließen sich die prähistorischen Riesenreptilien,
wie von Buckland angedeutet, als Waffe gebrauchen, um die Evolutionisten zum Schweigen zu bringen. Sobald er etwas Zeit erüb-
rigen konnte, begann er, Informationen über diese gigantischen
fossilen Tiere zu sammeln. Schon bald schrieb er Artikel, bei denen es um Details ihrer Anatomie ging, beispielsweise «Über die
Dislokation des Schwanzes an einem gewissen Punkt, die am Skelett vieler Ichthyosaurier zu beobachten ist». Darin argumentierte
er korrekt, dass diese Echsen eine schwere Schwanzflosse besessen
haben mussten. Schritt für Schritt suchte er nach einem Weg, um
sich seiner Rivalen zu entledigen.

Im Jahre 1834 wurde Owen Professor für vergleichende Anatomie am St. Bartholomy's Hospital, und bald darauf wurde er zudem aufgrund seiner Artikel über das Schnabeltier und verschiedene Beuteltiere zum Fellow der *Royal Society* ernannt. Und wie
er schon lange gehofft hatte, gab Mrs. Clift ihren Widerstand gegen seine Heirat auf, als deutlich geworden war, dass es mit seiner
Karriere aufwärts ging. Nach einer achtjährigen Verlobungszeit
lenkte sie wenige Monate nach seiner Aufnahme in die *Royal Society* ein, und es wurden Hochzeitspläne geschmiedet.

Ihm wurde nun eine Zimmerflucht im Royal College of Surgeons zur Verfügung gestellt. Für Caroline war erfreulich, dass ihr
Verlobter nicht nur ein Heim vorweisen konnte, sondern ein
höchst eindrucksvolles dazu. Wenn man sich vom belaubten Platz
der Lincoln's Inn Fields näherte und die breite Steintreppe mit
sechs hoch emporragenden dorischen Säulen hinaufschritt, erreichte man seine Räumlichkeiten durch das großzügige Innere
des College mit seinen widerhallenden Marmorfußböden und seinen säulengezierten Hallen. «R. O. nahm uns in sein HAUS mit,
wo er uns mit Eiskrem, Bordeaux und Kuchen bewirtete», schrieb
sie. «Ich war angenehm überrascht von der Größe der Räume und
dem Komfort der Küchen.»

Das lang ersehnte Ereignis fand am 20. Juli 1835 in der neuen St.-Pancras-Kirche am Euston Square im kleinen Familienkreis statt. Owens Hochzeitstag, der auch gleichzeitig sein Geburtstag war, markierte einen Wendepunkt in seinem Leben. Clift, bescheiden, beliebt und respektiert ob seiner jahrelangen geduldigen Arbeit an der Hunter-Sammlung, war ein perfekter Förderer für seinen ehrgeizigen und talentierten Schwiegersohn. Er wollte niemals ein schlechtes Wort über ihn hören und war stets bereit, seine Interessen zu unterstützen. Schon bald bekleidete Richard Owen die bedeutende Position eines Bevollmächtigten von Clift am Royal College of Surgeons.

Schließlich, im April 1836, wurden die Hoffnungen, die er so lange gehegt hatte, Wirklichkeit. Am College wurde ihm ein besonderer Posten angeboten: der eines Hunter-Professors. Diese einzigartige Ernennung verlangte von ihm, eine jährliche Vorlesungsreihe zu Ehren von John Hunter zu halten, und beförderte den jungen Stellvertreter sofort auf einen hohen Rang in wissenschaftlichen Kreisen. Er war sehr erfreut. «Ich möchte dem Beirat meine tief empfundene Dankbarkeit ob dieses zusätzlichen Zeichens seiner Wertschätzung mir gegenüber zum Ausdruck bringen», entgegnete er. Die Biographie seines Enkels macht deutlich, dass «Richard Owen bis in seine letzten Lebenstage ständig auf die Genugtuung hinwies, die diese Ernennung ihm bereitete».

Geehrt durch diese große Würde, ergriff Owen die Gelegenheit, sich seines langjährigen Rivalen in der *Zoological Society*, Robert Grant, zu entledigen. Feindseligkeiten zwischen dem radikalen, «evolutionistischen» Robert Grant und Richard Owen hatten sich oft daran entzündet, wer welches rare Exemplar sezieren sollte. Nun, mit Rückhalt seines Schwiegervaters und einer wachsenden Gruppe von Unterstützern im Beirat der *Zoological Society*, fiel es dem jungen Hunter-Professor leicht, Grant ohne Mühen loszuwerden; der Coup war eine Sache von Minuten. Eines Abends, als sich der Beirat im Museum der Gesellschaft in der Bruton Street traf, legte Owen lediglich sein Veto gegen eine Ernennung Grants in dieses Gremium ein und entmachtete ihn dadurch mit einem Streich. Für einen vergleichenden Anatomen war es ein schlimmer Schlag, den Zugang zur besten Quelle für Tiermaterial zu verlieren. Robert Grant erkannte die Gefahr zu spät und versuchte, seine Unterstützer zu sammeln. Diese «Unzufriedenen», wie Caroline Owen sie nannte, hatten keinen Erfolg. Für Grant markierte dies den Beginn eines schmerzhaften Niederganges, der schließlich völlig außer Kontrolle geriet.

Indem Owen verhinderte, dass Grant an Tiermaterial gelangte, nahm er seinem Rivalen alle Hoffnungen, die dieser gehabt haben könnte, seine Position auf dem Gebiet der vergleichenden Anatomie zu stärken, und Grants Reputation verblasste. Wie Adrian Desmond gezeigt hat, isolierte ihn Owen, schnitt ihn ab von allen wichtigen Informationsquellen und machte den Mann, in dem viele schon den nächsten Cuvier gesehen hatten, im Zoologischen Garten zu einem unwillkommenen Besucher. Mehr und mehr Menschen scharten sich unter der Fahne des Establishments, die von Owen hochgehalten wurde, und wandten sich gegen Grants radikale Ansichten. Seine Unterstützerfront brach zusammen, und schließlich verschwand sein Name ganz aus dem Register der *Zoological Society.*

Mit der Zeit musste Grant auch um Studenten kämpfen, und da Professoren nach der Zahl ihrer Zuhörer bezahlt wurden, sank sein Einkommen rapide – manchmal betrug es gerade noch fünfzig Pfund im Jahr. Unterlagen aus den 1840ern zeigen, dass er versuchte, sich Geld von der Universität zu leihen, und, als das misslang, «in ein Elendsviertel in Camden Town inmitten von Huren und Schurken zog». Der einst brillante Robert Grant erlebte kein Comeback.

Inzwischen gelang es Owen, der Umgang mit mächtigen Aristokraten im Beirat der *Zoological Society* pflegte, wie Sir Peter Egerton und Lord Braybrooke, die Dinge so zu arrangieren, dass er allein Zugang zu Tierkadavern hatte. «Was die Tiersektionen angeht, so wurden die Angelegenheiten im zoologischen Beirat zufrieden stellend geregelt», schrieb Caroline in ihr Tagebuch. «Es wurde eine Regelung erlassen, die besagt, dass der Hunter-Professor die Erlaubnis erhalten solle, zu sezieren, wann immer und was immer er will, wenn es im Zoologischen Garten zu einem Todesfall kommt ... und dass er Vorrang vor jeder anderen Person hat.» Owens Sieg war vollkommen.

Ohne Grant – oder andere hoffnungsvolle Rivalen – konnte Owen nun jeden tierischen Todesfall im Zoo zu seinem Vorteil nutzen und seine Karriere vorantreiben. Durch einen puren Glücksfall nahm der Nachschub an interessantem Tiermaterial in diesem Herbst noch weiter zu, denn Charles Darwin, der gerade mit der *Beagle* von seiner Südamerikareise zurückgekehrt war, machte der Gesellschaft achtzig Säuger und über vierhundert Vögel zum Geschenk. Darwin, der darauf bedacht war, seinen Weg in der wissenschaftlichen Welt von London zu machen, war hoch erfreut, dass seine kostbaren Exemplare von Owen untersucht wurden.

Carolines Tagebuch berichtet über eine ganzen Reihe von Studien, alle mit dem Ziel, Gottes Plan bei der Erschaffung der Myriaden von Lebewesen zu verstehen. «Heute hat Richard die Giraffe aufgeschnitten, die im Zoologischen Garten gestorben ist. Anschließend ging er hinüber zur *Royal Institution*, um eine Schlange zu sezieren.» Und nicht lange darauf: «Richard ging in die Bruton Street, zum Museum der *Zoological Society*, um einen Strauß aufzuschneiden.» Einige Wochen später notierte sie: «Der arme kleine Schimpanse ist tot. R. ging, um sich die ‹Leichenöffnung› in der Bruton Street anzusehen.»

Caroline, die im Museum geboren und aufgewachsen war, nahm die ständige Passage toter Tiere durch ihre Eingangstür gelassen hin und zeigte sogar Nachsicht, als zeitweilig ein großes Rhinozeros in der Halle untergebracht wurde. Der Geruch von Konservierungsflüssigkeiten durchzog das ganze Haus, eine ständige Erinnerung an Owens Arbeit, die sogar die Luft durchdrang, die sie atmeten. Da er direkt über dem Museum lebte, schaffte er sehr viel, und er fand es kaum nötig, bei geselligen Gelegenheiten eine Pause einzulegen. «Als wir heimkamen, bestand R. darauf, die Beine des Wildgeflügels zu haben, das wir zum Dinner hatten, um die Muskeln zu untersuchen.» Caroline fand eine derartige Hingabe keineswegs störend; für sie war sie Teil seiner Brillanz.

Während Owens Macht innerhalb der *Zoological Society*, der *Royal Society* und im Royal College wuchs, war er sich seiner eigenen Verdienste sehr wohl bewusst, und diese ausgeprägte Selbstsicherheit bildete den Kern seiner Persönlichkeit, die seinen Rivalen wie eine unüberwindliche Felswand vorkam. Sein rasiermesserscharfer Verstand und seine unerschöpfliche Energie dienten ihm nicht nur dazu, Tiere zu sezieren, sondern auch, innerhalb jeder Institution, der er beitrat, zu manipulieren, während er gleichzeitig durch seine schiere Jugend jeden Verdacht entkräftete. Es bedurfte einiger Zeit, bis sich ein Muster herauskristallierte und die Leute den skrupellosen Wesenszug unter der charmanten Oberfläche erkannten. Bereits in diesem Frühstadium seiner Karriere verstand er es mit großem Geschick, sich in jeder Einrichtung, deren Mitglied er wurde, eine Machtbasis aufzubauen. Auf diese Weise stellten seine wissenschaftlichen Verdienste in Verbindung mit seiner politischen Schläue sicher, dass er stets der richtige Mann am richtigen Ort war.

Das gleiche Muster sollte sich wiederholen, als in den 1830ern eine neue Organisation aus der Taufe gehoben wurde: die *British Association for the Advancement of Science* (BAAS), der «Britische Verband für den Fortschritt der Wissenschaft», gegründet als Rivalin der *Royal Society*, um die britische Wissenschaft zu fördern und voranzutreiben. In den 1820ern hatte der Tod zweier renommierter Präsidenten der *Royal Society*, Sir Joseph Banks und Sir Humphrey Davy, ein Vakuum in der Führung der Wissenschaft hinterlassen. Banks' einundvierzig Jahre während Herrschaft als Präsident der *Royal Society* hatte kaum Reformen gebracht; auch weiterhin überstieg die Zahl der Aristokraten und reicher Landadliger im Mitgliedsregister die der wirklichen Wissenschaftler, und

Banks wurde sogar ungerechtfertigterweise beschuldigt, den Beirat mit seinen Günstlingen zu besetzen. Kurz gesagt, die *Royal Society* galt als konservatives Londoner Gewächs und zudem elitär in der Wahl ihrer Mitglieder, was in der Presse zu einer Debatte über den «Niedergang der Wissenschaft in England» führte.

Im Gegensatz zur *Royal Society* war die neu gegründete BAAS bestrebt, ihre jährlichen Treffen jeweils in einer anderen Stadt abzuhalten. Ziel war es, ein breiteres Forum für wissenschaftliche Debatten zu eröffnen, sodass talentierte Amateure der verschiedenen Landesteile leichter einen Beitrag liefern konnten. Aber trotz der besten Absichten übernahmen die anglikanischen Führer der Wissenschaft aus «Oxbridge» [Oxford und Cambridge] und der mächtige innere Kern der *Geological Society* rasch die Führung der neuen Organisation und stellten sicher, dass sie «Gottes Ordnung und Herrschaft» diente.

Richard Owen erkannte bald, dass die BAAS Geldmittel zu vergeben hatte und nach einem Talent Ausschau hielt. Gleichzeitig erinnerte er aus Bucklands *Bridgewater Treatise*s, dass die riesigen fossilen Reptilien eine entscheidende Waffe im Kreuzzug gegen die Evolutionisten sein könnten. Die fossilen Reptilien mussten in das Tierreich eingeordnet werden; wohin passten sie im komplexen Netzwerk der Natur? Hatten sie sich *tatsächlich* aus anderen Lebewesen entwickelt, oder waren sie von Gott eigens geschaffen worden? Ganz offensichtlich würden die fossilen Reptilien das nächste Schlachtfeld sein. Doch er hatte einen neuen Gegner, der weithin als der Führer auf diesem Gebiet angesehen wurde: Gideon Mantell.

Owen konnte Mantells Überlegenheit auf dem Gebiet fossiler Reptilien in den heiligen Hallen der *Royal Society* nicht ohne weiteres infrage stellen. Mantell war fast fünfzehn Jahre älter als er und hatte seit 1825 mehrere mit viel Lob bedachte Vorträge in Somerset House gehalten. Doch mit seinem Schwiegervater Clift, der innerhalb der BAAS eine wichtige Position einnahm, und seinem Verbündeten William Buckland, der 1832 Präsident der BAAS war, witterte Owen seine Chance. Es gab eine Möglichkeit, den neuen Rivalen ebenso auszustechen, wie er Grant ausgestochen hatte, und dann konnte er dieses Wissensgebiet für sich beanspruchen.

KAPITEL 10

Nil desperandum

So glänzt uns ein Lächeln
oft heiß auf der Wang',
Und das Herz rennt doch kalt
an dem Abgrund entlang.

*Thomas Moore, Wie die Sonn' auf der Fläche
des Meeres, zitiert in
Gideon Mantells Korrespondenz 1836*

Gideon Mantell suchte nach einem Weg, seine Führungsposition auf dem Gebiet der fossilen Reptilien zu nutzen, um seine wissenschaftliche Karriere voranzutreiben. Während er seine Zukunft überdachte, begannen vor seinem inneren Auge zwei Möglichkeiten Gestalt anzunehmen. Er konnte seine Landarztpraxis in Lewes behalten, wo er sich fühlte «wie eine Fackel, die sich selbst verzehrt» – frustriert, weil er nicht mehr Zeit für seine Forschung hatte. Oder er konnte in das mondäne Seebad Brighton ziehen. Inmitten der Aristokratie bei Hofe, glaubte Mantell, würde ihn seine ärztliche Praxis zeitlich weniger beanspruchen und mehr Geld einbringen. Und es gab auch eine echte Chance, einen Mäzen zu gewinnen. «Eine weitere Woche ist vergangen, oh, wie nutzlos!», vertraute er seinem Tagebuch an. «Soll ich diesen langweiligen Ort verlassen und mich in den mondänen Trubel von Brighton wagen oder lieber nicht? Bei vier Kindern rät mir die Klugheit ‹bleib, wo du bist›, doch der Ehrgeiz ... sagt ‹geh und sei erfolgreich›. Was soll ich nur tun?»

Da seine Praxis in Lewes seit fast zwanzig Jahren seine einzige

Einkommensquelle war, trug er schwer an dieser Entscheidung. Seinem amerikanischen Briefpartner, Professor Silliman an der Yale-Universität, schrieb er: «Wenn ich an die vielen hundert Familien denke, die ich in meinem relativ kurzen Leben schon vom Wohlstand in die Armut habe absinken sehen, schaudert es mich bei der Vorstellung, dass ein solches Schicksal auch meiner harren könnte.» Sogar sein Schwager, Lupton Relfe, hatte Anfang der 1830er Bankrott gemacht, und seine Notlage war ein ständiger Quell der Sorge: «Ging mit Relfe und sah seine arme Frau. Himmel! Was für ein Elend, was für ein Unglück.»

Als sich Mantells Ruf verbreitete, kamen auch Vertreter des Adels, um sein Museum zu besuchen, und das führte schließlich dazu, dass er den Earl of Egremont kennen lernte, der in Petworth House, Sussex, lebte. Der Earl, ein freundlicher Mann in den Achtzigern, war von Mantells Sammlung fasziniert. Nicht selten verbrachte er bei seinen Besuchen mehrere Stunden damit, die Ausstellungsstücke zu durchstöbern. Im Verlauf des Herbstes 1833 wurde Mantells Beziehung zum Earl zunehmend herzlicher, was zu einer unerwarteten Entwicklung führte. «Lord Egremont ... sprach mit mir über meinen möglichen Umzug nach Brighton und bot mir großzügig tausend Pfund an, um mir beim Umzug zu helfen!» Mit einer solchen Unterstützung – wie sollte das Unternehmen da misslingen?

In diesem Herbst nahmen Mantell und seine Frau häufig die Kutsche nach Brighton, um nach einem geeigneten Wohnsitz Ausschau zu halten. Im November 1833 besichtigten sie ein imposantes Haus in der Old Steyne, in einem vornehmen Viertel in Brighton nahe am Meer. Nummer 20 war ein georgianisches Haus mit geschwungener Vorderfront und fünf Stockwerken, das inmitten der Stadt lag, kaum hundert Meter vom königlichen Pavillon entfernt.

Von jedem Fenster an der Vorderfront des Hauses konnte Mantell einen Blick auf den Glanz des Palastes werfen, dessen Außenfassade mit derart vielen orientalischen Kuppeln, Türmen

und Türmchen verziert war, dass ihre schiere Anzahl offenbar nur
noch von ihrer Überflüssigkeit übertroffen wurde; all dies sprach
Bände über den unvorstellbaren Reichtum, den die Bewohner des
Palastes verprassen konnten. Dahinter waren die hochherrschaft-
lichen Kutschen zu sehen, die zu den Palaststallungen rollten,
einem großen, mit einer Kuppel versehenen Gebäude, in dem sechzig Pferde untergebracht werden konnten. Zur Seeseite hin säumten schmucke Kutschen die Straßen rund um das *Old Ship Inn* und
das *Palace Hotel*, während ihre reichen Besitzer durch die gepflasterten Gassen schlenderten. Direkt vor dem Haus erstreckten sich
gepflegte Ziergärten bis zu einer eleganten Reihe von reich ge-
schmückten Häusern, die in der Regel dem Adel gehörten. Wenn
er sein Reptilienmuseum hier im Herzen dieses exklusiven Stadt-
teils einrichtete, dachte er, dann musste es doch Aufmerksamkeit
erregen.

«Ich habe fast Angst davor, dass ... du weiter von Tilgate
Forest wegziehst, dieser Westminster Abbey der alten Saurier»,
schrieb Professor Silliman aus Amerika, als er von den Umzugs-
plänen erfuhr, «denn ich fürchte, dass die Wissenschaft darunter
leiden wird.» Doch Mantell war voller Optimismus, als er den
Mietvertrag unterschrieb, und hatte «mit dem Umzug nach
Brighton [bald] alle Hände voll» zu tun.

Allmählich füllte sich das elegante Haus in Brighton mit seinen
marmornen Kaminen und seine dekorativen Schnitzereien mit den
unheimlichen Relikten aus dem Zeitalter der Reptilien. Es war das
erste Museum der Welt, das die drei bekannten riesigen Landreptilien zeigte, und Mantell bestellte viele neue teure Ausstellungsvitrinen. Im Zentrum des größten Raumes im ersten Stock platzierte
er die Knochen von *Iguanodon, Megalosaurus* und *Hylaeosaurus*.
Fossilien von urtümlichen Pflanzen, wie Farnen und Cycadeen, illustrierten das «Land des Iguanodon». Es gab auch zahlreiche
Kalkfossilien, darunter seine schöne Fischsammlung, sowie Ab-
güsse von Mammut- und Mastodonfossilien aus Paris. Kurz vor
Weihnachten, als sein Museum vollständig eingerichtet war, kam

seine Familie nach. «Auf Nimmerwiedersehen, Castle Place ... so endet 1833: Und ich beginne die Welt *de novo*!»

Die Ereignisse, die nun folgten, überstiegen selbst Gideon Mantells Erwartungen. Kaum hatten sie Weihnachten gefeiert – in einigem Durcheinander, da ihre Sachen noch immer nicht vollständig ausgepackt waren –, begann Mantell, zwei öffentliche Vorträge über Geologie vorzubereiten, die ihn, wie er Silliman anvertraute, «bei den ersten Leuten der Stadt einführen» sollten. Das Publikum war erstaunt; viele erfuhren zum ersten Mal von den geologischen Belegen für frühere Welten. «Wir müssen die Berichte der Schöpfung in einer fremden und vielleicht abstoßenden Sprache lesen», erklärte Mantell, als er einige der gigantischen *Iguanodon*-Knochen herumzeigte. «Aber sobald man diese Sprache einmal erlernt hat, wird sie zu einem mächtigen Instrument des Denkens ... in dem unförmigen Kieselstein, auf den wir treten, in der undefinierbaren Masse Gestein oder Ton würde das ungeübte Auge vergeblich nach Neuem oder Schönem suchen; wie der Abenteurer in arabischen Erzählungen findet man den Eingang zur Höhle verschlossen ... bis man in den Besitz des Talismans gelangt, der den Zauber lösen und die wunderbaren Geheimnisse enthüllen kann, die so lang im Verborgenen lagen.»

Wie der *Brighton Herald* berichtete, sprach Dr. Mantell «in einem Stil leidenschaftlicher und brillanter Eloquenz, dem gerecht zu werden wir nicht hoffen können, ... Alles, was wir tun können, ist, das Wesentliche seiner Beobachtungen wiederzugeben; die Beredsamkeit, die Energie, den Reichtum der Gedanken, die Beherrschung der Sprache, die Kraft, Schönheit und Vielfalt der Darstellung.» Zu Mantells großer Freude drängten sich an den Dienstagen, wenn sein Museum geöffnet war, «Hunderte Vertreter des hohen und niederen Adels durch die Tür». Er war davon überzeugt, dass er Erfolg haben würde.

Innerhalb weniger Wochen, notierte er in sein Tagebuch, «haben alle wichtigen Leute in der Stadt bei mir vorgesprochen und mich in ihre Häuser eingeladen, und unter vielen hundert Bekannten finde ich vielleicht einige echte Freunde ... Mein Museum ist bereits von mehr als 1000 Personen besucht worden.» Er schrieb Professor Silliman, seine Vorträge seien «gut besucht [gewesen] und sehr angenehm verlaufen, und meine Gesellschaft wurde von den tonangebenden Leuten gesucht: Man kann sagen, ich war tatsächlich der *Löwe* der Saison.»

Mantell wurde in der Lokalpresse weiterhin hoch gelobt und als der «Kolumbus der unterirdischen Welt» sowie als Star der Geologie gefeiert, der «voller Stolz in Brighton willkommen geheißen» werde. Zu diesem Zeitpunkt, während die Maifeiern auf den Straßen in vollem Gange waren, schrieb er: «Mein Empfang in dieser Stadt war in der Tat sehr schmeichelhaft ... Mein nobler Freund Lord Egremont, der mich großzügig aller aktuellen Geldsorgen enthoben hat ... unterstützt mich noch immer in schmeichelhaftester Weise.»

Sein Erfolg in Brighton eröffnete ihm bald eine unerwartete Chance. Im Mai 1834 erhielt er einen Brief von einem Steinbruchbesitzer in Kent, einem Mr. Bensted, dessen Arbeiter in einer Grube in der Nähe von Maidstone riesige Fossilien ausgegraben hatten. Bensted hatte die Umrisse der Knochen mit Hammer und Meißel freigelegt, bis er den «Teil eines Skeletts eines außergewöhnlichen Tieres» erkennen konnte. Die Entdeckung wurde in den Londoner Zeitungen publik gemacht, und «von weit her reisten Gentlemen an, um es zu sehen», doch niemand war in der Lage, den Fund zu identifizieren.

Mantell reiste Anfang Juli nach Kent. Obwohl es bereits nach fünf Uhr nachmittags war, als er in seiner Unterkunft in Maidstone ankam, machte er sich sofort auf die Suche nach Bensted. Er erkannte die Fossilien sofort: «... die unteren Extremitäten eines Iguanodon: eine wunderbare Gruppe.» Während Bensted ihn aufmerksam beobachtete, nahm er alle Details wahr: Da waren mehrere Extremitätenknochen, eine Reihe von fünfzehn Wirbeln, ventrale Wirbelbögen, Beckenknochen wie das Darmbein, Zehenknochen, Rippen etc. Dazwischen eingebettet lagen die höchst charakteristischen *Iguanodon*-Zähne. Zum ersten Mal sah er *zu-sammenhängende* Teile eines *Iguanodon*-Skeletts.

Alle Hoffnungen, die Mantell vielleicht gehegt hatte, das be-merkenswerte Exemplar direkt nach Brighton mitzunehmen, wur-den rasch enttäuscht. Bensted wollte eine beträchtliche Summe für seinen Fund, und es folgten mehrere Wochen zäher und frustrie-render Verhandlungen. Schließlich schrieb Mantell: «Meine *sehr, sehr* lieben Freunde Horace [Horatio] Smith und Mr. Ricardo wollen das Stück, wenn möglich, erwerben und mir schenken.» Wenige Wochen später traf das *Iguanodon* zu Mantells großer Freude in Brighton ein: «Nun drei Monate harte Nachtarbeit mit meinem Meißel, dann ein Vortrag! Ich muss etwas tun, um solche Freundlichkeit zu verdienen.»

Jeden Abend bis tief in die Nacht, lange nachdem die letzten Kutschen den königlichen Pavillon verlassen hatten und die Besu-cher in ihre Hotels zurückgekehrt waren, arbeitete Mantell an sei-nem Fossil. Als sich die Form der hinteren Extremitäten des *Igua-nodon* allmählich abzuzeichnen begann, berichtete er Professor Silliman: «Es gibt viele Knochen, die noch nicht sichtbar waren, als ich dir das letzte Mal schrieb ... Ich bin mir inzwischen sicher, dass die Hinterfüße des Iguanodon sehr groß, flach und außeror-dentlich kräftig waren ... ein Femur [Oberschenkelknochen] des Iguanodon, den ich recht gut wiederherstellen konnte, obwohl er in hundert Stücke zerbrochen war, ist drei Fuß acht Inch lang, ob-wohl er durch die Kompression etwas verkürzt worden ist.»

Da die Zähne gemeinsam mit den anderen Knochen begraben waren, konnte es keinen Zweifel geben, dass sie alle Teile desselben Tieres waren. Fast ein Jahrzehnt lang hatte Mantells Klassifikation der Knochen auf reinen Annahmen beruht. Nun endlich besaß er eine Blaupause mehrerer wichtiger Teile des *Iguanodon*-Skeletts und konnte seine Vorstellungen bestätigen. Er versuchte auch, die Größe des Tieres genauer zu schätzen; dazu vermaß er die korre-spondierenden Knochen bei einem Leguan und legte eine Tabelle an, um die Proportionen beider Tiere zu vergleichen.

Knochen	moderner Leguan	Iguanodon	aufgrund des Vergleichs geschätzte Länge des *Iguanodon*
Zähne		übertreffen die des rezenten Leguans um das 20fache	100 Fuß
Horn	0,25 Zoll hoch	4,5 Zoll, 18mal größer	90 Fuß
Os tympani	0,6 Zoll hoch	6 Zoll, 10mal größer	50 Fuß
Clavicula	1,5 Zoll lang	30 Zoll, 20mal größer	100 Fuß
Femur	3,5 Zoll lang	4 Fuß, 15mal größer	75 Fuß
Tibia	2,8 Zoll	31 Zoll, 11mal größer	55 Fuß
Zehenknochen		16mal größer	80 Fuß

Mantells Schätzungen der Größe des *Iguanodon* aus seiner Tabelle in *The Geology of South-East England* (1833), S. 312.

Ein Vergleich der Größe von Schlüsselbeinen und Zähnen beider Tiere ließ vermuten, dass das *Iguanodon* eine Länge von rund dreißig Metern erreicht haben könnte. «In Wahrheit denke ich, dass seine Größe hier unterschätzt ist», schrieb Mantell. «Wie Frankenstein war ich erschrocken von dem riesigen Ungeheuer, das meine Untersuchungen zum Leben erweckt hatten.»

Ohne ein vollständiges Skelett, das über die tatsächliche Größe des *Iguanodon* hätte Auskunft geben können, waren diese Vergleiche mit dem Leguan der beste Anhaltspunkt, über den er verfügte. Wenn das *Iguanodon* jedoch mehr wie ein Krokodil ausgesehen hatte, das einen kürzeren Schwanz als eine Eidechse hat, dann, erkannte Mantell, «wäre seine Gesamtlänge natürlich viel *geringer*, als hier abgeleitet». Aus den sehr kräftigen Finger- und Zehenkno-

chen des *Iguanodon* schloss er, dass das urzeitliche Reptil viel
«massiger» und gedrungener gewesen sein musste als rezente Echsen. All diese zugegebenermaßen spekulativen Beweisfäden ließen
darauf schließen, dass die uralten Reptilien andere Proportionen
als moderne Eidechsen aufgewiesen hatten, aber es gab keine
Möglichkeit, dies zu beweisen. Die meisten Schwanzwirbel fehlten, sodass er die Länge des Schwanzes nicht belegen konnte.
Überdies besaß er keine Schädel- oder Kieferknochen, was es unmöglich machte, die Form des Kopfes abzuleiten. Ebenso fehlten
Hand- und Fußgelenkknochen sowie entscheidende Teile der
Hüftknochen. Trotzdem versuchte Mantell, sich anhand der ihm
vorliegenden Knochen das Aussehen des Geschöpfes vorzustellen,
und fertigte sogar eine erste provisorische Zeichnung an. In seiner
Handskizze stellte er das *Iguanodon* als kriechende, vierfüßige
Echse dar, die in Form und Proportionen einem Leguan ähnelte.

Derart groß war Mantells Enthusiasmus, dass er im September
1834, innerhalb von Monatsfrist nach Ankunft des Exemplars, in
sein Tagebuch eintragen konnte: «Bin damit fertig, das Maid-
stone-Iguanodon freizulegen, und habe es im Museum platziert.
Wie man es da jemals wieder herausbekommen soll, weiß der
Himmel allein!» Der große Felsbrocken, in dem viele der Knochen eingebettet waren, erhielt von Mantells Brightoner Freunden
Horatio Smith und Moses Ricardo den Spitznamen «das Mantell-
Stück» und fand seinen Platz neben den anderen *Iguanodon*-Kno-
chen im Hauptraum des Museums.

In wissenschaftlichen Kreisen genoss Mantell inzwischen so
hohes Ansehen, dass er zahlreiche akademische Auszeichnungen
erhielt. Da er keine Universität besucht hatte, war er besonders
stolz auf einen Titel vom Yale College in Amerika. Professor Buckland taufte ihn nach seinem spektakulären Erfolg bei der Interpretation fossiler Reptilien «Wizard of the Weald» (Zauberer des
Weald). Schließlich, im Jahre 1835, erhielt Mantell die höchste
Auszeichnung der *Geological Society*: die Wollaston-Goldme-
daille. In der Geschichte der Gesellschaft war diese Medaille erst

einmal zuvor verliehen worden, und zwar an William Smith, der 1831 verspätet als Vater der Stratigraphie geehrt wurde. Der Preis wurden Gideon Mantell «für die Entdeckung zweier Gattungen fossiler Reptilien, Iguanodon und Hylaeosaurus», zuerkannt.

An diesem Abend nahm Charles Lyell seine Stellung als Präsident der *Geological Society* zum Anlass, auf dem Dinner zu Mantells Ehren die Laudatio auf seinen Freund zu halten:

Es sind nun fast zwanzig Jahre vergangen, seitdem ich das Glück hatte, die Bekanntschaft von Mr. Mantell zu machen, und bereits damals schon sah mein Freund ... einige der Ergebnisse voraus, die sich inzwischen bewahrheitet haben ... allein schon seine Sammlung ist ein Monument, das von einfallsreicher Suche und Talent zeugt ... eine Ansammlung von Schätzen, die der bloße Fleiß eines Sammlers niemals zusammenge-

Das Maidstone-*Iguanodon*, das Mantell in seinem Museum in Brighton ausstellte und das als «das Mantell-Stück» bekannt wurde.

Karikatur eines *Saw-rian* [*saw* = Säge] im Mantellian Museum, gezeichnet von Thomas Hood.

bracht hätte ... Es erforderte seine Zielstrebigkeit, inspiriert durch sein Genie ... dies ans Licht zu bringen und diese riesigen Saurier zum Leben zu erwecken ... mit deren Namen wir inzwischen so vertraut geworden sind wie mit denjenigen unserer Haustiere und die in unserer Vorstellungswelt eine ebenso reale Existenz angenommen haben, als lebten sie in diesem Augenblick am Nil ... Gentlemen, auf das Wohl von Dr. Mantell, dem Träger der Wollaston-Medaille!

Wie die lokale Presse berichtete, folgte auf diese Laudatio «lauter und anhaltender Beifall». Es war ein großer Erfolg für Gideon Mantell. «Die vergangenen Monate waren die großartigsten in meinem ganzen Leben», schrieb er in sein Tagebuch, «und wenn Berühmtheit und Ansehen Glück vermitteln könnten, dann müsste ich glücklich sein ... Ich fühle, dass mich der Schöpfer alles Guten mit sehr vielen Wohltaten bedacht hat.»

Doch die ganze Zeit hindurch hatte er seine Praxis vernachlässigt. Paradoxerweise sprach sein tief verwurzeltes Interesse an der

Wissenschaft in Brighton gegen ihn. Böse Gerüchte begannen zu zirkulieren. Die Leute wurden misstrauisch und wollten sich keinem Doktor anvertrauen, der dem Vernehmen nach mehr an Geologie als an Medizin interessiert war und keine Zeit für seine Patienten hatte. Mantell fürchtete, dass diese Gerüchte von Konkurrenten in die Welt gesetzt worden waren, eine Ansicht, die von Professor Silliman geteilt wurde: «Ich bin ehrlich betrübt darüber, dass du von Brighton beruflich so enttäuscht bist, kann aber unschwer verstehen, wie sich neidische Rivalen deiner Strebsamkeit und auch deines Erfolges in der Wissenschaft bedienen könnten, um Vorurteile anzufachen.»

Während die Monate ins Land zogen, wurde zum ersten Mal in seinem Leben Geld rasch zu einer ständigen Sorge. Ihr altes Heim in Lewes sollte versteigert werden, aber es fand sich kein Käufer. Schließlich fand er einen Mieter, der sechzig Pfund im Jahr zu zahlen bereit war, doch das erleichterte seine finanzielle Last kaum, weil das Haus in Brighton dreihundertfünfzig Pfund im Jahr kostete und seine geringen finanziellen Ressourcen rasch erschöpfte. Er hatte dieses eindrucksvolle Haus in der Hoffnung gewählt, aus seinem Museum einen finanziellen Erfolg zu machen. Um die Kosten zu decken, hatte er ursprünglich geplant, von den Besuchern Eintritt zu verlangen. In letzter Minute rieten ihm Freunde jedoch davon ab: «Wissenschaft sollte um ihrer selbst willen kultiviert werden», und ein Eintrittsgeld würde beim Aufbau einer ärztlichen Praxis gegen ihn sprechen.

«Hier stehe ich also, zugestandenermaßen einer der erfolgreichsten Praktiker in der Grafschaft … mit einer größeren Reputation als Mann der Wissenschaft, als ich verdiene, und doch *ohne einen Patienten!*», vertraute er Silliman sechs Monate nach seinem Umzug an. Selbst nachdem tausendfünfhundert Menschen sein Museum besucht hatten, kamen nur wenige als Patienten wieder. Statt, wie er gehofft hatte, ein begehrter Brightoner Arzt mit Klienten in höchsten Kreisen zu werden, musste er nun feststellen, dass die Möglichkeit eines finanziellen Ruins in seinen Gedanken hässliche Gestalt anzunehmen begann. «Meine Praxis hier ist alles andere als viel versprechend», schrieb er im Juni 1835 hilflos in sein Tagebuch. «Eine Menge Besucher – aber *keine Patienten*! Was ich nun tun soll, weiß ich nicht!»

Langsam begann dieser Zustand, alle Aspekte seines Lebens zu beeinflussen. Er wurde zu einem Gefangenen in seinem eigenen Haus, der voller Sorge auf prospektive Patienten wartete. Tage vergingen, in denen es ihm nicht möglich war, die Steinbrüche zu erforschen. Er fühlte sich verpflichtet, Einladungen zu wissenschaftlichen Ereignissen, wie dem Treffen der neuen *British Association for the Advancement of Science*, abzusagen. Während die Menschen in Lewes seine wissenschaftlichen Interessen akzeptiert und seine ausgedehnten Exkursionen dort nicht gegen ihn gesprochen hatten, durfte er in Brighton nicht den Anschein erwecken, die Geologie käme für ihn an erster Stelle. Er erlaubte sich lediglich hin und wieder kurze Besuche in London, vorwiegend deshalb, um seinen Agenten in der City zu treffen und Aktien zu verkaufen: zweihundert Pfund im Juli und nochmals im Dezember 1835.

Aus dieser Sackgasse gab es offenbar keinen einfachen Ausweg. Er konnte nicht zurück nach Lewes gehen; seine Praxis war verkauft, und die neuen Betreiber hatten sich gut eingelebt. Er spielte andere Möglichkeiten durch: Er konnte versuchen, sich einen Namen als Redner zu machen oder Geld aufzutreiben, um woanders eine Praxis zu eröffnen. Wenn alles andere misslang, konnte er seine Familie in einer bescheideneren Unterkunft unterbringen und eine Stellung als Naturkundler auf einem Forschungsschiff annehmen. Sein schwer verdientes Geld ging rasch zur Neige; seitdem er sich in Brighton niedergelassen hatte, verbrauchten sie etwa tausend Pfund pro Jahr. Mantell fühlte sich «auf dem Meer der Umstände treiben». Die finanziellen Schwierigkeiten verstärkten die Spannungen in seiner Ehe. «Sehr unglücklich und unruhig. Leider habe ich den Weg zum Frieden nicht gefunden», schrieb Gideon Mantell im Juli 1835. «Oh, dass diese elende Existenz enden möge!» Überdies ist wahrscheinlich, dass Mary Mantell nicht bereit war, ihrem Gemahl widerspruchslos zu folgen, wie es von ihr zu erwarten gewesen wäre, und die Ungewissheit der ganzen Situation wurde immer unerträglicher.

Ein Gedanke, den er fürchtete, der sich ihm aber mit ständig zunehmender Macht aufdrängte, war, dass er seine Sammlung verkaufen musste. Die riesigen Reptilienknochen, die perfekten Fische im Kalkgestein und die exquisiten Ammoniten würden bei einer Auktion einen guten Preis bringen. Wenn er diese wunderbaren Schätze opferte, dann wäre er vielleicht in der Lage, eine Praxis zu kaufen, und das würde seine Frau freuen. «Ich kann mir nicht vorstellen, dass du deine Sammlung verkaufst», schrieb Silliman Mantell aus Amerika, «es wäre fast so, als ob du *deine Kinder verkauftest*!»

Als der Dezember herannahte, war ihm klar, dass etwas geschehen musste. Gideon Mantell hatte in Brighton eine beträchtliche Schar von Anhängern gewonnen. Horace Smith und Moses Ricardo, die das Maidstone-*Iguanodon* für ihn erworben hatten, George Richardson, der Sohn eines örtlichen Tuchhändlers, und andere sammelten sich um ihn und entwickelten den Plan, eine «wissenschaftliche Einrichtung» zu gründen, die auf seinem Museum basierte. Wenn die Öffentlichkeit einen Schilling Eintritt zahlen würde, könnte man Mantell ein Gehalt zukommen lassen, und da jedes Jahr Tausende von Besuchern nach Brighton kamen, würde die Institution sich bestimmt finanziell selbst tragen. Der Palast auf der gegenüberliegenden Seite der Straße war die ganze Zeit hindurch stumm geblieben, doch in ihrem großen Enthusiasmus baten sie die königliche Familie direkt um Unterstützung.

Trotz all ihrer großen Hoffnungen entwickelten sich ihre Pläne schließlich doch nicht so, wie Mantell es sich gewünscht haben wird. Sie konnten nicht genug Geld auftreiben, um ein separates Museum einzurichten. Bald wurde deutlich, dass es keine Alternative gab: Die neue wissenschaftliche Einrichtung würde in seinem Haus in der Old Steyne residieren müssen. Bei einem Treffen in der

Stadthalle, auf dem die Finanzierung erörtert werden sollte, geriet die Situation offensichtlich bald außer Mantells Kontrolle. Die *Brighton Gazette* berichtete über eine lebhafte Diskussion, in der Mr. Mantell «zustimmte, der Einrichtung sein Haus in der Old Steyne – eine höchst geeignete Lage – gegen eine beträchtlich verringerte Miete zur Verfügung zu stellen … es wurde einstimmig entschieden, den Plan, der bei dem Treffen unterbreitet worden war, sofort umzusetzen». Ob Mary Mantell bei dieser Versammlung anwesend war und die öffentliche Verfügung über ihr Zuhause miterlebte, oder ob sie erst anschließend von der «einstimmigen Entscheidung» erfuhr, ist ungewiss.

Stück für Stück wurden all die verschiedenen Fragmente ihres Lebens mit einem Preis versehen. Mantells Heim in Steyne würde für hundertfünfzig Pfund pro Jahr an die neue Institution vermietet werden, die Sammlung, die den größten Teil der Räumlichkeiten einnahm, wurde für weitere zweihundertfünfzig Pfund pro Jahr vermietet. Ein Raum im Dachgeschoss sollte für Mantell selbst freigehalten werden. Ein weiterer Raum würde für einen Kurator benötigt werden. Für seine Familie blieb einfach kein Platz. Seine Frau und seine Kinder mussten anderswo untergebracht werden. Mary sah sich gezwungen, einem Arrangement zuzustimmen, das die Familie aus ihrem Haus vertrieb; die Relikte der urzeitlichen Geschöpfe hatten sie nun endgültig verdrängt und ihr Familienleben völlig übernommen.

Weihnachten 1835 kennzeichnete einen Wendepunkt in Mantells Ehe. Es war unmöglich, auch nur die einfachsten täglichen Dinge zu erledigen, ohne dass es zu erbitterten häuslichen Auseinandersetzungen gekommen wäre, die inzwischen den Ton ihrer Beziehung prägten. «Einer der unglücklichsten Weihnachtstage in meinem ganzen Leben», schrieb Mantell. «Welches Leid habe ich dieses Jahr nicht erduldet! … Meine Aussichten sind so freudlos, ‹niemand, der mich segnet, und niemanden, den ich segnen kann›, oh, wie meine Seele nach einem verwandten Geist lechzt, den sie mit all ihrer Zärtlichkeit überschütten kann.» Während sich die

Kinder auf Weihnachten freuten, war Mary Mantell tief verletzt und untröstlich. Für sie war diese Notlage allein seine Schuld, es waren sein rücksichtsloser Stolz und die selbstsüchtige Verfolgung seiner eigenen Interessen, die sie in diese hoffnungslose Lage gebracht hatten. Ihr vernichtendes Urteil, das zu all den anderen Schwierigkeiten hinzukam, ließ Mantell verzweifeln. «Herr im Himmel, hilf mir, den Jammer zu ertragen, der mich von allen Seiten umgibt! Oh, nimm mich aus einer Welt, für die ich ganz und gar ungeeignet bin!»

Nach Weihnachten kamen Herren in ihr Haus, um die offiziellen Verträge aufzusetzen, die ihr Heim in eine Institution verwandeln würden. Bald erhielten sie aus dem Palast die Nachricht: «Ihre Majestäten können nicht erlauben, dass Ihre Namen genannt werden, um das Unternehmen gutzuheißen.» Keineswegs entmutigt machten sich Horace Smith und Moses Ricardo zu Lord Egremont auf, um ihn als Mäzen zu gewinnen. Am 4. Januar kehrten sie mit der Nachricht zurück, Seine Lordschaft habe großzügigerweise weitere tausend Pfund gespendet, doch diese Neuigkeit, die Mantell noch vor wenigen Jahre so willkommen gewesen wäre, konnte seine Stimmung nicht heben. «Ausgelaugt von Sorgen und Erschöpfung», schrieb er voller Verzweiflung.

Während Mary Mantell sich bemühte, ihr Leben im Rahmen der neuen Pläne zu arrangieren, musste sie die enthusiastischen Berichte in der Lokalpresse als Hohn empfinden, als schmerzhafte öffentliche Verkündigung des Zusammenbruchs ihres Familienlebens. «Mit unverhohlener Befriedigung denken wir an die brillanten Aussichten dieser noch in den Kinderschuhen steckenden Institution ... Mit großer Freude haben wir vernommen, dass die Arrangements ... nun beinahe vollständig abgeschlossen sind», schrieb der *Brighton Herald* im März 1836 begeistert. «Dr. Mantells Museum ... ist interessanter und vollkommener als irgendein anderes in Europa.» Nach einer lokalen Schätzung gab es fast 30 000 Ausstellungsstücke. Für die Eingangshalle wurde rasch ein Porträt des freigiebigen Earl in Auftrag gegeben.

Im darauf folgenden Monat nahm Mrs. Mantell ihre Möbel, ihr Porzellan und ihre Vorhänge und zog mit ihren Kindern in die Southover Street nach Lewes. Von ihrem bescheidenen Häuschen am Fuß des Hügels konnte sie ihr früheres Heim am Castle Place sehen, eine tägliche Erinnerung an die hoffnungsfrohen frühen Jahre ihrer Ehe. Einige Historiker haben vermutet, sie habe ihre Kinder gegen ihren Vater zu beeinflussen versucht. Die beiden Älteren planten, das Haus zu verlassen. Walter ging bei einem Chirurgen in die Lehre und wollte nach Abschluss seiner Ausbildung nach Neuseeland auswandern. Ellen hatte sich in den Kopf gesetzt, nach Amerika zu gehen. Die beiden Jüngsten, Reginald und Hannah, besuchten noch in der Nähe von London die Schule und lebten im Internat.

Nachdem die Familie ausgezogen war, wurden die Türen der *Sussex Scientific Institution* und des Mantellian Museum offiziell für das Publikum geöffnet. George Richardson, dem *Brighton Guardian* zufolge «ein Mann von scharfem Verstand», wurde neuer Kurator. Mantell erhielt einen Raum im obersten Stockwerk, in dem er Patienten empfangen und sich um die Belange des Museums kümmern konnte. Sein ganzes Leben, so war ihm, hatte sich um die versteinerten Überreste früherer Welten gedreht, doch nun begann diese Faszination zu verblassen. «In Wahrheit», schrieb er, «bin ich die kaltblütigen Geschöpfe, die mich umgeben, nun gründlich leid.»

Als Mantell im darauf folgenden Monat die vierzehnjährige Hannah in Dulwich am Rande von London besuchte, musste er feststellen, dass das Internat ihn nicht darüber informiert hatte, dass sie schwer krank war. «Sie erkrankte in der Schule an einer Infektion des Hüftgelenks, und leider wurden die ersten Symptome dieser Infektion irrtümlich für einen bloßen gewöhnlichen Rheumatismus gehalten», schrieb Mantell an Professor Silliman. Nicht zufrieden mit der Behandlung, die ihr in der Schule zuteil wurde, kehrte er voller Sorge am nächsten Tag zurück, um zu sehen, was sonst noch getan werden könnte. Die nächsten Monate hindurch besuchte er sie häufig, hielt jede Besserung in seinem Tagebuch fest und machte, als ihre Kräfte wiederkehrten, Pläne für Ausflüge in Galerien oder Picknicks.

Sowohl Gideon Mantell als auch George Richardson waren der Überzeugung, dass das Schicksal ihrer neuen wissenschaftlichen Einrichtung in Brighton «vom Erfolg oder Misserfolg unserer Versuche abhängt, in der Stadt einen Sinn für wissenschaftliche Erkenntnisse zu kultivieren». Unermüdlich widmeten sie sich der Aufgabe, noch originellere Wege zu finden, um eine Zuhörerschaft zu fesseln. Mantells Vorträge wurden immer beliebter; bei einer Gelegenheit drängten sich achthundert Menschen in die Stadthalle, um ihn reden zu hören. Nicht selten waren wichtige und berühmte Gäste darunter – wie Michael Faraday, der gerade dabei war, sich an der *Royal Institution* einen Namen mit seinen Untersuchungen über Elektromagnetismus zu machen, Louis Agassiz, ein renommierter Schweizer Naturforscher, der über «die Schönheit und Vollkommenheit» von Mantells Kalksteinfossilien staunte, Professor Buckland, Roderick Murchison, Charles Lyell und andere Mitglieder der *Geological Society*. «Als Redner hatte Mantell nicht seinesgleichen und konnte seine Zuhörer gefangen nehmen», verkündete der *Herald*. «Er war sogar noch meisterhafter und eloquenter als zuvor», blies die *Gazette* ins gleiche Horn. «Lauter und anhaltender Applaus unterstrich die hohe intellektuelle Befriedigung, die Dr. Mantell seinen vornehmen Zuhörern bereitet hatte.»

Trotz ihrer Entfremdung versuchte seine Frau noch immer, ihn zu unterstützen; zu seiner großen Freude sah er sie gelegentlich mit einem oder zweien der Kinder unter den Zuhörern. Tatsächlich muss ihm seine private Situation hoffnungsvoller erschienen sein, denn im Juli 1836 schrieb er optimistisch: «Glück könnte doch das Los derjenigen sein, die ich liebe. Meiner süßen Hannah Matilda geht es entschieden besser» und «Mary sehr glücklich und freundlich. Wenn ich nur eine gute berufliche Perspektive fin-

den könnte, je mehr Arbeit, desto besser, dann wäre alles gut».
Kurz darauf zog Mary nach Brighton zurück, in ein kleines Haus
in der Western Road, um näher bei ihm zu sein.

Mantell konnte seiner Frau endlich versichern, dass er in
Brighton einige Patienten hatte und, wenn die Einrichtung prospe-
rierte, das Geld auftreiben würde, sich eine neue Praxis zu kaufen.
Weihnachten hatte sich Hannah so weit erholt, dass sie mit ihrer
Familie ein Konzert besuchen konnte. «Ich bin dem Ewigen dankbar für die Segnungen, die er mir zuteil werden lässt», schrieb er
voller Freude über Hannahs Fortschritte im Dezember in sein Tagebuch. «Eine Zigeunerin hat mir einst vorausgesagt, dass 1837
über mein Geschick entscheiden würde, so oder so! Sei's drum, ich
bin bereit für das Gute wie für das Schlechte!»

Im Frühjahr 1837 schien sich das Schicksal endlich zu ihren
Gunsten gewendet zu haben. Mantells Vorträge begannen, weit
über Brighton hinaus Interesse zu wecken. Der Zeitschrift *Lancet*
zufolge waren seine «Populärwissenschaftlichen Vorträge über
Physiologie» mit Zeichnungen illustriert «die, obwohl anatomisch korrekt, in keiner Weise abstoßend wirken ... man sah Damen von Rang und Stand, die Gläser mit präparierten Schaf- oder
Ochsenaugen etc. herumreichten und sie mit ebenso viel Interesse
betrachteten, wie eine Schatulle mit Geschmeide häufig erregt.»

Um das Interesse am Museum wach zu halten, entwarfen Mantell und Richardson noch einfallsreichere Werbestrategien. Im Juni
1836 hatte der *Herald* von einem «ungewöhnlichen Vorfall» berichtet, bei dem Richardson von einem Geräusch in den Muse-
umsvitrinen aufgeschreckt worden war: «Als er sich umwandte,
sah Mr. Richardson mit Schrecken, dass die ganze Sammlung dieser gigantischen Knochen in Bewegung war! Die Oberschenkelknochen hatten sich aufgerichtet und tanzten herum, als ob sie
nach Beinen suchten, der Kopf glitt auf den Rumpf zu ... die Kiefer klappten auf und zu und luden die Zähne vom anderen Ende
des Raumes ein, und unter dem Tisch kamen die Klauen hervor.»
Die urzeitlichen Bestien verschlangen, einmal wieder vereinigt,

alles um sie herum «und verwüsteten die Regenschirme, einen brandneuen Hut, eine Ausgabe von Dr. Johnson und ein komplettes Exemplar der *Times* … Diese wunderbare Wiederbelebung wird in der nächsten *conversazione* erörtert werden.»

Das alles forderte natürlich seinen Preis. Tagsüber war Mantell im Museum beschäftigt, die Abende vergingen mit Vorträgen und *conversaziones*. Während die Zeitungen nicht müde wurden, seinen «höchst klaren und angenehmen Stil» zu loben, fühlte sich Mantell oft «zu Tode erschöpft». Die anstrengenden öffentlichen Auftritte, die er absolvierte, während in seinem Privatleben noch immer ein solches Durcheinander herrschte, wurden zu viel für ihn: «… sehr elend … Ich versuchte, meinen Vortrag zu beginnen, schaffte es aber nicht, mich zu konzentrieren.» Trotz seiner finanziellen Schwierigkeiten floss nicht alles eingenommene Geld in die Einrichtung: «Hielt einen Vortrag im Old Ship – 350 Personen waren anwesend – ein klarer Profit von 25 Pfund für den armen Phillips, den Blumenverkäufer, der fast blind ist.»

Im Frühjahr 1837 war es ihnen schließlich gelungen, königliche Unterstützung zu gewinnen, und das Museum wurde offiziell in *Sussex Royal Institution* umbenannt. Doch trotz dieser Ehre kam noch immer kein Geld aus dem Palast, den sie von den Fenstern des Museums aus sehen konnten. Dort funkelten die Kronleuchter bis spät in die Nacht und beleuchteten die nur allzu gut sichtbaren Zeichen des Reichtums, von dem offenbar nichts erübrigt werden konnte, um ihnen zu helfen. Während die Monate ins Land gingen, verlor die *Sussex Royal Institution* trotz ihrer übermenschlichen Anstrengungen rasch an Geld.

«Wie einzigartig ist doch meine gegenwärtige Situation», schrieb Mantell an Silliman. «Als Vortragsredner populär, umworben von den tonangebenden Männern in Gesellschaft und Wissenschaft, als Praktiker … zwanzig Jahre lang sehr erfolgreich, mit einem eigenen Museum, das jedem privaten Museum in Europa gleichkommt, wenn es dies nicht gar übertrifft … gefördert von einem der reichsten Aristokraten in England … und doch bin ich im Augenblick in größter Sorge um meine Zukunft. Von vielen beneidet – Ach! Wie wenig weiß die Welt von unserem wirklichen Zustand!»

Im Februar 1837 schien es Hannah gut genug zu gehen, um in die Schule zurückzukehren. Aber zwei Monate später brachte Mantell sie wieder nach Hause, sehr besorgt über ihren Zustand. Unterdessen wurden die finanziellen Probleme immer drückender. Er war offenbar nicht in der Lage, genügend Geld aufzubringen, um seine Familie wieder zu vereinen, und wurde sich immer unsicherer, ob seine Frau überhaupt noch zu ihm zurückkehren wollte. «Der Tag schleppt sich dahin, auch wenn Stürme die Sonne verdunkeln, und so wird das Herz brechen, doch gebrochen weiterleben!», schrieb er in sein Tagebuch. «Ich füge mich dem Willen Desjenigen, der am besten weiß, was Seine Geschöpfe ertragen können.»

Gideon Mantell wusste, dass es nun keinen anderen Ausweg gab als den, den er am meisten fürchtete: sein Museum mit den riesigen fossilen Reptilien zu verkaufen. Sein ganzes Leben lang hatte er diese Sammlung aufgebaut, er hatte für sie gebettelt, für sie gespart, war Hunderte von Meilen für sie gereist und hatte seinen häuslichen Komfort geopfert. Er konnte nicht ganz glauben, dass es wirklich dazu kommen würde, und klammerte sich eine Weile an die Hoffnung, dass es in letzter Minute einen Aufschub geben würde. Manchmal ging er sogar so weit, die Augen vor ihrer finanziellen Notlage zu verschließen, und konnte der Versuchung nicht widerstehen, auf Auktionen neue Stücke zu erwerben: einen großen Teil eines *Hylaeosaurus*-Skeletts, einige neue *Iguanodon*- oder Mastodon-Fossilien. Ungläubig schrieb er an Professor Silliman: «Ich bin genötigt, mein Museum zu verkaufen!!! Zu diesem Schritt gezwungen zu sein ist, wie du mir sicherlich glauben wirst, eine schwere Prüfung für mich, doch ich stelle fest, dass es sein muss – entweder Medizin, um den Lebensunterhalt zu verdienen, oder Wissenschaft; man muss entsagen. Und so geht es mir wie Shakespeares Apotheker: Meine Armut, nicht mein Wille zwingt mich dazu.»

Als der Verkauf unumgänglich wurde, versammelten sich die Freunde vor Ort ein weiteres Mal und heckten einen neuen Plan aus. Sie wollten dadurch, dass sie eine Reihe von Anteilen am Museum ausgaben, versuchen, dreitausend Pfund aufzubringen. Der zuvorkommende Lord Egremont versprach, Anteile für fünfhundert Pfund zu zeichnen, sobald sie eine genügende Anzahl verkauft hatten. Viele sagten ihre Hilfe zu. «Mr. Ricardo, der selbst für hundert Pfund unterzeichnet hat, reichte den Namen seines Bruders mit fünfzig Pfund ein», schrieb die *Gazette*. «Miss Wright, die erste Frau, die unterzeichnete, hat zwei Anteile zu je fünfzig Pfund genommen ... es wurde beschlossen, sich umgehend an den Adel und die Gentlemen der Grafschaft zu wenden, um die erforderliche Summe zusammenzubringen.»

Währenddessen versuchte Gideon Mantell hartnäckig und tapfer, weitere Unterstützer zu gewinnen. Dazu entwarf er in einer Reihe von Vorträgen, die sich über sechs Wochen verteilten, eine vollständige Geschichte der Erde. Er begann mit der Epoche des Menschen und tastete sich anschließend jede Woche weiter in die Vergangenheit zurück, wobei er die geologischen Belege für eine Aufeinanderfolge verschiedener Zeitalter erläuterte. Im Mittelpunkt seines zweiten Vortrags standen Cuviers Entdeckungen: «... die Periode, die dem Erscheinen des Menschen auf Erden unmittelbar voranging, und ihre wichtigsten Bewohner, welche die großen Säuger, wie Mammut und Megatherium, darstellten.» Er beschrieb auch Bucklands Höhlenforschung und erklärte, dass dessen Hyänen und Bären Zeitgenossen des Mammuts gewesen waren. In seinem dritten Vortrag drang er noch tiefer in die Erdkruste ein, erörterte Lyells Untersuchungen der tertiären Schichten und beschrieb die verschiedenen Schalentypen, die im Londoner und Pariser Becken gefunden worden waren. Das Zeitalter der Reptilien, das in den sekundären Strata unter den tertiären Gesteinen begraben lag, war Thema seines vierten und fünften Vortrages.

Es war sein Lebenswerk, und als er einige der bemerkenswerten Reptilien vorstellte, die er gefunden hatte, erwachte jedes rie-

sige Wesen zum Leben. «Das Vorurteil gegen die Annahme, dass
solche Geschöpfe einst die Herrscher der Erde waren, schwindet
heute mit fortschreitendem Wissen, und den Geologen wird nicht
länger vorgeworfen, dass sie eine Tatsache nennen, die durch immer mehr Belege gestützt wird», erklärte Mantell. Wie sein
Freund Lyell war er kein Anhänger der Evolutionisten. Er versicherte seinen Zuhörern, dass die außergewöhnlichen Kreaturen,
die einst auf Erden lebten, «zufriedene Geschöpfe waren, die präzise an die Bedingungen angepasst waren, unter denen sie lebten».

Am Samstag, dem 21. Oktober 1837, schoben sich mehrere
hundert Menschen in die Stadthalle, um seinen letzten Vortrag zu
hören. Die Turmuhr schlug drei, die Kutschen parkten bis zur
North Street. Die Halle war bis in den letzten Winkel gefüllt,
selbst auf den Gängen drängten sich die Zuhörer. Die Eintrittskar-
ten, zwei Schilling und Sixpence das Stück, waren restlos ausver-
kauft. Diesmal tauchte Mantell noch tiefer in die Vergangenheit
ein und beschrieb die Entdeckungen, die Murchison in den silurischen Gesteinen der Übergangsära gemacht hatte: Die seltsamen
Trilobiten, Crinoiden, Echinoiden und Korallen, «die in sehr frühen Formationen der Erde gefunden» worden waren. In seiner un-
nachahmlichen Weise schuf er ein dramatisches Bild des Wirbello-
senlebens in «den frühesten Meeren». Er kam zum Schluss:

Ich kann meinen Vortrag wohl kaum besser schließen als mit
dem wunderbaren Vers, in dem Lord Byron die See apostro-
phiert ... und zwar in einer Sprache, die ebenso wissenschaftlich eloquent und wunderschön wie poetisch ist:

Weltreiche hat dereinst dein Schaum benetzt,
Du ohne Wandel, sie verwandelt all ...
Der Zeiten Spur
Schrieb keine Furch in deiner Stirn Kristall;
Wie dich am Schöpfungsmorgen die Natur
Gesehn, so wogst du noch in ewigem Azur.

Als er geendet hatte, erhoben sich alle Zuhörer von ihren Sitzen,
und der Saal hallte wider von dröhnendem Applaus.

Aber alle Hoffnungen auf einen Aufschub zerplatzten bald wie Seifenblasen. Drei Wochen später erfuhr Gideon Mantell, dass Lord Egremont gestorben war. Das war ein schwerer Schock für ihn. Im Dezember 1837 wurde das geplante Geburtstagsdinner für die Einrichtung durch eine wegen des Notfalls hastig einberufene Sitzung ersetzt. Mantells Beitrag war «in einem eloquenten Stil [gehalten], der seinen gewöhnlichen Redestil noch übertraf», schrieb die *Gazette*. Doch noch während er sprach und in den Chor der hoffnungsvollen Stimmen einfiel, die Pläne für das nächste Jahr schmiedeten, war ihm klar, dass dies der Grabgesang war. Es gab keine Hoffnung mehr, das Museum zu retten.

Mantells Sammlung wurde dem Stadtrat von Brighton für dreitausend Pfund angeboten, obwohl ihn all diese im Verlauf vieler Jahre zusammengetragenen Exemplare Schätzungen zufolge mehr als siebentausend Pfund gekostet haben dürften. Aber der Stadtrat lehnte ab. Und der neue Lord Egremont hatte kein Interesse am Museum. Mantell erkannte, dass er die Sammlung würde auflösen und versuchen müssen, einzelne Stücke zu verkaufen, wo immer sich die Gelegenheit bot. Damit wurden seine schlimmsten Befürchtungen wahr. «Wie ich mir wünsche, du könntest sie sehen, bevor sie in alle Winde zerstreut wird», schrieb er im September 1837 an Silliman. Er bat ihn, sich in Amerika nach einem Käufer umzuhören. Aber selbst zu einem reduzierten Preis war für diese Kollektion – die schönste Sammlung riesiger Landreptilien, die es jemals gegeben hatte – kein Käufer zu finden

Am 30. Dezember erschien im *Herald* eine kurze Notiz. «Mit tiefstem Bedauern hören wir, dass die Auflösung von Dr. Mantells Museum nun unumgänglich geworden ist.» Die Zeitung drängte ihre Leser, dies nicht geschehen zu lassen: «Wir wissen, dass die Bürger die Schließung der Einrichtung in höchstem Maße bedauern würden ... Sollte unsere Grafschaft, in der so viele adelige, reiche und intelligente Männer wohnen, wirklich erlauben, dass eine solch wertvolle Sammlung aufgelöst wird, so wäre dies eine Schande!» Aber diese Appelle blieben ohne Erfolg. Anfang 1838 musste Mantell zur einzigen ihm verbliebenen Möglichkeit greifen. Er saß in einer Ecke des Museums an seinem Schreibtisch, umgeben von diesen so vertrauten Formen, die nun das Haus bewohnten und es mit einer unwirklichen Stille erfüllten. Von außen drangen wie aus großer Entfernung nur vereinzelte Geräusche herein – eine vorbeiratternde Pferdekutsche, gelegentlich der Schrei einer Seemöwe. Langsam begann er, einen Brief an seinen alten Bekannten, Charles Konig am British Museum, zu formulieren:

Mein lieber Sir,
ich bin bestrebt, in Verhandlungen mit den Treuhändern einzutreten … Sagen Sie mir, wer sie sind und bei wem ich am ehesten Erfolg haben werde. [Um sie zu einer raschen Entscheidung zu seinen Gunsten zu drängen, fügte er nicht ganz wahrheitsgemäß hinzu:] Ich werde von lokalen Institutionen mit Angeboten überschüttet, doch ich habe mich nun entschlossen, dass die Sammlung ins British Museum gehen soll …

Darum besorgt, einen Verkauf sicherzustellen, fühlte er sich verpflichtet, andere bedeutende Persönlichkeiten unter den Geologen über seine angespannten finanziellen Verhältnisse zu informieren, die sich daraufhin ebenfalls an das British Museum wandten. Der neue Präsident der *Geological Society*, Roderick Murchison, schrieb: «Derart ist der wahre Wert der Sammlung, dass es der Nation zur Ehre gereichen würde, wenn sie … im British Museum ihren Platz fände … Ich würde es als Schandfleck für unseren nationalen Charakter ansehen, wenn diese Gelegenheit ungenutzt vorüberginge!»

Aber die Museumsbeamten blieben ungerührt – sie hatten eine wachsende Zahl von Amateursammlern zu berücksichtigen. Einen Monat später, am 17. Februar, schrieb Mantell zum zweiten Mal:

Die Sammlung besteht aus vielen tausend Exemplaren, aber die wirklich bedeutenden Stücke, die mir die Kühnheit verleihen, Ihre Aufmerksamkeit in Anspruch zu nehmen, sind die Überreste von Iguanodon, Hylaeosaurus und anderen kolossalen Reptilien und Fossilien, die eine Besonderheit des Weald im

Südosten Englands darstellen ... Die Summe, für die ich der Nationalsammlung mein Museum anbiete, beträgt fünftausend Pfund ... ich bin bereit, in jede Art von Verhandlung einzutreten, die Sie, meine Lords und Gentlemen, vorschlagen mögen.

Der Appell blieb ohne Wirkung. Um die Vorzüge der Sammlung festzustellen, müsse die korrekte Vorgehensweise eingehalten werden, erhielt er zur Antwort. Für einen Erwerb in dieser Größenordnung sei ein Zuschuss des Parlaments notwendig; zudem würden Empfehlungen anderer Geologen erforderlich sein, um den Wert zu schätzen. Bald darauf erhielten die Beamten des British Museum weitere Briefe, in denen der Kauf der Sammlung befürwortet wurde: Charles Lyell, Lord Northampton und Roderick Murchison wurden in Westminster vorstellig, um direkt an den Kanzler zu appellieren. Neue und anscheinend unüberwindliche Hindernisse türmten sich auf, als man feststellte, dass die jährliche Schätzung des Kapitalbedarfs für das British Museum bereits der Schatzkammer vorgelegt worden war und zusätzliche Gelder nicht vor dem darauf folgenden Jahr überwiesen werden konnten.

Nach wochenlangen Verhandlungen kam man schließlich in London zu einer Übereinkunft. Das British Museum würde die Sammlung übernehmen, aber Mantell würde ein ganzes Jahr auf sein Geld warten müssen. Überdies musste noch die geringfügige Angelegenheit mit dem Preis geregelt werden. Professor William Buckland setzte sich hartnäckig für Mantell ein und riet den Treuhändern, die Summe zu zahlen, die von Mantell gefordert wurde, denn er habe «großes Vertrauen in Mantells Urteilskraft in solchen Dingen». Das Zeugnis eines so bedeutenden Mannes wie Buckland hätte die Angelegenheit eigentlich entscheiden sollen.

Das war jedoch nicht der Fall. Die Verhandlungen gestalteten sich derart schwierig und kompliziert, dass Mantell sich zu fragen begann, ob er gezwungen sein würde, seine Sammlung «unter den Hammer» zu bringen. Dann, im Herbst 1838, reiste eine Abordnung wichtiger Vertreter des British Museum, darunter Charles

Konig und Henry Stutchbury, aus London an, um die Sammlung persönlich zu begutachten. Dabei waren sich alle über die Schwierigkeit einig, den Wert einer solch einzigartigen Kollektion zu schätzen.

Geduldig warteten Mantell und George Richardson, während die Londoner Fachleute immer wieder Kataloge prüften und den Wert einzelner Exemplare diskutierten. Aufgrund der Anzahl der Fossilien konnte selbst der sehr bewanderte Stutchbury das Material in der verfügbaren Zeit nicht so etikettieren, wie es wünschenswert gewesen wäre. Mantell bot seine Hilfe bei den Riesenreptilien und den Fischfossilien aus dem Kalkstein an, seinen beiden Lieblingsabteilungen, geriet dann aber zu sehr «außer Fassung», um weiterzumachen. Schließlich wurde die Liste mit Hilfe von Richardson und einem «sorgfältigen Jungen» fertig gestellt, und man einigte sich auf die große Summe von 4087 Pfund. Um Mantells willen sorgte der Marquis von Northampton dafür, dass George Richardson am British Museum einen Posten als Unterkurator erhielt. Im November 1838 verkündete die *Gazette*: «Das Mantellian Museum schloss diese Woche und wird so schnell wie möglich ins British Museum überführt werden ... für den Transport der Exponate sind gefederte Wagen gemietet worden ... Es wird erwartet, dass alles bis zum 7. des nächsten Monats über die Bühne geht.»

Im Dezember kehrte Gideon Mantell aus London zurück, wo er Vorkehrungen für den Kauf einer neuen Arztpraxis getroffen hatte, um einen letzten Blick auf seine Sammlung zu werfen. «Welch eine Lektion in Bescheidenheit! Welch ein Beweis für die Eitelkeit menschlicher Hoffnungen», schrieb er in sein Tagebuch. Alle Fossilien waren in Kisten verpackt und warteten aufgestapelt auf den Abtransport. Sein ganzes Leben schien auf der Durchreise zu sein. Mary war nicht mit ihm nach London gegangen, wo er im Stadtteil Clapham eine Praxis eröffnen wollte. Als er in den leeren Fluren auf und ab ging, fragte er sich, ob er sie überzeugen könnte, zu ihm zurückzukehren. Wenn sie jetzt käme, würde sie sehen, dass er seine geliebte Geologie endgültig aufgab. Alles war gepackt, alles würde fortgeschafft werden. Nicht ein einziges Fossil, nicht einen einzigen Schatz hatte er für sich zurückbehalten. Wenn sie nur sehen könnte, dass er sich mit vollem Bewusstsein selbst ein Erinnerungsstück versagt hatte, würde sie verstehen, dass er aufgegeben hatte.

Aber er war ganz allein in dem Haus in Brighton. Kein Laut war zu hören, abgesehen von Richardson, der oben zwischen den Kisten hantierte. Sein Blick fiel auf das Familienmotto, das auf dem Wappen über der Tür eingraviert war: *Nil desperandum* – Verzweifele an nichts. Seine Vorfahren hatten ebenfalls alles verloren, was ihnen teuer war.

Als er am nächsten Tag aufwachte, hörte er Hufgeklapper näher kommen. Rasch trat er an sein kleines Dachfenster, zog den Vorhang zurück und sah hinaus. Aber er war nicht seine Frau, die zurückkehrte. In der Old Steyne unten herrschte Chaos. Rund neunzig Pferdefuhrwerke waren bestellt worden, um die ganze Sammlung abzutransportieren. Die Angestellten des Museums begannen, die Kisten auf der Straße aufzustapeln, und Kutscher warteten auf ihre Befehle. Es war ein wildes Durcheinander.

Schließlich luden sie das *Iguanodon* auf den letzten Wagen. Mantell sah zu, wie sich die Karawane die Steyne hinunter in Bewegung setzte und am Ende der Grünfläche links auf die Straße nach London abbog. Schließlich hörte er das Klappern der Pferdehufe in der Ferne verklingen. Er hatte sein *Iguanodon* weggegeben, das Symbol all seiner jugendlichen Hoffnungen auf Erfolg.

Während er im Frühjahr 1839 damit begann, die geplante Praxis in Clapham einzurichten, verließ seine Frau ihn schließlich endgültig. Im Sommer trafen auch seine älteren Kinder Vorbereitungen zu gehen. Ellen war mit einundzwanzig Jahren alt genug, ihr Zuhause auf eigene Verantwortung zu verlassen. Walter, der seine Ausbildung als Chirurg in Chichester absolviert hatte, war entschlossen, nach Neuseeland auszuwandern. Gegen den ausdrücklichen Widerstand seines Vaters, der wünschte, dass sich sein Sohn in der Nähe niederließ, reiste Walter am 15. September schließlich ab. Mantell stand vor der schrecklichen Erkenntnis, dass er alles verloren hatte, was ihm lieb und teuer war: seine Hoffnungen auf eine wissenschaftliche Karriere, seine wertvolle Sammlung und seine Familie. Verzweifelt und enttäuscht tilgte er seine Tagebucheintragung für den Tag: «Mein Sohn Walter und meine Tochter Ellen ... [der Rest ist durchgestrichen]»

Gideon Mantell war jedoch nicht ganz allein. Seine Tochter Hannah war zu Hause, und im Sommer 1839 schien es ihr so viel besser zu gehen, dass sie Pläne für die Zeit nach ihrer Wiederherstellung zu schmieden begannen. Er wusste, dass sie stets hinken würde, aber sicherlich konnten sie die Ausbreitung der Infektion stoppen. «Mein süßes Mädchen ist noch immer vollständig ans Bett gefesselt, aber es geht ihr besser als zuvor, und sie leidet nicht. Sie muss ständig auf dem Rücken liegen, aber sie kann dennoch zeichnen, malen, stricken, schreiben und arbeiten, und ihr sanftes, ausgeglichenes Wesen lässt rund um sie herum alles freundlich erscheinen.» Er war mit ihren Fortschritten zufrieden. «Wie rätselhaft sind die Wege der Vorsehung!», schrieb er Silliman. «Wenn es jemals ein menschliches Wesen gegeben hat, das frei war von den Launen des Temperaments und den üblichen Fehlern der Sterblichen, dann ist es dieses liebe Mädchen! Soll es uns lehren, dass wir allein durch geduldig ertragenes Leiden vollkommen werden können?»

Im Herbst, als es kühler wurde, flammte die Infektion in Hannahs Hüfte erneut auf, und sie wurde wieder schwächer. Mantell badete und versorgte ihre Wunde jeden Morgen und jeden Abend eine Stunde lang, wobei er versuchte, die Angst zu verbergen, die er um sie hatte. Ihre Hüfte war nun von der Entzündung so stark zerstört, dass die Knochen schmerzhaft unter ihrer Haut hervortraten. Die Tatsache, dass er einem Menschen, den er liebte, nicht helfen konnte, obwohl er Arzt war, trieb ihn zur Verzweiflung. Er baute ihr einen Invalidenwagen und sorgte sich so sehr um sie, dass er sie niemals allein ließ, es sei denn, er wurde zu einem Patienten gerufen. Um jederzeit, Tag und Nacht, hören zu können, wenn sie nach ihm rief, zog er in das Schlafzimmer neben dem ihren.

Eines Abends rief ihn der Diener herbei. Hannah hatte aufgrund einer plötzlichen und sehr schweren Blutung das Bewusstsein verloren. Mantell versorgte sie, so gut er konnte; seine Schwester und seine Nichte kamen, um in dieser Notlage zu helfen, und ein paar Tage lang schien es Hannah besser zu gehen. Aber eines frühen Morgens brach sie erneut zusammen. Sie bat ihre Cousine, Mantell zu rufen. Diesmal war die Blutung so stark, dass sie bereits ohne Bewusstsein war, als er den Raum betrat. Einige Minuten später «entschlief ihr sanfter Geist».

«Mein süßes Mädchen, Hannah Matilda, ist nach einer langen und zermürbenden Krankheit von drei Jahren plötzlich an einer Blutung gestorben; damit [Wörter ausgestrichen] ist mir ein Mensch genommen, dessen sanfte Natur und dessen liebevolles Herz ihn mir in einer Weise teuer gemacht haben, die über die natürlichen Bande zwischen uns hinausging!

Vor dem Strafenden will ich bescheiden mich verneigen,
Das Herz gebrochen, die Hoffnungen zerstört!»

Alles, was ihm blieb, war eine kleine Schachtel mit ihren liebsten Besitztümern: eine Geschichte, die sie geschrieben hatte, eine Gedenkmünze von der Krönung, mehrere kleine Schmuckstücke und eine Stickerei, die sie gerade für Mrs. Silliman fertig gestellt hatte. Einige Tage später begrub er seine Lieblingstochter auf dem Friedhof von Norwood. «In einem fast unerträglichen Zustand der Niedergeschlagenheit», schrieb er an Professor Silliman. Es sollten viele Monate vergehen, bis er in sein Tagebuch schreiben konnte: «Habe in gewisser Weise meine Gemütsruhe wiedererlangt.»

DRITTER TEIL

Dinosauria

All things bright und beautiful,
All creatures great and small,
All things wise and wonderful,
The Lord God made them all.
Mrs. Alexander, 1848 [*]

Das Jahr 1837, in dem die junge Prinzessin Victoria zur Herrsche-
rin des britischen Empire proklamiert wurde, sollte auch zu einem
Schicksalsjahr für Richard Owen werden. Mit dreiunddreißig Jahren gewann er einen sehr begehrten Preis, der ihm auf Generationen einen besonderen Platz in der Geschichte der Wissenschaft
sichern sollte.

Unter den führenden Persönlichkeiten der *British Association
for the Advancement of Science* wuchs die Sorge um die heimische
Wissenschaft. Während die Franzosen einen Cuvier hervorgebracht hatten und der Schweizer Naturforscher Louis Agassiz viel
Anerkennung für sein Studium der fossilen Fische fand, würde die
britische Wissenschaft, so fürchtete man, weiter ins Hintertreffen
geraten, wenn Ausländer Zugang zu britischen Entdeckungen erhielten und sie ausbeuten könnten. Und die riesigen fossilen Reptilien wurden als ausschließlich britisch betrachtet. Es gab jedoch
keinen heimischen Wissenschaftler, der international genügend
hohes Renommee genossen hätte, um mit der Aufgabe betraut zu

---

[*] Alle Dinge, hell und schön, / Alle Wesen, groß und klein, / Alle Dinge, weis' und
wunderbar, / Der Herrgott schuf sie allesamt.

werden, die Funde zu interpretieren und zu klassifizieren. Die führenden Wissenschaftler in London zweifelten nicht daran, dass dies ein Feld war, auf dem sich Britannien auszeichnen konnte. Was sie brauchten, war ein Held, der von einer Woge der Begeisterung emporgehoben und auf einen Sockel gestellt werden konnte, jemanden wie Baron Cuvier.

Und es war Richard Owen, nicht Gideon Mantell, den das Establishment zum Bannerträger auserkor. Obwohl Mantell das *Iguanodon* und den *Hylaeosaurus* entdeckt und sich durch Untersuchungen dieser gigantischen Reptilien ausgezeichnet hatte, war es Owen, der den Rückhalt der BAAS gewann, um einen «Bericht über den gegenwärtigen Stand des Wissens über die fossilen Reptilien in Großbritannien» zu erstellen. Diesen Triumph verdankte er seinem politischen Geschick nicht weniger als seinen wissenschaftlichen Fähigkeiten.

Obwohl eines der erklärten Ziele der BAAS war, die Wissenschaft in der Provinz zu fördern, was theoretisch Mantell hätte zugute kommen sollen, übernahm die Londoner Wissenschaftselite, wie nicht anders zu erwarten gewesen war, auch dort bald die Zügel. In den Anfangsjahren der BAAS übertraf unter den ehemaligen Präsidenten die Zahl der Aristokraten diejenige der Wissenschaftler bei weitem. Durch seine Kontakte am Royal College war Owen solch würdigen Gentlemen wohl bekannt, während Mantell, der in Brighton um seinen Lebensunterhalt kämpfte, es nicht einmal gelungen war, an den Treffen der Gesellschaft teilzunehmen. Owens wissenschaftlicher Ruf gewann zudem durch seine Untersuchungen an fossilen Säugern, die Charles Darwin auf der *Beagle* mitgebracht hatte. Seine Abhandlung über die vergleichende Anatomie von Zähnen wurde in wissenschaftlichen Kreisen ungeduldig erwartet.

Owen hatte noch einen anderen Trumpf im Ärmel. Sein Schwiegervater, William Clift, gehörte dem dreiköpfigen Komitee der BAAS an, das über die Mittelvergabe entschied; dieses Komitee sprach ihm 1838 zweihundert Pfund zu, mit denen er seine Forschung beginnen konnte. George Greenough, der vor Jahren mit Mantell über die Interpretation der Weald-Strata aneinander geraten war, saß ebenfalls im Komitee. Seltsamerweise war Charles Lyell das dritte Mitglied. Vielleicht hatte Lyell das Gefühl, die persönlichen Umstände seine Freundes seien zu chaotisch, als dass er diese Aufgabe hätte übernehmen können; vielleicht meinte er aber auch, dass ihm die Hände gebunden seien, weil Owen bereits im vorangegangenen Jahr speziell für diese Aufgabe empfohlen worden war.

Richard Owen begann seinen Überblick über fossile Reptilien mit einem zusammenfassenden Bericht über die «Enaliosaurier», die Meeresechsen, wie Ichthyosaurier und Plesiosaurier, von denen Mary Anning viele gefunden hatte. Diese marinen Echsen waren für Owen besonders interessant, weil Geoffroy Saint-Hilaire, der unermüdlich nach Beweisen für den «Progressionismus» suchte, die These aufgestellt hatte, Krokodile hätten sich möglicherweise peu à peu aus Ichthyosauriern entwickelt. Owen sah seine Chance; er war davon überzeugt, dass er die Thesen des Franzosen bald der Lächerlichkeit preisgeben würde.

Er machte sich auf, private Sammler, wie den exzentrischen Thomas Hawkins in Sharpham Park, Somerset zu besuchen, der seit Jahren von marinen Echsen fasziniert war. Hawkins hatte sein ganzes Erbe dafür ausgegeben, die allerbesten Exemplare aus Lyme zu erwerben, und einmal sogar dafür gezahlt, «so viel wie nötig von der Klippe abzutragen», um einen Ichthyosaurier zu bergen. Er hatte einige der größten Fossilien gekauft, darunter einen wunderbar erhaltenen *Ichthyosaurus platydon* von mehr als 7,50 Meter Länge, von denen viele in den 1830ern ans British Museum weiterverkauft wurden. «Hawkins hat wunderbare Arbeit dabei geleistet, die alten Saurier aus ihren steinernen Hüllen zu befreien», berichtete Owen seinem Schwiegervater. Nach seinem Besuch bei Hawkins entschied sich Owen, «hinunter nach Lyme zu fahren, um Mary Anning Honig ums Maul zu schmieren, und dann ab nach Hause».

Seine Pläne, Mary Anning zu umschmeicheln, zweifellos in der Absicht, ihre Ideen auszubeuten, scheinen jedoch nicht viele Früchte getragen zu haben. In Lyme stieß er auf Buckland und Conybeare, die ihn, wie er Clift erzählte «zum Gefangenen machten und mich mit nach Axminster schleppten, wo Conybeare Rektor ist». Als er Mary Anning am nächsten Tag traf, «unternahmen wir eine geologische Exkursion ... und wären fast von der Flut davongeschwemmt worden. Das Wasser hat uns den Rückweg abgeschnitten, und wir mussten über die Klippen klettern».

Wenn wir auch nicht wissen, welchen Eindruck Mary Anning von Owen gewann, so war sie doch wahrscheinlich vorsichtiger und zurückhaltender, als er sich gewünscht haben wird. Inzwischen

Ein Aquarell, das Mary Anning zeigt.

war sie sich völlig darüber im Klaren, dass ihre Entdeckungen von den wissenschaftlich gebildeten Herren ausgebeutet wurden, und das rief bei ihr manchmal einen gewissen Groll hervor: «Sie sagt, die Welt habe sie schlecht behandelt und sie schätze sie nicht», schrieb ihre junge Freundin Anna Maria Pinney. «Ihrer Ansicht nach haben diese gelehrten Männer ihr Gehirn ausgesogen und eine Menge davon profitiert, Werke zu veröffentlichen, für die sie den Inhalt geliefert hat, während sie keinerlei Vorteil dadurch gewann.» Einer anderen Freundin gegenüber meinte Mary Anning: «Die Welt hat mich so unfreundlich behandelt, dass ich fürchte, sie hat mich jedermann gegenüber misstrauisch gemacht.»

Trotz ihrer endlosen und mühsamen Suche kämpfte Mary Anning noch immer darum, ihren Lebensunterhalt zu bestreiten. Zu ihren Schwierigkeiten kam hinzu, dass sie in den späten 1830ern ihre gesamten Ersparnisse von ein paar hundert Pfund, die aus dem Verkauf von Fossilien stammten, einem privaten «Investor» anvertraut hatte, der anschließend verschwand. Alle Bemühungen, ihre Ersparnisse von dem Betrüger zurückzuerhalten, blieben erfolglos, und er wurde niemals wieder gesehen.

William Buckland, dem die fortwährende Not, mit der sie zu kämpfen hatte, Sorgen bereitete, versuchte, etwas Geld aufzutreiben, um sie zu unterstützen, und die Mitglieder der BAAS spendeten tatsächlich zweihundert Pfund. Und so kam es, dass Mary Anning 1838 – im Jahr der Krönung von Königin Victoria in der Westminster Abbey, die die Nation 200000 Pfund kostete – zum ersten Mal in ihrem Leben ein sicheres Einkommen von fünfundzwanzig Pfund im Jahr hatte. Das reichte für Kartoffeln und Brot und würde sie vor dem Verhungern retten, wenn sie keine neuen Fossilien fand.

Owens Klettertour über die Klippen von Lyme war eine der raren Gelegenheiten, bei denen er tatsächlich einen Fuß in einen Steinbruch oder an einen Strand setzte. Er hatte wenig Zeit für die Risiken, denen man beim Sammeln der Fossilien ausgesetzt war, und als dem aufsteigenden Stern der BAAS fiel ihm die Aufgabe zu, die Entdeckungen auszubeuten, die andere, wie Mary Anning oder Gideon Mantell, unter Mühen gemacht hatten. Sir Philip Egerton, der Vorstand der BAAS und Tory-Mitglied, schrieb Owen, er schätze dessen Talente so hoch ein, dass er seines Erachtens der «am besten Geeignete» sei, «die Ernte einzufahren ... die unsere Sammlungen bieten».

Richard Owen enttäuschte Sir Philip und die anderen Aristokraten in der Zuhörerschaft nicht, als er 1839 in Birmingham vor der BAAS seinen Bericht über Meeresechsen vortrug. Auf den ersten Blick war seine Untersuchung, obwohl fachlich korrekt, nicht besonders originell. Ein großer Teil der Arbeit über die Anatomie der Meeresechsen war von frühen Forschern, wie Reverend William Conybeare, geleistet worden. Da fast vollständige Skelette gefunden worden waren, gab es bei der Deutung wenig Zweifel. Owen identifizierte zehn *Ichthyosaurus*- und sechzehn *Plesiosaurus*-Arten. Er beschrieb ihre Merkmale und zeigte, wie wunderbar Wirbelsäule und Extremitäten dieser Echsen an das Leben im Meer angepasst waren.

Doch zum Entzücken der ehrwürdigen wissenschaftlichen Gesellschaft, die sich versammelt hatte, um ihren Protegé zu hören, ergriff Owen die Gelegenheit, die radikalen Franzosen zu kritisieren. «Werden die Spekulationen ... von Lamarck und Geoffroy Saint-Hilaire in irgendeiner Weise durch die Fakten gestützt, oder werden sie eher von ihnen widerlegt?», fragte er. «Wir können die Ichthyosaurier Generation um Generation durch die immense Abfolge von Schichten beobachten.» Aber, spottete er, an keinem Punkt begannen sie, sich allmählich in Krokodile zu verwandeln, wie Geoffroy Saint-Hilaire spekuliert hatte. «Jene Art, die erstmals abrupt in den tiefsten Strata auftauchte, behält ihre unverkennbaren Merkmale unverändert bis in die höchsten sekundären Strata bei», erklärte Owen. «Im Kalkgestein verschwindet die Gattung Ichthyosaurus genauso plötzlich, wie sie ins Dasein eingetreten ist ... und ohne dass sich irgendein Merkmal erkennbar geändert hätte. Es gibt nicht den geringsten Beweis dafür, dass eine Art auf eine andere gefolgt oder das Ergebnis der Transmutation einer früheren Spezies ist.»

Die führenden Köpfe der BAAS waren hoch erfreut; was sie hörten, war nicht weniger als das Werk des «größten lebenden vergleichenden Anatomen». Sir Philip Egerton, der eine entscheidende Rolle bei der Förderung Owens gespielt hatte, beurteilte den Bericht als «prächtig» und fügte hinzu, er fühle «kein Bedauern ... für meine bescheidenen Bemühungen ... die Erstellung eines so wertvollen Berichtes beschleunigt zu haben». Owen wurden sofort weitere zweihundert Pfund von der BAAS angeboten, um seine Untersuchungen über fossile Reptilien auszuweiten und auch urtümliche Krokodile und die gargantuesken Landreptilien mit einzubeziehen, die von Buckland und Mantell benannt worden waren.

Wie die Familienarchive zeigen, «scheute» Owen bei der Vorbereitung des zweiten Teils seines Berichts über die fossilen Reptilien in Britannien «keine Mühe». Er war entschlossen, sämtliche Informationen über ihre Anatomie zu sammeln, die er finden konnte, ihre Form und ihre Proportionen genauer zu bestimmen und sie zu klassifizieren. Dazu konnte er auf eine bereits eingeführte Klassifizierung von Sauriern zurückgreifen, die ursprünglich 1832 von einem renommierten deutschen Naturforscher, Hermann von Meyer, vorgeschlagen worden war. Von Meyer hatte den Fleisch fressenden *Megalosaurus* und das Pflanzen fressende *Iguanodon* gemeinsam als «Saurier mit Gliedern ähnlich denjenigen schwerer Landtiere» zusammengefasst. Später hatte Mantell den *Hylaeosaurus* ebenfalls in diese Gruppe gestellt.

Anders als die frühen Forscher wie Mantell profitierte Owen von einer Reihe von Entwicklungen. Nicht nur, dass inzwischen in Amateursammlungen in ganz England mehr Fossilien zur Verfügung standen, sondern die neuen Schienenwege erleichterten das Reisen überdies beträchtlich. Owen fand sogar Zeit, seiner Frau diese Neuheiten zu beschreiben: «Auf der Strecke von Derby nach York gibt es mehrere Tunnel ... Die Mischung von Tönen, die man vernimmt, wenn man mit voller Geschwindigkeit dahinrattert, das Rauschen der rasch vorbeistreichenden Luft und das unablässige Heulen und Jaulen der Dampfpfeife, das die Tunnelarbeiter warnen soll, spottet jeder Beschreibung. Es ist stockfinster, die Funken sprühen aus der Maschine durch die beinahe greifbare Dunkelheit, und die kauernden Figuren sind wie Schatten, wenn wir an ihnen vorbeijagen.»

«Seitdem ich dich verlassen habe», schrieb er Caroline, «habe ich mehr Meilen zurückgelegt, als jemals in meinem Leben zuvor im selben Zeitraum.» Im Norden, schrieb er weiter, waren die Museen «überfüllt mit Besuchern – Arbeiterklasse». Es war «alles sehr ordentlich und ‹Pfoten weg!›... doch bin ich bisher von den Sauriern enttäuscht». Bald kehrte er auf der Suche nach besseren Exemplaren in den Süden zurück.

In der Londoner City traf er auf einen Weinhändler namens William Saull, der ein Museum eröffnet hatte, in dem viele Fossilien aus den Weald-Schichten der Isle of Wight zu sehen waren. Auf einer anderen Reise mit der Postkutsche durch Sussex erfuhr er von einer bemerkenswerten Sammlung in Horsham, die George Bax Holmes gehörte. Holmes hatte 1836 ein beträchtliches Vermögen geerbt, seinen Beruf als Chemiker oder «Drogist» aufgegeben und seine Zeit der Geologie gewidmet. Bald wurde offensichtlich, dass er Fossilien aus Mantells bevorzugter Fundstelle im Tilgate Forest gesammelt hatte.

Für Owen war das eine perfekte Gelegenheit, mehr Material aus dem Territorium seines Rivalen Mantell in die Hände zu bekommen. Er pflegte die Beziehung zu Holmes, umgarnte ihn mit seinem Interesse und versprach ihm, dass seine Fossilien in London sorgsam ausgewertet werden würden. Sehr geschmeichelt stellt Holmes Owen bald seine ganze Kollektion zur Verfügung: «Ich hoffe, Sie zögern nicht, sie zu borgen, weil sie Ihnen vollständig zur Verfügung steht. Ich hoffe, dass Sie, wenn Sie im Frühjahr kommen, sich die Zeit nehmen, sie gründlicher zu untersuchen.» Owen «borgte» sich eine Kiste voller Fundstücke von ihm aus und erhielt darüber hinaus regelmäßig Fossilien «mit der Horsham-Kutsche».

Von allen Sammlungen waren für Owen wahrscheinlich Gideon Mantells wunderbare Fossilien der riesigen Landreptilien im British Museum am wertvollsten. Ironischerweise hatte Owen dazu leichter Zugang als Mantell, da Owen nur eine Meile vom Museum entfernt an den Lincoln's Inn Fields wohnte. Mantells Sammlung enthielt nicht nur einige einzigartige Exemplare, sondern stellte durch die schiere Anzahl von Knochen und Abgüssen, die er erworben hatte, auch eine wunderbare Referenzquelle dar, mit der jeder neue Fund verglichen werden konnte. Nun waren, nur einen kurzen Spaziergang von dessen Haus entfernt, die Trophäen von fünfundzwanzig Jahren aufopferungsvoller Arbeit einem Mann in die Hände gefallen, der entschlossen war, Mantells Ruin zu seinem eigenen Vorteil zu nutzen. Schritt um Schritt begann Owen, «die reiche Ernte einzufahren», für die Persönlichkeiten der Wissenschaft wie Sir Philip Egerton die Saat gelegt hatten.

Während Richard Owen zielstrebig begann, sich einen Namen zu schaffen, schien Gideon Mantell wie vom Pech verfolgt. Seit seinem Umzug nach London lebte er ruhig und zurückgezogen mit seinem einzigen verbliebenen Kind, seinem Sohn Reginald, zusammen, der oft in der Schule weilte. Seine neue Praxis in Clapham Common, die er Sir William Pearson abgekauft hatte, nahm einen großen Teil seiner Zeit in Anspruch. Obwohl das Haus in Crescent Lodge, das er gemietet hatte, an der Hauptstraße nach Brighton «sehr angenehm gelegen» war, mischte er sich nicht häufig unter die Londoner Gesellschaft und lehnte wiederholt Einladungen zu Vorträgen ab. Und was die geologische Forschung anging, so meinte er, dieses Vergnügen gehöre der Vergangenheit an. «Ich mache mir große Sorgen um Dr. Mantell», schrieb sein Freund Robert Bakewell im Herbst 1839. «Seit sein Sohn nach Neuseeland abgereist ist, habe ich von ihm weder etwas gehört noch gesehen.»

Nicht zum ersten Mal in den letzten Jahren musste Mantell

The Country of the Iguanodon (Das Land des Iguanodon), wie Mantell es sich vorstellte, gemalt von John Martin, 1838.

feststellen, dass das Leben seinen Reiz verloren hatte. «Ich habe kein Zuhause für meine Zuneigung», schrieb er in sein Tagebuch, und seinem Freund Professor Silliman vertraute er an: «Ich habe keine Gefährten, niemanden, dessen Lächeln oder Zustimmung mich aufheitern würde ... Es gab eine Zeit, als meine arme Frau starkes Interesse an meinen Unternehmungen hegte ... doch in den letzten Jahren hat sie sich über meine Hingabe zur Wissenschaft eher geärgert als gefreut.» Am 4. Mai, seinem Hochzeitstag, war er ganz allein und «litt schwer».

Der Verlust seiner Tochter Hannah war noch immer mehr, als er ertragen konnte, auch wenn er tapfer versuchte, ihn zu verwinden. Häufig nahm er die Kutsche «zum Grab meines fortgegangenen Engels»; manchmal besuchte er den Friedhof in Norwood sogar zweimal die Woche. Durch die zahlreichen Enttäuschungen, die er erlitten hatte, war sein Lebensmut angegriffen. Er fühlte sich «betrüblich gebrochen, was Gesundheit und Energie angeht ... die Kraft und Energie des Mannesalters ist für immer gegangen».

Die Ironie der Geschichte: Als der Inhalt seiner letzten Vortragsreihe in Brighton 1838 unter dem Titel *The Wonders of Geology* in Buchform erschien, wurde das Werk sehr populär. Das Deckblatt, ein dramatisches Gemälde von John Martin mit dem Titel «Das Land des Iguanodon», zeigte riesige, im Kampf ineinander verkrallte Reptilien, umkreist von Pterodactylen. Mantell war begeistert von dem Gemälde und fühlte endlich, dass die urweltliche Landschaft der «Vergessenheit der Zeitalter» entrissen worden war. Im Gegensatz zu seinen früheren Büchern verkauften sich die «Wunder» sehr gut; die ersten tausend Exemplare waren innerhalb eines Monats vergriffen. «Mein Abschied von der Geologie war daher ein schmeichelhaftes Finale meiner Arbeiten», schrieb er, «und ich muss nun damit zufrieden sein, im Alltagstrott eines praktischen Arztes zu versinken.»

Vieles spricht dafür, dass Mantell versuchte, Owen zu helfen, Material für seinen *Report on British Fossil Reptiles* zu sammeln. Im November 1840 war ihre Beziehung sogar so freundschaftlich, dass Owen ihn gemeinsam mit William Buckland zum Abendessen einlud. Im Verlauf des Abends zeigte Owen seinen beiden Gästen sein neues Mikroskop. «Richard unterhielt sie aufs Beste», schrieb Caroline. «Sie machten einige Experimente mit Blutkörperchen. Dr. Bucklands Blut war irregulär geformt ... Dr. Mantell hatte, wie sich zeigte, deutlich größere Blutkörperchen als die anderen. Dr. Buckland meinte daraufhin gerade mit seinem typischen, drolligen Blick: ‹Nun, Mantell, Sie haben eine Menge von einem Reptil an sich›, als die Neuigkeit eintraf, dass die Königin von einer kleinen Prinzessin entbunden worden war; so wurde die Diskussion beendet, indem alle Gentlemen auf die Gesundheit Ihrer Majestät tranken.»

Das Mikroskop diente nicht nur der Unterhaltung – es war auch ein wichtiges neues Forschungsinstrument. Später in seinem Arbeitszimmer im College of Surgeons präparierte Owen dünne Scheibchen der uralten *Iguanodon*-Zähne und verglich sie mit Abschnitten von den Zähnen moderner Leguane. Als er die Linse über der dünnen Scheibe des Millionen Jahre alten Zahnes scharf stellte, konnte er erkennen, dass sich dessen innere Struktur deutlich von der eines Leguanzahns unterschied und der Name *Iguanodon* oder «Leguanzahn» daher unpassend war. Knochenschnitte von den Vorderextremitäten des *Iguanodon* stimmten in ihrer Struktur ebenfalls nicht mit den Knochen moderner Reptilien überein. Plötzlich fiel ihm auf, dass die *Iguanodon*-Knochen seltsamerweise mehr Gemeinsamkeiten mit den Knochen Pflanzen fressender *Säuger* aufwiesen. Warum sollten urtümliche Reptilien irgendeine Ähnlichkeit mit modernen Säugern haben? Ließ sich diese Tatsache auf irgendeine Weise gegen die französischen Progressisten verwenden?

Während Owen seinen Bericht über die riesigen Reptilien vorbereitete, kamen bemerkenswerte neue Fakten ans Tageslicht, die auf den ersten Blick die Progressisten zu stützen schienen. Als Roderick Murchison – er war zu diesem Zeitpunkt bereits ein altgedientes und bedeutendes Mitglied der *Geological Society* - die komplexe Folge der Übergangsgesteine weiter untersuchte, trat die Erforschung der Geschichte der Erde in eine neue Phase ein.

Wie Murchisons frühere Untersuchungen in Wales gezeigt hatten, wiesen die alten silurischen Gesteine eine sehr typische Fauna von Trilobiten, Geschöpfen mit segmentiertem Skelett und mit einer Vielzahl von Linsen bewehrten Augen, sowie anderen marinen Wirbellosen auf. Im Verlauf der 1830er fanden Geologen auf dem Kontinent an vielen Stellen ähnliche Gesteinsformationen, und allmählich wurde deutlich, dass das Silur nicht nur von lokalem Interesse, sondern ein globales Phänomen war. Diese uralten Gesteine bargen die ersten Zeichen von Leben in den Urmeeren und spielten in der Geschichte der Erde eine ebenso bedeutsame Rolle wie das Zeitalter der Reptilien in den sekundären und das Zeitalter der Säugetiere in den tertiären Schichten. Im Jahre 1839 veröffentlichte Murchison *The Silurian System*, in dem er seine Befunde zusammenfasste.

Roderick Murchison glaubte, er habe die frühesten Lebensspuren identifiziert, und war daher sehr betroffen, als Henry de la Beche, sein Kollege von der *Geological Society*, behauptete, in Devon gebe es Gesteine, die seiner Meinung nach Teil der Übergangsreihe waren und dennoch *Land*pflanzen, wie Moose und Flechten sowie [Süßwasser-]Algen, enthielten. Nach Murchisons Ansicht war das unmöglich: Vor dem Silur hatte es keine Landpflanzen gegeben.

Im Jahre 1840 machte sich Murchison daran, die Übergangsgesteine eindeutig zu klassifizieren, und brach auf der Suche nach Belegen zu einer Tour kreuz und quer durch den Kontinent auf, die ihn bis nach Russland führte. Schließlich fand er Stellen, wo die Abfolge dieser alten Gesteine geklärt werden konnte. Er zeigte, dass sich die devonischen Gesteine, in denen Henry de la Beche primitive Landpflanzen gefunden hatte, zur selben Zeit wie das als «Old Red Sandstone» bekannte Gestein gebildet hatten. Dieser Sandstein enthielt die ersten Wirbeltiere: fossile Fische mit einer seltsamen Panzerung, einem stark verknöcherten Schädel und einer dicken, plattenartigen Körperbedeckung. Diese beiden devonischen Gesteinsformationen lagen *über* dem silurischen Gestein mit seinen marinen Wirbellosen und *unter* den karbonischen Gesteinen, die einst gigantische tropische Wälder gewesen waren.

Abgesehen davon, dass Murchisons Untersuchungen de la Beches Annahme widerlegt hatten, ermöglichten sie ihm, eine weitere Gesteinsschicht oder Zeitperiode zu definieren: Das Devon, in dem zum ersten Mal Fische in den Fossildaten auftauchten. Seine Studie lieferte weitere Belege für eine Aufeinanderfolge oder Progression in der Geschichte des Lebens. Auf die marinen Wirbellosen des Silur folgten die Fische des Devon – die frühesten Vertreter der Wirbeltiere.

Aber was war in den tiefsten Schichten des Silur geschehen? fragten seine Kollegen von der *Geological Society*. Konnte man dort die allerersten Spuren des Lebens finden? Tauchte tierisches Leben irgendwann ganz plötzlich erstmals in den Fossildaten des Silur auf?

Andere beteiligten sich an der Suche; jeder wollte den Ruhm für sich in Anspruch nehmen können, «die ersten Spuren der Schöpfung» entdeckt zu haben. Mitten in Wales identifizierte Professor Sedgewick von der Universität Cambridge unter der silurischen eine «kambrische Periode» (benannt nach «Cambria», dem alten Namen von Wales). Diese enthielt eine «primordiale» Fauna ähnlich den marinen Formen, die Murchison für das Silur beschrieben hatte: Mollusken, Trilobiten und Brachiopoden sowie beschalte, muschelähnliche Lebewesen. Sedgewick hoffte, als derjenige zu gelten, der die allerersten Anzeichen des Lebens gefunden hatte. Zu seiner Überraschung tauchten Wirbellose von einiger Komplexität, wie Trilobiten, offenbar wie aus dem Nichts in den kambrischen Gesteinen auf, doch davor verlor sich die Spur des Lebens. Auch wenn Sedgewick den Zeitpunkt des ersten Schöpfungsaktes weiter in die Vergangenheit verlegt hatte, blieb die Schaffung des Lebens selbst ebenso unerklärlich und geheimnisvoll wie zuvor.

Angesichts der sich häufenden Befunde, die für Veränderungen der Fauna im Laufe der Zeit sprachen, schlug John Phillips 1841 einen neuen Weg zur Einteilung der geologischen Zeitskala vor. Phillips war der Neffe von William Smith, der einige der ersten Studien über die englischen Gesteinsschichten erstellt hatte. Seine Bezeichnungen waren noch immer höchst symbolisch, denn eine geologische Zeitmessung war nach wie vor unmöglich; die Zeitalter waren Perioden von unbestimmter Dauer, das Alter der Erde noch immer unbekannt. Phillips schlug nun vor, die alten Einteilungen von primärem, Übergangsgestein, sekundärem und tertiärem Gestein durch Bezeichnungen zu ersetzen, die die Bedeutung der Fossilbelege widerspiegelten. Die primären Gesteinsformationen ohne Lebensspuren wurde zum *Azoikum* (vom griechischen *zoe*, Leben) [heute Kryptozoikum], die Übergangsgesteine zum *Paläozoikum*, was so viel wie «altes Leben» [Erdaltertum] bedeutet. Die sekundären Gesteine mit den Reptilfossilien wurden *Mesozoikum* oder «mittleres Leben» [Erdmittelalter] genannt, die tertiären Gesteine *Känozoikum* oder «neuere Formen des Lebens» [Erdneuzeit].

Diese Neubenennung der Zeitalter und die sich mehrenden Fossilfunde hatten zur Folge, dass den höchst unwilligen Mitgliedern der *Geological Society* mit verblüffender Klarheit eine Progression des Lebens im Laufe der Zeit vor Augen geführt wurde. In den untersten, primären oder azoischen Gesteinsschichten gab es keinerlei Fossilien. Im Übergangsgestein, während des Paläozoikums, tauchten erstmals urzeitliche Lebensformen auf. Die tiefsten Gesteine in der Abfolge, diejenigen des Kambriums, wiesen die geringste Vielfalt an Pflanzen und Tieren auf, darunter die marinen Trilobiten. Auf das Kambrium folgte das Silur, in dem Wirbellose die seichten Meere beherrschten. Dann kam das Devon, bevölkert von bizarren, oft gepanzerten Fischen; überdies gab es Korallen und erste Landpflanzen. Darüber lagen die Kohleschichten des Karbon, einer Periode, in der Pflanzen und große tropische Wälder üppig gediehen. Darauf folgte der nächste große Zeitabschnitt, das Mesozoikum, das den alten sekundären Gesteinsformationen entsprach und in dem die Erde das Zeitalter der Reptilien erlebt hatte, wie von Mantell bereits zehn Jahre zuvor beschrieben. Und schließlich brach im Känozoikum Cuviers Zeitalter der Säugetiere an, an dessen Ende der Mensch erschien.

Schritt für Schritt begann sich eine umfassende Chronologie des Lebens auf Erden herauszukristallisieren. Die Gentlemen der gelehrten wissenschaftlichen Gesellschaften sahen sich zunehmend Schwierigkeiten gegenüber bei ihren Versuchen, die Belege, die sie selbst zusammengetragen hatten, wegzuerklären – ohne dabei zu den Thesen der Evolutionisten Zuflucht zu nehmen. Doch Buckland, Sedgewick und andere hielten noch immer an ihrem Glauben fest, dass die Wunder der Natur – ‹*All creatures great and small*› – Gottes Größe widerspiegelten. Das war die Lage, und so wurde Owens Bericht über die Riesenreptilien des Mesozoikums mit Spannung erwartet.

Im August 1841 rollten die Kutschen der vornehmen wissenschaftlichen Gesellschaft zum jährlichen Treffen der BAAS nach Westen, nach Plymouth. Mr. und Mrs. Owen reisten mit dem Schiff von Southampton an und stiegen bei einem Bekannten ab, einem Lieutnant-Colonel Hamilton-Smith. Der diesjährige Präsident der BAAS, Reverend Professor William Whewell, war ebenfalls ein alter Freund; er hatte mit Owen zusammen die Schule besucht.

In seiner Eröffnungsrede verkündete Whewell nicht ohne Stolz, die Sprecher seien die «talentiertesten und wichtigsten Vertreter der Wissenschaft in diesem Lande». Er fuhr fort, das Ereignis gebührend zu preisen: «Wir hatten Experimente, die in Hochöfen und Eisenhütten, auf Schienenwegen und Kanälen, in Minen und Häfen, mit Dampfmaschinen und Dampfschiffen durchgeführt wurden, und zwar in einer Größenordnung, die keine Einrichtung, wie groß auch immer, zu erreichen hoffen konnte.»

Mr. und Mrs. Owen verbrachten ihren ersten Tag damit, die geologische Sektion der BAAS zu besuchen, wo sie Vorträge über Sedgewicks und Bucklands jüngste geologische Funde hörten. Richard Owen war eingeladen, seinen Bericht am 2. August vorzutragen. Eine hochkarätige Zuhörerschaft hatte sich versammelt; den Vorsitz hatte Henry de la Beche. Owen erhob sich: «Der gegenwärtige und abschließende Teil meines *Report on British Fossil Reptiles* enthält eine Zusammenstellung über die Relikte von Reptilien aus den Gruppen der Crocodilier [Krokodilartigen], Lacertilier [Eidechsenartigen], Pterodactylier [Flugsaurierartigen], Chelonier [Schildkrötenartigen], Ophidier [Schlangenartigen] und Batrachier [eine froschähnliche Gruppe].» Er fuhr fort, die Anatomie jeder einzelnen fossilen Art in einer höchst technischen Sprache zu beschreiben, was zweieinhalb Stunden in Anspruch nahm.

Kaum hatte er geendet, als Professor Buckland vortrat, «Owens Arbeit lobte und das Interesse, das die Zuhörer seinem Bericht entgegengebracht hatten, in sehr schmeichelhaften Worten pries». Mit einigem Stolz berichtete Owen kurz darauf seiner Schwester: «Mein Bericht wurde so gut aufgenommen, dass der

Verband mir sofort 250 Pfund für die Kosten versprach, um von den Zeichnungen Stiche herstellen zu lassen, und nochmals 250 Pfund für einen weiteren Bericht.»

Aber für Gideon Mantell, der dem Treffen nicht hatte beiwohnen können und daher am 14. August einen Bericht über Owens Vortrag in der *Literary Gazette* las, war der Vortrag verheerend. Owen hatte die fossilen Reptilien in vier Abteilungen eingeteilt: Da waren erstens die «Enaliosauria», wie die Ichthyosaurier und Plesiosaurier, eine Gruppe, die ursprünglich von Conybeare benannt worden war und typisch eidechsenartige Merkmale aufwies, wie zwei Öffnungen im Schädeldach. In der zweiten Abteilung hatte er alle urzeitlichen Krokodile zusammengefasst, die «krokodilartigen Saurier», von denen viele von Georges Cuvier identifiziert worden waren. In die nächste Abteilung stellte er die Pterodactylen, die Flugechsen. Schließlich fasste Owen *Iguanodon*, *Hylaeosaurus* und *Megalosaurus* als «sehr einzigartige und sehr gigantische Arten, die heute völlig vom Erdboden verschwunden sind», in der Kategorie «Lacertilier» zusammen.

Nichts davon war besonders kontrovers, und Owen war nicht der Erste, der diese drei Landreptilien in eine gemeinsame Gruppe stellte, denn das hatte der deutsche Naturforscher Hermann von Meyer bereits zehn Jahre zuvor getan. Als Mantell den Bericht jedoch weiterlas, wurde deutlich, dass Owen diese Plattform benutzt hatte, um seine Rivalen zu attackieren.

Zunächst verfolgte Owen die gleiche Argumentationslinie, wie sie Buckland in den *Bridgewater Treatises* dargelegt hatte: Er verdammte die frühen Evolutionisten und behauptete, die urtümlichen Reptilien seien den modernen Reptilien *überlegen* gewesen. Unter den Reptilien gab es den Fossildaten zufolge keine Fortentwicklung von einfachen zu komplexen Formen. Aus Owens Sicht stellte sich die angebliche Progression des Lebens als Trugbild dar.

«Owens wichtige Schlussfolgerung, die so wesentlich für die Wissenschaft und unser Wissen um die Schöpfung ist», begeisterte sich die *Gazette*, «lautet, dass es keine allmähliche Umwandlung der einen in die andere Form gegeben hat ... alle waren eigenständige Beispiele einer schöpferischen Kraft, lebende Beweise eines göttlichen Willens und das Werk einer göttlichen Hand, die die Existenz unserer Welt stets überwacht und lenkt.» Als habe er selbst einen Blick auf den Schöpfungsprozess geworfen, hatte Owen kategorisch erklärt: «Die Beweislage erlaubt ... keinen anderen Schluss, als dass die verschiedenen Reptilienarten plötzlich auf der Erdoberfläche erschienen sind.» Des Weiteren besaßen sie bereits von Anfang an die Merkmale, die «ihnen ursprünglich bei ihrer Schöpfung eingeprägt wurden». Die Riesenreptilien waren von Gott als jene Formen geschaffen worden, die am besten an die Existenz auf der primitiven Erde angepasst waren, und wurden so fugenlos in die religiöse Orthodoxie des frühen viktorianischen England eingepasst.

Mantell hatte keine Probleme mit Owens antievolutionistischer Argumentation, aber durch den ganzen Bericht hindurch zog sich eine Reihe scharfer Spitzen gegen seine eigene Arbeit. Owen spottete darüber, dass Mantell auch nur den Versuch unternommen hatte, nach Ähnlichkeiten zwischen urzeitlichen und modernen Reptilien, wie *Iguanodon* und Leguan, zu suchen: «Es gibt keine heute lebende Eidechse, die im Vergleich zum Leguan so wichtige Unterschiede in der Struktur der Zähne, der Form der Wirbel oder der Extremitätenknochen zeigt, wie das *Iguanodon*.» Owen erklärte: «Es würde zu einer höchst falschen Sicht dieses ausgestorbenen Sauriers führen, wenn diese Unterschiede nicht richtig eingeschätzt und gewichtet würden.» In einer gezielten Attacke gegen Mantell behauptete Owen überdies vor den einflussreichen Gentlemen der Zuhörerschaft, auch der Name *Iguanodon* sei völlig unpassend.

Mantell las weiter: «Professor Owens Untersuchung der zahlreichen Exemplare, die inzwischen an verschiedenen Fundstellen gesammelt worden sind, ermöglichte ihm, den bisherigen viele neue Fakten hinzuzufügen.» Owen beschrieb Merkmale, die von Mantell beobachtet worden waren, als habe er sie als Erster entdeckt, und wies auf Unterschiede in der Interpretation hin, als sei seine Deutung die einzig richtige. Beispielsweise behauptete Owen, gewisse Fossilien, die nach Mantells Ansicht zum Vorderfuß des *Iguanodon* gehörten, seien Teil des *Hylaeosaurus;* überdies definierte er Zähne des *Hylaeosaurus* und zahlreiche andere kleine Details neu, obwohl seine Argumente dafür nicht überzeugend waren.

Für Mantell war das eine «unwürdige Piraterie und Undankbarkeit», die ihm völlig unverständlich war. Da ihm klar war, dass nur wenige in der Zuhörerschaft über genügend Wissen verfügten, um zu erkennen, dass Owen sich seine Ideen angeeignet hatte, entschloss er sich, die Dinge richtig zu stellen. Er schrieb einen Brief an den Herausgeber der *Literary Gazette*, der am 28. August 1841 veröffentlicht wurde. «Während ich meiner Bewunderung für den Bericht Ausdruck verleihen möchte», begann er, «bitte ich um die Erlaubnis, einige Aussagen, die nicht ganz korrekt sind, zu kommentieren.»

Zunächst erklärte Mantell, warum er den Namen *Iguanodon* gewählt hatte: «In meiner ursprünglichen Abhandlung 1825 wurde ausdrücklich darauf hingewiesen, dass sich der vorgeschlagene Name ... nur auf die allgemeine Ähnlichkeit der äußeren Form der fossilen Zähne mit denjenigen des Leguans bezog.» Vor sechzehn Jahren, erklärte Mantell, habe es noch kaum fossile Belege und keine Möglichkeit gegeben, den inneren Aufbau der Zähne unterm Mikroskop zu vergleichen. Dann wies er darauf hin, dass Fossilien, die Owens Bericht zufolge von jenem identifiziert worden waren, zu einem früheren Zeitpunkt bereits von ihm, Mantell, beschrieben worden waren: «Die plano-konkaven Wirbel, das seltsame Aussehen des Femurs und der anderen Extremitätenknochen sind in meinen Arbeiten abgebildet und beschrieben.» Was die unbekannten Zähne anging, die Owen dem *Hylaeosaurus* zuschrieb, fuhr Mantell fort, «hätte in üblicher Fairness auch erwähnt werden sollen, dass die erste Zuordnung dieser fraglichen Zähne zum *Hylaeosaurus* vor vier Jahren von mir gemacht wurde.» Er wies auf ähnliche Fehler in Owens Zusammenfassung über seine, Mantells, fossile Schildkröten hin, schloss aber dann: «Ich bitte sehr eindringlich darum, auf jede Intention, dem Schreiber dieser Zeilen oder dem renommierten Paläontologen Unfairness zu unterstellen, zu verzichten.»

Dieser Schlagabtausch auf den Seiten der *Literary Gazette* stachelte den Wettbewerbsgeist zwischen beiden Männern an. Im Verlauf des Herbstes 1841 nutzte Owen jede Gelegenheit, seinen Plymouth-Vortrag zu verbessern und auf den neuesten Stand zu bringen, bevor er acht Monate später veröffentlicht wurde. Normalerweise erlaubte die *British Association for the Advancement of Science* kein intensives Umschreiben von Vorträgen vor der Veröffentlichung. Aber diejenigen im inneren Zirkel des BAAS, wo Owen sich nun befand, konnten damit durchkommen, solange es nicht öffentlich wurde.

Um seine Vorherrschaft auf dem Gebiet wieder herzustellen, plante Mantell mit Unterstützung der *Royal Society* inzwischen ebenfalls eine Studie: «Ein Abhandlung über die fossilen Reptilien in Südost-England». Diese Abhandlung enthielt wertvolle neue Ideen; unter anderem reduzierte Mantell die Größenschätzungen für das *Iguanodon* ein wenig. Wichtiger noch, er begann zu erkennen, dass die Vordergliedmaßen des *Iguanodon* viel kleiner und schlanker als die Hinterbeine waren und zum Ergreifen der Vegetation statt nur zur Fortbewegung gedient haben könnten. Das sollte ein entscheidender Faktor zur korrekten Interpretation der Anatomie und des Aussehens der Tiere sein, der Owen entgangen war.

Um seine Studie voranzutreiben, war Mantell bemüht, alle neuen Fossilien in Augenschein zu nehmen, die zusätzliche Erkenntnisse über die urzeitlichen Riesenreptilien versprachen. Per Eisenbahn besuchte er auf der Suche nach weiteren Belegen Steinbrüche in Wiltshire und seine alten Jagdgründe im Weald in Sussex. Er freute sich sehr über ein Fossil, das er von seinem alten Bekannten Mr. Bensted in Maidstone, Kent, erstand – es handelte sich um Panzer, Rippen und Wirbel einer primitiven Schildkröte –, und erlaubte Richard Owen sogar, nach Clapham zu kommen und seinen Neuerwerb zu begutachten. Nichtsdestotrotz schwelte die Gegnerschaft zwischen beiden Männern weiter.

Am 11. Oktober 1841, ein paar Tage nach Owens Besuch, geschah auf dem Weg zu einem Patienten etwas, das Mantells Leben dramatisch verändern sollte. Das Desaster ereignete sich innerhalb von Sekunden. Er fuhr mit der Kutsche am Clapham Common entlang, als der Kutscher die Gewalt über die Pferde verlor. Mantell versuchte, die schleifenden Zügel zu packen, wurde aber zu Boden geschleudert. Die Räder streiften seinen Kopf, und er wurde eine kurze Strecke mitgeschleift. Bei dem Sturz zog er sich eine schwere Verletzung der Wirbelsäule zu.

Mantell wollte sich zu Hause erholen, aber allmählich verlor er das Gefühl im Fuß. Im Laufe der nächsten Tage breitete sich die Lähmung aus, und bald konnte er nicht mehr gehen. Er saß in seinem Haus in Clapham fest.

Richard Owen an den Lincoln's Inn Fields wusste über das Unglück seines Rivalen wahrscheinlich nur allzu gut Bescheid. Während sich Mantell kaum bewegen konnte, suchte Owen weiterhin nach «jedem verfügbaren Exemplar», das neues Licht auf *Iguanodon, Hylaeosaurus* und *Megalosaurus* werfen konnte. Finanziell von der BAAS unterstützt, war er eifrig damit beschäftigt, seinen Bericht zur Veröffentlichung umzuschreiben. Der Wissenschaftshistoriker Professor Hugh Torrens hat überzeugende Belege dafür geliefert, dass Owen erst *nach* seinem Vortrag vor der BAAS im August 1841, nämlich während er seinen Bericht schrieb, zu den Schlüsselerkenntnissen gelangte, die zur Benennung der «Dinosaurier» als eigenständiger Gruppe führten, und diese Erkenntnisse höchstwahrscheinlich Frucht seines ständigen Wetteifers mit Mantell waren. Je länger Owen seine «Lacertilier»-Abteilung studierte, desto klarer stachen ihm die charakteristischen Merkmale ins Auge, die sie von den anderen Abteilungen unterschied. Zwar hatten Buckland und Mantell diese riesigen Reptilien als «eidechsenartig» beschrieben, doch Owen, der auf dem Gebiet der Anatomie ein Experte war, begann immer deutlicher zu erkennen, dass der riesige Oberschenkelknochen des *Megalosaurus* oder des *Iguanodon* keineswegs wie der gebogene Femur eines Krokodils aussah.

Der gerade, vertikale Schaft des Femurs stand im *rechten Winkel* zu dem einwärts gebogenen Oberschenkelkopf, der wie bei einem Säuger im Becken saß. Das ließ darauf schließen, dass diese urzeitlichen Geschöpfe liefen, indem sie ihre Beine wie ein Säuger direkt unter dem Rumpf bewegten und nicht zur Seite abgespreizt wie eine Eidechse. Genau wie beim Knochenquerschnitt unter dem Mikroskop war er hier auf ein weiteres Säugermerkmal gestoßen. Damit löste sich das Bild vom *Iguanodon* oder *Megalosaurus* als riesiger kriechender Eidechse, wie es Mantell vor zwei Jahrzehnten entworfen hatte, plötzlich in Luft auf. Diese Tiere waren für Owen die höchstentwickelten Reptilien, die jemals existiert hatten; sie waren fast so raffiniert gebaut wie Säuger und besaßen lange, hohle Extremitätenknochen, die deutlich ausgebildete Fortsätze oder Auswüchse für den Muskelansatz trugen und zeigten, dass sich diese gigantischen Reptilien an Land fortbewegt hatten. Während Owen ihre säugerähnlichen Merkmale Revue passieren ließ, kam er zu dem Schluss, dass Mantell die Größe dieser Geschöpfe weit überschätzt hatte.

Die Größenfrage hatte Owen schon beschäftigt, seitdem sein Verbündeter, der Sammler George Holmes in Horsham, auf weitere *Iguanodon*-Knochen gestoßen war, die noch größer waren als die zuvor gefundenen. Die Fossilknochen waren so groß, dass selbst die Zehenknochen die entsprechenden Knochen beim Elefanten um das Sechsfache übertrafen.

Mantell ging es zu schlecht, als dass er hätte reisen und sich den Fund ansehen können. Wie Holmes jedoch wusste, hatte Mantell die Größe der Urgeschöpfe geschätzt, indem er, wie in seinem Buch *Geology of South-East England* beschrieben, jeden Fos silknochen mit seinem Pendant beim Leguan verglichen hatte. Wenn man Mantells Methode übernahm, erklärte Holmes, und «die proportionale Größe eines Knochens mit dem entsprechenden von einer ähnlichen Gattung vergleicht … würden die größten Phalangen [Zehen- und Fingerknochen] des großen Horsham-Iguanodon dem Tier eine Länge von zweihundert Fuß [rund sechzig Meter] verleihen.» Richard Owen, von Holmes auf diesen Punkt aufmerksam gemacht, stürzte sich voller Begeisterung auf die neue Information. Die Muskelmasse, die nötig wäre, um solch riesige Knochen zu heben, würde derart viel wiegen, dass sich ein solches Untier nicht hätte bewegen können. Mantells Berechnungen würden ein Tier ergeben, das einfach zu groß war, um biologisch Sinn zu machen. Owen war sich völlig darüber im Klaren, dass eine radikal neue Methode zur Schätzung der Größe der urzeitlichen Reptilien notwendig war. Da er mehr und mehr zu der Überzeugung gelangte, dass sie in vieler Hinsicht modernen Säugern näher standen als modernen Eidechsen, entwickelte er kühn einen neuen Ansatz.

Er maß die Länge der Wirbel der uralten Reptilien und schätzte dann ihre Gesamtzahl von Kopf bis Fuß, wobei er die Proportionen von großen Pachydermen [Dickhäutern], Säugern wie dem Elefanten oder dem ausgestorbenen *Megatherium*, zugrunde legte statt diejenigen von Eidechsen. Das brachte ihn dazu, die Größe des *Iguanodon* drastisch zu reduzieren. Angesichts der sehr wenigen Schwanzwirbel, die gefunden worden waren, hielt Owen es für «sehr unwahrscheinlich», dass die Tiere einen ebenso langen Schwanz wie ein Leguan gehabt hatten; tatsächlich war ihr Schwanz aller Wahrscheinlichkeit nach sogar kürzer als selbst der eines Krokodils, vielleicht knapp vier Meter. Er nahm an, dass die Rumpfwirbelsäule aus 24 Wirbeln bestand, jeder 12,7 Zentimeter lang, und wenn man das Kreuzbein mit einbezog, ergab dies eine Länge von etwas weniger als vier Metern für das Körpergerüst. Den Kopf des *Iguanodon* schätzte Owen auf knapp einen Meter.

Damit schrumpfte Mantells Dreißig-Meter-Geschöpf auf etwas weniger als neun Meter. Owen war sich seiner Sache so sicher, dass er stolz behauptete, er müsse nur einen einzigen fossilen Wirbel untersuchen, um «die Länge des ganzen Tieres korrekter angeben zu können als irgendeine andere, bisher angewandte Methode».

Etwa um dieselbe Zeit, im Spätherbst oder Winter 1841, kam Owen zu einer weiteren wichtigen Schlüsselerkenntnis. Auf der Isle of Wight war gerade ein neuer *Iguanodon*-Knochen gefunden worden, den William Saull in der City of London erworben hatte. Es war das Kreuzbein, der untere Bereich der Wirbelsäule, das erste, das jemals entdeckt worden war. Unter normalen Umständen hätte nichts Mantell davon abhalten können, sich auf den Weg zu machen, um den neuen *Iguanodon*-Knochen persönlich in Augenschein zu nehmen. Aber trotz wochenlanger Schonung litt er noch immer unter «Taubheit und Lähmung» der Beine, und das Stehen verursachte ihm «große Schmerzen». Daher war Owen und nicht Mantell derjenige, der in die Aldersgate Street eilte, um sich das neue Exemplar in Saulls Sammlung anzusehen.

Als Owen das Fossil sorgfältig vermaß, dämmerte ihm plötzlich, dass das Kreuzbein des *Iguanodon* das gleiche Merkmal aufwies wie das Kreuzbein des *Megalosaurus*, das Buckland ihm gezeigt hatte und das seit Jahrzehnten im Ashmolean Museum in Oxford ausgestellt war. Die fünf Kreuzbeinwirbel, die den unteren Teil der Wirbelsäule beim *Megalosaurus* bildeten, waren miteinander *verschmolzen*! Das neu entdeckte *Iguanodon*-Kreuzbein in Saulls Museum, stellte er fasziniert fest, war auf genau die gleiche Weise verschmolzen! *Megalosaurus* und *Iguanodon* – ein riesiger Fleischfresser und ein gigantischer Pflanzenfresser – ließen sich anatomisch durch dieses einzigartige Merkmal verbinden. Er begann, die Bedeutung dieses entscheidenden Charakteristikums zu verstehen: Es war sowohl wunderbar einfach wie auch völlig zwingend. Ein verschmolzenes Kreuzbein verlieh der Wirbelsäule eine enorme Stabilität und ermöglichte den gigantischen Reptilien, ihren muskulösen Schwanz und ihren riesigen Körper zu tragen.

Es war die perfekte Anpassung an das Landleben, die sich bei den drei anderen Saurierabteilungen nicht finden ließ. Die Meeresechsen, die fliegenden Echsen und die amphibischen Krokodile hatten kein verschmolzenes Kreuzbein. Säuger, der Mensch eingeschlossen, haben ebenfalls ein verschmolzenes Kreuzbein, wenn es auch anders verschmolzen ist.

Richard Owen begann zu erkennen, dass es anatomische Merkmale gab, die es rechtfertigten, die «Lacertilier» in einer eigenständigen Gruppe zu vereinigen, und die sie bestens an das Landleben anpassten. Im Gegensatz zu den marinen Echsen oder den Pterodactylen, die Mary Anning entdeckt hatte, besaßen die «Lacertilier» Schlüsselmerkmale, über die sich die ganze Gruppe definieren ließ. Sie waren Reptilien und hatten eine schuppige Haut, doch sie besaßen, was die Form und die Ausrichtung der Knochen und das Kreuzbein anging, auch säugerartige Merkmale. Sie krochen nicht wie ein Krokodil, sondern bewegten sich auf gestreckten, säulenartigen Beinen fort: Es waren Reptilien, die für die Fortbewegung an Land geschaffen waren. Sie konnten als eigenständige Gruppe landlebender Reptilien definiert werden, die sich mit gestreckten, unter dem Körper schwingenden Beinen fortbewegten. Für Owen stellten sie eine Form dar, in welcher der «Reptilienbautyp dem der Säuger am nächsten kam». Er entschied deshalb, sie bräuchten in Anerkennung dieser Tatsache einen eigenen Namen.

Im Verlauf der nächsten Wochen diskutierte er mit befreundeten Geologen und Philologen mögliche Namen. Um die typischen Merkmale einzufangen, welche diese Tiere von allen anderen unterschieden, die jemals auf Erden gelebt hatten, kam er auf die Idee, die griechischen Begriffe *deinos* – was so viel wie «schrecklich» oder «Furcht einflößend groß» bedeutet – und *sauros* – Echse – zu verwenden. *Deinos*, ein Wort, das bei Homer auftaucht, kann auch im Sinne von «unfassbar» und «unbegreiflich» verwandt werden.

Zurück in seinem Arbeitszimmer im Royal College of Sur-

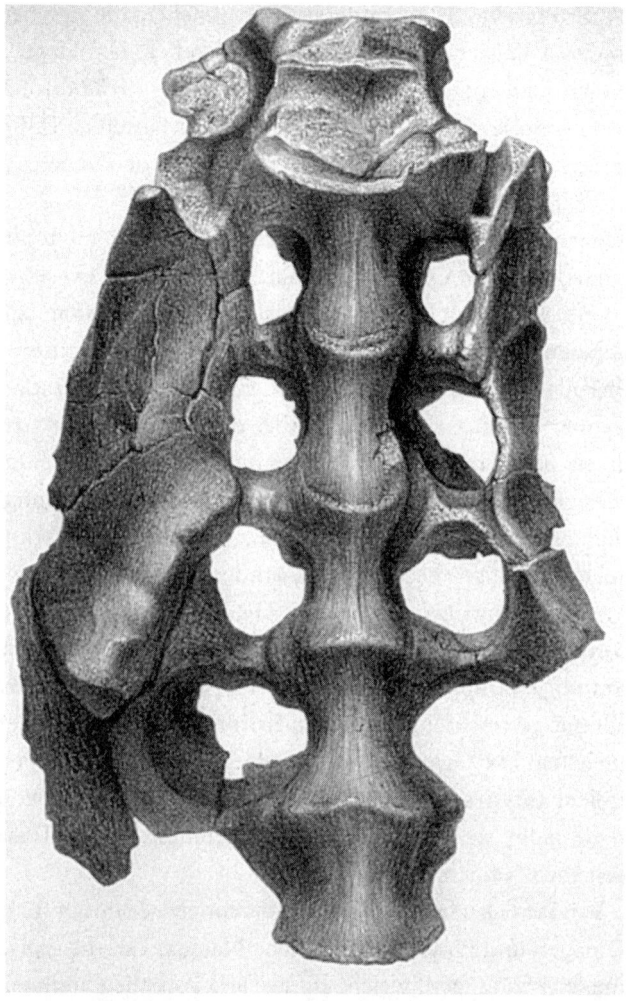

Das verschmolzene Kreuzbein des *Iguanodon* – eine entscheidende Anpassung, die den riesigen Reptilien ermöglichte, an Land zu leben.

geons, arbeitete er diese Erkenntnisse in seinen Bericht vom vorangegangenen August ein.

«Die Kombination solcher Merkmale, von denen einige, wie

der Bau des Kreuzbeins, unter Reptilien gänzlich ungewöhnlich sind, während andere anscheinend von Gruppen geborgt sind, die nun voneinander getrennt sind, und alles manifestiert in Geschöpfen, deren Größe die der größten heute existierenden Reptilien weit übersteigt, kann wohl als ausreichender Grund angesehen werden, um einen eigenen Stamm oder eine eigene Unterordnung der eidechsenartigen Reptilien einzuführen, für die ich den Namen ‹*Dinosauria*› vorschlage.»

Mit diesen wenigen Worten, mit denen er seinen Artikel umformulierte, besiegelte Richard Owen Gideon Mantells Schicksal. Dank dieses großen konzeptuellen Sprunges – der Definition der *Dinosauria*-Merkmale – gelang es ihm, das öffentliche Interesse auf seine Brillanz bei der Interpretation der Fossildaten zu lenken. Obwohl Mantell seit Jahren von der Existenz fossiler Reptilien gewusst hatte, sollte Owen dadurch, dass er den Begriff «Dinosaurier» prägte und sie als eigenständige Gruppe der fortschrittlichsten Reptilien darstellte, die je auf Erden gelebt hatten, den Ruhm für ihre Entdeckung ernten. Die vereinzelten Funde der vorangegangenen zwei Jahrzehnte verbanden sich plötzlich zu einer einzigartigen Form und gewannen eine eigene Identität.

Voller Stolz auf seine neue Schöpfung verkündete er: «Es gibt heutzutage kein Reptil, das eine komplexe ... Bezahnung mit Gliedmaßen vereinigt, die im Verhältnis so groß und kräftig sind und so gut entwickelte Markknochen haben und das Gewicht des Rumpfes durch ein ... so lang gestrecktes und kompliziertes Kreuzbein stützen, wie sie in der Ordnung *Dinosauria* zu finden sind.» Megalosaurier und Iguanodonten, sagte er, «erfreuten sich zweifellos der perfektioniertesten Modifikationen des Reptilientyps. Sie erreichten die größte Körpermasse und müssen ... als Fresser von Tieren und Pflanzen die bedeutendste Rolle gespielt haben, die diese Erde ... bei kaltblütigen Tieren ... jemals erlebt hat.»

Eine nicht untypische Note der Eigenlobs anschlagend, schloss er: «Ein allzu vorsichtiger Beobachter wäre vielleicht vor solchen

Spekulationen zurückgeschreckt ... doch der ehrliche und unverzagte Wahrheitssuchende, der die dunklen Regionen der Vergangenheit erforscht, muss sich verpflichtet fühlen, von welchem Objekt auch immer zu sprechen, das von einem Lichtstrahl der intellektuellen Fackel erreicht werden mag, selbst wenn die Merkmale dieses Objektes nur schwach erhellt werden können.»

Es mögen wohl Lichtstrahlen von seiner «intellektuellen Fackel» gewesen sein, doch es könnte sein, dass Owen den Zeitpunkt seiner Schlüsselerkenntnisse vorsätzlich verdunkelte, denn als sein Bericht im April 1842 schließlich herauskam, waren viele Exemplare fälschlicherweise auf August 1841 datiert. Wie es zu diesem Fehler kam, ist unklar; doch er hat Verschwörungstheorien genährt, in denen spekuliert wurde, Owen selbst habe dahinter gesteckt, um den Eindruck zu erwecken, bereits zu einem früheren Zeitpunkt und damit deutlich vor seinen Rivalen zu seinen Erkenntnissen gelangt zu sein.

In Wahrheit hatte er bei der Zusammenstellung seines Berichtes wichtige Fakten über Dinosaurier übersehen. Er hatte nicht erkannt, dass einige der Riesenechsen, die er anderen Abteilungen zugeteilt hatte, wie *Streptospondylus, Cetiosaurus, Thecodontosaurus* und *Poekilopleuron*, tatsächlich allesamt Dinosaurier waren. Obwohl ihm die Daten zur Verfügung standen, entging ihm dies, und er fasste, wie frühere Arbeiten, nur *Iguanodon, Megalosaurus* und *Hylaeosaurus* als Dinosaurier zusammen. Er hatte auch keine Ahnung vom wahren Aussehen der Dinosaurier und stellte sie sich als stämmige, vierfüßige, rhinozerosartige Geschöpfe mit grotesken, ungelenken Gliedmaßen vor.

Die Neuigkeiten über die *Dinosauria* drangen allmählich über die kleine Gruppe der wissenschaftlichen Pioniere hinaus an die Öffentlichkeit. Als Gideon Mantell und William Buckland in den 1820ern erstmals Belege für riesige fossile Reptilien fanden, hatte es noch kaum landesweit verbreitete Presse gegeben. Nun, zwanzig Jahre später, in den 1840ern, gab es dank besserer Verkehrsverbindungen und den Fortschritten in der Drucktechnik mehrere

Tageszeitungen, und landauf, landab konnte man sich über die neuesten Entwicklungen informieren. Überdies beschäftigten sich das *Penny Magazine*, die *Penny Cyclopaedia* und das *Magazine of Natural History* speziell mit wissenschaftlichen Themen. Diese Fortschritte verliehen Owens Erkenntnissen zweifellos eine viel größere Publizität als früheren Entdeckungen.

Owen war nun fest als «der englische Cuvier» etabliert, und so wurde dann auch ein Porträt von ihm in Auftrag gegeben, um neben dem Porträt Cuviers in der Galerie von Drayton Manor, dem Haus des Premierministers, Sir Robert Peel, aufgehängt zu werden. Seine Liste von Erfolgen wuchs ständig, und schließlich wurde er um diese Zeit auch in königliche Kreise eingeladen. In Bucklands Begleitung nahm er an einer Abendgesellschaft von Lord Northampton teil, einem früheren Präsidenten der *Royal Society*, wo er Prinz Albert vorgestellt wurde. Später, im Frühjahr 1842, wurde Owen gebeten, zusammen mit Reverend Conybeare Prinz Albert und den König von Preußen in der *Royal Society* zu empfangen.

Die Ehrungen häuften sich, und diese Anerkennung brachte auch Patronage mit sich. Am 1. November 1842 fand Owen bei seiner Rückkehr nach Hause einen Brief aus Whitehall vor. Er kam vom Premierminister.

Sir,

es ist meine Pflicht, Ihrer Majestät hinsichtlich der Verwendung eines öffentlichen Fonds ... in Anerkennung und als Lohn ... für herausragende öffentliche Verdienste ... Rat anzubieten. Ich habe das große Vergnügen, Eure Zustimmung vorausgesetzt, Ihrer Majestät vorzuschlagen, Euch eine jährliche staatliche Pension von zweihundert Pfund zu gewähren. Eure Einwilligung in diesen Vorschlag wird Eure Unabhängigkeit in keiner Weise beeinträchtigen ... Meine Absicht ... ist es, sicherzustellen, dass die Gunst der Krone dem Würdigsten zuteil wird ... um diese Hingabe an die Wissenschaft zu fördern, durch die Ihr Euch in so reichem Maße auszeichnet ...

Trotz der späten Stunde zog Owen «sofort wieder seine Stiefel an» und «eilte zu unserem guten Freund, Justice Broderip». William Broderip, ein Rechtsanwalt und langjähriger Vertrauter, der ebenfalls an den Lincoln's Inn Fields wohnte, war gerade dabei, zu Bett zu gehen, aber er zog rasch seinen Morgenmantel an und half Owen, eine passende Antwort aufzusetzen. In einer Geste untypischen Überschwangs seitens des Anatomen und des Rechtsanwalts (noch immer im Nachtgewand) wurde ein wenig Sherry zeremoniell auf den Boden gegossen – ein spontanes Trankopfer, um Gott zu danken. Später suchten Owen und Buckland den Premierminister persönlich auf, um ihm ihren Dank auszusprechen. «Hauptsächlich bestritt Dr. Buckland die Unterhaltung; Sir Robert hörte zu wie ein kluger Mann und warf nur gelegentlich einige Bemerkungen ein.» Darauf folgte ein Gegenbesuch des Premierministers im Museum am Royal College. Berichten zufolge blieb Sir Robert «mehr als zwei Stunden und war von seinem Besuch sehr angetan».

Während Richard Owen im viktorianischen England zu einer Berühmtheit wurde, zeigt Gideon Mantells private Korrespondenz, dass er mehr und mehr ins Brüten geriet über das, was ihm als solche Ungerechtigkeit erschien. Nacht um Nacht hatte er die Fossilien mit Hammer und Meißel freigelegt, hatte diesen bedeutenden Funden, die sich als befruchtend für das gesamte Gebiet erwiesen hatten, seine Ehe und seine Praxis geopfert. Zwei der drei Dinosaurier, *Iguanodon* und *Hylaeosaurus*, die die Basis für Owens berühmte Klassifikation der Dinosaurier bildeten, waren seine Entdeckungen. Das einzige neue Merkmal, das Mantell in Owens Interpretation des *Iguanodon* fand, war die Analyse des Kreuzbeins.

Doch Owens umgearbeiteter Bericht von 1842 beschrieb seitenlang Knochen, die von Mantell gefunden und von ihm zu einem früheren Zeitpunkt interpretiert worden waren. Und während er Mantell wenig Anerkennung zukommen ließ, betonte er dessen Fehler: «Sehr deutlich ist, dass die Überbetonung der Ähnlichkeiten zwischen Iguanodon und Leguan die Paläontologen, die bisher die Ergebnisse ihrer Berechnungen der Größe des Iguanodon publiziert haben, in die Irre geführt hat», schrieb Owen, wobei er auf die Absurdität von Mantells Schlussfolgerungen verwies, die bei dem Horsham-Exemplar zu einem Tier von rund fünfundsechzig Meter Länge führen würden. Um seinen Rivalen noch weiter «klein zu machen», erwähnte er das *Iguanodon* in seiner Zusammenfassung so, als sei es von Cuvier entdeckt worden.

Gideon Mantell vertraute seinem amerikanischen Freund Professor Silliman an: «Ich muss einen Mangel an Ehre und, ich darf sagen, Gerechtigkeit gegenüber denjenigen bedauern, ohne deren Arbeit und Eifer er niemals an das Material hätte gelangen können, auf das er nun seine Reputation aufbaut … Er hat Namen geändert, die ich gegeben habe, und stellt viele Schlussfolgerungen so dar, als ob sie von ihm selbst stammten, während ich schon längst die gleichen publiziert habe … Ich glaube fest, dass er die Namen *Iguanodon* und *Hylaeosaurus* geändert hätte, wenn ich meine Einsprüche nicht per Brief an die *Literary Gazette* gesandt hätte.» Doch Owen war ein Mann, der von der Öffentlichkeit zum Idol erhoben worden war und den selbst Königin Victoria kannte. «Es ist ungerecht und unehrenhaft … wie er dich behandelt, und das müsste öffentlich angeprangert werden», drängte Silliman.

Seit dem Unfall waren Monate vergangen, doch Mantell war noch immer ein Invalide. Die Lähmung der unteren Hälfte seines Körpers dauerte mit Unterbrechungen zwölf Wochen an; dann kehrte das Gefühl, begleitet von schrecklichen Rückenschmerzen, langsam zurück. Während die Monate dahinzogen, begannen heftige Schmerzen sein Leben zu beherrschen, raubten ihm tagelang den Schlaf und reduzierten seinen brennenden Ehrgeiz auf den bescheidenen Wunsch, seinen Alltag zu bewältigen. «Fast tot vor Schmerzen und Erschöpfung», schrieb er in sein Tagebuch. Zu seinem Schrecken musste er feststellen, dass sich ein Tumor «von beträchtlicher Größe» an der linken Seite seiner Wirbelsäule zu bilden begann.

KAPITEL 12

Der Erzhasser

Rechtschaffner Zweifel, glaubt mir, hat in sich
Mehr Glauben, als Bekenntnisse verrathen.
Alfred Lord Tennyson, In Memoriam

Richard Owen, der «englische Cuvier», stand in der Blüte seiner
Kraft. Im September 1842 wurde in seiner Heimatstadt Lancaster
zu seinen Ehren eine Feier arrangiert. «Wir schritten in einer Prozession zur Stadthalle, Mr. Whewell, der Bürgermeister, der Parla-
mentsabgeordnete der Stadt und ich ... und all das geringere Volk
ließ uns hochleben ... Wir ließen uns ... auf drei erhöhten Prunk-
sitzen am Kopfende der Tafel zu einem wahrhaft fürstlichen Bankett nieder.» Aus dem bescheidenen Lehrling von einst, der im
örtlichen Gefängnis arbeitete, war nun ein bedeutender Mann geworden, der einem Adligen im Ansehen nicht nachstand.

Am Royal College of Surgeons wurde er gleichrangig mit Clift
zum Kurator befördert und teilte sich nun mit seinem früheren
Lehrherrn die Verantwortung für das Hunterian Museum. Er
führte für die *British Association* ein größeres Forschungsprojekt
über «Fossile Säuger» durch, stellte seine «Odontographie» über
Wirbeltierzähne fertig und plante eine Zusammenfassung über
«Fossile Reptilien in Britannien». Caroline und ihr einziger Sohn
William ertrugen seine Hingabe an seine Arbeit in der Regel klag-
los, sah man einmal von den gelegentlichen Fällen ab, wenn in den
Räumen der Geruch der Konservierungsmittel allzu penetrant
wurde. «Die Präsenz eines Elefantengehirns im Haus brachte es

mit sich, dass ich alle Fenster offen hielt, besonders, da das Wetter sehr mild war», notierte Caroline, als bei der *Zoological Society* ein Elefant gestorben war. «Und ich brachte R. dazu, überall im Haus Zigarren zu rauchen.»

Bald nachdem Owen den Begriff «Dinosaurier» geprägt hatte, sollte sich sein Ruhm noch steigern, denn eine bemerkenswerte Voraussage, die er gemacht hatte, bewahrheitete sich: Im Jahre 1839 war ihm ein seltsamer, fünfzehn Zentimeter langer Knochenschaft vorgelegt worden, der von einem unbekannten neuseeländischen Lebewesen stammte. Aus der lockeren, wabenartigen Struktur der Knochenmatrix hatte er geschlossen, dass es sich um den Extremitätenknochen eines Vogels handelte; aus der Länge hatte er abgeleitet, dass der Vogel sehr groß gewesen sein musste und nicht in der Lage zu fliegen. Mit bemerkenswerter Intuition erklärte er, einst müsse es auf Neuseeland einen großen, flugunfähigen Vogel gegeben haben.

Vier Jahre später sandte ein Missionar aus Neuseeland eine Ladung Fossilien an Professor Buckland. Sie enthielt Knochen von einem großen, flugunfähigen Vogel, genau, wie Owen vorausgesagt hatte. «Buchstäblich jedes Wort bewahrheitet sich», meinte Justice Broderip begeistert zu Buckland. «Das ist ein weiterer Beweis für die intellektuelle Brillanz unseres großen physiologischen Freundes.» Das riesige gefiederte Ungeheuer, das eine Höhe von 3,60 Meter erreichen konnte, erhielt den Namen Moa oder wissenschaftlich *Dinornis*.

Owens brillante Voraussage wurde Prinz Albert zur Kenntnis gebracht. Buckland beschrieb Owen die Szene: «Sir Robert Peel und sein königlicher Gast waren erstaunt über die Größe des Dinornis. ‹Genauso hoch wie diese Bibliothek›», hatte Sir Robert erklärt. Prinz Albert wollte die Moa-Knochen mit eigenen Augen sehen. Einem Bericht zufolge rief «keine andere Arbeit von Owen so viel Aufregung hervor … Die vornehme Gesellschaft, allen voran Prinz Albert, strömte herbei, um die riesigen Überreste zu betrachten … und den vom Glück begünstigten Totenbeschwörer kennen zu lernen, auf dessen Geheiß eine Phantomprozession seltsamer Geschöpfe plötzlich aus der Vergangenheit in die Gegenwart getreten war.»

Owens Untersuchungen am Moa lenkten die Aufmerksamkeit auf eine faszinierende Beobachtung. Flugunfähige Vögel, wie der gigantische Moa oder der kleine Kiwi, lebten in Neuseeland. Südamerika wurde von Säugern bewohnt, die sich sehr deutlich von allen Säugern anderswo auf der Welt unterschieden, und zwar sowohl in der Vergangenheit, wie das ausgestorbene *Megatherium* belegte, als auch in der Gegenwart, wie sich an dessen Verwandten, dem Faultier und dem Gürteltier, ablesen ließ. Australien mit seinen ausgestorbenen Beuteltieren, wie dem *Diprotodon,* und den modernen Kängurus und Wombats erwies sich als weitere eigenständige «Provinz». «Bei ausgestorbenen wie bei rezenten Säugern», schrieb Owen, «waren bestimmte Formen bestimmten Provinzen zugeordnet.»

Das widerlegte die Annahme, dass sich alle Tiere von einem einzigen Zentrum – der Arche Noah – aus über die Erde verteilt hatten, und lenkte die Aufmerksamkeit erneut auf das Rätsel des Ursprungs der Arten. Die Verteilung sprach sehr dafür, dass sich die Tiere in den verschiedenen «Provinzen» getrennt entwickelt hatten. Gab es also verschiedene Schöpfungszentren?

Solche Gedanken gingen Owen durch den Kopf, und daher reagierte er recht verhalten auf ein sensationelles Buch, das im darauf folgenden Jahr veröffentlicht wurde. In *Vestiges of the Natural History of Creation* legte der anonyme Autor Fossildaten vor, die für eine Progression des Lebens von einfachen zu komplexen Formen sprachen, und zeigte die Möglichkeit einer Evolution ohne Gottes Zutun auf: «Der einfachste und primitivste Typus ... brachte den nächsten, über ihm stehenden Typ hervor», schrieb er, «und so weiter, bis zum allerhöchsten.» Auch wenn der Autor das Gesetz nicht definieren konnte, das diese Entwicklung lenkte, zweifelte er nicht daran, dass ein solches Gesetz ebenso sicher existierte wie das Gesetz der Schwerkraft. Die schockierende

Schlussfolgerung, die sich daraus ergab, war so formuliert, dass sie auch ein Laie verstehen konnte: Sie besagte nichts weniger, als dass der Mensch selbst das Ergebnis eines Evolutionsprozesses sein könnte und nicht speziell von Gott geschaffen worden war.

Der Autor, ein Journalist namens Robert Chambers, hatte so große Angst, diese Ansicht offen zu äußern, dass er sich sehr viel Mühe gab, seine Identität zu verbergen. Die wissenschaftlichen Führer reagierten empört, wenn nicht gar entsetzt. Nach Meinung von Reverend Sedgewick in Cambridge «vergiften die Verführungen des Autors ... die Quellen fröhlicher Gedanken ... er hat ... in dem neuen Jargon eines entarteten Materialismus ... alle Unterschiede zwischen dem Materiellen und der Moral zunichte gemacht». Wenn das, was in diesem Buch steht, wahr wäre, fuhr Sedgewick fort, dann «ist Religion eine Lüge, die menschliche Gesetzgebung eine Anhäufung von Narretei, Moralität ist Unfug, und Mann und Frau sind nur bessere Tiere». Diese «Schlangenwindungen einer falschen Philosophie» mussten schleunigst aus der Welt geschafft werden. Freunde wandten sich an Owen und baten ihn, eine vernichtende Replik zu schreiben. «Wir brauchen einen Kämpfer für unsere Sache», drängte Murchison seinen Kollegen.

Doch Owen verhielt sich seltsam zurückhaltend. Er war um diese Zeit gerade dabei, seine eigenen Vorstellungen zu formulieren, um die Progression in den Fossilfunden zu erklären. Durch intensives Studium der Wirbeltieranatomie versuchte er, «Homologien» oder «äquivalente Teile» in verschiedenen Tiergruppen zu entdecken und zu verstehen. Das Vorderbein einer Eidechse, die Flosse eines Seelöwen, der Flügel eines Vogels und der Arm eines Menschen waren allesamt homologe Strukturen, die an vergleichbaren Körperstellen ansetzten. Owen vertiefte sich in das Wirbeltierskelett und suchte nach immer weiteren Homologien. Sein Ziel war es, den «idealen Archetyp» zu identifizieren, den allgemeinen Entwurf oder Grundbauplan, der seiner Meinung nach eine Blaupause für alle Wirbeltiere lieferte.

Das Konzept einer Blaupause oder eines Archetypus für alle Wirbeltiere wurde sehr bedeutsam für Owen. Er hielt den Archetyp für die «göttliche Idee», die den Geist des Schöpfers erfüllte, als die Natur geschaffen wurde. Von diesem Archetyp ausgehend, argumentierte er, konnte Gott jede nur mögliche Wirbeltierform voraussehen: «Der göttliche Geist, der den Archetyp plante, kannte auch all seine Modifikationen im Voraus.» Darin sah Owen den Beweis, dass «das Wissen um ein solches Wesen wie den Menschen existiert haben muss, bevor der Mensch erschien». Mit anderen Worten, der Mensch war von Gott geplant und vorhergesehen worden und nicht das Resultat irgendeines materialistischen Prozesses. Er gab jedoch zu: «Welchem sekundären Gesetz diese geregelte Progression solcher organischer Phänomene unterworfen gewesen sein könnte, wissen wir noch nicht.»

Seine komplexen Ideen, sehr einfach ausgedrückt, erlaubten ihm zu akzeptieren, dass es im Lauf der Zeit «von der ersten Verkörperung der Wirbeltieridee» bis zu dem Zeitpunkt, zu dem der Mensch, die Krone der Schöpfung, auf Erden erschien, eine Progression des Lebens gegeben hatte. Doch die Gesetze, die diese Fortentwicklung lenkten, waren göttliche Gesetze und vom Schöpfer zu Anfang aufgestellt worden. Für Owen hatte Gott nicht jede neue Art einzeln geschaffen – er hatte die Gesetze geschaffen, die den Arten erlaubten, sich herauszubilden.

Owens Theorie, die eine geschickte Synthese verschiedener Beweisstränge darstellte, war für die viktorianische Biologie von höchster Bedeutung. Owen folgte seinem Helden Cuvier insofern, als dass er das Tierreich wie dieser in vier getrennte Hauptabteilungen ordnete. Innerhalb jeder dieser Abteilungen hatte er die Homologiestudien von Geoffroy Saint-Hilaire und anderen zum Konzept des «idealen Archetyps», dem Plan im Geist des Schöpfers, erweitert, was ihm erlaubte, die Naturgeschichte in den christlichen Glauben zu integrieren. Als derjenige, der Wissenschaft und Glauben versöhnt hatte, genoss Owen enormen Respekt unter seinen Kollegen sowie den führenden Männern seiner

Zeit und erwarb rasch eine für einen Wissenschaftler erstaunliche Macht.

Mit Hilfe seiner einflussreichen Kontakte versuchte er bald, sein Reich weiter auszudehnen. Er wollte alle naturgeschichtlichen Sammlungen – jene im British Museum, im Royal College und anderswo – unter einem Dach vereinigen und ein nationales Museum schaffen, das mit dem Muséum National d'Histoire Naturelle in Paris konkurrieren konnte. Zumindest hoffte er, die Fossilsammlungen des British Museum mit den Exemplaren zusammenzuführen, die er am Royal College verwaltete. Wie er einem der Treuhänder des British Museum gegenüber äußerte: «Von all den naturkundlichen Abteilungen im Museum halte ich diese dort für am stärksten deplatziert.» Zweifellos hatte er ein Auge auf Gideon Mantells Sammlung geworfen. Wie viel passender es doch wäre, argumentierte Richard Owen, wenn all diese wunderbaren Fossiliensammlungen mit jenen zusammengelegt würden, die sich unter seiner Obhut am College of Surgeons befanden, um so am besten «die Ordnung und die Gesetze der Natur» zu illustrieren?

Gideon Mantell, der sich in seinem Haus in Clapham langsam von seinem Unfall erholte, war sich Owens Erfolgs sehr bewusst. «Ich bin immer noch fast ein Invalide», schrieb er Professor Silliman im April 1842, «ich kann mich nicht bücken oder mich anstrengen, ohne dass mich Gefühl und Kraft in meinen Beinen verlassen.» Über einen Zeitraum von neun Monaten konsultierte er viele führende Ärzte, darunter Liston, Brodie, Bright, Lawrence, Stanley und Coulson. Allgemein wurde angenommen, dass der Tumor im unteren Bereich der Wirbelsäule auf die Nerven drückte, was zu den starken Schmerzen und den gelegentlichen Lähmungserscheinungen führte.

Eine Konfrontation mit Owen kam nicht infrage. Öffentlich griff er Owens «nicht zu rechtfertigendes Verhalten» nicht an, ganz im Gegenteil – er lobte sogar seinen «ausgefeilten und meisterlichen Artikel». Privat vertraute er Professor Silliman an: «Ich bin zu krank, um mich im Geringsten um weltliche Reputation zu kümmern … Meine Gefühle sind durch die Krankheit so gedämpft, dass ich mehr als je zuvor bemüht bin, in Frieden mit allen Menschen zu leben, und so werde ich diese Dinge übergehen, zumindest so lange, bis sich eine bessere Gelegenheit bietet.» Der Tag der Abrechnung würde zurückgestellt werden müssen.

Unterdessen bemühte er sich, seine Praxis in Clapham weiter zu betreiben, doch es wurde immer deutlicher, dass er die Medizin würde aufgeben müssen, wenn er sich irgendwelche Hoffnungen auf Wiederherstellung machen wollte. «Ich habe mich meinem Schicksal ergeben und bin dabei, mich nach einem Nachfolger umzusehen», schrieb er 1843. Er konnte jedoch noch immer auf dem Sofa liegend an einem Spezialtisch schreiben, den er für seine Tochter Hannah angefertigt hatte, «den ich für mein liebes Kind ersonnen habe». An den Erfolg von *The Wonders of Geology* anknüpfend, begann Mantell ein neues Buch, *Medals of Creation*.

Er bat seine Frau inständig, zu ihm zurückzukehren, aber sie lehnte ab und zog stattdessen mit ihrer Haushälterin, Hannah Brooks, nach Exeter. Abgesehen von Reginald, seinem jüngsten Sohn, der das College besuchte und Ingenieurwesen studierte, hatte Mantell wenig von seinen Kindern. Er unterstützte sie finanziell, litt aber unter ihrer Abwesenheit. Oft vergingen Monate, ohne dass er etwas von Walter hörte. In seinem Tagebuch notierte er das Ausbleiben von Briefen: «Es ist jetzt sechs Monate her, dass ich etwas von Walter gehört habe», oder «seit September nichts mehr von Walter gehört». Manchmal las er Neues über das Vorankommen seines Sohnes in der *New Zealand Gazette*.

Das Gefühl der Isolation verschlimmerte sein Leiden. «Ich bin in einem sehr heiklen Zustand», schrieb er an Professor Silliman, «doch ich bin dankbar für die Segnungen, die ich noch immer in meiner Reichweite habe … und ich kann noch immer bis zum Ende weiter hoffen.» Sein amerikanischer Freund verlor niemals das Vertrauen in ihn. «Es gibt außerhalb meiner Familie niemanden, dem ich so häufig und so lange Briefe schreibe wie dir»,

Gideon Mantell

schrieb Silliman, «weil du mir sagst, dass sie dich in deinen Prüfungen aufheitern, und ich opfere diesem Zweck gern jedes Jahr viele Stunden.»

Mit den frühen 1840ern brach auch eine schwere Zeit im Leben von Mary Anning an, deren Entdeckungen das Fundament für Owens ersten Bericht über die fossilen marinen Reptilien gelegt hatten. Eine Dorfbewohnerin, Nellie Waring, berichtete über ihren Eindruck von Mary Anning zu dieser Zeit: «Ihr kleiner Laden war kärglich möbliert und ihre eigene Kleidung immer ganz schlicht. Dann war da auch noch Mrs. Anning, die Mutter der Fossilsucherin, eine sehr alte Dame mit einer Morgenhaube und einer großen weißen Schürze, die manchmal mit schwachen Schritten in den Laden getrippelt kam, um uns bei unserer Auswahl zu helfen ... die beiden waren einander sehr zugetan.»

Aber 1842 starb Marys Mutter. Bald darauf begann sich das Gerücht zu verbreiten, Mary habe zu trinken begonnen. Allmählich stellte sich heraus, dass sie an Brustkrebs litt, und das am leichtesten verfügbare Mittel zur Schmerzbekämpfung war Alkohol. Erinnerungen aus dieser Zeit schildern sie ganz anders als die Mary Anning früherer Jahre. So meinte Nellie Waring: «Sie war sehr dünn und hatte ... große Augen, die mir eine freundliche Rücksichtnahme gegenüber ihren kleinen Kunden auszustrahlen schienen.» Sie war «sehr schüchtern, sehr uneitel und sehr geduldig ... sie bediente uns auf zuvorkommendste Weise ... und empfand uns niemals als zu störend, wenn wir ihre Regale mit Kuriositäten durchwühlten und schließlich nur ein paar Penny ausgaben, und das konnten wir so oft tun, wie wir wollten, ohne dass sie böse wurde.»

Als die Nachricht von Marys Erkrankung die Mitglieder der *Geological Society* in London erreichte, versuchte William Buckland erneut, Geld aufzutreiben, um sie zu unterstützen. Buckland konzentrierte sich inzwischen nicht mehr auf die «Untergrundwissenschaft». Er war 1845 zum Dekan von Westminster ernannt worden, eine der mächtigsten Positionen in der anglikanischen Hierarchie. Als Dekan zog sich Buckland allmählich aus der vordersten Front der geologischen Forschung zurück, restaurierte die Schule und die Abtei und leitete hygienische Reformen ein. Es gelang ihm, einen Unterstützerfonds für Mary Anning zu organisieren; mehr konnte er kaum für sie tun.

Obwohl Mary Anning sich nun zunehmend in ihrem Laden aufhielt, blieb ihr Interesse an der Wissenschaft wach. In ihr Notizbuch kopierte sie neben «Moralischen Leitsprüchen» und den Gedichten von Byron weiterhin Artikel über die Planeten und über Geologie. Sie schrieb auch Morgen- und Abendgebete nieder. Diese drückten ihre bescheidenen Ziele für jeden Tag aus: Sie nahm sich vor, jeden Tag mit Dankbarkeit zu begrüßen, Gott für ihr vergangenes Leben und sogar auch für die Tage ihrer Krankheit zu danken. Nach Henry de la Beche «trug sie das Fortschreiten ihres Brustkrebses mit Tapferkeit, bis sie dessen Verwüstungen schließlich am 9. März 1847 zum Opfer fiel».

Sie wurde in Lyme auf dem Friedhof am Meer begraben, oben auf den zerfallenden Church Cliffs. Bei der *Geological Society* ehrte Henry de la Beche, der inzwischen Präsident war, sie mit einem Nachruf – höchst ungewöhnlich, da sie kein Mitglied war. «Ich kann diese Bekanntmachung unserer Verluste durch den Tod nicht abschließen», hieß es darin, «ohne auf das Hinscheiden einer Frau hinzuweisen, die, obwohl sie nicht zu den höheren Klassen der Gesellschaft gehörte, sondern ihr tägliches Brot durch ihrer Hände Arbeit erwerben musste, durch ihre Talente und ihre unermüdliche Suche in nicht geringem Maße zu unserem Wissen über die großen Enaliosaurier und andere riesige Lebensformen, die in der Nachbarschaft von Lyme Regis vergraben waren, beigetragen hat.»

Die Fellows legten zusammen und ließen ihr zu Ehren in der Pfarrkirche von Lyme ein farbiges Glasfenster anbringen, das Mary zeigt, wie sie die Armen unterstützte und die Kranken pflegte. «Dieses Fenster ist dem Gedenken an Mary Anning aus dieser Pfarrgemeinde gewidmet», lautet die Inschrift, «in Erinnerung an die Dienste, die sie der Geologie erwiesen hat, wie auch an die Güte ihres Herzens und die Redlichkeit ihres Lebens.» Um es mit den Worten eines Artikels in Charles Dickens' Zeitschrift *All the Year Round* zu sagen: «Die Tochter des Tischlers hat sich einen eigenen Namen gemacht, und das zu Recht.»

Im Jahre 1846 geriet Richard Owens Reputation in einem Moment ins Zwielicht, als ihm eine weitere Ehrung verliehen werden sollte. Im November wurde er aufgrund seines Artikels über einen Belemniten – ein ausgestorbenes Weichtier, das entfernt mit Kalmaren und Kraken verwandt ist – für die prestigeträchtige *Royal Medal* der *Royal Society* nominiert. Mit Hilfe seiner Anhänger bei der *Royal Society* hatte Owen arrangiert, dass Mantells Untersuchung des *Iguanodon* aus dem Jahre 1841 nicht berücksichtigt wurde. Seltsamerweise führte Owen bei der Zusammenkunft der *Royal Society*, auf der sein eigener Artikel über den Belemniten für die Ehrung vorgeschlagen wurde, selbst den Vorsitz. Diese Arbeit basierte jedoch nicht ganz so auf eigenen Forschungsergebnissen, wie es den Anschein hatte. Das kleine Meeresgeschöpf war bereits von einem Amateur, einem Mr. Chaning Pearce, beschrieben worden.

Chaning Pearce war beim Eisenbahnbau auf das seltsame Fossil gestoßen. Dessen Körper setzte sich aus fünfzig Kammern zusammen, es hatte einen Tintenbeutel und trug zehn haken- und saugnapfbewehrte Arme. Bereits im Jahre 1842, also vier Jahre vor Owen, hatte Pearce seine Befunde vor der *Geological Society* vorgetragen und das Geschöpf *Belemnoteuthis* genannt. Owen war bei dem Treffen zugegen gewesen und hatte Pearce' gesamten Vortrag gehört.

Als sich Owen im November 1846 an die *Royal Society* wandte, erwähnte er Chaning Pearces frühere Arbeit mit keinem Wort. Im Gegenteil, er ignorierte die vorangegangene Studie über dieses Tier völlig und schlug ganz nebenbei einen neuen Namen vor: *Belemnites owenii*. Pech für Owen war, dass dieser Name auf einer falschen Annahme beruhte. Er hatte nicht erkannt, dass das fossile Geschöpf, wie Pearce korrekt beobachtet hatte, zu einer neuen und bisher unbekannten Gattung gehörte, der ein äußeres solides «Rostrum» – ein kegelförmiges Anhangsgebilde, wie es für einen Belemniten typisch ist – fehlte, die aber an einem braunen Überzug identifiziert werden konnte, der die Außenhülle bildete.

Owen erhielt zwar die Medaille, doch sein Verhalten in dieser Angelegenheit blieb nicht völlig unkommentiert. Edward Charlesworth, der Herausgeber des *London Geological Journal*, monierte scharf, dass Owen die frühere Arbeit von Pearce nicht erwähnt hatte: «Derartige Fälle sind so häufig, dass sie ein Übel von nicht geringer Bedeutung für den Fortschritt der wissenschaftlichen Forschung darstellen.» Doch obwohl Charlesworth nicht abließ, den Hunter-Professor zu attackieren, war Owen bereits so hoch aufgestiegen, dass er fast völlig immun gegen Kritik erschien. Inzwischen ein häufig gesehener Dinnergast auf Drayton Manor, dem Wohnsitz von Sir Robert Peel, nutzte er seine Machtposition, um sich wegen eines Nationalmuseums für Naturgeschichte direkt an den Premierminister zu wenden. Sein Stand in der viktorianischen Gesellschaft war solcher Art, dass er bereits wenige Monate später in die Downing Street eingeladen wurde, um seine Pläne zu erörtern.

Während sich Owen intensiv darum bemühte, alle berühmten Fossilien in einer – seiner – Hand zu vereinen, hatte Gideon Mantell trotz seiner stark angeschlagenen Gesundheit begonnen, eine eigene zweite Sammlung anzulegen. «Obwohl ich nur ein kurzes Stück laufen kann, ist mein Geist im Allgemeinen kräftig», schrieb er optimistisch. Seine Praxis in Clapham schrumpfte, und er konnte keinen Nachfolger finden, dennoch bestand er hartnäckig darauf, geologische Exkursionen zu unternehmen. Das «Land des Iguanodon» samt seiner exotischen Fauna und Flora war in seiner Fantasie zu einem «Land der Verheißung» geworden. Auch wenn er schrieb: «Ich muss zufrieden sein, aus der Ferne einen Blick auf dieses Land der Verheißung geworfen zu haben», zog es ihn doch noch immer unwiderstehlich dorthin, und er sehnte sich danach, sein *Iguanodon* vollständig zu verstehen. «Ich habe immer noch die Hoffnung, dass ein Kieferbruchstück mit ein oder zwei Zähnen gefunden wird, und habe meinen Männern eine reiche Belohnung in Aussicht gestellt, wenn sie ein solches Exemplar finden.»

Gelegentlich kam seine Tochter Ellen, um ihm zu helfen, fertigte Zeichnungen für seine Bücher an und begleitete ihn auf seinen Ausfahrten. *Medals of Creation*, das 1844 veröffentlicht wurde, war ein Erfolg und erlebte eine zweite Auflage. Bei jeder sich bietenden Gelegenheit nahm Mantell auch weiterhin Kontakt zu lokalen Sammlern auf und suchte nach interessanten Fossilien, um sie zu beschreiben. Einmal reiste er mit Ellen sogar bis Heyford in Northamptonshire, dem ehemaligen Sitz der Mantells – «heute leider in der Hand von Fremden», schrieb er. Es schien wenig

Hoffnung zu geben, den Familiensitz und die Ehre, die damit ein-
herging, wiederzugewinnen.

Bald darauf sollten Fossilien aus einer unerwarteten Quelle
eintreffen. Gideon Mantell hatte seinen Sohn Walter acht Jahre
lang nicht gesehen, seit dem Tag im September 1839, als dieser
nach Neuseeland abgereist war. Im Lauf des Jahres 1845 machte
er sich zunehmend Sorgen um seinen Sohn. «Erhielt einen Brief
von Walter, datiert vom April; er hat keinen Penny und keine Aussicht auf einen Posten.» Er schickte seinem Sohn Geld und hoffte,
Walter werde heimkommen. Dann, im Juli 1847, erhielt Mantell
zu seiner großen Überraschung einen Brief von ihm, in dem es
hieß, er sei auf interessante Fossilien gestoßen und beabsichtige,
sie seinem Vater zu übersenden. Walters Kiste aus Neuseeland traf
kurz vor Weihnachten ein. Als Mantell sie öffnete, sah er, dass sie
mehr als achthundert Exemplare enthielt – «in gutem Erhaltungs-
zustand», wie er mit Stolz bemerkte. Walters Kollektion war seiner Meinung nach die beste, die jemals nach Europa gelangt war,
und enthielt viele Raritäten, darunter auch die Knochen eines großen, flugunfähigen Vogels, des Moa oder *Dinornis*.

Eine Ironie des Schicksals war, dass Walters Funde schließlich
dazu dienten, die brillanten Schlussfolgerungen zu bestätigen, die
Owen zehn Jahre zuvor gezogen hatte. Die Sammlung enthielt
viele weitere Teile des Skeletts: Einen perfekten Schädel, wo zuvor
nur Bruchstücke der Schädelknochen gefunden worden waren, Ei-
erschalen, Kieferknochen und andere Knochen. Angesichts der
zwischen ihnen herrschenden Feindseligkeiten kaum vorstellbar,
lud Mantell Owen in sein neues Zuhause am Chester Square ein
und übergab ihm Walters seltene und kostbare Knochen. Möglicherweise hoffte er, die guten Beziehungen zu einem derart
mächtigen potenziellen Verbündeten wieder herzustellen, vielleicht erkannte er aber auch, dass er zu wenig über den Moa
wusste. «Da Professor Owen dieses Thema speziell zu dem seinen
gemacht hat», meinte Mantell einem Freund gegenüber, «habe ich
mich entschieden, auf die Freude und den Stolz zu verzichten,

diese Neuerwerbungen zu beschreiben, und ihm zu erlauben, all die neuen Stücke, die mein Sohn gesammelt hat, zu verwenden.»

Walters Entdeckungen weckten noch mehr allgemeines Interesse an den flugunfähigen Vögeln. Da die Knochen nicht richtig versteinert waren und sich unter den neuseeländischen Ureinwohnern, den Maori, hartnäckig Gerüchte hielten, die Riesenvögel seien gesehen worden, glaubten einige Leute, die Tiere seien vielleicht gar nicht ausgestorben. Walter hoffte, sein Glück zu machen, indem er das erste lebende Exemplar aufspürte. Sein neu erwachtes Interesse an der Wissenschaft freute seinen Vater sehr und führte zu einem regen Briefwechsel.

Ein paar Monate später wurde Walter vom Gouverneur Neuseelands zum Beauftragten für Landkauf ernannt. Er beabsichtigte, während seiner Reise durch das Landesinnere die Naturgeschichte der Inseln zu studieren, und war entschlossen, die flüchtigen Vögel aufzuspüren. «Wenn es einen lebenden Moa gibt, dann wird mein Sohn ihn fangen», erzählte Mantell seinen Freunden stolz.

Inzwischen war sein jüngerer Sohn Reginald aus Amerika zurückgekehrt und arbeitete als Ingenieur mit Mr. Brunel, der den *Great Western Railway* baute. Während er die Bauarbeiten zwischen Chippenham und Trowbridge überwachte, entdeckte sein Team wunderbar erhaltene fossile Belemniten. Reginalds Fossilien bewiesen, dass Owens hoch gelobte Belemniten-Studie, die ihm die *Royal Medal* eingebracht hatte, fehlerhaft war. Die ans Tageslicht gelangten Belemniten zeigten eindeutig, dass der Amateurgeologe Chaning Pearce Recht gehabt und Owen der kalmarartigen Kreatur fälschlicherweise Merkmale zugeschrieben hatte, die sie nicht aufwies. Dieses Geschöpf gehörte zu der eigenständigen Gattung, die Pearce entdeckt hatte: *Belemnoteuthis*.

Mantell, nun im Besitz der nötigen Beweise, konnte nicht widerstehen, gegen Richard Owen anzutreten. Er bereitete einen Artikel für die *Royal Society* vor, der die komplexen Details der *Belemnoteuthis*-Anatomie und die schalenartige äußere Umhüllung oder Kapsel beschrieb – ein unbedeutendes Detail bei der Interpretation der Wirbellosenanatomie, aber ein großer Rückschlag für Owen. «Er gehörte nicht zu denen, die mit Anstand zugeben, dass sie sich geirrt haben», schrieb Mantell an Silliman. Ein beinahe schon absurdes Szenario – während der eigentliche Kampf um Dinosaurier ging, gerieten sich die beiden Kontrahenten über diese kleine, kalmarartige Kreatur in die Haare.

Eine ungewöhnlich große Zahl von Zuhörern versammelte sich, um den Vortrag von Gideon Mantells Artikel vor der *Royal Society* 1848 zu hören. Obwohl in der zurückhaltenden Sprache der Wissenschaft abgefasst, verhehlten seine Kommentare nicht, dass er Richard Owens Artikel «von Anfang bis Ende für ein Gespinst aus Schnitzern» hielt. Owen hatte jedoch dafür gesorgt, dass viele seine Anhänger anwesend waren. «Nachdem der Artikel verlesen worden war, erhob sich Professor Owen und attackierte ihn in einer höchst unfeinen und ungebührlichen Weise», schrieb Mantell. «Er sagte, ich hätte mich nicht erdreisten dürfen, die Zeit der *Royal Society* in Anspruch zu nehmen ... und nachdem er alles, was ich geschrieben hatte, eine halbe Stunde lang lächerlich gemacht hatte, setzte er sich wieder und wurde tatsächlich von vielen beklatscht.» Das veranlasste seinen alten Verbündeten, den Dekan von Westminster, sich zu erheben und Mantells Artikel vehement als «in höchstem Maße wichtig» zu verteidigen. Dem Herausgeber des *London Geological Journal*, Edward Charlesworth, zufolge «gab es eine höchst leidenschaftliche Diskussion, in der alle, die sich daran beteiligten, darunter Buckland, Bowerbank und andere, entschieden gegen Owen argumentierten und sich für die Gattung des armen Chaning, *Belemnoteuthis*, aussprachen».

Dieser Punkt ging an Mantell. Deutlich geworden war: Der angebliche «Newton der Naturgeschichte» war nicht unfehlbar. Aber Mantell war sich durchaus darüber im Klaren, dass Owen intolerant war und übel nahm, «dass irgendjemand seinen Fuß auf die unterste Stufe seines Thrones stellt». Nicht lange und die beiden sollten wieder aneinander geraten, diesmal wegen eines Fossils, von dessen Fund Mantell jahrelang geträumt hatte.

Im März 1848 erhielt Gideon Mantell unerwarteterweise ein Paket von einem Fremden, einem Captain Lambart Brickenden. Der Captain, der der Besitzer der Steinbrüche im Tilgate Forest in Sussex war, hatte einen *Iguanodon*-Kiefer entdeckt. Das Fossil war nicht vollständig, sondern es handelte sich lediglich um einen Teil des Unterkiefers, mehr als fünfzig Zentimeter lang, sehr schwer und kräftig dunkelbraun gefärbt. Mantell fand Zahnhöhlen für siebzehn bis achtzehn identisch geformte Zähne und zwei kleine Ersatzzähne. Obwohl der Oberkiefer fehlte und die ausgewachsenen Zähne nicht mehr in ihren Höhlen steckten, bewiesen die Ersatzzähne, dass es sich um ein Reptil handelte. Hier war der ausstehende Beweis, den zu finden Cuvier Mantell gedrängt hatte, als noch niemand glaubte, dass er ein neues Reptil entdeckt hatte. Und nun hielt er den Schatz, nach dem er so lange gesucht und den er sich so sehnlich gewünscht hatte, in den Händen. Mantell zweifelte nicht an seiner Bedeutung. «Hier ist, nach dreißig Jahren der Suche, eindeutig ein Teil des Kieferapparates dieses wunderbaren Reptils», schrieb er.

Zu diesem Zeitpunkt kam es in London zu Unruhen durch die Chartisten. Am Palast waren Kanonen in Stellung gebracht worden, und Soldaten füllten die Straßen. Mantell wartete, bis die Krise vorüber war, bevor er sich ins British Museum wagte, um den fossilen Kiefer mit dem Kiefer anderer Tiere zu vergleichen. Da er noch immer unter Schmerzen litt, arbeitete er, um sich zu schonen, mit einem geschickten und erfahrenen Anatom zusammen, Dr. Alexander Melville, Zoologieprofessor am Queen's College. Nachdem sie den Unterkiefer mit anderen im Museum verglichen hatten, schrieben sie: «Uns fiel sofort die bemerkenswerte Abweichung [des Kiefers] von allen bekannten Typen aus der Klasse der Reptilien auf.»

Der *Iguanodon*-Kiefer wies eine eigenartige Mischung von Merkmalen auf. Anders als bei modernen Leguanen oder den großen ausgestorbenen Echsen, deren Kiefer «bis zum vorderen Ende mit Zähnen bewehrt sind», erweiterte sich dieser Kiefer vorn zu einer «schaufelförmigen Projektion» und erinnerte damit an den verlängerten Unterkiefer eines Säugers, des Faultiers. Aufgrund der Bezahnung wussten sie, dass das *Iguanodon* sein Futter wie moderne Wiederkäuer zermahlte, während die Verwurzelung der Zähne und ihr Ersatzzyklus eher den Verhältnissen bei Reptilien entsprach.

Mantell wurde eingeladen, am 18. Mai 1848 einen Vortrag über den Kiefer bei der *Royal Society* zu halten. «Obwohl inzwischen mehrere hundert Zähne ... von Sauriern gefunden worden sind», begann er, «sind bisher nur einige wenige Bruchstücke vom Kiefer entdeckt worden ... Es erfüllt mich daher mit großer Freude, der *Royal Society* ... den ersten unzweifelhaften Teil des Kiefers eines *Iguanodon* vorlegen zu können, der bisher ans Licht gekommen ist.»

Nun konnte er den Ersatzzyklus der *Iguanodon*-Zähne, den nachzuweisen er sich als junger Mann gesehnt hatte, im Detail beschreiben. Die Pulpahöhle, in der der neue Zahn heranwuchs, lag in einer gesonderten Höhlung auf der Innenseite der Wurzel des Zahnes, den der neue Zahn ersetzen sollte. «Beim Iguanodon blieben die alten Zähne erhalten, bis ... die Krone des Zahns infolge der Abnutzung von oben und der Resorption der Wurzel von unten auf eine bloße Scheibe reduziert worden war, bevor der Zahn schließlich ersetzt wurde.» Da alle Wurzeln mehr oder minder deutliche Zeichen von Resorption aufwiesen, argumentierte er, «ging die Bildung nachfolgender Zähne das ganze Leben des Tieres hindurch ständig weiter, wie es bei den meisten eidechsenartigen Reptilien der Fall ist.»

Vorsichtig versuchte er, die Kopflänge des Dinosauriers zu berechnen. Da Vergleiche mit dem Unterkiefer von Eidechsenartigen darauf hindeuteten, dass dieses Knochenfragment fast die Hälfte des Unterkiefers repräsentierte, schätzte er die Gesamtlänge des Kiefers auf rund 1,20 Meter. Dies, betonte er, stand im Widerspruch zu Professor Owens Meinung, der behauptet hatte, der größte *Iguanodon*-Kopf sei höchstens 0,75 Meter lang. Für seine Schätzung hatte Owen die Länge von sechs Rückenwirbeln gemessen, was beim Leguan der Länge des Unterkiefers entspricht. «Doch selbst wenn wir die kurzen, stumpfköpfigen Eidechsen als Maßstab nehmen, beispielsweise die Chamäleons», meinte Mantell, «muss die Kieferlänge dieses Iguanodon drei Fuß überstiegen haben.» In Wahrheit gab es keine Möglichkeit, aus einem Teil des Kiefers Rückschlüsse auf die Größe des Kopfes zu ziehen. Beide spekulierten, und ihre Analogieschlüsse basierten auf Vergleichen mit unterschiedlichen Knochen.

Mantell versuchte sogar, die Weichteile im Gesicht des Dinosauriers und die muskulären Anpassungen zu definieren, die nötig gewesen wären, um zähe Pflanzenteile und Blätter zu zerkauen. Er vermutete, dass die zahlreichen Öffnungen im vorderen Bereich des Kiefers dem Durchtritt von Blutgefäßen dienten, welche die Muskulatur und die Weichteile rund um die Mundöffnung versorgten. Daraus zog er den Schluss, dass «die Unterlippe vorgestreckt und zurückgezogen werden konnte» und gemeinsam mit einer «großen, fleischigen Greifzunge ... ein mächtiges Werkzeug bildete, um Blätter und Zweige zu packen und abzureißen».

Mantells Ideen nahmen viele spätere Studien über das weiche Gewebe der Wangen und des Maules von *Iguanodon* vorweg, wenn wir auch heute wissen, dass dieses Reptil keine lange Greifzunge besaß. Aus der Menge an Grünzeug, das es täglich fressen musste, schloss Mantell, dass «die Abdominalregion mächtig entwickelt gewesen sein muss». Das Hinterteil und die Hinterbeine waren seiner Vermutung nach sehr stämmig gewesen, «mit den schwerfälligen und unbeholfenen Konturen der Hinterfront von Nilpferd und Rhinozeros, mit hornigen Zehen und untersetzten, muskulösen Beinen». Die Zähne und der Kiefer, schloss er, «demonstrieren seine Mahlkraft und die Art seiner Nahrung».

Schließlich tat Mantell einen kühnen Schritt und verkündete die Existenz eines weiteren Dinosauriers. Ein früher entdecktes kleines Fragment des Unterkiefers, behauptete er, war fälschlicherweise dem *Iguanodon* zugeordnet worden. Er hatte Knochenbruchstücke und Zähne von diesem unbekannten Kiefer unter dem Mikroskop untersucht und weder Ähnlichkeit mit dem «sehr feinen, dichten Zahnschmelz des Hylaeosaurus» gefunden, noch passten sie zu irgendeinem anderen bekannten Dinosaurier. Obwohl die Ähnlichkeit mit dem *Iguanodon* größer war als mit irgendeinem anderen Tier, bestand keine völlige Übereinstimmung. Mantell zog den Schluss, dass das Fragment tatsächlich von einem neuen Dinosaurier stammte, dem er den Namen «Regnosaurus» gab.

Doch sobald Mantell seinen Vortrag beendet hatte, erhob sich Professor Owen und verkündete dem gelehrten Auditorium in der *Royal Society* zu Mantells großer Bestürzung, dass «in Horsham bereits früher ein kleineres und besser erhaltenes Exemplar des Kiefers gefunden» worden war. Owen legte es darauf an, zu zeigen, dass Mantells Schlussfolgerungen falsch waren und sein *Iguanodon*-Kiefer nicht der Erste war, wie er behauptet hatte. Mantell war verblüfft. Er wusste nichts von irgendeinem anderen fossilen *Iguanodon*-Kiefer. Aber hier stand der Professor und stach ihn anscheinend wieder einmal aus.

Bald sickerte durch, dass der Sammler George Holmes in Sussex, der von Owen protegiert wurde, kürzlich ein kleineres Kieferbruchstück eines jungen *Iguanodon* gefunden hatte. Mantells Bekannter Captain Brickenden, dem die Tilgate-Steinbrüche gehörten, besuchte Holmes und fertigte Skizzen des Fundstücks für Mantell an. Obwohl Holmes' Exemplar mehr Einzelheiten zeigte, konnte Captain Brickenden Mantell beruhigen und ihm versichern, dass das zweite Exemplar keine seiner Schlussfolgerungen infrage stellte. Dieser Vorfall war jedoch einer von vielen, in denen Holmes unbeabsichtigt die Rivalität zwischen Mantell und Owen anheizte.

Holmes handelte im Interesse von Owen und erschwerte es Mantell, seine Sammlung in Horsham zu sehen oder auch nur

Zeichnungen zu machen. Überdies hielt er Owen über Mantells Pläne auf dem Laufenden: «Der Doktor [Mantell] tat seine Absicht kund, in nächster Zeit vorbeizukommen, um meine Sammlung zu sehen», schrieb er Owen in seinem gewundenen Stil. «Ich hoffe sehr, dass Ihr ihm mit Eurem Besuch zuvorkommen werdet, wenn es Euch konvenieren sollte, zu kommen.» In einem anderen Brief erzählte Holmes Owen, dass Mantell die Wirbelsäulen der Riesenreptilien studierte. Er beschrieb Wirbel, die Mantell identifiziert hatte, und wies sogar auf einen Fehler hin, den er gemacht haben könnte, was Owen mit Hilfe des *Hylaeosaurus* im British Museum überprüfen konnte. Kaum verwunderlich, dass Mantell Holmes schließlich als «einen hinterlistigen Schuft» und «Spion» Owens ansah.

Inzwischen erhielt Mantell Fossilien aus mehreren unterschiedlichen Quellen. Captain Brickenden sandte ihm weiterhin Fundstücke aus dem Weald in Sussex; überdies stand Mantell mit Sammlern auf der Isle of Wight und sogar mit Fischern in Brook Bay und Sandown Bay in Kontakt. Er hoffte, genug Wirbel zu erhalten, um die gesamte Wirbelsäule des *Iguanodon* zu rekonstruieren. Damit wären konkrete Aussagen über die Gesamtlänge des Tieres sowie über Länge und Beweglichkeit des Halses wie auch des Schwanzes möglich; selbst die Masse des Tieres ließe sich aus der Größe der Lendenwirbel und anhand der Art und Weise abschätzen, wie die Rippen an der Wirbelsäule befestigt waren.

Mehr und mehr verstärkte sich sein Verdacht, dass es sich bei Wirbeln, die Owen verschiedenen Reptilien zugeschrieben hatte, tatsächlich um verschiedene Teile der Wirbelsäule des *Iguanodon* handelte. Da er stark geschwächt war, arbeitete er im British Museum wieder mit Alexander Melville zusammen, der das nötige anatomische Wissen besaß, ihm zu helfen, gegen Richard Owen anzutreten. Mantell wusste inzwischen, dass der Tumor an seiner Wirbelsäule an der Stelle, die bei dem Kutschunfall verletzt worden war, rasch wuchs und es keine Behandlungsmöglichkeit gab. Seine Versuche, die Schmerzen unter Kontrolle zu halten, wurden immer verzweifelter. «Trank heißen Brandy und Wasser mit Brandy und Laudanum, dazu Kampfer, Heißluftbad, atmete Chloroform ein. Alles ohne Erfolg», schrieb er nach einer Schmerzattacke. Zunehmend nahm er zur Linderung Opiate ein – zunächst Laudanum in pharmazeutischen Dosen, dann *Liquor opii sedativus*, ein Opiumderivat. Als sich Hannahs Todestag wieder einmal jährte, war er zu krank, um ihr Grab zu besuchen. Aber er nahm alle Kräfte zusammen, die in seinem zunehmend geschwächten Körper verblieben waren, fest entschlossen, das wahre Aussehen des *Iguanodon* so weit wie möglich zu erhellen. Er wusste jedoch, dass ihm die Zeit davonlief, und er sehnte sich danach, frei von Schmerzen zu sein: «Lebe in der Hoffnung, dass der Tod dem gefangenen Geist die Freiheit bringen möge.»

Im Juli 1848 las Mantell in *The Gentleman's Magazine* vom Freitod seines früheren Kurators in Brighton, George Richardson. Bei der gerichtlichen Untersuchung kamen schockierende Einzelheiten über Richardsons Notlage ans Licht. Er hatte Schwierigkeiten gehabt, von seinem Verdienst als Kurator – weniger als hundert Pfund im Jahr – zu leben. Als seine Schulden immer weiter gewachsen waren, sah er sich dem Bankrott gegenüber und fürchtete die Schande. Richardson war aufgefunden worden, «den Kopf fast vom Rumpf getrennt, mit einem Rasiermesser neben sich». Weitere Untersuchungen ergaben, «dass sich der Verstorbene vor seinen Spiegel gesetzt und in voller Absicht seine Kehle durchgeschnitten hatte. Der Spiegel, der Stuhl und das Rasiermesser waren blutbedeckt.» Gideon Mantell war erschüttert. Richardson war in Brighton ein enger Verbündeter gewesen; sein Kopf, «abgetrennt von einem Ohr bis zum anderen», war ein schauerliches Bild, um diese Episode ihres Lebens abzuschließen. «Ich bedaure dieses traurige Ereignis zutiefst. Es hat mich, seit ich davon gehört habe, ständig verfolgt», schrieb Mantell.

Sobald Owen von Holmes hörte, dass sich Mantell für die Wirbelsäule des *Iguanodon* interessierte, schrieb er an seinen Rivalen, um ihn vor einer Veröffentlichung zu warnen. Er vergeude nur seine Zeit, drohte er Mantell, denn seine eigene Studie sei nun praktisch vollständig: «Der erste Teil meiner Arbeit wird kurz nach Weihnachten erscheinen, zwanzig Platten sind bereits gedruckt; sie wird die Reptilien der Eozänformation umfassen. Als Nächstes werde ich zu Kalkstein, Grünsand und Wealden übergehen.» Obwohl Mantell der Entdecker des *Iguanodon* war, machte Owen zunehmend Besitzansprüche geltend und war eifrig darum bemüht, bei allen neuen Erkenntnissen über das Reptil der Erste zu sein.

Owens Intervention führte lediglich dazu, dass Mantell seine Anstrengungen verdoppelte. Nahezu absurd angesichts seiner körperlichen Schwäche, widmeten er und Melville ihrer Studie so viele Stunden, dass sie innerhalb eines Monats nach Owens Warnung abgeschlossen war. «Dr. Melville verbrachte den ganzen Tag hier, und während ich meine Patienten besuchte, machte er mit der Beschreibung der Wirbel weiter», schrieb Mantell am 15. Januar 1849. «Um elf Uhr nachts beendeten wir die Abhandlung endlich. Niemals zuvor habe ich mich nach einer derartigen Aufgabe so erschöpft gefühlt.»

Zwei Monate später verlas Gideon Mantell seinen Bericht vor der *Royal Society*. Er hatte keine vollständige Wirbelsäule und gab zu, dass «es noch immer keinen anderen Anhaltspunkt gibt, um uns durch das Labyrinth zu leiten, als Analogien». Dennoch hatte er Fortschritte gemacht. Als er seine Untersuchungen dreißig Jahre zuvor begann, waren große Wirbel unterschiedlicher Form «vage dem Iguanodon zugeschrieben» worden. Viele davon waren später von Owen als Teile verschiedener Reptilien, wie des *Streptospondylus* oder des *Cetiosaurus*, reidentifiziert worden. Mantell hatte jedoch von der Isle of Wight Wirbel erhalten, die zusammen gefunden worden waren und «eine derart enge Affinität der Knochen zeigen ... dass es kaum Zweifel geben kann, dass sie zum selben Tier gehören». Derart «bewaffnet», korrigierte er Owens frühere Zuordnung der Wirbel und zeigte, dass es sich bei ihnen tatsächlich um verschiedene Teile der *Iguanodon*-Wirbelsäule handelte.

Professor Owens *Streptospondylus*-Wirbel wurden zu *Iguanodon*-Halswirbeln, seine *Cetiosaurus*-Wirbel zu den Schwanzwirbeln des *Iguanodon*. Mantell beschrieb auch die anderen Teile der Wirbelsäule, beispielsweise die Lendenwirbelsäule, und lieferte Messungen. Zum ersten Mal waren die verschiedenen Wirbeltypen korrekt identifiziert worden. Seine Analyse stellte klar, dass die *Iguanodon*-Wirbel breit und hoch waren, durchaus in der Lage, ein massiges Körpergerüst zu tragen. Wenn die Studie auch damals nicht besonders viel Beachtung fand, so zeigen neuere Untersuchungen von Dr. David Norman von der Universität Cambridge dennoch, dass «Mantell und Melville mit ihren Schlussfolgerungen vollständig Recht hatten».

Und was besonders wichtig war: Gideon Mantell war der Erste, dem die geringe Größe des Humerus, des Oberarmknochens, auffiel, eine Tatsache, die große Bedeutung für die Rekonstruktion der wahren Form des Riesenreptils haben sollte. Bisher hatte noch niemand die Vorderextremitäten des *Iguanodon* mit Sicherheit identifizieren können. Zwar lag der Oberarmknochen bei dem 1834 gefundenen Maidstone-Exemplar eingebettet zwischen anderen Knochen, doch weil man annahm, diese Reptilien seien Vierfüßer mit gleich großen Vorder- und Hinterbeinen, war er jahrelang übersehen worden. Bei dem Maidstone-*Iguanodon* wies der Femur, der Oberschenkelknochen, eine Länge von 82,5 Zentimetern auf. Im Vorderbein gab es keinen korrespondierenden Knochen von gleicher Größe. Daher wurde der nur fünfzig Zentimeter lange Humerus für einen Unterarmknochen, den Radius, gehalten. Später spekulierte Owen, es könne sich auch um einen Fußknochen handeln.

«Die Frage ist jedoch nun durch die Entdeckung eines Knochens entschieden», verkündete Mantell, «der zusammen mit anderen *Iguanodon*-Relikten in den Wealden-Strata der Isle of Wight gefunden worden ist und bei dem es sich zweifellos um einen Humerus handelt, weil er unmöglich irgendeinem anderen Teil des Skeletts zugeordnet werden kann.» Er entsprach in der Form zudem jenem Knochen, den er schon seit langem für den Humerus des Maidstone-Exemplars gehalten hatte. Bei dem Fossil von der Isle of Wight maß der Femur im Hinterbein 1,40 Meter, der Humerus hingegen nur 95 Zentimeter. Wenn man die Kompression beim Maidstone- und beim Isle-of-Wight-Exemplar berücksichtigte, war der Humerus im Vorderbein um ein Drittel kürzer als der entsprechende Knochen im Hinterbein.

Damit bestätigte sich Mantells bereits früher geäußerte Vermutung, dass die Vorderextremitäten des *Iguanodon* weitaus weniger stämmig waren als seine Hinterbeine. Sie waren «lang und schlank und dienten als Greifwerkzeuge … daran angepasst, Pflanzen und Zweige zu packen und herabzuziehen». Im Gegensatz zu den Hinterbeinen, die «kräftig und massig wie die eines Nilpferds» waren, um den enormen Körper zu tragen, konnten die Vorderbeine die üppige tropische Vegetation – Farne, Palmfarne, Schilf und Koniferen – ergreifen. Das *Iguanodon*, verkündete Mantell, war «einer der bemerkenswertesten herbivoren terrestrischen Quadrupeden, die jemals auf unserem Planeten gewandelt sind». Mit einiger Befriedigung fuhr er fort: «Nach einer Zeitspanne von mehr als einem Vierteljahrhundert schließe ich meine Versuche ab, das Skelett des gigantischen Sauriers zu rekonstruieren, auf dessen frühere Existenz lediglich ein paar einzelne, abgenutzte Zähne hingewiesen hatten.» Abgesehen von den Schädelknochen, dem Brustbein und dem Unterarm «kann das ganze Skelett nun als abgeschlossen gelten». Das Geschöpf, das ihn so lange beschäftigt hatte, war dabei, Gestalt anzunehmen.

Mantell forderte nun Owens Vormachtstellung auf dem Gebiet der Dinosaurier heraus. Während Owen Mantells Dinosaurier ehedem mit großem Vergnügen auf bloße neun Meter zurückgestutzt hatte, häuften sich nun die Belege dafür, dass einige Dinosaurier tatsächlich erstaunliche Ausmaße erreichen konnten. Im Herbst 1849 erhielt Mantell einen Teil des Schienbeins, den Tibiakopf eines *Iguanodon*, dessen Umfang mehr als einen Meter betrug. Bald erzählten ihm Freunde von einem Müller in Mailing

Hill in der Nähe von Lewes, der im Weald einen weiteren riesigen Knochen gefunden hatte. Das neue Fundstück erwies sich als «ein wunderbares Exemplar eines Humerus». Mit 1,35 Meter war es das längste bisher gefundene Armstück. Gideon Mantell bemerkte mit Interesse, dass es «nicht alle Merkmale eines *Iguanodon*-Humerus» aufwies. Aber wenn es nicht von einem *Iguanodon* stammte, woher dann?

Diese Frage war nicht leicht zu beantworten. Nach sorgfältigen Vergleichen meinte er, der Knochen gehörte am ehesten zu Lendenwirbeln, die aus derselben Grube stammten und als Teil einer Echse identifiziert worden waren, die von «Owen *Cetiosaurus* benannt worden war». Mantell reiste «per Schnellzug» nach Oxford in Bucklands Museum, wo andere *Cetiosaurus*-Knochen lagen. Diese waren sehr typisch und wiesen eine schwammige Textur auf, ähnlich den Knochen von Walen (daher der Name *Cetiosaurus* oder «Walechse»). Doch der neue Oberarmknochen passte nicht richtig zu irgendeinem dieser Knochen, sondern unterschied sich von allen Saurierextremitätenknochen, die Mantell bisher gesehen hatte.

Es gab nur eine mögliche Lösung: Der Knochen stammte von einer völlig neuen Dinosaurierart, die vermutlich größer war als irgendeine bisher entdeckte. Mit einer Spitze, die auf Professor Owen zielte, schlug Mantell den Namen *Colossosaurus* vor.

Bald arbeitete er für die *Royal Society* an einem Artikel über sein neues «Hausreptil», wie es Silliman im *American Journal of Science* genannt hatte. Mantell kaufte den großen Humerus für rund acht Pfund und beauftragte einen Künstler, das Fossil zu zeichnen. Im November 1849 überlegte er sich dann doch einen etwas bescheideneren Namen für sein neues Geschöpf: *Pelorosaurus*, abgeleitet von dem griechischen Begriff *pelor* oder Ungeheuer. Mantells *Pelorosaurus* war der erste benannte Dinosaurier einer Familie, die heute als *Sauropoda* bezeichnet wird (was wörtlich so viel wie «Eidechsenfuß» bedeutet); die Sauropoden gelten als die größten Lebewesen, die jemals auf Erden gewandelt sind.

Einige Monate später machte sich Gideon Mantell daran, einen weiteren Sauropoden und damit seinen sechsten Dinosaurier zu identifizieren: Owen hatte nicht erkannt, dass der *Cetiosaurus* ein Dinosaurier war, und hatte angenommen, er sei mit Krokodilen verwandt, «rein aquatisch, wahrscheinlich ein Meeresbewohner». Anhand von Fossilien, die von der Isle of Wight stammten, konnte Mantell nachweisen, dass das Reptil ein verschmolzenes Kreuzbein vom «Dinosaurier-Typ» gehabt hatte. Das massive, verschmolzene Kreuzbein war eines von Owens Definitionskriterien für einen Dinosaurier. Da Mantell das *Cetiosaurus*-Kreuzbein als Erster zu Gesicht bekam, konnte er Owen mit seiner eigenen Definition schlagen und das Tier korrekt als Dinosaurier identifizieren.

Wie wir heute wissen, gehören auch solche Dinosaurier wie *Diplodocus, Brontosaurus* und *Apatosaurus* zu den gigantischen Sauropoden. Sie zeichnen sich durch einen sehr langen Hals, einen nicht minder langen Schwanz und einen massigen Körper auf säulenartigen Beinen aus und haben von allen Dinosauriern im Vergleich zur Körpergröße den kleinsten Schädel. Dank ihres langen Halses konnten sie an hoch gelegene Zweige und Blätter gelangen und somit eine Nahrungsquelle ausnutzen, die für andere Dinosaurier unerreichbar war. *Seismosaurus*, der größte jemals entdeckte Dinosaurier, konnte eine Länge von mehr als sechsunddreißig Metern erreichen. Mantell schätzte allein anhand des Humerus ganz richtig, dass *Pelorosaurus* vierundzwanzig Meter lang werden konnte.

Dank all dieser Erfolge wurde Gideon Mantell 1849 erneut für die prestigeträchtige *Royal Medal*, die Königliche Medaille der *Royal Society,* vorgeschlagen. Aber er musste erfahren, dass das Komitee seinen Artikel über das *Iguanodon* wegen Owens abfälliger Bemerkungen übergangen hatte. Nicht weniger als drei Mal waren das Komitee und der Beirat der *Royal Society* zusammengekommen, um die Angelegenheit zu entscheiden. Und jedes Mal unternahm Owen alles in seiner Macht stehende, um zu verhindern, dass Mantell diese Auszeichnung erhielt. «Alles, was Mantell getan hat», argumentierte er, «war, die Fossilien zu sammeln und sie von anderen bearbeiten zu lassen!» Als Mantell von einem Freund, der im Komitee saß, hörte, was in diesen geschlossenen Sitzungen ablief, war er empört und wütend. «Wie schade, dass ein Mann mit solchem Talent so heimtückisch und neidisch ist», schrieb er Professor Silliman. «Professor Owen hat behauptet, meine Artikel in den *Transactions* seien einer solchen Ehrung nicht wert. Und das, obwohl er selbst eine Medaille für seinen Artikel über den Belemniten bekommen hat, der sich als völlig irrig herausgestellt hat!»

Von seinen Anhängern angespornt, sandte Mantell seinen Artikel über das *Iguanodon* an die *Royal Society* und bat den Beirat, seine Entscheidung hinsichtlich der Verleihung der *Royal Medal* nochmals zu überdenken. Ihm war es, als stünde die Bedeutung seines Lebenswerks zur Debatte. Die Demütigungen Owens all die Jahre hindurch waren schließlich zu viel geworden, als dass er sie weiter hätte ertragen können. Auf dem Spiel stand, wem das Verdienst zugesprochen werden würde, die entscheidenden Dinosaurierfossilien interpretiert und die urzeitlichen Reptilien definiert zu haben. Aber Owen war nicht bereit zuzugeben, dass seine eigene Arbeit über Dinosaurier auf Fundamenten ruhte, die Mantell gelegt hatte.

Unter den aufmerksamen Augen der wissenschaftlichen Gemeinschaft musste Gerechtigkeit geübt werden. Ein viertes Treffen von Beirat und Komitee wurde einberufen. Und wieder attackierte Owen Mantell, spottete über seine Vorstellung, das *Iguanodon* habe Wangen und Weichteile gehabt, die seinen Gaumen bedeckten, und äußerte sich verächtlich über seine ganze Arbeit. Diesmal war Sir Charles Lyell zugegen und eilte seinem alten Freund zu Hilfe. Er betonte die Verdienste von Mantells Untersuchungen und erinnerte an das hohe Lob, das Cuvier Mantell gespendet hatte. Auch Professor Buckland hatte an das Komitee der *Royal Society* geschrieben und festgestellt, dass sämtliche Artikel, sei es über den *Iguanodon*, über Foraminiferen (marine Einzeller mit perforiertem Gehäuse) oder auch – mit einer gezielten Spitze gegen Owen – über Belemniten, Mantell für die höchsten Ehrungen qualifizierten, die die *Society* zu vergeben hatte. Infolgedessen wurde die *Royal Medal* am 30. November 1849 Mantell zugesprochen. Nur Owen und ein weiteres Mitglied des Beirates stimmten dagegen. Als Mantell in den Sitzungssaal gerufen wurde, bemerkte er, dass «Owen mir gegenübersaß und wie die Fleisch gewordene Boshaftigkeit aussah».

Später, als Mantell an einem Treffen der *Royal Society* teilnahm, kam Owen herbei und begrüßte die Leute in seiner Nähe mit Handschlag; dann streckte er auch Mantell seine Hand entgegen und äußerte, was für eine große Freude es doch sei, ihn hier zu sehen. War das nur eine triviale und bedeutungslose Geste Owens, oder war es vielleicht ein Signal der Versöhnung? Mantell, der nur allzu gut wusste, wie sich Owen im Beirat der *Royal Society* verhalten hatte, sah seinen falschen Handschlag, verbeugte sich und lehnte ab. Er wollte nicht den Händedruck eines Mannes, der so ohne weiteres versucht hatte, ihm alles zu nehmen. In seiner tiefen Verbitterung über den Jüngeren, der all den Ruhm für die Dinosaurier geerntet hatte, kristallisierten sich Jahre der Enttäuschung und Frustration. Seiner Überzeugung nach war er schäbig behandelt worden.

Obwohl Mantell ein allgemein anerkannter Gelehrter war, ließ Richard Owens Druck auf seinen Rivalen niemals nach. Er konnte sich nicht dazu durchringen, der Opposition auch nur einen Fußbreit Boden abzutreten. Möglicherweise um jedem Gerede über seine eigene Medaille zuvorzukommen, veranlasste er später, dass in der *Quarterly Review* ein überschwänglicher Bericht über seine Belemnitenanalyse erschien. Verfasser des Artikels war Owens Freund Justice Broderip, und Owen selbst hatte den Text offenbar gegengelesen und korrigiert.

Als die Vendetta eskalierte, unternahm Owen weitere Schritte, um Mantell kaltzustellen. Owen plante, ein abschließendes Werk über die fossilen Reptilien Britanniens zu veröffentlichen. Im Oktober 1850 wandte er sich daher an den Beirat der *Royal Society* und bat um die Erlaubnis zum Nachdruck von Abbildungen fossiler Reptilien, die im Journal der Gesellschaft veröffentlicht worden waren. Owen erwähnte dem Beirat gegenüber jedoch nicht, dass darunter auch einige von Mantells sorgfältig recherchierten Illustrationen waren. Stattdessen vermittelte er den Eindruck, als ginge es lediglich um seine eigenen Arbeiten, und behauptete, es handele sich um «Tafeln, die von ihm in seinem Bericht aus dem Jahre 1842 über *British Fossil Reptils* beschrieben wurden». Selbst Captain Brickendens berühmten *Iguanodon*-Kiefer, der Mantell so viel bedeutete, stellte Owen implizit als eines seiner eigenen Stücke dar. Infolgedessen wurde seiner Bitte auf einer Versammlung des Beirats am 24. Oktober 1850 entsprochen.

Als Mantell erfuhr, was geschehen war, konnte er seine Wut kaum zügeln. Er diskutierte die Angelegenheit mit Sir Charles Lyell, der «sein Erstaunen über ein solches Verhalten zum Ausdruck brachte», schrieb Mantell. Er vertraute sich auch Captain Brickenden an: «Sie können sich den Verdruss nicht vorstellen, den ich wieder einmal mit Professor Owen gehabt habe; er ist nicht damit zufrieden, alles, was er kann, von den von mir zuerst entdeckten Gesteinen in Beschlag zu nehmen, sondern er versucht sogar, mir die wenigen Dinge zu rauben, die ich von Freunden bekommen habe ... Er ist eifersüchtiger und neidischer als je zuvor!»

Einen Monat später wurde im großen Versammlungsraum der *Royal Society* eine Sondersitzung des Beirats einberufen. Gideon Mantell konnte überzeugend nachweisen, dass einige der Tafeln nicht Owens Tafeln aus dem Jahre 1841 waren, denn viele der Fossilien waren erst nach diesem Datum entdeckt worden. Owen war zum Rückzug gezwungen; für ihn war das Ganze eine triviale Angelegenheit – er sprach eine wolkige, bedeutungslose Entschuldigung aus. Aber Mantell war sich sicher: «Jedes einzelne Mitglied des Beirats, das anwesend war, war offenbar überzeugt davon, dass Owen ausnahmsweise einmal ertappt und in seiner Doppel-

Thomas Henry Huxley

züngigkeit bloß gestellt worden war.» Owen, meinte er, sei «über-
bezahlt, überschätzt und mit einem eifersüchtigen und monopolis-
tischen Geist geschlagen!»

Richard Owen, der seit so langer Zeit jeden niedermachte, der seinen Weg kreuzte, folgte bald nur noch seinen eigenen Gesetzen. Er geriet mit Charles Lyell aneinander, was möglicherweise die Vergeltung dafür war, dass Lyell Owens Manöver am British Museum nicht unterstützte, und mit Alexander Melville, einem Anhänger Mantells. Auch der leutselige Biologe Hugh Falconer wurde ein Opfer von Owens Ränken. Ihr Disput begann, als Owen Falconer das Benennungsrecht für einen amerikanischen Elefanten «stahl»; später, als beide über die Merkmale bestimmter ausgestorbener Beuteltiere stritten, eskalierten die Feindseligkeiten zu erbitterten persönlichen Attacken. Owen ging gar so weit, mit dem Zahnarzt der Königin, Alexander Nasmyth, Streit anzufangen. Er behauptete, er sei der geistige Urheber der Arbeiten, die Nasmyth über Zahnstruktur und Zahnwachstum verfasst hatte, und beschuldigte Nasmyth, die Ideen anderer zu plagiieren, genau wie er selbst es bei den Dinosauriern getan hatte. Schließlich begannen selbst loyale Verbündete, wie George Holmes, sich von Owen abzuwenden. So klagte Holmes, er werde «schäbig behandelt», als er entdecken musste, dass einige seiner Fossilien nicht, wie abgesprochen, zurückgebracht, sondern in Owens Sammlung im Royal College eingegliedert wurden. Vielleicht erkannte Holmes in diesem Moment, dass er Owen nur als Waffe im Kampf gegen Mantell gedient hatte.

Bei Fehden und Feindschaften blühte Owen offenbar auf, und er verwundete seine Rivalen mit fast der gleichen klinischen Befriedigung, mit der er seine Sektionen vornahm. Ein Biograph beschrieb ihn als «gesellschaftlichen Experimentator mit einer Neigung zu Sadismus und Geheimniskrämerei», ein anderer als «süchtig nach scharfen und erbitterten Auseinandersetzungen», getrieben von Arroganz und Eifersucht. Seine bösartigen Dispute sollten einen tiefen Eindruck auf einen jungen Anatomen machen, der sich darum bemühte, in London Fuß zu fassen – Thomas Henry Huxley.

Huxley war 1850 von einer Seereise mit der HMS *Rattlesnake* zurückgekehrt und hatte sich anschließend mit Untersuchungen über marine Wirbellose, die er auf seinen Reisen nach Australien und Neuguinea beobachtet hatte, rasch einen Namen gemacht. Obwohl ihm dies bereits im Alter von achtundzwanzig Jahren eine *Royal Medal* eingebracht hatte, musste er jahrelang um einen bezahlten wissenschaftlichen Posten kämpfen: «Ein Mann der Wissenschaft kann zwar große Verdienste erwerben, nicht aber seinen Lebensunterhalt», meinte er einmal einem Freund gegenüber. Huxley wandte sich an Owen und bat ihn um Hilfe, argwöhnte aber dann, Owen engagiere sich nicht genügend, obwohl dieser dem jungen Mann tatsächlich eine Reihe von Empfehlungen schrieb. «Es ist erstaunlich, mit welch intensivem Hass Owen von den meisten seiner Zeitgenossen bedacht wird, wobei Mantell der Erzhasser ist», stellte Huxley fest.

Als sei er sich der Spur der Verwüstungen, die er in wissenschaftlichen Kreisen hinterließ, in keiner Weise bewusst, stellte Owen den Menschen in seinen öffentlichen Vorlesungen als die Krone der Schöpfung dar, von Gott zu Seinen Zwecken geschaffen. «Das wunderbare Werk der Schöpfung ist vollbracht worden ... um der Seele zu dienen. Denkt daran, was es werden kann – der Tempel des Heiligen Geistes!», erklärte er mit Übelkeit erregender Tugendhaftigkeit. «Beflecket ihn nicht. Versuchet vielmehr, ihn mit ... den schönen Möbeln Moral und Verstand zu schmücken, die zu erwerben das unschätzbare Privileg des Menschen ist.» Dank seiner «Archetypen», seiner «göttlichen Pläne» und anderer hochtrabender Formulierungen, die nicht wenig zur Verdunkelung seines Themas beitrugen, konnte anscheinend niemand seinen Aufstieg aufhalten.

Im März 1851 wurde Owen zu seinem ersten Lever, dem offiziellen Empfang im Palast, gebeten, wo er vom Earl of Carlisle vor den Prinzgemahl geführt wurde. Im selben Monat wurde er zum *Prince's Council* im Buckingham Palace ernannt, um den Prinzen hinsichtlich der geplanten Weltausstellung zu beraten. Sofort ließ er einen Hofschneider kommen. Mit Carolines Hilfe entwarf er «ein sehr kleidsames und elegantes Gewand, ebenso gut wie irgendein Hofkleid, das ich gesehen habe, denke ich. Ein dunkler, kostbarer dahlienbrauner Stoff mit hellen Stahlknöpfen, Schnallen, Degen etc. und eine weiße Satinweste, üppig mit Blumen bestickt. Spitzenkrawatte voll und lang, und das Gleiche für die Manschetten. Auf dem Dreispitz eine geschnittene Brosche. Alles sehr hübsch, wie Pepys sagen würde.» Bald darauf wurde Owen aufgefordert, die Kinder der königlichen Familie zu unterrichten.

Während Owen jegliche Opposition problemlos an sich abgleiten ließ, verlangte die Fehde zwischen den beiden Männern von Mantell einen immer schrecklicheren Tribut. Im Laufe der Zeit war er zu einem Schatten seiner selbst geworden. Als er Lyell einmal wieder traf, war der alte Freund von seinem körperlichen Niedergang sichtlich schockiert. Die jahrelangen Schmerzen hatten ihre Spuren hinterlassen. Ein Arzt hatte ihm Hoffnungen auf eine Operation seiner Wirbelsäule gemacht, doch dann war man zu dem Schluss gekommen, dass das Risiko zu groß war. Schließlich verkrümmte sich sein verletztes Rückgrat schmerzhaft, so als wolle es die Enttäuschungen und Frustrationen sichtbar machen, die ihn erfüllten.

Sich des unbarmherzigen Fortschreitens seiner Krankheit wohl bewusst, fand Mantell willkommene Abwechslung weiterhin in den Briefen seines Sohnes. Walter entdeckte zwar keinen lebenden Moa, doch er sandte seinem Vater viele Fossilien aus Neuseeland, darunter «eine unvergleichliche Sammlung fossiler Vögel, die fast fünfhundert Exemplare umfasste». Im Jahr 1850 erhielt Mantell eines Tages einen Brief, den sein Sohn in einer Lehmhütte, tief eingeschneit an einem kahlen Strand der Banks-Halbinsel, geschrieben hatte. Walter war ganz aufgeregt, weil er gehört hatte, dass zweihundert Meilen entfernt einige große Tropfsteinhöhlen voller Knochen unbekannter Tiere entdeckt worden waren. Er musste sie untersuchen. Seine Aufgabe als Beauftragter für Landkauf hatte er inzwischen erfolgreich abgeschlossen und konnte es sich nun leisten, ein Haus und Land zu kaufen, um sich als Farmer niederzulassen. Darum drängte er seinen Vater, London mit all seinen Querelen zu verlassen und nach Neuseeland zu kommen, um mit ihm zu leben. Mantell nahm das Angebot seines Sohnes nicht an, doch er traf Vorkehrungen, um sechshundert Gesteins- und Mineralproben, einen Schrank mit fünfzig Schubladen und die gesamte Ausrüstung hinüberzuschicken, die notwendig war, um die Höhlen zu erforschen. Seinem Sohn würde es bei seinen wissenschaftlichen Unternehmungen an nichts fehlen.

Dinomanie

Dein Leben liebe nicht, noch hasse es;
Was du zu leben hast, das lebe gut;
Und überlass dem Himmel deine Dauer.
John Milton, Das verlorene Paradies, *Elftes Buch*,
in Mantells Korrespondenz mit Silliman zitiert.

1. Mai 1851: Die offizielle Eröffnung der Weltausstellung. Joseph Paxtons glitzernder *Crystal Palace* bedeckte fast zwanzig Morgen des Hyde Parks. Hotels und Pensionen waren bis fünfundzwanzig Meilen in die Außenbezirke hinaus vollständig ausgebucht. Bis Mittag waren eintausend Staatskarossen und zweitausend Droschken eingetroffen – alle nur möglichen Gefährte waren im Einsatz und halfen dabei, London einen Verkehrsstau zu bescheren, der sechs Monate lang andauern sollte. An diesem Tag versammelte sich eine halbe Million Menschen im Hyde Park. Truppen standen bereit, um für Queen Victoria Salut zu schießen, ein Plan, der Besorgnis auslöste. «Tausende von Damen werden zu Hackfleisch zerstückelt werden», warnte die *Times*, weil sie fürchtete, alles Glas rundum würde zerspringen, wenn die Gewehre feuerten.

Im Inneren des Kristallpalastes – einer vergrößerten Version von Paxtons *Lily House* in Chatsworth – schien sich das Querschiff zu märchenhaften Höhen zu erheben. Ein Augenzeuge berichtet: «Seine enorme Größe ließ sich an den schlanken Ulmen ablesen, von denen sich zwei hoch in die Luft reckten und ihren ganzen Laubreichtum ebenso frei und unbeschränkt ausbreiteten, als gebe es nichts zwischen ihnen und dem offenen Himmel.» Beim Betreten des Palastes stieß man als Erstes auf einen zauberhaften, fast neun Meter hohen Kristallbrunnen, der von Osler aus vier Tonnen reinem Kristallglas errichtet worden war. Jenseits des Brunnens konnte man «die plätschernden Fontänen, die luxuriöse Fülle des tropischen Blattwerks und das Farbenspiel der wunderbar abgestimmten Pflanzen erspähen, das sich durch das reiche Kolorit von Teppichen und Stoffen aus den kostbarsten Geweben in die Galerien des Schiffes fortsetzte».

Die Stände, die sich über elf Meilen hinzogen, präsentierten «das Allerbeste, was menschlicher Erfindungsreichtum, Kunst und Wissenschaft inspirieren konnten». Die östliche Hälfte des Palastes war gefüllt mit üppigen Warenauslagen aus fremden Ländern – Seidenstoffen, Wandbehängen, Kunsthandwerk, Fabrika-

Die Eröffnungszeremonie der Weltausstellung im Kristallpalast im Hyde Park in London.

ten –, die westliche Hälfte mit Produkten aus Britannien und dem
Empire. Seltene und kostbare *objets d'art*, die neuesten Ideen aus
Wissenschaft und Technik – die zahllosen Ausstellungsstücke waren Symbol einer optimistischen neuen Ära, in der «Handel und
Entdeckungen die Nationen der Erde verbinden würden und es
einer aufgeklärten Industrie gelingen würde, alle Kriege zu beenden».

Viele Monate lang hatte Richard Owen im Komitee für die
«Große Ausstellung der Produkte und Industrien aller Nationen»
mitgewirkt. Das hatte ihn in engen Kontakt mit der königlichen
Familie gebracht; Prinz Albert war persönlich an der Ausstellung
beteiligt, und die Treffen wurden nicht selten im königlichen Palast abgehalten. Ein paar Tage vor der offiziellen Eröffnung erhielt
Owen die Aufgabe, verschiedene Abteilungen der Ausstellung zu
beurteilen. Man berief ihn zum Vorsitzenden von «Jury IV» – verantwortlich für die Abteilung «Pflanzliche und tierische Substan-
zen, die hauptsächlich in Manufakturen, als Werkzeuge oder als
Schmuck benutzt werden» –, und gleichzeitig war er Mitglied von
«Jury V» für «das Tierreich».

Bei der großen Eröffnungszeremonie «nahm Richard als Juror
auf der Suche nach der Jurorengalerie, zu der er einen Pass besaß,
seine Schwester mit sich», während seine Familie «ausgezeichnete
Plätze ganz vorne im Mittelteil erhielt». Owen war umgeben von
anderen wichtigen Würdenträgern, Kommissionsmitgliedern und
Juroren wie dem Parlamentsabgeordneten William Gladstone,
dem Präsidenten der *Royal Society*, dem Earl of Rosse, dem Chemiker Dr. Lyon Playfair und dem Lord Mayor von London, William Cubitt. Sie hatten einen ausgezeichneten Blick auf den Einzug
der königlichen Familie und die Prozession, die ihr folgte.

«Die Trompeten verkündeten die Ankunft der Queen und Prinz
Alberts», schrieb Caroline in ihr Tagebuch. Der Erzbischof von
Canterbury trat als Erster ein und schien so erstaunt von der verwirrenden Menge der Ausstellungsstücke, dass er immer wieder
stehen blieb, versunken in Bewunderung. Infolgedessen gerieten

seine Geistlichen ins Stocken, und die Kammerdiener hinter ihnen, die vor der königlichen Gesellschaft rückwärts gingen, liefen Gefahr, in den Klerus zu stolpern. «Niemals wurde ein Souverän herzlicher willkommen geheißen», berichtete Caroline, «die Königin führte den Prince of Wales an der rechten Hand, und ihre linke Hand lag auf Prinz Alberts Arm, der die königliche Prinzessin führte. Dann folgte eine Prozession von Hofdamen, und ich konnte einen Blick auf wunderbare Kleider und Diamanten werfen.»

Queen Victoria selbst, die zu den triumphalen Klängen des «Hallelujahs» eintrat, war von Staunen erfüllt: «Der Anblick des Querschiffs durch die schmiedeeisernen Tore, die wogenden Palmen, Blumen, Statuen und die Myriaden von Menschen, die die Galerien und Sitze rundum füllten, der Tusch der Trompeten, als wir eintraten – das alles gab uns ein Gefühl, das ich niemals vergessen kann, und ich fühlte mich sehr bewegt.» Es war, wie sie später sagte, «der glücklichste, stolzeste Tag meines Lebens».

Mitten im Zentrum der kultivierten Londoner Gesellschaft, die diesen großen Triumph organisiert hatte, präsidierte Richard Owen hoheitsvoll über dem Dargebotenen. Während der nächsten paar Tage erfüllte er seine Pflichten als Juror, überwachte seine Abteilungen, führte ausländische Gäste herum und verlieh Medaillen. Seine fast greifbare Selbstsicherheit schien alles, was er in Angriff nahm, in reibungslos funktionierende Perfektion zu verwandeln, während er sich ganz entspannt unter bedeutende Politiker, Botschafter und Mitglieder der königlichen Familie mischte.

Für Gideon Mantell war die Situation ganz anders. Noch immer von Schmerzen geplagt, schob er sich unbeachtet durch die Menge, hin und her gerissen zwischen Bewunderung für die wissenschaftliche Präsentation und Frustration wegen seines schlechten körperlichen Zustands. «Die Wirkung ist unbeschreiblich überwältigend. Ich finde keine Worte für den Eindruck, den die Ausstellung auf mich gemacht hat», notierte er in sein Tagebuch. «Nichts kann einen darauf vorbereiten.» Unwiderstehlich angezogen von den faszinierenden wissenschaftlichen und technischen

Schaustücken kehrte er mehrere Male in die Ausstellung zurück. Dort konnte man jede nur denkbare neue Erfindung oder Kuriosität bewundern: Das große astronomische Ross-Teleskop, reich verzierte Uhren – eine von ihnen hatte eine Bauzeit von dreißig Jahren gehabt –, Mikroskope, wissenschaftliche Instrumente, Dampfturbinen, die neuesten Entwürfe von Landauern und anderen Kutschentypen – der menschlichen Fantasie schienen keine Grenzen gesetzt zu sein. Es war mit den Worten von Alfred Lord Tennyson, eine «*Vision of the World and all the wonder that would be*».

An den «Schilling-Tagen», wenn der Eintrittspreis reduziert war, strömten die Menschen von auswärts in Sonderzügen und sogar zu Fuß nach London. Einmal hielten sich mehr als 97 000 Besucher in dem Gebäude auf, und Mantell schrieb: «Ich schaffte es, mich nach hinten in die am wenigsten frequentierten Mineralienabteilungen zu drängen, und erklomm mit einigen Mühen die Galerie, die auf das Querschiff hinausging, um auf das Meer von Köpfen unter mir herabzuschauen.»

Obwohl Mantell infolge der Schmerzen, unter denen er litt, schwach und abgezehrt war, wollte er nicht zu Hause bleiben, sondern kehrte selbst am letzten Tag der Ausstellung treu zurück, eine gebeugte, dunkle Gestalt unter Tausenden von Menschen.

«Ein schöner, warmer Tag ... blieb bis zum Schluss und verließ das Gebäude erst kurz vor halb sechs [schrieb er]. Sowohl im Osten wie im Westen war ein Meer schwarzer Hüte in ständiger wellenförmiger Bewegung ... und bildete so eine durchgängige schwarze Schicht, wobei die weißen Statuen das Ganze wie Göttinnen in erhabenem Kontrast überragten ... Als die Uhr fünf schlug, versammelte sich die riesige Menge im Hauptschiff, im Querschiff und auf den Galerien, und alles war atemlose Stille. Einen Moment später spielten die Orgeln die Nationalhymne ... dann erklangen Glocken und Gongs ... und betäubten die verweilende Menge beinahe ... die Schlussszene der wundervollsten Ausstellung, die die Welt jemals gesehen hat!»

William Buckland nahm an diesen spektakulären Ereignissen nicht teil. Bereits seit einer geraumen Weile zeigte er Zeichen geistiger Verwirrung. Zu Mrs. Bucklands großer Sorge begann er, sich unvernünftig zu verhalten, und zeigte manische Tendenzen, die ganz untypisch für sein gewohntes zuvorkommendes und freundliches Wesen waren. Sein seltsames Verhalten steigerte sich fast bis zur Gewalttätigkeit. Er schlug sich dann auf den Kopf und kratzte sich heftig, «als ob er ein Alarmsignal geben wolle». Die jüngeren Kinder meinten, ihr Papa schauspielere, die älteren waren «völlig entsetzt». Mrs. Buckland war überzeugt, ihr Mann sei stark überarbeitet.

Sein ganzes Leben lang hatte William Buckland danach gestrebt, die immer breiter werdende Kluft zwischen Religion und Geologie zu überbrücken. Er hatte mit Gegnern der neuen Wissenschaft gerungen, die an den biblischen Darstellungen festhielten, während ständig neue Ungereimtheiten ans Tageslicht kamen. Im Laufe seiner Karriere hatten Geologen gezeigt, dass die Erde keineswegs nur sechstausend Jahre alt war, sondern bedeutend älter. Das Leben war nicht in einer einzigen Woche geschaffen worden; die sechs Schöpfungstage waren zu «geologischen Zeitaltern» geworden, die sich über eine enorme Dauer hingezogen hatten. Eine weltweite Überschwemmung hatte es nicht gegeben; die Sintflut wurde zunehmend als unbedeutendes regionales Ereignis angesehen, und viele der Phänomene, mit deren Hilfe Buckland sie erklärt hatte, gingen nach Meinung der meisten Geologen auf Gletscherbildung zurück. Es existierten keine Beweise dafür, dass die Tiere die Erde nach Verlassen der Arche von einem einzigen Ort aus bevölkert hatten. Vielmehr gab es offenbar Schöpfungszentren auf den verschiedenen Kontinenten. Selbst der wunderbare Entwurf der Geschöpfe, in dem Buckland die Hand Gottes gesehen hatte, passte nicht so einfach zur Progression der Lebensformen, wie sie sich in den Fossildaten darstellte. Der unablässige Ansturm neuer Befunde, die endlosen Versuche, eine unüberbrückbare Kluft zu schließen, hatten wohl letztlich ihren Tribut gefordert.

Als seine verwirrten und manchmal aggressiven Ausbrüche zunahmen, wusste Mrs. Buckland nicht, was sie tun sollte. Daher schrieb sie an Freunde, wie Owen, Broderip, Murchison und andere, und bat sie um Rat. Offenbar herrschte weitgehend Übereinstimmung, dass William Buckland aus seiner Familie entfernt werden müsse; die Kinder durften nicht Zeugen eines derart schockierenden und beunruhigenden Verhaltens ihres Papas sein. Während die Weltausstellung in vollem Gange war, wurde Bucklands Zukunft entschieden. Er wurde in Clapham, in der Nähe von London, in einer Irrenanstalt untergebracht, und bald darauf hieß es, er liege «zwischen abscheulichen Verrückten».

Wenig später begannen Gerüchte über die schrecklichen Behandlungen die Runde zu machen, die er über sich ergehen lassen musste. Es herrschte die feste Überzeugung, dass «der Dekan durch Kontrolle und medizinische Pflege zur Vernunft gebracht werden» müsse, und zwar bevor die Geisteskrankheit «solche Wurzeln schlägt, dass nichts sie wieder entfernen kann». Briefe lassen darauf schließen, dass Owen Mrs. Buckland darin unterstützte, ihren Mann in eine Nervenheilanstalt zu bringen. Doch andere waren schockiert. «Oh, was für eine schreckliche Katastrophe!», schrieb Mantell. «Der Tod wäre tatsächlich eine Erlösung. Es bekümmert mich tief, zu sehen, wie in den wissenschaftlichen Körperschaften, denen er so sehr zur Zierde gereichte und denen er ein so tatkräftiges Mitglied war, alles so weitergeht wie bisher. Offenbar denkt niemand an ihn.»

Der Sammler Thomas Hawkins war dermaßen empört, dass er an Owen schrieb und ihn fragte, ob Buckland tatsächlich in dem Heim in Clapham sei, denn «ich bin bereit, die Türen der Anstalt mit Gewalt zu öffnen, um einen Gentleman und Gelehrten wie Buckland zu befreien, denn es erfüllt mich mit Entrüstung, mir ein solches Schicksal für jemanden vorzustellen, dem ich viel zu verdanken habe». Hawkins, einer von Bucklands vielen Bewunderern, «betete eindringlich zu Gott, ihm in einer solch großen Not beizustehen».

Wahrscheinlich handelte Richard Owen mit den besten Absichten, als er versuchte, der Familie zu helfen, den Dekan in medizinische Behandlung zu geben. Schließlich war Buckland mehr als zwanzig Jahren ein enger Freund und Verbündeter gewesen, und sein Abgang aus der Welt der Wissenschaft konnte nur ein Verlust für ihn sein. Aber selbst ohne seinen alten Gönner erfreute sich Owen inzwischen so vieler bedeutender Anhänger, dass seine Karriere sichergestellt war, und sein Ruhm begann, sich auch auf dem Kontinent auszubreiten.

Nach der Weltausstellung in London lud ihn der französische Präsident nach Paris ein, wo er zum Hauptjuror der geplanten Weltausstellung ernannt wurde. Eskortiert von Husaren und Dragonern, genossen Owen und die anderen Juroren die allerbeste französische Gastlichkeit, sei es in Versailles, in der Oper oder bei einem fürstlichen Bankett in der Orangerie im Jardin des Plantes. Bei seiner Rückkehr wurde er auf Verlangen von Prinz Albert gebeten, vor der *Royal Society of Arts* über seine Abteilung auf der Weltausstellung zu sprechen. Weitere Ehrungen folgten; so zeichnete ihn der König von Preußen als Ritter des *Ordre Royal Pour le Mérite dans les Sciences et les Arts* (Königlicher Orden für Verdienste in den Wissenschaften und den Künsten) aus.

Trotz seines kometenhaften Aufstiegs und seiner unerschütterlichen Position ließ Owen nicht ab von seinen Attacken gegen Mantell. In einem letzten erbitterten Disput – «der Mantell ins Grab brachte», wie ein Reporter schrieb – fochten sie um ein ausgestorbenes Reptil, das in Schichten gefunden worden war, die als Elgin-Sandstein von Morayshire bekannt waren. Die Elgin-Formationen galten als Teil des Old Red Sandstone, der sich in der devonischen Periode gebildet hatte. Wenn das tatsächlich der Fall war, dann wäre die kleine Echse das älteste bis dahin entdeckte Reptil. Mantell gehörte zu den Ersten, die die Neuigkeit erfuhren, da der Entdecker, Patrick Duff, ein Verwandter seines Bekannten Captain Brickenden war. Was die ganze Angelegenheit noch aufregender machte, war, dass der Captain im gleichen Gestein in der

Nähe von Elgin kurz zuvor auf die Fußabdrücke einer Schildkröte gestoßen war. All dies sprach dafür, dass die Erde bereits viel länger von Reptilien bevölkert wurde als bisher angenommen.

Die Neuigkeit von dem seltsamen Fund verbreitete sich rasch. Es hieß, Charles Lyell sei «trunken vor Freude» gewesen. Die Entdeckung eines Reptils in Strata, in denen bisher noch keine Kriechtiere entdeckt worden waren, stützte seine Ansicht, dass die Fossildaten unzuverlässig und die Funde zufällig waren. Wie Owen war Lyell davon überzeugt, dass die Progressisten im Irrtum waren. Seiner Meinung nach war dies das Erste von vielen noch verborgenen Skeletten, die zeigen würden, dass jede scheinbare zeitliche Reihenfolge der Fossildaten ein Mythos war. Patrick Duff bat seinen Bruder George in London, Lyell und Mantell das seltsame neue Geschöpf zu zeigen.

Das Fossil, das im Sandstein begraben lag, maß kaum fünfzehn Zentimeter; sein Schwanz war gebogen, die Gliedmaßen ausgestreckt. Es wirkte amphibienartig, ähnlich wie ein Salamander oder ein Molch, wies aber in der Anordnung der Schädelknochen, im Munddach und bei den Wirbeln reptilienartige Merkmale auf. Gideon Mantell schrieb sofort an Captain Brickenden: «Obwohl ich nur einen kurzen Blick darauf werfen konnte, habe ich doch genug gesehen, um seinen allgemeinen Charakter zu erkennen ... es handelt sich um ein sehr primitives Reptil ... ich schlage vor, es ‹Telerpeton elginese› zu nennen, was aus dem Griechischen stammt und so viel wie ‹weit entferntes› oder ‹ältestes Reptil› bedeutet, ein sehr hübscher Name, nicht wahr?» Sie planten, im Dezember 1851 der *Geological Society* einen gemeinsamen Artikel vorzulegen, der die Entdeckung von Reptilien im Elgin-Sandstein von Morayshire verkündete.

Doch auch Professor Owen hatte von dem aufregenden Durchbruch erfahren und kam ebenfalls zum Treffen der *Geological Society* kurz vor Weihnachten. Zu Mantells Pech nahmen andere Punkte auf der Tagesordnung den ganzen Abend ein, und es gab keine Gelegenheit, den Artikel zu verlesen, der auf das nächste

Treffen verschoben wurde. Misstrauisch beobachtete er, wie Professor Owen das rätselhafte Fossil und seine ausliegenden anatomischen Zeichnungen eingehend betrachtete. Einige Tage später veröffentlichte Owen in der *Literary Gazette* einen eigenen Artikel und «klaute Mantells Knochen», wie es in einem späteren Bericht hieß. Er klassifizierte das neue Geschöpf als Eidechse. In typischer Weise ignorierte er den Namen, den Mantell dem Fund gegeben hatte, und benannte das Tier selbst: *Leptopleuron lacertinum* oder «schlankrippiges Reptil».

Mantell war entsetzt. «Es ist wirklich sehr traurig, nach all der Arbeit, die ich investiert habe, um die Geschichte auszuarbeiten, einem derartigen Ärger ausgesetzt zu sein.» Um die Dinge zu komplizieren, behauptete Owen, er sei aufgefordert worden, das neue Geschöpf zu benennen und zu beschreiben. Bald darauf erschien in der *Literary Gazette* in einem Artikel über einen Vortrag von Charles Lyell ein falsches Zitat, sodass es schien, als habe dieser Owens, nicht Mantells Namen für das neue Fossil akzeptiert, während sich die Sache in Wahrheit genau umgekehrt verhielt. Lyell protestierte prompt gegenüber der *Gazette*: «Diejenigen, die meinen Vortrag gehört haben, wissen genau, dass ich nichts über Mr. Owens Meinung zu diesem Thema gesagt habe.» Stattdessen erklärte Lyell: «Ich habe einen Abguss gezeigt, den Dr. Mantell von dem Tier gemacht hat ... und der mit ‹Telerpeton elginese› beschriftet war.»

Gideon Mantell hatte in der ersten Januarwoche Gelegenheit, seinen Artikel vor der *Geological Society* zu verlesen. Rasch sickerte durch, dass Owen an den Präsidenten geschrieben und gefordert hatte, seinen Bericht aus der *Literary Gazette* vor Mantells Bericht zu verlesen, weil er zuerst erschienen sei. Wie die Archive zeigen, könnte es dieses eine Mal eine gewisse Rechtfertigung für Owens Anspruch gegeben haben. Dr. George Duff hatte in seiner Begeisterung und seinem Wunsch nach Anerkennung das Fossil Lyell, Mantell und Owen gezeigt. Owen glaubte, er sei gebeten worden, das neue Reptil zu beschreiben.

Was in diesem Fall auch immer die Wahrheit ist, es scheint, als hätten die Mitglieder der *Geological Society* genug von Owens Manövern gehabt. Mantell schrieb dazu: «Owens Verhalten rief einen vehementen Aufschrei der Entrüstung gegen ihn hervor.» Er erzählte Brickenden: «Die einstimmige Entscheidung erfolgte natürlich zu meinen Gunsten, und der Präsident verkündete höchst nachdrücklich, dass unser Artikel, praktisch gesprochen, auf dem vorangegangenen Treffen veröffentlicht worden war und vor jedem anderen Vorrang haben müsse.» Der Präsident erhielt «warmen Applaus».

Owen selbst glänzte bei diesem speziellen Treffen der *Geological Society* durch Abwesenheit. Inmitten der heftigen Auseinandersetzungen um *Telerpeton* erhielt er eine unerwartete und für einen Wissenschaftler beinahe beispiellose Ehrung. An den Lincoln's Inn Fields traf aus der königlichen Residenz Osborne ein Brief für ihn ein, der in schwarzem Wachs das Siegel der Königin trug. Er kam von ihrem Berater, Mr. Phipps:

Mein lieber Sir,

ich bin von der Königin angewiesen worden, Euch zu informieren, dass Ihre Majestät glücklich sind, Euch ein Haus in Kew Green, das durch den Tod des Königs von Hannover vakant geworden ist, als Wohnsitz anzubieten ... Die Königin befiehlt mir zu sagen, sie denke, sie könne ihrem Respekt und ihrer Wertschätzung für die Wissenschaft nicht besser Ausdruck verleihen, als dadurch, dass sie für das sorgt, was sie für die fast notwendige Bequemlichkeit einer der bedeutendsten Zierden und eines der hervorragendsten Mitglieder der Wissenschaft hält.

Frohlockend schrieb Owen seiner Schwester, nach all diesen «Medaillenverleihungen» und den «ausländischen Ritterorden» komme nun der «solide Pudding». Doch als sich die Nachricht von Owens Fortune verbreitete, rief sie auch Neid hervor. Bei einer Dinnereinladung wurde er «wegen seiner Palastresidenz» von Sir Robert Inglis, einem Tory-Politiker und Treuhänder des

British Museum, heftig attackiert. Als er herausfand, dass die Besitzrechte Ihrer Majestät an der Residenz in Kew umstritten waren und die Familie des Königs von Hannover darauf Anspruch erhob, fand Owen in Richmond Park rasch ein großes, weitläufiges Haus namens Sheen Lodge, das der Königin gehörte und ebenfalls leer stand. Das sei seinen Zwecken sehr angemessen, fand er, und würde, da es etwas kleiner war, vielleicht auch weniger Kritik hervorrufen.

Daraufhin reiste Owen auf die Isle of Wight, um Prinz Albert in Osborne House aufzusuchen. Er fand den Prinzen dabei, «Einzelheiten des Geländes zu planen, um seine Kinder in Botanik zu unterrichten, und er fragte Owen um Rat, wie dabei am besten vorzugehen sei». Owen erklärte ihm sein Interesse am Haus der Königin in Richmond. Sein Wunsch wurde der Königin übermittelt, und bald darauf fand sich Richard Owen als Hausherr eines beachtlichen Wohnsitzes wieder. In der ersten Nacht in seiner großen neuen Residenz schlief er lange, «in komfortabler instinktiver Bewusstlosigkeit, dass das alles Wirklichkeit war und kein frühmorgendlicher Traum».

Obwohl er nun ungestört das friedliche englische Landleben genießen konnte und über kleinliche Kritik hoch erhaben war, konnte Owen dennoch nicht widerstehen, seinen Groll zu nähren und seinen Rivalen zu quälen. «In der letzten *Literary Gazette*», schrieb Mantell am 27. Januar, «findet sich ein weiterer Versuch, Professor Owens Priorität bei der Beschreibung und Benennung des *Telerpeton* zu etablieren.» Sorgen bereiteten ihm auch Owens Manöver am British Museum, die jenem, wenn sie erfolgreich waren, die direkte Kontrolle über Mantells Sammlung verschaffen würden. Als Charles Konig, der Kurator für Mineralogie und Geologie, plötzlich verstarb, wurde ein hochrangiger Posten im Museum vakant. Owen stritt heftig mit Lyell, der ablehnte, ihn für diese Position zu empfehlen. Als Owen schließlich erkannte, dass er nicht genug Unterstützung finden würde, war er gezwungen, seine Bewerbung zurückzuziehen. «Auf jeden Fall ist meine

Sammlung vor seinem Zugriff sicher», schrieb Mantell erleichtert.

Im Sommer 1852 erhielt Mantell schließlich die Chance, die ihm so viel bedeutete. Die *Crystal Palace Company* wollte die Weltausstellung dauerhaft auf zweihundert Morgen landschaftlich gestaltetem Gelände in Peng Hill, Sydenham, südlich von London wieder aufbauen. Einige Morgen Parklandschaft sollten der Geologie gewidmet werden, und das Direktorengremium wandte sich an Mantell, um ihn zu fragen, ob er ein ehrgeiziges Projekt leiten und überwachen könne: die ersten lebensgroßen Rekonstruktionen der Dinosaurier.

Auf einem Treffen im August hatten die Direktoren der Gesellschaft entschieden, dass ein «geologischer Hof mit einer Sammlung lebensgroßer Nachbildungen von Tieren und Pflanzen bestimmter geologischer Perioden konstruiert und Dr. Mantell aufgefordert werden sollte, die Bildung dieser Sammlung zu leiten und zu überwachen». Wie das Protokoll der Zusammenkunft zeigte, sollten «bei Dr. Mantell darüber Erkundigungen eingezogen werden, welchen Grad an Vollständigkeit eine solche Sammlung für eine Summe von dreitausend oder viertausend Pfund erreichen könnte». Hier endlich war die Anerkennung, nach der sich Mantell so sehr gesehnt hatte. Das war seine Chance, seine Vision von diesen außerordentlichen Riesentieren, von *Iguanodon* und den anderen Dinosauriern, zu verwirklichen, denen er sein Leben gewidmet hatte.

Aber die Aufgabe erforderte mindestens ein Jahr Arbeit. Inzwischen abgezehrt und fast «verrückt vor Schmerzen», hatte er sich so daran gewöhnt, Opiate zu nehmen, dass er eine Unze (knapp dreißig Gramm) *Liquor opii sedativus* auf einmal nehmen konnte, das Zweiunddreißigfache der Maximaldosis! Seine Nächte verbrachte er unter Qualen, mit einer «Neuralgie, die von einem Glied ins andere wechselte ... keine Erleichterung durch Blausäure, Linimente [Einreibemittel], feuchte Umschläge, Kalomel [Quecksilberchlorid] und Opium, heißen Brandy etc., alles ohne

Erfolg.» Mantell wusste, dass er bald sterben würde, und er lehnte die Ehre ab. «Ich bin zu nichts mehr nütze», schrieb er. «In Wahrheit bin ich verbraucht.» Als Earl Rosse, der Präsident der *Royal Society*, von seiner Not hörte, sorgte er dafür, dass Queen Victoria ihm in Anerkennung seiner wissenschaftlichen Verdienste eine Leibrente von hundert Pfund pro Jahr aussetzte.

Einige Monate später, am 10. November 1852, rutschte Mantell zu Hause auf der Treppe aus und «musste auf Händen und Knien in sein Schlafzimmer kriechen». Er nahm eine halbe Opiatdosis, aber als das nichts half, zwei Stunden später die zweite Hälfte. Am nächsten Tag starb er an einer Betäubungsmittelvergiftung. Er wurde in Norwood, neben seinem «geliebten Kind» Hannah Matilda beigesetzt. Wie er es gewünscht hatte, war die Beerdigung «so schlicht wie möglich», und es wurden keine Trauergäste eingeladen.

Eine Autopsie enthüllte das Ausmaß von Mantells Wirbelsäulendeformation. Der untere Teil seiner Wirbelsäule zeigte «ein bemerkenswert verkrümmtes Aussehen». Fünf Wirbel in diesem Bereich waren betroffen – einige hatten sich so stark gedreht, dass sie fast im rechten Winkel zu ihrer normalen Position standen. Aufgrund dieser extremen Krümmung waren die knochigen Wirbelquerfortsätze völlig verdreht und wiesen sowohl nach außen als auch in den Bauchraum, und diese Protrusionen waren von den Ärzten fälschlicherweise als Tumor oder Abszess diagnostiziert worden. Die Bandscheiben und das Knorpelgewebe, das die einzelnen Wirbel voneinander trennt, waren gänzlich zerstört.

Ironischer- oder vielleicht eher makabererweise wurde Mantells deformierte Wirbelsäule ans Royal College of Surgeons gesandt, wo sie ihren Platz in Owens Museum fand. Mantells gebrochenes Rückgrat wurde in einem Glas mit Konservierungsflüssigkeit zu einem pathologischen Präparat auf einem Regal im Hunterian Museum, ein einzigartiges Ausstellungsstück, um «eine Wirbelsäulendeformation schwersten Ausmaßes» zu illustrieren. Aber nicht einmal dieser endgültige Sieg – die Überreste seines Rivalen seziert, konserviert, wissenschaftlich klassifiziert und nun völlig unter seiner Kontrolle – machte Owens Feindschaft ein Ende.

Gideon Mantells Leichnam war kaum erkaltet, als in der *Literary Gazette* ein anonymer Nachruf erschien. Darin wurde Mantell als unfähiger Wissenschaftler hingestellt, dem es «an echtem Wissen mangelte». Der anonyme Schreiber ließ sich lang und breit über Mantells «Schwächen» und dessen «Überschätzung» seiner eigenen Bedeutung aus, die der Schreiber «Gelegenheit hatte zu beklagen». Selbst die Entdeckung des *Iguanodon* wurde ihm genommen. In dem Nachruf hieß es dazu: «Cuvier war der Erste, der seinen Reptilcharakter erkannte, Clift fiel als Erstem die Ähnlichkeit seiner Zähne mit denjenigen des Leguans auf, Conybeare verdanken wir seinen Namen, und Owen enthüllte seine wahren Verwandtschaftsbeziehungen innerhalb der Reptilien und korrigierte Fehler, was seine Masse und das angebliche Horn anging!»

Die führenden Männer der geologischen Gemeinschaft waren schockiert und zweifelten nicht daran, dass der Schreiber dieser Zeilen Richard Owen war. «Hast du den Artikel in der *Literary Gazette* gesehen?», schrieb William Hopkins, der damalige Präsident der *Geological Society*, seinem Freund Leonard Horner. «Ich denke, er stammt wohl von den Lincoln's Inn Fields. Aus ihm spricht eine bedauerliche Gefühlskälte des Schreibers.» Angesichts seines «gezielten und wiederholten Antagonismus gegen Gideon Mantell» wurde Owen die Präsidentschaft der *Society* in jenem Jahr verweigert. Hopkins hatte an einen Kollegen geschrieben und erklärt, er sei, was Owens Wählbarkeit angehe, sehr gespalten, denn «ich würde es im Andenken an den armen Mantell wenig respektvoll finden, einen Mann zu nominieren, dessen Vorsitz ihn, wenn er noch lebte, so gänzlich aus der Gesellschaft hinausgetrieben haben würde». Tatsächlich wurde Owen niemals Präsident der *Geological Society*.

Vielen seiner Kollegen erschien Owens Ausbruch gegen Mantell völlig fehlgeleitet. Owens eigene Reputation war unangefochten. Er galt zu Recht als Britanniens führender Anatom und als internationale Autorität auf diesem Gebiet. Doch im Gegensatz zu Mantell, der seinen Lebensunterhalt als Landarzt hatte verdienen müssen, hatte Owen das Glück gehabt, sein Arbeitsleben dem Gebiet widmen zu können, das er liebte. Zum Zeitpunkt von Mantells Tod überstieg Owens Wissen in Breite und Tiefe auf dem Gebiet der Anatomie Mantells Kenntnisse bei weitem. Doch offenbar entfesselten seine Erfolge und sein internationaler Ruf in Owen einen noch größeren, fast fanatischen Egoismus und eine herzlose Freude, seine Kritiker zu zerfetzen. Obwohl Mantells Nachlass keine Bedrohung für Owens Ansehen darstellte, offenbarte dieser anlässlich des Todes seines Rivalen einen sadistischen Zug: Ihm ging es ohne Not darum, Mantells Ruf zu zerstören.

Viele andere jedoch waren ausgewogener in ihrem Urteil. William Hopkins beschrieb Gideon Mantell in einer Ansprache vor der *Geological Society* als «denkwürdiges Beispiel eines genialen Mannes, der … als Mann der Wissenschaft … große Bedeutung erlangte», obwohl er «ständig und fleißig mit der Ausübung eines anstrengenden Berufes beschäftigt war». Die *Illustrated London News* betonte seine Fähigkeiten als Vortragsredner. «Dr. Mantell fand große Freude daran, sein Wissen auf seinem Lieblingsgebiet mit anderen zu teilen. Er war ein flüssiger und eloquenter Redner, und seine Vorträge waren voller Poesie.» Und seine Kollegen am Clapham Atheneum erklärten: «Niemand, der das Vergnügen hatte, ihn zu hören … kann jemals die einzigartige Fähigkeit … und die energische Eloquenz … vergessen, die seine Vorträge auszeichneten.» *The Gentleman's Magazine* schrieb über seine Brillanz als Entdecker und Sammler. Für Benjamin Silliman war es der Verlust eines ganz besonderen, persönlichen Freundes, dessen Offenheit, Freundlichkeit und intellektuelle Fähigkeiten er viele Jahre lang geschätzt hatte. «Exakte und gründliche wissenschaftliche Kenntnisse, der Enthusiasmus eines Entdeckers und die reiche, aber schlichte Diktion eines Dichters waren nirgendwo so bemerkenswert vereint wie bei ihm.»

Reginald Mantell, der in Amerika gearbeitet hatte, kündigte seine Stellung und kehrte zurück, sobald er die Nachricht vom Tod seines Vaters erhalten hatte. An seinen Cousin schrieb er: «Ich hatte den Schlüssel nicht aus dem Umschlag genommen, denn ich fühlte eine traurige Abneigung, diese Räume wieder zu betreten, an die ich mich erinnere, als sie noch von der Liebe eines Vaters erwärmt waren, und die nun so kalt und verlassen sind.»

Mantells wenige verbliebene Habseligkeiten wurden in alle Winde zerstreut. Fünfhundert Pfund gingen an Walter, Bücher, Fossilien und Antiquitäten an Reginald, fünfzig Pfund an eine Dienerin, die geholfen hatte, Hannah zu pflegen, ein Paar antiker Porzellankrüge an einen Freund. Entsprechend den Anweisungen im Testament seines Vaters verkaufte Reginald einige der verbliebenen Fossilien an das British Museum – etwa hundert Wirbeltier- und über tausend Wirbellosenfossilien. Er brauchte mehrere Monate, um den letzten Willen seines Vaters zu erfüllen; im darauf folgenden Jahr schiffte sich Reginald nach Indien ein, um im Empire Arbeit als Ingenieur zu finden.

Erst nach Mantells Tod akzeptierte Owen schließlich seine Fehler bei der Interpretation der Belemniten, wenn auch niemals explizit. Er konnte es nicht über sich bringen, seine Kritik an Mantell zurückzunehmen oder öffentlich zuzugeben, dass er sich geirrt hatte. Doch er begann, *Belemnoteuthis* als die «offenbar rostrumlose Art» zu bezeichnen, womit er indirekt zugab, dass Mantell Recht gehabt hatte. Doch es gab noch weitere Revisionen. Nicht lange, und im Zuge von Owens Neuklassifizierung verschwand der Name *Telerpeton elginese*, den Mantell dem primitiven Reptil aus Morayshire so stolz verliehen hatte, und wurde durch Owens Namen, *Leptopleuron*, ersetzt, der nach Owens Ansicht Priorität hatte.

Und auch die Chance, die Dinosaurier für die Dauerausstellung im Kristallpalast in Sydenham zu rekonstruieren, fiel fast zwangsläufig Owen in den Schoß. Dabei arbeitete er mit Benjamin Waterhouse Hawkins zusammen, dem Direktor der Fossilienab-

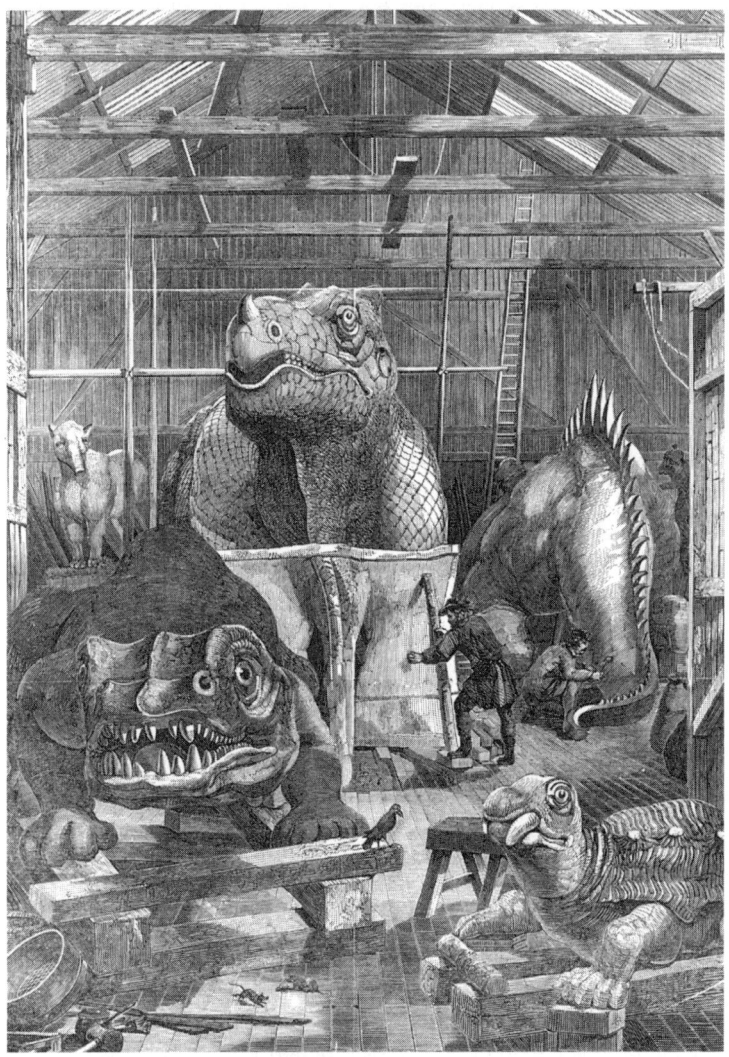

Die Rekonstruktion der Dinosaurier für den Kristallpalast in Sydenham,
Illustrated London News, 1853.

teilung im Kristallpalast, und man begann, nach Owens Vorstellungen kleine Tonmodelle herzustellen. Nachdem Owen diese auf ihre Richtigkeit überprüft hatte, schufen Hawkins und seine Mitarbeiter lebensgroße Tonfiguren, von denen einige mehr als dreißig Tonnen wogen. Dann wurde für jeden Dinosaurier eine Form gefertigt und mit Hilfe dieser Form ein riesiger Metallabguss hergestellt. Allmählich wuchs in Hawkins' Werkstatt im Kristallpalast eine ganze Schar von Ungeheuern heran: gigantische Meeresechsen, *Ichthyosaurus* und *Plesiosaurus*, Flugechsen wie die Pterodactylen und die Dinosaurier *Megalosaurus, Iguanodon* und *Hylaeosaurus*.

Das Modell des *Iguanodon* allein war eine erstaunliche Leistung. Mehr als zehn Meter lang, war es aus «vier eisernen Säulen, neun Fuß [2,70 Meter] lang, sieben Inch [knapp achtzehn Zentimeter] im Durchmesser, 600 Ziegelsteinen, 650 Fünf-Inch-Drainagerohren, 900 einfachen Ziegeln, 38 Fässern Zement, 90 Fässern Bruchsteinen ... konstruiert. Dies alles bildete zusammen mit 100 Fuß Bandeisen und 20 Fuß Kanteisen die Knochen, Sehnen und Muskeln dieses großen Tieres.» Owen ignorierte Mantells richtige Vorstellung, dass die Vorderextremitäten des Tieres kleiner waren und zum Greifen dienten, und schuf seine eigene Vision des *Iguanodon*: ein vierfüßiges Ungeheuer mit gedrungenen, säulenförmigen Beinen, einem untersetzten, massigen Körper und einer von dicken Schuppen bedeckten Haut. Noch nie zuvor war eine derart ehrgeizige Rekonstruktion eines Tieres versucht worden.

Um die Leistungen beim Bau des *Iguanodon* öffentlichkeitswirksam ins Licht zu rücken, wurden am Silvesterabend des Jahres 1853 einundzwanzig vornehme Gäste zu einem Bankett im Bauch des Ungetüms eingeladen. Die originellen Einladungen waren auf den ausgestreckten Flügel einer *Pterodactylus*-Zeichnung gedruckt: «Mr. Waterhouse Hawkins bittet um die Ehre, Mr. ... am Samstagabend, den 31. Dezember 1853, um fünf Uhr im Crystal Palace als Gast zum Dinner in der Form des Iguanodon begrüßen zu dürfen – um Antwort wird gebeten.»

Ein wunderbarer Werbetrick, ein Triumph effektvoller Inszenierung! Umgeben von den halb vollendeten Skeletten der gigantischen Ungeheuer, die von großen Flaschenzügen, Seilen und Rollen gehalten wurden, saßen elf Würdenträger im vollen Glanz ihrer viktorianischen Abendgarderobe – weiße Krawatte, juwelenbesetzte Krawattennadel, Goldkette – an einer Tafel im Bauch des *Iguanodon*, die sorgsam für ein achtgängiges Mahl samt entsprechenden Weinen gedeckt war. Zehn weitere Gäste fanden an einer benachbarten Tafel Platz. Die schneeweißen Damastdecken, die dunkel gekleideten Gäste, die seltsamen Schatten, die von den Hängelampen geworfen wurden, das klaustrophobische Gefühl, das der begrenzte Raum des Bauches dieser Kreatur hervorrief, in dem man saß – all das erschien noch bizarrer durch die großen rosafarbenen und weißen Brokatbahnen, die rund um die prähistorischen Tiere als Zeltplanen dienten. Unterdessen waren Zeichner der *Illustrated London News* eifrig bemüht, den einzigartigen Anblick der wissenschaftlichen Elite, die in einer solch fantastischen Umgebung tafelte, aufs Papier zu bannen.

Das also war das gigantische Geschöpf, das zu beschreiben Gideon Mantell sich fast dreißig Jahre lang bemüht hatte. Die Gentlemen saßen inmitten von Modellen der Fossilien, die er als Erster Nacht um Nacht aus dem Gestein gemeißelt hatte, wobei er der Enthüllung der fernen Vergangenheit seine Ehe, seine Gesundheit und seine Karriere als Arzt geopfert hatte. Doch es war Richard Owen, der Mann, der sich ihm in den Weg gestellt und so oft all seine Bemühungen hintertrieben hatte, der als Ehrengast im Kopf des Tieres saß und den Ruhm für die Interpretation des *Iguanodon* erntete. Die Rekonstruktionen wurden als Meisterleistung gepriesen: «... der bisher erreichte Höhepunkt des Wissens [über die großen Dinosaurier]». Der «Newton der Naturgeschichte», der königlich über dem Ereignis präsidierte, die Rednerliste anführte und ostentativ seinen Sieg über Mantell feierte, wurde mit Lob überschüttet.

Die einzige Erinnerung an Mantells Mühen war eine kleine Plakette, die an der Plane im Schatten über dem Schwanzende des Reptils befestigt war, direkt gegenüber von Owen. Überdies waren Plaketten für Cuvier und Buckland angebracht. Doch in seiner Rede nahm Owen stolz die Gelegenheit wahr, der Arbeit seiner eigenen Mannschaft zu applaudieren. «Es ist mir eine große Freude gewesen, eine so wichtige Unternehmung zu unterstützen», erklärte er, «und einem Gentleman mit Rat und Tat zu assistieren, der wie selten jemand die Fähigkeiten eines Anatomen, eines Naturforschers und eines praktischen Künstlers in einer Person vereint ... was sichergestellt hat, dass Mr. Hawkins' sorgfältige Rekonstruktionen der Höhe des bisher erreichten Wissens entsprechen.»

Dann erhob sich der Vorsitzende der *Crystal Palace Society*, um Richard Owen zu «dem großen Interesse und der Zustimmung» zu gratulieren, «die Ihre Majestät, die Königin, und Seine Königliche Hoheit, der Prinz, bei ihrem kürzlich erfolgten Besuch angesichts der außerordentlichen Werke zum Ausdruck gebracht haben, von denen die Gesellschaft umgeben ist». Owen mit Cu-

«Eine Dinnerparty im *Iguanodon*», *Illustrated London News*, 1854

vier vergleichend, fuhr er fort: «Die Rekonstruktion der kompletten Skelette seit langem ausgestorbener Geschöpfe aus einem einzelnen Fossilfragment, die erstmals dem Genie Cuvier gelang, ist stets als eine der erstaunlichsten Leistungen der modernen Wissenschaft betrachtet worden. Unser britischer *Cuvier*, Professor Owen, hat uns geholfen, diese wissenschaftlichen Triumphe einen Schritt weiter zu führen und der Öffentlichkeit näher zu bringen.»

«Nach mehreren wohl formulierten Toasts schien ... diese fröhliche Gesellschaft von Philosophen ... über die moderne Gastfreundschaft des Iguanodon sehr erfreut», erklärte die Lokalzeitung mit einer gewissen Untertreibung. Tatsächlich begannen die gelehrten Gentlemen nach Sherry, Madeira, Port, Moselwein und Burgunder zu singen, wobei alle in einen derben Refrain einstimmten:

The jolly old beast
Is not deceased
There's life in him again! [a roar] *

Erst deutlich nach Mitternacht machten sich die Partygäste auf den Heimweg. Hawkins meinte über die betrunkene Gruppe, die durch den Park zur Bahnstation schwankte: «Der brüllende Chor war so lautstark und enthusiastisch, dass man fast glauben konnte, dort röhrte eine Herde von Iguanodonten!»

Einzelheiten über die theatralische Szene und Owens fantastische Leistung erschienen bald sogar in den Zeitungen auf dem Kontinent. Die *Illustrated London News*, die eine vornehm zurückhaltende Note anschlug, applaudierte der Neuheit des Banketts im «gesellschaftlich vollen Magen» des *Iguanodon*. Das Ereignis, hieß es, habe «die Neugier der führenden wissenschaftlich tätigen Männer des Landes erregt», und diese seien «offensichtlich sehr erfreut über die moderne Gastfreundschaft des Iguan-

---

* Das famose alte Vieh / ist keineswegs tot. /
Es steckt wieder Leben in ihm! [Gebrüll]

odon» gewesen. Der *Punch*-Reporter wies unter der Überschrift «Spaß in einem Fossil» darauf hin, dass Professor Owen und seine Freunde ein «außerordentlich gutes Abendessen hatten … Wäre es eine frühere geologische Periode gewesen, hätten sie vielleicht das Innere des Iguanodon kennen gelernt, ohne darin zu dinieren». Und die *London Quarterly Review* begeisterte sich: «Saurier, Pterodactylen, ihr alle! … Habt ihr euch jemals … von einer Rasse träumen lassen, die auf euren Gräbern wohnt und in euren Geistern diniert?»

Weder William Buckland noch Gideon Mantell konnten die Faszination miterleben, die ihre außerordentlichen Entdeckungen auf die Welt der 1850er ausübten. Richard Owen wurde von populären Magazinen hofiert und gedrängt, für sie zu schreiben. So bat ihn Charles Dickens eindringlich um eine Serie von zoologischen Artikeln für seine Zeitung *Household Words*. «Es wäre vergebens, wenn ich versuchte, Ihnen zu sagen, wie stolz und wie erfreut ich über Ihre Mitarbeit wäre», schrieb Dickens, «oder wie hoch ich sie einschätzen würde.» In seinem Roman *Bleak House*, der 1852 erschien, tauchten Dinosaurier kurz auf: «Scheußliches Novemberwetter. So viel Matsch auf den Straßen, als ob die Wasser sich erst kürzlich vom Antlitz der Erde zurückgezogen hätten, und wäre es nicht wunderbar, einem Megalosaurus, so um die vierzig Fuß lang, zu begegnen, der wie eine elefantöse Eidechse Holborn Hill hinaufwatschelte?»

Schon vor ihrer Fertigstellung waren Waterhouse Hawkins' Dinosaurier eine Sensation. Er wurde förmlich «belagert» mit Anfragen nach einer Besichtigung der Ungeheuer, die in seiner Werkstatt auf dem Gelände des Kristallpalastes Form annahmen. Der Palast selbst wurde in noch größerem Maßstab als das Original neu errichtet und war von Landschaftsgärten voller Springbrunnen umgeben, «viermal so vielen wie in Versailles». Doch «wer noch mehr staunen wollte», der brauchte, wie die *Times* schrieb, nur die «gigantischen Bewohner dieses Planeten vor dem ersten Erscheinen des Menschen» zu betrachten.

Das Interesse war so groß, dass sich am 10. Juni 1854, als Queen Victoria die Dauerausstellung eröffnete, 40 000 Besucher in den Kristallpalast in Sydenham drängten. Richard Owen traf in Gesellschaft des Prinzgemahls, des französischen Kaisers und des Königs von Portugal dort ein. Auf einer Insel, die das Mesozoikum zeigte, standen zwei riesige *Iguanodonten*, ein *Megalosaurus* mit spitzen Zähnen und ein *Hylaeosaurus* mit dolchartigen Stacheln. Auf einer Klippe darüber hockten Pterodactylen, und aus dem Wasser erhoben sich Plesiosaurier und Ichthyosaurier. Diese ersten prähistorischen Skulpturen der Welt übten «auf das Publikum eine unwiderstehliche Anziehungskraft» aus.

Das allgemeine Verständnis von Dinosauriern war zwangsläufig noch immer sehr begrenzt. Obwohl die Vorstellung einer Sintflut in geologischen Kreisen längst ad acta gelegt worden war, wurden Owens Schöpfungen von der Öffentlichkeit in die biblische Geschichte der Erde integriert und weithin als Tiere betrachtet, die von der Sintflut vernichtet worden waren. Einige glaubten sogar, um es mit den Worten der *Westminster Review* zu sagen, diese «Ungeheuer und Bestien» seien verschwunden, «weil sie zu groß waren, um in die Arche zu passen». Owens Interpretation entsprechend wurden *Iguanodon* und *Megalosaurus* gewöhnlich als plumpe, rhinozerosartige vierfüßige Reptilien mit sehr massigen Proportionen dargestellt. Anhand der vereinzelten Fossilfunde, die damals bekannt waren, konnte sich niemand die große Zahl verschiedener Dinosaurier vorstellen, die noch gefunden werden sollten. Vor allem wurden diese Dinosaurier nicht als die Produkte einer Evolution angesehen, sondern als «Schöpfungen» eines weisen Gottes, der in ihnen die idealen Bewohner der primitiven Erde sah.

In dem darauf folgenden Jahrzehnt kamen viele hunderttausend Besucher, um Owens «Mausoleum der Erinnerung einer vergangenen Welt» zu sehen. Modelle und Plakate der Dinosaurier aus dem Kristallpalast fanden weite Verbreitung, und sie inspirierten die Populärliteratur sowie die Malerei. In seinem Roman *Reise zum Mittelpunkt der Erde* beschrieb Jules Verne einen *Ichthyosaurus* und einen *Plesiosaurus,* die in tödlichem Kampf miteinander verstrickt sind, und Louis Figuiers *Welt vor der Sintflut* aus dem Jahre 1863 zeichnet ein lebhaftes Porträt von kämpfenden Dinosauriern in einer vorsintflutlichen Ära. Im *Punch*-Magazin wurden Dinosaurier zu einem regelmäßigen Thema. Benjamin Waterhouse Hawkins wurde der führende naturgeschichtliche Illustrator und erhielt die Aufforderung, im Central Park in New York eine lebensgroße prähistorische Ausstellung zu schaffen. Als die erste Welle der Dinomanie ins Rollen kam, erntete Owen allein den Ruhm für die Entdeckung der Dinosaurier, und Öffentlichkeit wie auch Establishment beteten ihn an.

Die Leistungen und Opfer der intellektuellen Giganten, auf deren Schultern Owen stand, gerieten allmählich in Vergessenheit. William Buckland, der so lange die Rolle des fairen Vermittlers bei Disputen zwischen Kollegen innehatte, der sich um finanzielle Unterstützung für Mary Anning bemüht und der Briefe zugunsten Gideon Mantells geschrieben hatte, konnte seine Stimme nicht länger erheben, um sicherzustellen, dass der Ruhm gerecht verteilt wurde. Alle medizinischen Behandlungen hatten sich im Kampf gegen seine rätselhafte Krankheit als wirkungslos erwiesen. Doch er vegetierte noch mehrere Jahre dahin, wobei der schreckliche Verfall seines einst so klaren Verstandes langsam seine gesamte Persönlichkeit zerstörte.

Es gab keine Möglichkeit festzustellen, was seine Gedanken bewegte. Wurden naturkundliche Objekte, die früher zu seinen Lieblingsstücken gehört hatten, in seinem Raum platziert, so zeigte er keinerlei Interesse oder wies sie heftig von sich. Enge Freunde oder Verwandte riefen ebenfalls kaum eine Reaktion hervor. «Der Dekan wollte nicht mit meinem Onkel sprechen und sah in eine andere Richtung», berichtete sein ältester Sohn Frank. «Er antwortete nicht auf Fragen und äußerte sich nicht und war anscheinend froh, als mein Onkel wieder ging.» Nichts, so schien es, konnte sein Interesse wecken, mit Ausnahme der Bibel. Mrs.

Buckland hielt entschlossen an ihrer Hoffnung fest, er werde sich erholen. «Er hat Angst, seine Beine zu gebrauchen, glaube ich, darum hält er sich an Frank fest und schafft es ganz gut, die Stufen hinaufzusteigen, die zu seinem Raum führen.» Aber wenig später konnte er selbst das nicht mehr, und 1856 starb er.

Bald darauf starb auch Mantells jüngerer Sohn Reginald. Er hatte an bedeutenden Ingenieursprojekten in Indien mitgearbeitet und einen Aufstand überlebt, nur um dann der Cholera zum Opfer zu fallen. Mit kaum dreißig Jahren wurde er in Allahabad begraben. Als Walter Mantell die Nachricht seines Todes erhielt, kehrte er von Neuseeland nach England zurück und trug die verbliebenen Fossilien und Antiquitäten seines Vaters zusammen. Sir Charles Lyell half ihm, die Exemplare zu etikettieren. Die beiden konnten sogar den ersten *Iguanodon*-Zahn identifizieren, den Lyell als junger Mann voller Hoffnungen Cuvier gezeigt hatte. Schließlich wurden zwei Kisten voller Fossilien aus Sussex nach Neuseeland verschifft. Nun mit der alleinigen Verantwortung für das Erbe seines Vaters betraut, gründete Walter Mantell zusammen mit anderen in Wellington eine wissenschaftliche Gesellschaft, die zur *Royal Society* von Neuseeland wurde.

In England war alles, was von Gideon Mantells herkuleischen Anstrengungen übrig blieb, seine Sammlung im British Museum. Doch im Frühjahr 1856 wurden Vorkehrungen getroffen, für Owen am Museum einen speziellen Posten als Leiter der naturkundlichen Abteilung zu schaffen. Wie Lord Macaulay seinem dortigen Mittreuhänder, dem Marquis of Landsdowne, schrieb: «Owens Ruhm hat sich in ganz Europa verbreitet ... Er ist eine Ehre für unser Land ... und ein Fall für eine öffentliche Gunsterweisung.» Andere teilten diese Ansicht: «Wir haben im British Museum eine wunderbare Sammlung und in Professor Owen einen unvergleichlichen Interpreten – warum die beiden nicht zusammenbringen?» Es war geplant, die Zweige Geologie, Zoologie, Botanik und Mineralogie zu eigenen Abteilungen aufzustocken, die alle unter Owens Leitung fallen sollten. Der Posten war mit der fürstlichen Summe von achthundert Pfund im Jahr dotiert, doch einen solchen Anreiz brauchte Owen kaum.

Die Fossilien, die Millionen Jahre lang vergraben gewesen und dann von Gideon Mantell und vielen anderen mühsam befreit worden waren, gingen nun schließlich doch in Owens Hände über. Ihm war jedoch klar, dass die beengten, feuchten Verhältnisse in Bloomsbury ungeeignet waren, um die Wunder der natürlichen Welt zur Schau zu stellen, und so zögerte er nicht, seinen lang gehegten Plan für ein Nationalmuseum der Naturgeschichte weiterzuverfolgen. Er war schon immer ein brillanter Lobbyist gewesen, und nun hatte er Verbindungen, die sicherstellten, dass seine Stimme Gehör fand. Nach Diskussionen mit dem Prinzgemahl und William Gladstone, einem aufsteigenden Stern am Firmament der Liberalen Partei, der wenig später Schatzkanzler werden sollte, unterbreitete Owen 1859 seine Pläne offiziell dem Schatzamt. Seine eleganten Entwürfe präsentierten seine Wünsche für die drei Reiche der Natur: Pflanzen, Tiere und Mineralien. Nicht weniger als zehn Morgen Land im Herzen Londons erhoffte er sich für sein Museum, in dem fast jede höhere Tierart ausgestellt werden sollte. Voller Begeisterung schlug Owen sogar eine siebenundzwanzig Meter lange Walgalerie vor.

Es sollte für Liebhaber der Naturkunde «das beste und nobelste Museum der Welt» sein. «Jeder Organismus ist ein Wesen, in dem sich die göttliche Weisheit manifestiert», schrieb er. Und wie er einmal seinem Sohn erklärte, als er ein winziges Meereslebewesen am Strand gefunden hatte: «Beide, wir wie dieses Wesen, sind das Werk eines großen Schöpfers, der den Lauf seiner Maschinen niemals aus den Augen verliert. Lass nichts dein Gefühl der Ehrfurcht für Ihn stören, wenn du in Seinem Hause bist und Ihm die Ehre erweist.» Richard Owen sah in seinem ehrgeizigen Unternehmen nichts weniger als ein Monument für Gott.

Natur ohne Gott?

Alles fällt auseinander, die Mitte hält nicht mehr;
Bare Anarchie bricht aus über die Welt.
Blutgeblendete Strömungen sind losgelassen. Allent-
halben
Wird der heilige Vorgang der Unschuld über-
schwemmt.
William Butler Yeats, Der jüngste Tag

Kaum hatte Owen dem Parlamentsausschuss seinen Vorschlag vorgelegt, als er sich wohl zum ersten Mal in seinem Leben von jüngeren Kollegen attackiert sah. Die wachsende Besorgnis über seine immense Machtfülle und seine Protektion entlud sich in einer feindseligen Kampagne gegen seinen lang gehegten Plan für ein naturgeschichtliches Museum.

Einer seiner wortgewandtesten Gegner war Thomas Henry Huxley, der nach langem Kampf um einen wissenschaftlichen Posten 1854 schließlich Dozent an der Government School of Mines geworden war. Brillant und streitbar hatte Huxley diese Plattform genutzt, um sich auf die wissenschaftliche Bühne zu lancieren. Als Naturforscher für die staatliche *Geological Survey* wurde er ein Experte für Wirbeltierfossilien und errang bald die einflussreiche Position eines Fuller-Professors an der *Royal Institution*. Professor Huxley sah in Owens Plan für das Museum einen Schachzug zur Erweiterung seiner heimtückischen Kontrolle über die Wissenschaft, den «Tempel», von dem aus Owen als «Autokrat der Zoologie und der Paläontologie» das Feld beherrschen wollte.

379

Thomas Huxley war so entschlossen, Owens Macht zu beschneiden, dass er sich direkt an den Schatzkanzler wandte und darauf hinwies, dass ein neues Museum unnötig sei und eine «beträchtliche Menge Geld» kosten würde. Statt zehn Morgen würden zwei völlig ausreichen. Und was Owens absurde Extravaganzen, wie eine siebenundzwanzig Meter lange Walgalerie, anging, so etwas würde zu einem «unerträglichen Gestank» führen. Owens Plan, erklärte er 1858 vor einem ausgewählten Komitee, sei «wenig ausgereift» und sicherlich «nicht geeignet, weder für die Wissenschaft noch für die Öffentlichkeit». Huxley und seine Verbündeten legten einen alternativen Plan vor, der vorsah, die naturhistorischen Sammlungen zu verteilen: Fossile Pflanzen konnten in Kew Gardens untergebracht werden, wo Huxleys Freund, der Botaniker Joseph Hooker, Direktor war, und die Mineralien im Museum of Practical Geology, wo er selbst als Kurator wirkte.

Doch während der Parlamentsausschuss weiterhin tagte und die Vorschläge prüfte, wartete auf Owen eine andere, noch größere Herausforderung, die seit dreißig Jahren heranreifte. Charles Darwins *On the Origin of Species by Means of Natural Selection* (*Die Entstehung der Arten durch natürliche Zuchtwahl*) ging 1859 mit einer kleinen Auflage in Druck. Selbst der Verleger ahnte nichts von der Aufregung, die dieses Buch hervorrufen würde, und von den Schockwellen, die kreuz und quer durch die noble Welt der Wissenschaft laufen und lang gepflegte Werte sowie alle, die sie hoch hielten, davonschwemmen sollten, darunter auch den scheinbar unverwundbaren Richard Owen.

Darwin hatte seit Jahren vom Spielfeldrand aus zugeschaut, wie die Gelehrten mit der wachsenden Menge widersprüchlicher Belege zwischen Geologie und Bibel rangen. Auf seinen Forschungsreisen zwischen 1831 und 1836 hatte er Lyells *Principles of Geology* (*Lehrbuch der Geologie*) gelesen, das ihn stark beeindruckte. Im Vergleich zu Cuviers unerklärlichen Katastrophen passte Lyells Vorstellung einer langsamen, aber stetigen geologischen Veränderung offenbar zu allem, was er beobachtet hatte.

«Das große Verdienst der *Principles* war», hatte Darwin gesagt, «dass es [das Buch] den ganzen Ton des Denkens änderte». Er hatte Lyells radikalen Ansatz umgehend auf seine eigenen Beobachtungen angewandt. Die damals vorherrschende Ansicht war, dass sich Arten, einmal geschaffen, im Laufe der Zeit nicht veränderten. Schließlich war es den Progressisten – trotz aller Anstrengungen – nicht gelungen, anhand der Fossildaten zu zeigen, wie sich eine Art in eine andere verwandelte. Doch Darwin, der auf seinen Reisen eine enorme Fülle von Arten studiert hatte, zerbrach sich den Kopf über gewisse Erscheinungen, die nicht ins Bild passten.

Warum ähnelten Arten auf Meeresinseln denjenigen auf dem benachbarten Kontinent, das heißt, warum ähnelten Arten auf den Kapverdischen Inseln afrikanischen Arten und Arten auf den Galapagos-Inseln südamerikanischen Arten? Da auf den Galapagos- und den Kapverdischen Inseln ähnliche physikalische Bedingungen herrschten, warum hatte Gott für beide Inselgruppen nicht die gleichen Tiere geschaffen? Was noch seltsamer war – warum sollte der Schöpfer auf den verschiedenen Seiten eines Gebirges unterschiedliche Pflanzen wachsen lassen? Die Vegetation auf der West- und der Ostseite der Anden unterschied sich beispielsweise deutlich, obwohl Boden und Klima ähnlich waren.

Die Galapagos-Inseln öffneten ihm die Augen. Jede Insel wies Tierarten auf, die eigenständig und dennoch mit den Arten auf den anderen Inseln verwandt waren. Es gab allein dreizehn verschiedene Finkenarten, alle unterschiedlich groß und mit unterschiedlich geformten Schnäbeln. Warum sollte Gott für jede Insel andere Finken machen? Ein derartiger «Lokalismus» erschien absurd. Wie viel logischer wäre es doch anzunehmen, dass sich aufgrund der geringfügig voneinander abweichenden Lebensbedingungen einer jeden Insel die Nachkommen eines gemeinsamen Vorfahren im Lauf der Zeit zu getrennten Arten entwickelt hatten.

Aber wenn das der Fall war, was war der treibende Mechanismus? Wie konnten sich in diesen verschiedenen Lebensräumen neue Arten entwickeln? Bei seiner Rückkehr nach England hatte

sich Darwin mit konventioneller Zucht beschäftigt, um herauszufinden, auf welche Weise neue Varietäten wie die Purzeltaube oder
das Rennpferd entstanden. Man konnte bei Haustieren gewisse
Merkmale hinsichtlich der Größe oder der Form fördern, indem
man nur jene Nachkommen weiterzüchtete, die die gewünschten
Eigenschaften zeigten. Dadurch dass Tauben- oder Pferdezüchter
diese «künstliche Auslese» über viele Generationen hinweg ständig wiederholten, schufen sie neue Zuchtrassen. Könnte der gleiche Prozess in der Natur ablaufen? Wie wählte die Natur ihre
Zuchtkandidaten aus?

Im Jahre 1838 hatte Darwin *An Essay on the Principle of Po-
pulation* (*Versuch über die Bedingung und die Folgen der Volks-
vermehrung*) von Thomas Malthus gelesen, der aufzeigte, wie das
Populationswachstum ständig durch begrenzte Ressourcen kon-
trolliert werde. Während die menschliche Bevölkerung das Poten-
zial besaß, sich in fünfundzwanzig Jahren zu verdoppeln, konnte
der Lebensmittelnachschub nicht so rasch ansteigen, was zu Hun-
gersnöten und schließlich zum Hungertod führte. Auch Tiere kon-
kurrierten um begrenzte Ressourcen. «Im Kampf ums Dasein ...»,
schrieb Darwin, «werden Individuen, die auch nur den geringsten
Vorteil vor anderen besitzen, mit größerer Wahrscheinlichkeit
diese anderen überleben und ihresgleichen hervorbringen.»

In jeder ökologischen Nische würde der Wettstreit ums Überleben zwischen Organismen jedwedes Merkmal begünstigen, das
einem Individuum und seinen Nachkommen einen Vorteil verleihen könnte. Darwin argumentierte, dass diese vorteilhaften Merkmale im Lauf der Zeit zunehmen und zu einem Tier führen würden, das sich stark von seinen entfernten Vorfahren unterscheide.
«Diese Erhaltung vorteilhafter individueller Unterschiede, und
seien sie noch so geringfügig, habe ich als ‹natürliche Zuchtwahl›
[*natural selection*, auch ‹natürliche Auslese›] bezeichnet», schrieb
er, «um ihre Beziehung zu den Möglichkeiten des Menschen bei
der Zuchtwahl zu kennzeichnen.» Wie die «künstliche Zuchtwahl» des Züchters konnte die «natürliche Zuchtwahl» über

zahllose Generationen zu neuen Formen führen. «Die natürliche Zuchtwahl ist eine Macht, die den schwachen Bemühungen des Menschen unermesslich weit überlegen ist», erklärte Darwin, «so wie die Werke der Natur denen der Kunst überlegen sind.» Ganz ohne einen Schöpfer, der all die verschiedenen Arten wunderbar geschaffen hatte, ließ sich die unendliche Vielfalt des Lebens mit dem Prinzip der «natürlichen Zuchtwahl» erklären.

Charles Darwin kannte die Debatten, die in den 1830ern und 1840ern in der *Geological Society* und in der *Royal Society* geführt wurden, nur allzu gut, den Aufruhr, der jedes Mal entstand, wenn neue Fundstücke und Erkenntnisse biblische Darstellungen von einer Sintflut, dem Alter der Erde oder der Reihenfolge und der Zeitskala der Schöpfung infrage stellten. Er beobachtete, wie selbst diejenigen, die er bewunderte, beispielsweise Charles Lyell, die offensichtliche Progression des Lebens in den Fossildaten wegzuerklären versuchten. Die ganze Zeit hindurch akzeptierte Darwin diese Progression nicht nur, sondern er hatte auch ein Prinzip gefunden, das erklären konnte, was die Evolution vorantrieb.

Wie von seinen Biographen Adrian Desmond und James Moore eindringlich beschrieben, wurde Charles Darwin von den Implikationen seiner Ideen so «gequält», dass er sich als Halbinvalide aufs Land zurückzog und «sich auf seinem Krankenbett hin und her wälzte, weil er Verfolgung fürchtete». Seine Ansichten konnten zu dem Schluss führen, der Mensch sei nicht speziell von Gott geschaffen, sondern habe sich aus Menschenaffen entwickelt. Mit Ausnahme von Darwin glaubten nur wenige führende Wissenschaftler ernsthaft, der Mensch könne das Produkt einer Evolution sein. Sollte er Recht haben, waren Intelligenz und Moral wenig mehr als bloße Unfälle der Natur; daher «zitterte er über seine innersten Gedanken» und sah sich selbst als «des Teufels Kaplan» an.

Jahrelang verfeinerte und erweiterte er seine Argumente insgeheim. Erst 1856 konnte er sich dazu durchringen, sich seinen Freunden, wie Lyell, anzuvertrauen. Und trotz Lyells Ermutigung schreckte er immer wieder davor zurück, seine Ansichten zu veröffentlichen, bis er 1858 von dem Wissenschaftler Alfred Russell Wallace einen Brief erhielt, der Belege für eine Evolution lieferte. Selbst dann zögerte Darwin noch, seine Befunde der Öffentlichkeit zu überantworten. Er las seine Korrekturabzüge für *Entstehung der Arten* «zwischen heftigen Anfällen von Erbrechen». Als der Termin der Veröffentlichung 1859 heranrückte, fühlte er sich nach eigenen Angaben «wie in der Hölle». Da er die öffentliche Auseinandersetzung fürchtete, die das Buch auslösen könnte, zog er gleich gesinnte Wissenschaftler ins Vertrauen: Joseph Hooker, den Direktor von Kew Gardens, und Thomas Henry Huxley an der School of Mines.

Als Huxley seinen Vorabdruck las, war er «überrascht von der Bedeutung des Buches». Da er mit einem empörten Aufschrei des Establishments rechnete, schrieb er an seinen besorgten Freund und versicherte ihm: «Ich schärfe meine Klauen und meinen Schnabel und werde bereit sein.»

In den hektischen Tagen direkt nach der Publikation im November wartete Charles Darwin voller Sorge darauf, welche Haltung Richard Owen gegenüber seinen Ideen einnehmen würde. Sogar Freunde der Familie schrieben, um sich nach Owens Verdikt zu erkundigen. «Völlig gegen uns, fürchte ich», antwortete Darwin. Zu seiner Erleichterung reagierte Owen nicht von vornherein feindlich, sondern so zweideutig, dass man sogar eine gewisse Zustimmung aus seinen Worten hätte lesen können.

Als Owen Darwin 1859 traf, lobte er dessen originelle Ideen über die Bildung von Arten. Owen akzeptierte zwar nicht, dass der Mensch ein transmutierter Affe war, doch Darwin hatte die Verwandtschaft des Menschen mit den Affen in der *Entstehung der Arten* nur angedeutet. Er war sehr darauf bedacht, Brücken zu dem berühmten Anatomen zu bauen, und es ist durchaus möglich, dass Owen annahm, zwischen ihnen gebe es eine gewisse gemeinsame Basis: Jeder Schritt in Darwins Evolution konnte noch immer von Gott geplant sein. Im Hintergrund versuchte Owen sogar,

Charles Darwin, 1854

aus der Erregung um die *Origins* zu profitieren, um seine eigenen, lange gehegten Pläne für ein naturgeschichtliches Museum voranzutreiben. «Die ganze Geisteswelt ist in diesem Jahr durch ein Buch über die Entstehung der Arten in Erregung geraten», berichtete Owen vor einem Parlamentsausschuss. «Besucher kommen in das British Museum und sagen: ‹Wir möchten all die Taubenrassen sehen. Wo ist die Purzeltaube, wo ist die Kropftaube?› und ich bin dann gezwungen, beschämt zu sagen: ‹Ich kann Ihnen nichts davon zeigen.›»

Doch in den folgenden Monaten wandten sich führende Geistliche und Wissenschaftler mit einer Reihe von Einwänden an Owen, der gerade zum Ritter geschlagen worden war. Reverend Adam Sedgewick in Cambridge war einer von vielen, die sich empört, wenn nicht gar entsetzt über die materialistischen Implikationen der natürlichen Selektion zeigten. Es war für ihn undenkbar, dass neue Arten, einschließlich des Menschen, nicht durch

Gottes Willen, sondern aus einer Reihe zufälliger Ereignisse in der Natur entstanden sein sollten. Den Lehren der Kirche zufolge hatte Gott den Menschen nach seinem eigenen Bild geschaffen. Wenn Darwin Recht hatte, dann wäre Gott ein Affe – eine völlig gotteslästerliche Vorstellung! Der Entdeckungsreisende Livingstone, der Duke of Argyll, damals Lordkanzler, und andere führende Politiker wie Gladstone suchten, was diese neue Biologie anging, bei Owen nach Orientierung. Selbst Charles Lyell, der eine «von Pfaffen geleitete» Wissenschaft verabscheute, war allem abgeneigt, «was dazu tendierte, die Schranke zwischen dem Menschen und dem übrigen Tierreich niederzureißen».

Während sich Darwin in sein Heim in Down House in Kent zurückzog, ließ Thomas Huxley keine Gelegenheit aus, die Implikationen von Darwins Theorie klar auszusprechen. In seinem Vortrag in der *Royal Institution* im Februar 1860 erörterte er vor einem hochkarätigen Publikum, darunter auch Owen, die Verwandtschaft zwischen Mensch und Affe und betonte deren Ähnlichkeiten. Owen war wütend; er hatte stets zu zeigen gesucht, dass sich der Mensch zoologisch von den Tieren unterschied. Diejenigen, die sich bemühten, die neuen wissenschaftlichen Befunde mit ihrem Glauben an die Bibel zu versöhnen, standen vor einem schrecklichen Dilemma. Wie ließ sich die «Affentheorie» mit der Schöpfungsgeschichte in der Genesis vereinbaren? Wenn es darum ging, die Schwachstellen in Darwins Denken offen zu legen, dann war sicherlich niemand besser dazu geeignet als Owen: «Die große Autorität, die Professor Owen in der wissenschaftlichen Welt genießt, würde jede wohl überlegte Meinung, die er äußert, zu einer Angelegenheit von Bedeutung machen», erklärte der *Manchester Spectator*.

Als die Erregung anhielt, konnte Owen sich nicht länger hinter der doppeldeutigen Sprache verstecken, die er so lange benutzt hatte. Der *Manchester Spectator* hatte, auf eine seiner Vorlesungen aus dem Jahr 1849 verweisend, betont, dass er offenbar an Naturgesetze glaubte: «Richard Owen hat es übernommen, wissenschaftlich zu demonstrieren, dass die Arme und Beine der menschlichen Rasse die späteren und höheren Entwicklungen der primitiveren Flügel und Flossen der Wirbeltiere sind ... daraus zieht er den Schluss, dass Gott die Erde nicht durch aufeinander folgende Schöpfungen bevölkert hat, sondern durch das Wirken allgemeiner Gesetze.»

Demzufolge hatte Owen manchmal von «schöpferischen Akten» gesprochen und sich zu anderen Zeiten auf schlecht definierte «sekundäre» Naturgesetze bezogen, die seiner Meinung nach von Gott vorherbestimmt waren. Erst kürzlich, nämlich 1858, hatte er in seiner Ansprache als Präsident vor der BAAS behauptet, dass Reptilien und Säuger durch das «ständige Wirken einer schöpferischen Kraft» oder durch das «*ständige Wirken der vorherbestimmten Entstehung ‹lebendiger Dinge›*» gebildet worden seien. Doch wie er selbst zugab, konnte er nichts über die Natur oder die Art und Weise dieses «ständigen schöpferischen Wirkens» sagen. Was hieß das alles? Jedermann wartete darauf, dass der «Newton der Naturgeschichte» seine Karten offen legte.

Wahrscheinlich wurde Owens Urteil bei der Auseinandersetzung um Darwins *Origins* von Eifersucht getrübt. Er, der im Umgang mit Rivalen nicht gerade für seine Großzügigkeit bekannt war, musste sich durch die erstaunliche Breite und Klarheit von Darwins Argumentation in den Hintergrund gedrängt fühlen. Obwohl er in seiner lang erwarteten Rezension im April 1860 eine Entstehung der Arten durch ein Naturgesetz nicht explizit in Abrede stellte, erschien seine Kritik den Darwinianern genauso vernichtend, wie sie gefürchtet hatten.

Die ursprünglichen Beobachtungen oder «Edelsteine» in Darwins These, schrieb Owen, seien «in der Tat rar und unzusammenhängend». Die natürliche Selektion könne das «Geheimnis aller Geheimnisse» – die Entstehung der Arten – nicht besser erklären als irgendeine bereits vorliegende Theorie; größtenteils beruhe sie «auf einer rein hypothetischen Basis». Wo war der Beweis, dass «all die Lebewesen, die jemals auf Erden gelebt haben, mittels ‹natürlicher Zuchtwahl› von einer ... wie von Zauberhand geschaffenen Urform abstammen?», fragte er. Und selbst wenn es einen solchen Beweis gäbe, so würde dies noch immer nicht die ursprüngliche Schöpfung erklären. Wie alle seine Vorgänger schweige sich Darwin über die Entstehung der ersten Lebewesen aus.

Noch mehr empörte Owen, dass Darwin und seine «kurzsichtigen» Anhänger alternative «kreationistische» Ansichten verfälschten, denn er fühlte seine eigenen Vorstellungen vom ständigen Wirken eines sekundären, von Gott vorgegebenen Naturgesetzes trivialisiert. Am meisten verabscheute er diejenigen Anhänger Darwins, die munter für die Vorstellung eintraten, der Mensch stamme vom Affen ab. Jedem, der «sich für seelenlos hält, wie das verendende Vieh», schrieb er, «kann eine derartige Vorstellung genügen, und er braucht sich nicht länger mit seinen eigenen Beziehungen zu einem Schöpfer zu beschäftigen». Doch für Owen waren solche Ideen «ein Missbrauch der Wissenschaft» und ein «Verfall» des Denkens, vergleichbar mit den Vorstellungen von einer Transmutation, die Lamarck im revolutionären Frankreich äußerte. Die natürliche Selektion, schloss er, stehe «auf schwachen Beinen» und führe zu einer «falschen Philosophie».

Darwin machte sich große Sorgen. Er empfand Owens Kritik als höchst schädlich. Als enger Freund von Prinz Albert und mit dem Rückhalt der einflussreichen anglikanischen Kirche war Owen ein mächtiger Gegner. «Es ist schmerzlich, mit derartiger Intensität gehasst zu werden, wie Owen mich hasst», schrieb Darwin einem Freund. «Die Londoner sagen, er sei verrückt vor Neid, weil so viel über mein Buch gesprochen wird.» Obwohl Owen kein Kreationist war, kam es zu einer Polarisierung der Fronten – hier Darwin und seine Anhänger, «die Jünger des Teufels» Huxley und Hooker, dort Owen, der traditionelle Werte hochzuhalten versuchte.

Ihre ideologische Auseinandersetzung erreichte am Samstag, den 30. Juni 1860, einen kritischen Punkt. Der Zusammenstoß der beiden Parteien fand in Oxford statt, der Hochburg der Geistlichkeit und dem Tagungsort für das jährliche Treffen der *British Association for the Advancement of Science*. Nur zwanzig Jahre zuvor war Richard Owen der unangefochtene Star der Organisation, der auserwählte Protegé der BAAS gewesen. Folgt man der Legende, die zum Teil vom darwinianischen Lager hervorgebracht wurde, so sollte sich die BAAS-Tagung als entscheidender Wendepunkt für die Anhänger der alten Ordnung erweisen.

Der Bischof von Oxford, Samuel Wilberforce – unfreundlicherweise mit dem Spitznamen «Soapy Sam» [seifig, schlüpfrig] belegt – sollte über Botanik und Zoologie sprechen. Professor John Draper von der Universität New York war eingeladen worden, um einen Vortrag über Darwinismus zu halten. Richard Owen, der beim Bischof übernachtet hatte, wurde allgemein verdächtigt, Wilberforce «bis zur Halskrause» mit den besten Argumenten gegen Darwin voll gestopft zu haben, und es wurde getuschelt, der Bischof wolle «Darwin zerschmettern». Allgemein wurde ein «offener Schlagabtausch zwischen Wissenschaft und Kirche» erwartet, und so drängten sich fast tausend Menschen in die Bibliothek, um Zeugen des Duells zu werden. Darwin selbst war zu krank, um teilzunehmen.

Nach Professor Drapers Beitrag rief die Geistlichkeit «lautstark nach dem Bischof». Samuel Wilberforce erhob sich und hielt seinen Vortrag, in dem er nach Aussagen von Darwins Anhängern «keine einzige Silbe von dem abwich, was in dem Artikel [Owens] stand ... war von Owen gedrillt worden und wusste nichts ... er spottete böse über Darwin und ätzend über Huxley».

Über den Verlauf des Abends gibt es zahlreiche Berichte; die Essenz der Geschichte war wohl folgende: Als «Soapy Sam» geendet hatte, wandte er sich mit großer Geste an Thomas Huxley und «fragte ihn, ob er seitens seines Großvaters oder seitens seiner Großmutter von einem Affen abstamme». Woraufhin sich Huxley, so wird berichtet, «mit den Händen begeistert auf die Knie schlug und ausrief: ‹Der Herrgott hat ihn in meine Hände gegeben!›» Langsam und bedächtig erhob er sich und begann, all die Belege auszubreiten, die Darwins Theorie stützten. «Das Gefecht war hitzig ... und die Erregung steigerte sich», berichtete ein Augenzeuge. Schließlich kam Huxley, der «blass vor Zorn» war, zu seinem schockierenden Finale: «... er würde sich nicht schämen, einen Affen als Vorfahren zu haben, er würde sich aber sehr wohl schämen, mit einem Mann verwandt zu sein, der seine großen Talente dazu benutzt, die Wahrheit zu verschleiern.»

Das *Macmillan's Magazine* schrieb dazu: «Die Wirkung war umwerfend. Lady Brewster fiel in Ohnmacht und musste hinausgetragen werden.» Als die Aufregung anhielt, erhob sich Admiral Fitzroy, der dreißig Jahre zuvor die *Beagle* kommandiert hatte, hielt eine riesig große Bibel über seinen Kopf und «beschwor die Anwesenden feierlich, Gott mehr zu glauben als den Menschen».

Derart dramatische Szenen, die sich wie ein Lauffeuer in ganz England verbreiteten, offenbaren, mit welcher Empörung die Spitzen der Gesellschaft auf Darwins Thesen reagierten. Naturwissenschaft und Religion, so lange streitende Partner, waren nun nicht mehr zu versöhnen. Richard Owen, der früher dem einenden Pfad gefolgt war, den William Buckland in den *Bridgewater Treatises* eingeschlagen hatte, saß offenbar in der Falle und kämpfte darum, die Werte des frühen viktorianischen England gegen die Attacke des evolutionistischen Denkens zu verteidigen. Sein ganzes Leben lang waren seine Ideen um einen göttlichen Schöpfer gekreist. Selbst wenn sich seine Sichtweisen im Lauf der Zeit geändert hatten und immer zweideutiger geworden waren, konnte er sich eine Natur ohne die lenkende Hand Gottes nicht vorstellen. Für ihn «verkündeten» die Werke der Natur, wie es in einem Psalm hieß, «Gottes Ruhm». Auch wenn er nicht glaubte, dass Gott jedes Geschöpf separat geschaffen hatte, manifestierten sich für Owen in den verschiedenen Formen der Schöpfung göttliche Gesetze.

Nun begann rasch der Boden unter seinen Füßen wegzurutschen, denn Darwins Anhänger verstanden es sehr geschickt, sich diejenigen Stellen herauszupicken, an denen Owens Denken besonders mystisch war, wie bei seinen sekundären kreativen Gesetzen. Die stärkste und beharrlichste Opposition kam von Thomas Huxley. Owen hatte endlich seinen Meister gefunden. Huxley drängte ihn in die Ecke, legte gnadenlos seine Schwächen bloß und reizte ihn bei jeder sich bietenden Gelegenheit. Der Schlagabtausch gipfelte in einer erbitterten Debatte über die Verwandtschaft zwischen Mensch und Affe, die wieder einmal im Forum der BAAS höchst öffentlich ausgefochten wurde.

Owen hatte stets versucht, Unterschiede zwischen der Anatomie von Mensch und Menschenaffe zu betonen. Er wollte den Menschen aus der Natur herausheben, indem er die Einzigartigkeit des menschlichen Gehirns aufzeigte, das «im Dienst der Seele» stand. Seine Argumentation basierte auf der Behauptung, es gebe drei anatomische Merkmale, die ausschließlich beim Menschen zu finden seien: einen dritten Lappen (Lobus posterior) in den Großhirnhemisphären, eine als «Cornu posterius» (Hinterhorn des Seitenventrikels) bekannte Struktur und einen länglichen inneren Wulst namens «Hippocampus minor».

Durch seinen fast exklusiven Zugang zu den Exemplaren in der *Zoological Society* war Owen zu einer der wenigen Autoritäten für Primatenanatomie geworden, und jahrelang war niemand in der Lage gewesen, ihn auf diesem Gebiet herauszufordern.

Huxley bereitete seine Attacke vor, indem er sich einen Überblick über die kontinentale Literatur verschaffte. Nach dem, was er las, stützten Sektionen an den Gehirnen niederer Affen Owens Ansichten nicht. Seine Freunde am University College Hospital in London sezierten einen Menschenaffen, einen Schimpansen, und wieder fühlte Huxley seinen Argwohn bestätigt: Die Seele des Menschen war nicht in irgendeiner bestimmten Struktur zu finden, «die sich wiegen oder messen, zeichnen oder abbilden, in Zoll oder Unzen berechnen» ließ. Die Debatte ging auf einer Tagung der BAAS in Oxford und im folgenden Jahr in Manchester weiter. Huxley war sich sicher, dass Owen sich «einen ungeheuren

Karikatur, die Richard Owen auf einem *Megatherium*-Skelett reitend zeigt.

Schnitzer» geleistet hatte: «Er wird zum Gespött der Anatomen auf dem Kontinent werden.»

Dann, nach Owens Vortrag auf der BAAS-Tagung in Cambridge 1863, fiel Huxley über ihn her «wie ein Wolf über die Schafsherde» – sehr zur Freude der Presse, die sich daran ergötzte, den Kampf zu parodieren. Er bewies, dass es im menschlichen Gehirn nichts anatomisch Einmaliges gab. Seine Studien zeigten, dass diese drei speziellen anatomischen Merkmale bei Menschenaffen nicht nur existierten, sondern bei ihnen sogar manchmal besser entwickelt waren als beim Menschen. Er geißelte Owens «schwer wiegende Irrtümer» und die «völlige Grundlosigkeit» seiner Annahmen, die dazu geführt hatten, dass sich diese «absurde Kontroverse» nun schon über zwei Jahre hinzog.

Eine anonyme Satire über ihre Auseinandersetzung, «Ein trauriger Fall, der kürzlich vor dem Oberbürgermeister verhandelt wurde: Owen gegen Huxley» (*A Sad Case, Recently Tried before the Lord Mayor, Owen vs. Huxley*), erschien 1863.

«Thomas Huxley, in der Stadt gut im Zusammenhang mit Affen bekannt, und Richard Owen, der mit alten Knochen und ausgestopften Vögeln handelt, wurden von Polizist X beschuldigt, die öffentliche Ordnung zu stören ... Huxley schnippte mit seinen Fingern nach Owen und erklärte ihm, er sei kaum besser als ein Affe ... Huxley hatte ein Affenvieh dabei und behauptete, das sei sein Großvater ... er hielt das Vieh Owen so dicht wie möglich vors Gesicht und sang dazu die ganze Zeit: ‹Schaut sie euch an, ähneln sie sich nicht wie ein Ei dem anderen?› ... Owen verhielt sich ungewöhnlich tapfer, auch wenn sein Herz gebrochen schien. Er versuchte, es Huxley mit gleicher Münze heimzuzahlen, doch es gelang ihm nicht, und einige Leute riefen ‹Schande!› und ‹Er hat genug!›. Niemals zuvor hat man einen Mann gesehen, der so heruntergemacht wurde. Es war der Affe, der ihn störte, und Huxley, der ständig rief: ‹Seht sie euch an – Knochen für Knochen, Zahn für Zahn, und ihre Gehirne sind eines so gut wie das andere.›»

Im selben Jahr erschien Huxleys eigenes Buch *Man's Place in Nature*. Darin fasste er die Belege dafür zusammen, dass der Mensch keineswegs eine besondere Schöpfung war, sondern genau wie die anderen Tiere des Feldes seinen Platz in der Natur hatte. Ohne sich um den viktorianischen Widerwillen vor dieser Vorstellung zu scheren, behauptete Huxley, dass die Vorfahren des Menschen der Gorilla und der Orang-Utan waren. Gleichzeitig nahm er die Gelegenheit wahr, über Owens metaphysische Sprache herzuziehen, beispielsweise über sein häufig wiederholtes, aber unentzifferbares Axiom vom «ständigen Wirken der vorherbestimmten Entstehung lebendiger Dinge». «Es versteht sich von selbst», wetterte Huxley, «dass die vornehmste Pflicht einer Hypothese ist, verständlich zu sein, und diese … kann man mit genau dem gleichen Maß an Bedeutung rückwärts, vorwärts oder seitwärts lesen.»

Die Feindschaft zwischen den beiden Männern erreichte den Punkt, an dem Huxley seine Macht einsetzte, um Owen aus Schlüsselpositionen in Komitees zu verdrängen, in denen er jahrzehntelang uneingeschränkt geherrscht hatte. Als Huxley 1861 in den Beirat der *Zoological Society* gewählt wurde, trat Owen sofort zurück. Innerhalb von Jahresfrist unternahm Huxley Schritte, um Owens Wechsel in den Beirat der *Royal Society* zu blockieren. Owen, der so lange der unangefochtene König dieser altehrwürdigen wissenschaftlichen Einrichtungen war und seine Macht dazu benutzt hatte, viel versprechende Karrieren zu zerstören – wie zwanzig Jahre zuvor die des Robert Grant –, fand sich nun als Opfer ähnlicher Manöver wieder. In der *Royal Society* forderte Huxley den Beirat auf, Owen nicht in das Gremium zu wählen, weil er «bewusster und vorsätzlicher Falschheit» schuldig sei. Dieser Umschwung der Machtverhältnisse geschah so rasch, dass Owens Hochburg am Royal College bereits 1862 an die Evolutionisten fiel, denn Huxley selbst wurde mit Owens früherem Titel – Hunter-Professor – geehrt. «Ich weiß nicht, was unser berühmter Vorgänger dazu sagen wird», witzelten Huxleys Freunde.

Owens glänzender Ruf trübte sich rasch, und sein Abstieg war eng mit Darwins Aufstieg verbunden. Die *Bridgewater Treatises*, seit so langer Zeit seine Inspirationsquelle, wurden nun als «Bilgewater Treatises» verhöhnt. In der Zeitschrift *Vanity Fair* wurde Owen als «alter Knochen» porträtiert und sogar als «einfältiges Geschöpf» bezeichnet. Im *Punch* wurde er in ein paar Schmähversen abgetan:

Next Huxley replies
That Owen he lies
And garbles his Latin quotation;
That his facts are not new
His mistakes not a few,
Dementrial to his reputation.*

Während Charles Darwins Ideen weiterhin an Schwungkraft gewannen, setzte sich Owens Niedergang unaufhaltsam fort; schon bald wurden ihm seine eigenen Kreationen genommen, die mächtigen Dinosaurier. Thomas Huxley, stets auf Angriff bedacht, versuchte, sie in einem evolutionären System unterzubringen. Waren die Dinosaurier wirklich so plötzlich auf der Erde erschienen, wie Owen 1842 geschrieben hatte? Anfang der 1860er stützten die meisten Befunde diese Sichtweise. *Iguanodon* und andere gigantische Ungeheuer des Mesozoikums tauchten offenbar aus dem Nichts in den Fossildaten auf. Die große Aufregung, die die Entdeckung von Reptilien in Elgin-Sandstein ausgelöst hatte, war verpufft, als er korrekt in die Gesteinsfolge eingeordnet worden war. Weit entfernt davon, ins Devon zu gehören, hatten sich die Elgin-Gesteine im späteren Trias gebildet. Was waren die primitiven Reptilien also – die Vorfahren der Dinosaurier?

Anfang der 1860er trieb die steigende Nachfrage nach Brenn-

---

* Darauf antwortet Huxley, / dass Owen lügt / und seine lateinischen Zitate verstümmelt, / dass seine Fakten nicht neu sind / und seine Fehler nicht wenige, / was schädlich für seinen Ruf ist.

stoff, der die industrielle Revolution in Gang halten musste, die Minenarbeiter immer tiefer in die reichen Kohleflöze im Norden, und so gab diese schwarze Karbonwelt mit ihren uralten Sümpfen und riesigen Wäldern allmählich immer mehr Fragmente seltsamer primitiver Geschöpfe frei. Hier fanden sich Fossilien, die wie Fische aussahen, aber statt Flossen Stummelbeine und Füße hatten. Das waren die frühesten Amphibien, eingeschlossen in ihre Gräber aus Eisenstein zwischen der Kohle, die sich vor unzähligen Jahren gebildet hatte.

In der School of Mines studierte Huxley die Funde. Er interessierte sich besonders für eine Gruppe, die so genannten Labyrinthodontier, deren Zahnschmelz stark gefaltet war, was im Querschnitt wie ein Labyrinth aussieht. Ihre Skelettmerkmale waren unerwarteterweise reptilienähnlich. 1861 waren lediglich drei Gattungen europäischer Labyrinthodontier aus dem Karbon bekannt, doch bereits 1865 schrieb Huxley an Lyell, um ihm mitzuteilen, dass es inzwischen «weltweit etwa dreißig Labyrinthodontier-Gattungen» gebe.

Es dauerte eine gewisse Zeit, bis sich ein Muster herauskristallisierte und man die Fische von den Amphibien trennen konnte. Einige Labyrinthodontier waren Wasserbewohner und konnten so groß wie Krokodile werden. Andere hatten stämmige, vom Körper abstehende Beine, die ihnen erlaubten, sich an Land fortzubewegen. Allmählich begann sich ein zusammenhängendes und plausibles Bild zu entwickeln. Auf das Devon, in dem Fische die Urmeere beherrschten, folgte das Karbon, in dem die ersten Wirbeltiere das Wasser verließen. Mit ihren kurzen, stämmigen Beinen machten die Amphibien ihre ersten ungelenken Schritte an Land.

Aber Huxley dachte weiter. Wenn Amphibien wie die Labyrinthodontier die Vorgänger der großen Reptilien waren, wer waren dann deren Abkömmlinge? Im Herbst des Jahres 1867 besuchte er das Ashmolean Museum, um Bucklands Kollektion von *Megalosaurus*-Knochen zu sehen. Dabei fiel ihm auf, wie *vogelähnlich* einige Dinosaurier-Beckenknochen wirkten. Das passte zu Befunden aus Amerika; dort war ein neuer Dinosaurier namens *Hadro-saurus* entdeckt worden, der nach der Konfiguration seines Skeletts eindeutig auf zwei Beinen gelaufen war. Und was noch seltsamer war – man hatte, eingebettet in triassischem Gestein, riesige fossile Fußabdrücke von fünfundvierzig Zentimetern Länge gefunden, die den Spuren gigantischer Vögel ähnelten. War das «Noahs Rabe» gewesen, wie es in der Presse hieß, oder waren es die Fußstapfen früher Dinosaurier?

In Huxley keimte die kühne Idee auf, die Dinosaurier könnten in gewisser Weise die Vorfahren moderner Vögel gewesen sein. Er kehrte ins British Museum zurück, um sich Mantells Sammlung von *Iguanodon*-Knochen nochmals gründlich anzuschauen, und erkannte, dass sich das Tier, wie schon Mantell dargelegt hatte, als Zweibeiner rekonstruieren ließ: «... eine Art Kreuzung zwischen einem Krokodil und einem Känguru, mit einem guten Schuss Vogel bei Becken und Beinen», meinte er. Gestützt wurde Huxleys Analyse durch die sensationelle Entdeckung eines kleinen, Fleisch fressenden Dinosauriers, *Compsognathus*, im jurassischen Gestein in Bayern. Kaum mehr als sechzig Zentimeter lang, wies dieser zierliche Zweibeiner typische Vogelmerkmale auf. «Trotz seiner geringen Größe», schrieb er, «muss dieses Reptil meiner Ansicht nach bei den Dinosauriern oder in deren Nähe eingeordnet werden, doch es ist noch vogelähnlicher als irgendeines der Tiere, die gewöhnlich in dieser Gruppe zusammengefasst werden.»

Er begann, ein kühnes Klassifizierungsschema zu erstellen, das zeigte, wie «sich alle Lebewesen eines aus dem anderen entwickelt haben». Es könne keinen Zweifel geben, meinte Huxley, «dass die Hinterhand der Dinosauria in ihrem allgemeinen Aufbau derjenigen von Vögeln wunderbar nahe kommt». Mit bewundernswerter Intuition verfolgte er die Spur der Vögel über große, flugunfähige Vorfahren zu den Dinosauriern des Mesozoikums zurück. «Der Weg von den Reptilien zu den Vögeln führt über die Dinosaurier», erklärte er im Januar 1868 einem Freund. Im darauf folgenden Monat präsentierte er in der *Royal Institution* seine faszinierenden Ideen über «Tiere, die den Zwischenformen zwischen Vögeln und Reptilien sehr nahe stehen». Endlich fanden die Dinosaurier ihren Platz in der Geschichte des Lebens auf Erden – zwischen ihren Vorfahren, den Amphibien, und ihren Nachfahren, den Vögeln. Sie waren nicht länger von Gott speziell für eine primitive Erde geschaffene Geschöpfe, die sich einer komplexen, seit damals degenerierten Reptilienform «erfreuten». Owens Begründung für die Erfindung der mächtigen *Dinosauria* verlor rasch an Plausibilität.

Auch wenn Owen Huxleys Klassifizierung nicht akzeptierte, lehnte er nicht alle Belege für eine Evolution rundweg ab. Er versuchte, eine Argumentationslinie zu verfolgen, die einen «göttlich geplanten Pfad adaptiver Veränderungen» erlaubte. Seine Einwendungen konzentrierten sich auf die Vorstellungen, dass die Veränderungen zufällig, durch «natürliche Auslese», erfolgten. Er wollte den Opportunismus der Natur vermeiden und den göttlichen Plan aufrechterhalten; seiner Meinung nach lenkten große göttliche Gesetze die materielle Welt. Für Owen waren die Dinosaurier kein Missgriff der Natur, doch er akzeptierte, dass «es eine gewisse systematische Regelmäßigkeit in der Abfolge ihres Auftretens» gab.

Nach und nach entpuppten sich Owens lang gehegte Vorstellungen über Dinosaurier als unzutreffend. Zehn Jahre nachdem Huxley in der *Royal Institution* erste Vorlesungen über ihre Evolution gehalten hatte, ließ eine spektakuläre Entdeckung in Belgien keinen Zweifel mehr daran, dass Owen die Gestalt der Dinosaurier falsch interpretiert hatte. Im Jahre 1878 bemerkten Kohlearbeiter in Bernissart, die mehr als dreihundert Meter unter Tage Steinkohle abbauten, dass sie durch riesige Knochen gebohrt hatten. Daraufhin wurden Experten aus dem Musée Royal d'Histoire Naturelle de Belgique zurate gezogen. Mehr als dreißig Meter unter dem ersten Tunnel wurde ein weiterer ausgehoben. Er enthielt ebenfalls fossile Knochen. Sie hatten die geisterhaften Überreste des ersten Dinosaurierfriedhofs entdeckt – ein *Iguanodon*-Massengrab.

Die Knochen wurden hervorgeholt und in die Chapelle Saint-Georges nach Brüssel gebracht. Unter den gotischen Spitzbögen und den Buntglasfenstern der Kapelle wurden sie zusammengesetzt: Femur, Tibia, Zehenknochen, die Knochen des massiven Beckens und des Schultergürtels, die Wirbel. Als das erste vollständige Skelett Form annahm, trat das *Iguanodon* endlich aus dem Dunkel der Vergangenheit hervor. Gideon Mantell, all die Jahre von James Parkinsons romantischer Beschreibung früherer Welten angeregt, hatte sich nur nach ein paar zusammenhängenden Teilen des Skeletts gesehnt. Fünfundzwanzig Jahre nach seinem Tod restaurierten die belgischen Forscher einunddreißig Skelette, jene Blaupause, für die Mantell so viel geopfert hatte.

Ein Blick auf die Skelette ließ erkennen, dass das *Iguanodon* ein Zweibeiner war. Ganz im Gegensatz zu Owens vierfüßiger Rekonstruktion im Kristallpalast belegten einige anatomische Merkmale des Beckens und der Extremitäten die stärker aufgerichtete Körperhaltung, wie sie von seinen Rivalen – zuerst Mantell und später Huxley – vorgeschlagen worden war. Das belgische Spezialistenteam, das von dem Naturforscher Louis Dollo geleitet wurde, konnte überdies viele von Mantells anderen Schlussfolgerungen bestätigen, beispielsweise seine Deutung der Wirbel und der Zähne wie auch seine Vermutung, dass die Unterarme dem Ergreifen von Pflanzennahrung dienten.

Der große knöcherne Dorn war sowohl von Mantell als auch von Owen falsch interpretiert worden. Es handelte sich nicht um ein Nasenhorn, wie beim Rhinozeros, sondern diese Struktur bildete die Basis eines mächtigen Stachels am Daumen, der zur Verteidigung diente. Auch der Schwanz konnte als Waffe eingesetzt werden, um nach einem Angreifer zu schlagen. Wie Dollo zeigte, waren die Sehnen im Bereich der Schwanzwirbel gitterartig angeordnet, was für Stärke und Halt sorgte. Jahrzehntelang hatten Mantell und Owen über die Größe des Riesen nur Vermutungen aufstellen können, die auf Vergleichen mit anderen Tieren basierten. Dollo konnte die Wirbelsäule einfach vermessen und zeigen, dass die Länge der Skelette zwischen knapp vier Metern und neun Metern variierte. Seine dreißig Jahre während Untersuchung der Tiere aus dem belgischen Massengrab hat *Iguanodon* zu einem der am besten bekannten Dinosaurier gemacht.

Aufgrund neuer Dinosaurierfunde erwies sich selbst Owens Klassifizierung bald als unzureichend und veraltet. Als Owen die Kategorie *Dinosauria* schuf, basierte seine Klassifikation lediglich auf drei Formen, *Megalosaurus, Iguanodon* und *Hylaeosaurus,* die in eine gemeinsame Gruppe gefasst wurden. Doch in Amerika brachte das Ende des Bürgerkrieges eine Ära raschen Wachstums und zahlreicher Entdeckungen mit sich. Eisenbahnlinien wurden gebaut, die den gesamten Kontinent überspannten, und riesige neue Fossilienfelder wurden entdeckt, die den spektakulären Dinosaurier-«Goldrausch» einläuteten.

Zwei führende amerikanische Paläontologen, Edward Cope und Othniel Marsh, benannten über hundertdreißig neue Dinosaurierarten. Aus dem Dunkel der mesozoischen Welt trat allmählich eine erstaunliche Schar von Ungeheuern ans Licht: *Diplodocus, Triceratops, Stegosaurus, Allosaurus, Ceratosaurus, Camptosaurus* und *Brontosaurus.* Cope und Marsh enthüllten die ungeheure Vielfalt des Lebens in diesem Zeitalter: Platten tragende Dinosaurier wie *Stegosaurus,* schwer gepanzerte Reptilien wie *Nodosaurus,* gehörnte Dinosaurier wie *Triceratops,* entenschnäblige Dinosaurier wie *Trachodon,* neue Fleisch- und Pflanzenfresser. Viele ihrer Funde waren vollständige Skelette, die eine korrekte Interpretation der Körperform erlaubten.

Ihre neuen Entdeckungen zeigten bald, dass sich Owen in vielen Punkten geirrt hatte. Dinosaurier, die Owen für Wasserbewohner gehalten hatte, erwiesen sich als terrestrisch. Einige der Reptilien, die sie fanden, waren viel größer als alles, was Owen erwartet hatte. Allein der Oberschenkelknochen von Marshs *Titanosaurus* maß 2,40 Meter; einige der Ungeheuer, die sie ausgruben, waren achtzehn Meter lang. Als sich die Belege dafür häuften, dass sich die Dinosaurier aus primitiven Amphibien entwickelt hatten, versuchten Marsh und Cope wie vor ihnen schon Huxley, ihre Funde in ein evolutionäres Schema einzuordnen. Und als Othniel Marsh auf einer Europatour in den 1890ern die Dinosaurier im Kristallpalast besuchte, spottete er über Owens berühmte Rekonstruktionen: «Soweit ich beurteilen kann, gibt es so etwas wie sie weder im Himmel noch auf Erden noch in den Wassern unter der Erde.»

Richard Owen wurde von den neuen Entwicklungen überrollt, eine zunehmend schwächer werdende Gestalt, die zusehen musste, wie ihre Wissenschaft von neuen Köpfen und Ideen übernommen wurde. Gelegentlich tauchte er noch in der Öffentlichkeit auf und hielt Vorträge über Dinosaurier oder andere ausgestorbene Tiere, doch in den letzten Jahren seines Lebens bestand sein Hauptanliegen darin, lange genug zu leben, um die Fertigstellung seines naturgeschichtlichen Museums in South Kensington zu erleben. «Da meine Kräfte nachlassen und ich fühle, dass meine Zeit abläuft, wie sehr sehne ich mich danach, die Vollendung meines wichtigsten Ziels zu sehen!», meinte er zu einem Freund. Am Kaminfeuer versuchte er, seine Bronchitis auszukurieren, «immer noch in der Hoffnung, das systematisch geordnete Arrangement der nationalen Schätze der Naturgeschichte in ihrem noblen neuen Gebäude zu erleben».

Als der Bau 1880 vollendet war, konnte man Richard Owens gebeugte Gestalt, auf seinen geschnitzten Lieblingsstock gestützt, überall nervös umherwandern sehen, während er die Präsentation der Sammlungen überwachte. Wie er so zwischen den Überresten der Dinosaurier herumschlurfte und sich um Details wie Lage und Beleuchtung sorgte, schien er sich fast nicht mehr von den Relikten um ihn herum zu unterscheiden.

Eigenartigerweise nahmen zahlreiche Fossilien aus Gideon Mantells Sammlung niemals den ihnen gebührenden Platz auf den Galerien des großen neuen Natural History Museum ein, sondern wurden als Geschenke oder im Austausch an andere Museen gesandt. Angesichts dessen, was wir über Owens Charakter wissen,

Richard Owen

scheint es gut vorstellbar, dass dieses In-alle-Winde-Zerstreuen von Mantells geliebter Sammlung für ihn die letzte Phase seines Sieges über Mantell bedeutete. Archivunterlagen zufolge gelangte ein Teil davon ins Museum of Science and Art in Dublin, andere ans Cheltenham College, ins Seville Museum, ans Marlborough College und ins Street Museum. Mehrere von Mantells Exemplaren tauchten rätselhafterweise in der Sammlung des Royal College of Surgeons wieder auf. Da sich unter den Fossilien, die an andere Museen gegangen waren, die Tilgate-Forest-Funde und sogar das *Iguanodon* befanden, könnte Owen eine gewisse Befriedigung darin gewonnen haben, sicherzustellen, dass niemand mehr alle

Fundstücke Mantells, die seine eigenen Ideen über Dinosaurier inspiriert hatten, an einem Ort vereint sehen konnte.

Owen triumphierte auch in seinem Kampf um die Finanzierung des neuen Museums. Mit der Unterstützung William Glad-
stones war dieses Bauwerk wirklich eine Kathedrale für die Natur
geworden. Die Zentralgalerie war riesig, mit gotischem Zierrat
und einer gewölbten Decke, die hoch genug war, um ein vollständiges Walskelett in die Eingangshalle zu manövrieren, wie es sich
Owen immer gewünscht hatte. Doch in den Jahrzehnten, die der
Bau des Museums gedauert hatte, hatten sich die Naturwissenschaften selbst grundlegend gewandelt und einem Materialismus
das Wort geredet, den Owen schockierend fand. Als er seinen
Platz als Direktor des neuen Museums einnahm, war er ganz allein. Seine Frau Caroline war nach langer Krankheit gestorben.
Die wissenschaftliche Gemeinschaft war ohne ihn weitergezogen.

Es bedurfte eines seltsamen und sehr persönlichen Ereignisses,
um Owens Seelenfrieden schließlich doch noch zu erschüttern.
Kurz nachdem das Museum für das Publikum geöffnet worden
war, beging sein einziges Kind, William, Selbstmord. Am 13. März
1886 lief William in der Nähe seines Heims in Mortlake zum
Themseufer herunter, nahm seinen Hut ab, legte seine Börse, seine
Uhr und seine Visitenkarten sorgfältig hinein und ließ alles am
Ufer liegen. Sein lebloser Körper wurde am nächsten Tag von der
Polizei aus dem Fluss gezogen.

Diese Tragödie war für Owen unerklärlich. Ob William allzu
intensiv seines Vaters «beklagenswerte Herzenskälte» gespürt
hatte, ob er unter einer beruflichen Tätigkeit gelitten hatte, die
kein Interesse für ihn barg, oder ob er sich von einer großen Familie überfordert gefühlt hatte – die Gründe blieben unbekannt. Dieses tragische Ereignis, das zu allem anderen hinzukam, erwies sich
als der letzte Schock, von dem sich Owen nie mehr erholen sollte.
Er zog sich in seine Bibliothek in Sheen Lodge zurück. Die Familie
seines Sohnes zog zu ihm, doch der alternde Großvater der viktorianischen Wissenschaft, der in den oberen Räumen des Hauses

herumschlich, wurde von seinen Enkelkindern eher gefürchtet als geliebt.

Als Owen 1892 starb, war er nach Aussagen des Wissenschaftshistorikers Nicolaas Rupke von den Darwinianern bereits «systematisch aus der Geschichte herausgeschrieben worden». Sechshundert wissenschaftliche Artikel und ein lebenslanger Beitrag zur Wissenschaft waren vergessen, weil er vornehmlich aufgrund seiner Gegnerschaft zu Darwin erinnert wurde. Seine Persönlichkeit wurde angeschwärzt, seine Behandlung von Rivalen verdammt, und der einstmals hellste Stern am wissenschaftlichen Firmament verblasste rasch. So vollständig war die Vernichtung seines Rufes, dass ihn ein Oxforder Professor bereits wenige Jahre später als «einen verdammten Lügner» abtat: «Er log für Gott und aus Bosheit. Ein übler Fall.»

Epilog

Vain the ambition of Kings
Who seek by trophies and like things
To leave a living name behind
And weave but nets to catch the wind.
Anonymus*

Alles, was von den Kämpfen der frühen Pioniere geblieben ist, sind die Fossilien, die sie aus ihrer vergrabenen Welt gerettet haben. Heute ist William Bucklands *Megalosaurus*-Kiefer, der von Georges Cuvier so brillant als «reptilisch» erkannt wurde, im Museum der Universität Oxford neben dem riesigen Oberschenkelknochen ausgestellt, inmitten von Fischen, Amphibien und den anderen primitiven Geschöpfen, die den Gang der Evolution illustrieren. Nachdem Buckland seiner langwierigen Krankheit erlegen war – eine makabre Ironie für einen Mann, der glaubte, es habe dem Schöpfer gefallen, «jedes Geschöpf auf Erden mit einer gewissen Güte auszustatten, um das Ende des Lebens für jedes Individuum so leicht wie möglich zu machen» –, wurde ihm zu Ehren in der Westminster Abbey in der Nähe der Kreuzgänge ein Denkmal errichtet. «Er setzte seine Geisteskräfte zur Ehre und zum Ruhme Gottes ein», lautet die Inschrift.

Viele von Mary Annings bemerkenswerten Meeresechsen zie-

---

* Eitel der Ehrgeiz von Königen, / Die durch Trophäen und dergleichen versuchen, / Ihren Namen lebendig zu halten, / Und doch nur Netze weben, um den Wind zu fangen.

ren die Wände der Galerie 30 im Londoner Natural History Museum. Der Schädel von Marys erstem *Ichthyosaurus*, der von ihrem Bruder Joseph 1811 unterhalb des Black Ven gefunden worden war, existiert noch, wenn auch vom übrigen Körper getrennt. Die Registriernummer unter seinem riesigen knöchernen Auge verrät nichts von dem Drama, das sich hinter der Nr. 1158 verbirgt: Dieses Fossil brachte den Annings, die damals von der Armenunterstützung lebten, dreiundzwanzig Pfund ein, und dieses Fossil war es auch, das allgemeines Interesse an den unwahrscheinlichen Geschöpfen aus «früheren Welten» in den Klippen von England weckte.

Mary Annings erster *Plesiosaurus*, den sie im Dezember 1823 am Strand von Lyme ausgrub, ist ebenfalls in dieser Galerie zu sehen: Nr. 22656. Der scheinbare Bruch am Ansatz seines lang gestreckten Halses – der Mary Anning fast ihren Lebensunterhalt gekostet hätte, als Georges Cuvier erklärte, ein derart unwahrscheinliches Geschöpf könne nicht existieren – ist deutlich zu sehen. Das Fossil ist gegenüber dem Museumsrestaurant zu finden, genau über der Stelle, wo Kinder ihre mitgebrachten Lunchpakete verzehren, ohne sich des kleinen Stücks Geschichte bewusst zu sein, das über ihren Köpfen hängt.

Gideon Mantells Brightoner Sammlung, eine der ersten Ausstellungen riesiger Landreptilien, auf die er so große Hoffnungen setzte, existiert nicht mehr. Von den ursprünglich 20 000 Fossilien sind einige verkauft worden oder verloren gegangen; viele sind aber auch in unterirdischen Magazinen archiviert, verdrängt von dramatischeren Exponaten. Der berühmte *Iguanodon*-Zahn, den Charles Lyell zu Cuvier nach Paris mitgenommen hatte, ist nun Exemplar MNZ GH 004 839 im Museum von Neuseeland, Te Papa Tongarewa. Viele andere Fossilien, die Mantells Sohn Walter nach Neuseeland gebracht hatte, haben ihre Etiketten verloren oder wurden in alle Winde zerstreut – genau das, was Gideon Mantell am meisten gefürchtet hatte. Viele fanden einen Platz im Kolonialmuseum in Wellington und wurden später, als das Kolonialmuseum zunächst zum Dominion Museum und dann zum Nationalmuseum wurde, von einem Ort zum anderen transportiert.

Im Londoner Natural History Museum fand das «Mantell-Stück», das 1834 in einem Steinbruch in Maidstone ausgegraben wurde und Mantell die ersten zusammenhängenden Teile eines *Iguanodon*-Skeletts lieferte, am Ausgang von Galerie 21 seinen Platz. Auf der gegenüberliegenden Seite hängt ein Druck von Mary und Gideon Mantell und auf einem Regal darunter liegt – vielleicht symbolisch zwischen beiden platziert – ein *Iguanodon*-Zahn, nicht unähnlich dem ersten, den Mary am Straßenrand fand. Noch immer eingebettet in das Gestein des Weald, das sich als so schwer interpretierbar erwies, ist er ein ergreifendes Symbol für Mantells mühsamen Kampf, eine untergegangene Welt zu verstehen, eine Welt, so faszinierend, dass er diesem verzehrenden Interesse seine Ehe und seine ärztliche Praxis opferte. In dieser Galerie der Wunder steht der Zahn völlig im Schatten der turmhoch aufragenden Dinosaurierskelette und wird von der vorbeiströmenden Menge der Besucher kaum beachtet.

Gideon Mantells Wirbelsäule, durch seinen Unfall zu einem makabren Bogen verkrümmt, blieb fast ein Jahrhundert lang im Royal College of Surgeons ausgestellt und inspirierte sogar einen wissenschaftlichen Artikel über die Pathologie von Wirbelsäulenverkrümmungen. Im Jahre 1926 wurde Exemplar Nr. 4808.1 vorsichtig neu montiert, beschrieben und katalogisiert. Einige Jahre später, während des Zweiten Weltkriegs, wurde das Präparat auf dem Höhepunkt der Luftangriffe auf London von deutschen Bomben vernichtet.

Was Richard Owen angeht, so geistert er noch immer durch das Natural History Museum, das er in South Kensington schuf. Seine imposante Statue beherrscht, von den meisten kaum beachtet, die geschwungene Doppeltreppe hinter dem *Diplodocus* in der Eingangshalle. Aus dieser dominierenden Position schauen seine bronzenen Augen auf eine gewandelte Welt herab, eine Welt, in der die Naturwissenschaften ganz anderen Visionen als den seinen folgen. Die hallenden Steinböden und die kathedralenartigen Säle, die er als Monument für Gottes Weisheit und die göttlichen Naturgesetze entworfen hatte, dienen inzwischen einem ganz anderen Thema: Galerie um Galerie illustriert die evolutionistischen Vorstellungen seiner Rivalen.

Über dem Eingang unter den gotischen Buntglasfenstern hängt wie ein Banner das wohl vertraute, vergrößerte Bild von Darwins Gesicht. Eine ganze Etage ist der Beschreibung seiner Ideen in der *Entstehung der Arten* gewidmet – dem Buch, das Owen so heftig kritisiert hatte. Die natürliche Welt ist ausschließlich in den Buchstaben der Evolution geschrieben – das gilt für die Korallen und Schwämme in den Urmeeren ebenso wie für die Evolution des Menschen aus menschenaffenähnlichen Primaten. Und die Dinosaurier sind nicht länger Verkörperung und Beweis für die lenkende Hand Gottes, sondern eine Schar seltsamer Ungeheuer, die einer bloßen Laune der Natur erwuchsen.

Von Joseph Paxtons früherer Schöpfung sind nur zerfallene Terrassen und brombeerüberwachsene Kolonnaden übrig geblieben; der Kristallpalast wurde 1936 von einem riesigen Großfeuer vernichtet, dessen Flammen man über acht Grafschaften sehen konnte. Nun beherrschen eine Fernsehsendestation, das Crystal Palace Stadion und ein Parkplatz die Hügelkuppe.

Was Owens rhinozerosartige Dinosauriermodelle angeht, die 1854 die Fantasie des viktorianischen England erregten, sie sind noch immer auf dem Gelände in Sydenham zu besichtigen. Einst stolze Trophäen einer neu entdeckten Wissenschaft, neugierig bestaunt durch die Wasserschleier der Springbrunnen im Garten des Kristallpalastes, sind sie inzwischen ihrer viktorianischen Pracht beraubt. Abgestoßen und zerbrochen, ihre Farbe längst verblichen, wirken sie seltsam deplatziert: monströse Wasserspeier, die aus wucherndem Unterholz ins 21. Jahrhundert spähen, eine bizarre Erinnerung an längst vergessene Hoffnungen und Auseinandersetzungen. Vereinnahmt von einer typisch britischen Bürokratie, sind sie als Denkmal erster Kategorie klassifiziert.

Danksagung

Ich möchte mich bei vielen Fachleuten bedanken, die mich bei meinen Recherchen zu diesem Buch großzügig unterstützt haben. Mein besonderer Dank gilt dem Wissenschaftshistoriker Professor Hugh Torrens am Department of Earth Sciences, University of Keele, nicht nur für viele faszinierende Diskussionen über Gideon Mantell, Richard Owen und Mary Anning, sondern auch dafür, dass er sich die Zeit zum Lesen des Manuskripts genommen und mich mit seinem Rat unterstützt hat.

Ich möchte Dr. Angela Milner am Natural History Museum in London und Sandra Chapman am Department of Palaeontology für Informationen über die Erkenntnisse danken, auf welche die frühen Geologen zurückgreifen konnten, und überdies für Einblicke in die Geschichte der Paläontologie. Mein Dank gilt auch John Cooper am Booth Museum of Natural History in Brighton, der mir ermöglichte, Mantells Schicksal in den 1830ern mit Hilfe seines Archivs zu klären, zudem Dr. Joan Watson von der University of Manchester für Informationen über Paläobotanik, Dr. David Norman von der University of Cambridge sowie vielen anderen, die mir bei meinen Recherchen geholfen haben. Für alle verbliebenen Fehler bin allein ich verantwortlich.

Den Untersuchungen zahlreicher anderer Wissenschaftler, die im Anhang zitiert sind, verdanke ich sehr viel; das gilt besonders für den verstorbenen John Thackray vom Natural History Museum in London, der mir Richard Owens Schlüsselpublikationen erläuterte. Das Projekt wurde überdies tatkräftig von den Archivaren und Bibliothekaren der *Royal Society of London*, der *Geo-*

logical Society, des Oxford University Museum, des Crystal Palace Museum und des Muséum National d'Histoire Naturelle in Paris unterstützt. Dank gebührt auch dem Verlag John Murray für die Erlaubnis, aus den Arbeiten von Richard Owen und William Buckland sowie aus ihren Biographien zu zitieren, der *Sussex Archaeological Society* für die freundliche Genehmigung, aus Gideon Mantells unveröffentlichtem Tagebuch zu zitieren, sowie John Wennerbom für die Gelegenheit, seine ausgezeichnete unveröffentlichte Doktorarbeit «Charles Lyell and Gideon Mantell, 1821–1852: their quest for elite status in English geology» einzusehen.

Ich möchte Christopher Potter vom Verlag Fourth Estate dafür danken, dass er mir als Lektor mit seinem geschulten Urteil stets zur Seite stand. Leo Hollis von Fourth Estate war eine wunderbare Stütze und sah das Manuskript bis zur letzten Version durch. Jane Bradish Ellames von Curtis Brown beriet mich bei diesem Projekt und ermutigte mich über viele Monate.

Schließlich gebührt Julia Lilley besonderer Dank dafür, dass sie die ganze Zeit hindurch ein Fels in der Brandung war und alle Kapitel gegengelesen hat. Und nicht zuletzt danke ich Martin Surr für sein ausgezeichnetes Urteil in vielen schriftstellerischen Belangen und dafür, dass er meine Begeisterung für die sich langsam entwickelnde Geschichte mit mir teilte.

Deborah Cadbury

Ich danke Antje Hennrich für ihre Beratung bei schwierigen Übersetzungsfragen.

Monika Niehaus

Anmerkungen und Quellen

Genauere Angaben über diejenigen Publikationen, von denen nur die Nachnamen der Autoren und die Kurztitel angegeben sind, finden sich unter «Literatur» auf Seite 438 ff.

KAPITEL 1

Professor Hugh Torrens, Geologe und Wissenschaftshistoriker am Department of Earth Sciences an der Keele University, ist ein führender Experte für das Leben Mary Annings und hat in allen verfügbaren Archiven intensiv recherchiert. Er hat seine Forschungsergebnisse in «Mary Anning of Lyme; the greatest fossilist the world ever knew», *British Journal of the History of Science*, Bd. 28 (1995), S. 257–284, und in einem Vortrag als Hauptredner auf der Mary Anning Bicentennial Celebration in Lyme am 2.–4. Juni 1999 zusammengefasst.

Viele Einzelheiten über Mary Annings Hintergrund sind auch von dem Wissenschaftshistoriker William Lang (1878–1966) zusammengetragen worden. Ein zusammenfassender Bericht über ihr Leben findet sich in seinem Artikel «Mary Anning of Lyme, Collector and Vendor of Fossils», *Natural History Magazine*, Bd. 5, Nr. 34 (1936), S. 64–81. Darüber hinaus hat Lang viele Artikel in den *Proceedings of the Dorset Natural History and Archaeological Society* veröffentlicht. Zu den in diesem Kapitel zitierten Artikeln gehören «Mary Anning and the Pioneer Geologists of Lyme», Bd. 60 (1939); «Three letters by Mary Anning», Bd. 66 (1944); «More about Mary Anning», Bd. 71 (1949); «Mary Anning and Anna Maria Pinney», Bd. 76 (1956); «Mary Anning's Escape from Lightning», Bd. 80 (1959); «Mary Anning and the Fire at Lyme», Bd. 74 (1959); «Portraits of Mary Anning», Bd. 81 (1959); «Mary Anning and a Very Small Boy», Bd. 84 (1963). Diese Artikel vermitteln sehr viel über ihr Leben und ihren Hintergrund.

Die frühesten Berichte über Mary Annings Fossilsuche wurden von dem Lymer Historiker George Roberts verfasst: «The fossil finder of Lyme Regis», *Chambers Journal of Popular Literature*, Bd. 7 (1857), S. 382–384. Siehe auch Charles Dickens' Zeitschrift *All the Year Round*, Bd. 13 (1865), S. 60–63. Die tragische Geschichte über den Tod ihrer älteren Schwester bei einem Hausbrand erschien im *Bath Chronicle* vom 27. Dezember 1798, S. 3. Weiteres Material über ihr Leben und ihren Charakter findet man bei Crispin Tickell, *Mary Anning of Lyme Regis*, veröffentlicht 1996 vom Lyme Regis Philpot Museum. Informationen über die Armengesetze und die Sozialgeschichte jener Zeit sind nachzulesen bei G. M. Trevelyan, *English Social History* (London/New York: Penguin, 1942).

Die sechs Artikel, in denen der «London Baronet» Sir Everard Home versuchte, Mary Annings seltsame Meeresechse zu beschreiben, erschienen zuerst 1814 in «Some account of the Fossil Remains of an Animal more nearly allied to Fishes than any other classes of Animals», *Philosophical Transactions of the Royal Society*, S. 571–577. Home veröffentlichte ebenda auch 1816 S. 318–361; 1818, S. 24–32; 1819, S. 209–211; 1819, S. 212–216; 1820, S. 159–164. Reverend William Conybeare und Henry de la Beche veröffentlichten ihren ersten Artikel «Notice of the Discovery of a New Fossil Animal», in *Transactions of the Geological Society*, Bd. 5 (1821), S. 559–594. In neuerer Zeit hat J. B. Delair diese Entdeckungen in «A history of the early discoveries of the Liassic Ichthyosaurs», *Proceedings of the Dorset Natural History and Archaeological Society* (1968), S. 115–127, beschrieben.

William Bucklands bewegte frühe Jahre sind von seinen Kindern beschrieben worden. Seine Tochter Anna B. Gordon schrieb *The Life and Correspondence of William Buckland* (London: John Murray, 1894). Sein Sohn Francis Buckland verfasste «Memoir of the Author», erschienen in der 1858er Ausgabe von Bucklands *Bridgewater Treatises*. Nicolaas A. Rupke hat in *The Great Chain of History* (Oxford: Clarendon Press, 1983) eine ausführliche Analyse von Bucklands Beitrag zur englischen Geologie vorgelegt. Was die Geschichte von William Smith und dem angeblichen Plagiat seiner Ideen durch die Geological Society angeht, siehe J. G. C. M. Fuller, *Strata Smith and his Stratigraphic Cross-sections, 1819* (Geological Society of London, 1995). Smith' Schwierigkeiten sind auch in H. S. Torrens, «Patronage and Problems: Banks and the Earth Sciences», in R. E. R. Banks et al. (Hrsg.), *Sir Joseph Banks: a Global Perspective* (Royal Botanic Gardens, Kew, 1994), S. 49–75, analysiert worden.

Frühe Interpretationen von Fossilien findet man in Martin J. S. Rudwick, *The Meaning of Fossils* (Chicago: University of Chicago Press, 1972); eine faszinierende Analyse von Cuviers Ideen ist in Kapitel 3 nachzulesen. Cuviers historischer Artikel über das Aussterben trägt den Titel «Mémoire sur les espèces d'Éléphants tant vivantes que fossiles», *Magasin encyclopédique*, Bd. 3 (1796), S. 440–445. Siehe auch G. Cuvier, *Essay on the Theory of the Earth* (Edinburgh, 1813).

Zusätzliche Zusammenfassungen über Volksglauben und Religion findet man bei K. P. Oakley, «Folklore of Fossils», *Antiquity*, Bd. 39 (1998), S. 9–16, und bei H. S. Torrens, «Geology and the Natural Sciences», in Vanessa Brand, *Science and the Victorian Age* (1998).

Zu den speziellen Quellen, die in diesem Kapitel zitiert sind, gehören J. A. Carr, *The Life and Times of James Ussher, Archbishop of Armagh* (London: Wells, Gardner, Darton & Co., 1895). Edmond Halley beschrieb seine Tests zur Bestimmung des Erdalters in «A Short Account of the Cause of the Saltiness of the Ocean», *Philosophical Transactions of the Royal Society*, Bd. 29 (1715), S.

296–300. Horace Woodward beschreibt in *The History of the Geological Society of London* (Geological Society of London, 1907) Schlüsselcharaktere und ihre Ziele. Der Konflikt mit der Religion ist in «The Scriptural Geologists» von Milton Millhauser, *Osiris*, Bd. 11 (1954), S. 65–86, und in *Genesis and Geology* von Charles Coulston Gillispie (Cambridge, Mass.: Harvard University Press, 1951) zusammengefasst.

KAPITEL 2

Die erste Biographie von Gideon Mantell wurde von Sidney Spokes verfasst und 1927 veröffentlicht: *Gideon Algernon Mantell, LLD, FRCS, FRS, Surgeon and Geologist* (London: John Bale & Sons & Danielson). Spokes, der in Mantells Haus am Castle Place lebte, sammelte einen Schatz an persönlichen Informationen über seinen Hintergrund, Briefe, Papiere und Anekdoten, wie die Geschichte mit dem Ammoniten und Mantells Zusammentreffen mit James Parkinson. In neuerer Zeit hat Professor Dennis Dean das Buch *Gideon Mantell and the Discovery of Dinosaurs* (Cambridge University Press, 1999) veröffentlicht. Nach gründlichen Recherchen in allen unveröffentlichten Materialien der Mantell-Archive, einschließlich derer in Neuseeland, hat Dean einen wissenschaftlich fundierten Bericht über Mantells Leben und Werk vorgelegt.

Andere Referenzen auf Mantells frühe Jahre findet man in seinem Nachruf «Gideon Algernon Mantell, 1790–1852», im *The Gentleman's Magazine* (Dez. 1852), in dem über seine Erziehung und seinen ungewöhnlichen Hintergrund berichtet wird. A. D. Morris, «Gideon Algernon Mantell, Surgeon, Geologist and Wizard of the Weald», *Proceedings of the Royal Society of Medicine*, Bd. 65 (1972), S. 215–221, liefert Informationen über seine Rolle als Arzt. R. J. Cleevely und S. D. Chapman erörtern in «The accumulation and disposal of Gideon Mantell's fossil collection», *Archives of Natural History*, Bd. 19, Nr. 3 (1992), S. 307–364, seine gesellschaftlichen Hoffnungen. Mantell beschrieb sein Leben als Arzt in *Memoirs of the Life of a Country Surgeon* (London: 1848). Zusätzliches Material über seine frühen Jahre findet sich bei J. B. Delair und Dennis Dean, «Gideon Mantell in Wiltshire», *Archaeological and Natural History Magazine*, Bd. 79 (1985), S. 219–224, sowie bei W. E. Swinton, «Gideon Algernon Mantell», *British Medical Journal* (1975), S. 505–508.

Die lebendigsten Einblicke in seinen Alltag, seine Hoffnungen und Ziele bieten Mantells Tagebücher. Vier Bände seiner unveröffentlichten Tagebücher, von 1819 bis zu seinem Tod im Jahre 1852, sind heute bei der *Sussex Archaeological Society* in Lewes, Sussex, archiviert. Es gibt auch eine von E. C. Curwen edierte Version seines Tagebuches, *The Journal of Gideon Mantell, Surgeon and Geologist: 1818–1852* (London: Oxford University Press, 1940). Das Zitat von Mantells Vorstellung von der Rolle des Geologen stammt aus seinem sehr populären Buch *Thoughts on a Pebble* (London: Reeve, Benham & Reeve, 1849).

Das Leben des liberalen Politikers Thomas Paine, der Mantells Vater beein-

413

flusste, wird bei C. Brent, *Georgian Lewes 1714-1830: The Heyday of a Country Town* (Colin Brent Books, 1993) erörtert. Neue Forschungen haben gezeigt, dass Mantells Vater auch ein «Meistergärtner» von einiger Reputation war (Hugh Torrens, persönliche Mitteilung). Die frühe Geschichte der Royal Society ist in Weld, *History of the Royal Society* (London: 1848) beschrieben.

Die Zitate von James Parkinson in diesem Kapitel stammen aus seinem Buch *The Organic Remains of a Former World; An Examination of the Mineralised Remains of the Vegetables and Animals of the Ante-diluvial World* (London: Robson White & Murray), in drei Bänden zwischen 1804 und 1811 veröffentlicht. Weitere Diskussionen über Parkinsons Beitrag zur englischen Geologie findet man bei R. J. Cleevely und J. Cooper, «James Parkinson, a significant English eighteenth-century Doctor and Fossil Collector», *Tertiary Research*, Bd. 8, Nr. 4 (1987), S. 133–144, und bei M. Critchley, «James Parkinson, a Bicentenary volume of papers dealing with Parkinson's disease ...» (London and New York: Macmillan, 1955).

Was Informationen über einige von Mantells Briefpartnern angeht, siehe Ron Cleevely über Etheldred Benett in «The First Female Palaeontologist», *The Linnean*, Bd. 14, Nr. 2 (1998), S. 3–9. Thomas Birchs Beitrag wird von H. Torrens, «Colonel Birch», in *Collections and Collectors of Note* beschrieben. Was Mantell den Vorarbeiten von John Farey, dem Pionier stratigraphischer Studien in Sussex, verdankt, wird bei H. Torrens, «Coal Hunting at Bexhill, 1805–1811: how the New Science of Stratigraphy was ignored», *Sussex Archaeological Collections*, Bd. 136 (1998), erörtert.

Über Mary Mantell haben nur wenige Berichte überdauert, und die meisten Einträge in Mantells Tagebuch, die Licht auf ihr Familienleben werfen könnten, sind ausgestrichen worden. Einige Details über seine frühe Beziehung zu ihr finden sich bei Dean, *Gideon Mantell*, S. 28–31. Ihr Zusammentreffen und George Woodhouses Behandlung sind auch in *The Gentleman's Magazine* (Dez. 1852) beschrieben.

Was die Folge der Ereignisse angeht, die zur Entdeckung des *Iguanodon* führten, so danke ich Dr. Angela Milner, Leiterin der Abteilung für fossile Wirbeltiere, und Sandra Chapman, Wirbeltierkuratorin im Department of Palaeontology am Natural History Museum in London, für viele Gespräche über die Chronologie und sonstige wissenschaftliche Erkenntnisse, auf die Mantell zurückgreifen konnte. Ron Cleevely, Scientific Associate im Department of Palaeontology am Natural History Museum, und Professor Hugh Torrens von der Keele University haben mir ebenfalls wertvolle Informationen geliefert.

Was Details über die erste fossile «Palme» betrifft, siehe Joan Watson und Caroline Sincock, *Bennettitales of the English Wealden* (London: Palaeontographical Society, 1992); der 1820 entdeckte Stamm ist auf S. 186 beschrieben. Mantells erstes Buch, *The Fossils of the South Downs*, das 1822 in London bei Lupton Relfe veröffentlicht wurde, sowie seine Tagebucheintragungen machen deutlich, welche Fossilien er zu Anfang seiner Karriere fand und wie er sie interpretierte. Dennis Dean hat auch Mantells wichtigen Beitrag zur Entdeckung der Dinosaurier untersucht und eine faszinierende Analyse geschrieben: «Gideon Mantell and the Discovery of *Iguanodon*», *Modern Geology*, Bd. 18 (1993), S. 209–219, siehe dazu auch Dean, *Gideon Mantell*, S. 52–86.

Über die Entdeckung des ersten *Iguanodon*-Zahns gibt es mehrere Versionen. Dennis Dean hält es für möglich, dass der Steinbrucharbeiter Mr. Leney ihn gefunden hat, vielleicht schon 1819. Andere, wie Edwin Colbert in *Men and Dinosaurs* (Penguin, 1968) oder Sidney Spokes und W. E. Swinton in «Gideon Mantell and the Maidstone Iguanodon», in *Notes and Records of the Royal Society of London*, Bd. 8 (1951), S. 261–276 haben die Version übernommen, nach der Mary Mantell den ersten *Iguanodon*-Zahn gefunden hat; ich habe mich ihnen angeschlossen. Mantell hat den ersten Fund sowohl 1827 als auch 1833 öffentlich seiner Frau zugeschrieben, obwohl er ihn in späteren Veröffentlichungen – nach ihrer Trennung – für sich beanspruchte. Die Daten, die Mantell für die Entdeckung angibt, sind ebenfalls unbelegt. In seinem Buch *Gideon Algernon Mantell* meint Spokes, der Fund sei im Sommer 1822 erfolgt, doch das ist unmöglich, da die *Iguanodon*-Zähne in Mantells Buch *Fossils of the South Downs* beschrieben sind, das bereits mehrere Monate zuvor fertig gestellt worden war. Aufgrund der vorhandenen Daten erscheint mir am ehesten die Annahme plausibel, dass der Pflanzenfresserzahn zwischen 1820 und 1821 gefunden wurde.

KAPITEL 3

Die persönlichen Anekdoten über William Bucklands Charakter, die in diesem Kapitel zitiert sind, stammen aus vielen verschiedenen Quellen und Archiven. Das Gedicht, das seine Räume in Oxford beschreibt, ist in Gordon, *Life and Correspondence*, S. 9, zu finden. Einige der Erinnerungen von Kollegen und Studenten, die sich auf seine Vorlesungen und seine Gastfreundschaft beziehen, sind auch in der Biographie seiner Tochter nachzulesen. Francis Buckland bezieht sich in einer Einleitung zu der 1858er Ausgabe von Bucklands *Bridgewater Treatises* weitgehend auf dasselbe Material, wenn auch weniger ausführlich. Die Story von Tiglath, dem Bären, ist in mehreren Quellen zu finden, aber am ausführlichsten in Edwin Colbert's *Men and Dinosaurs* (New York: Penguin, 1968), S. 24, geschildert. Einen ausgezeichneten Überblick über Bucklands frühen Beitrag zur Geologie und die Reaktion von Bibeltreuen auf seine Erkenntnisse bietet Nicolaas A. Rupke in *The Great Chain of History* (Oxford: Clarendon Press, 1983).

In diesem Kapitel werden viele Originalarbeiten von William Buckland zitiert. Seine Antrittsvorlesung in Oxford, die den Titel «*Vindiciae Geologicae, or The Connexion between Geology and Religion explained*» trug, wurde am 15. Mai 1819 gehalten und 1820 in Oxford veröffentlicht. Bucklands Artikel über die «Description of the quartz rock of Lickey Hill in Worcestershire ... with considerations on the evidence of a recent Deluge ...», in dem er seine Arbeit über die Sintflut beschreibt, erschien in *Transactions of the Geological Society of London*, Bd. 5 (1821), S. 506–544. Seine Untersuchung über Hyänen wurde zuerst bei der Royal Society veröffentlicht: «An account of an assemblage of Fossil Teeth and

Bones of Elephant, Rhinoceros, Hippopotamus, Bear, Tiger, and Hyaena ...», *Philosophical Transactions of the Royal Society* (Feb. 1822), S. 171–230. Eine ausführlichere Version dieses Artikels wurde im darauf folgenden Jahr in London unter dem Titel «*Reliquiae Diluvianae, or Observations on the organic remains contained in caves, fissures and diluvial gravel ... attesting the action of a universal deluge*» veröffentlicht. Die erste Ausgabe war bald vergriffen, und 1824 folgte eine zweite.

Leider machte William Buckland nirgendwo Angaben darüber, wo und wann genau er die riesigen Knochen in den Steinbrüchen von Oxfordshire fand oder wie er sie zunächst interpretierte. Der Briefwechsel zwischen Buckland und mehreren Briefpartnern, darunter Joseph Pentland, zeigt, dass Cuvier das Ashmolean Museum 1818 besuchte und den Schluss zog, die Knochen gehörten zu einem Reptil. Ich danke Dr. Angela Milner für Informationen über Cuviers wahrscheinliche Argumentation auf der Basis der verfügbaren Fossilien und des damaligen Wissens über die Anatomie von Reptilien; siehe auch William Bucklands Artikel «Notice on the Megalosaurus or Great Fossil Lizard of Stonesfield», *Transactions of the Geological Society of London* (1824), S. 390–397, in dem die Strata und Cuviers Schlussfolgerungen über die Größe des Tieres beschrieben sind und der zeigt, welche fossilen Knochen entdeckt worden waren.

Die bibelstrengen Geologen, die in diesem Kapitel zitiert sind, schrieben folgende Artikel: Reverend George Young, *Scriptural Geology, or an Essay on the High Antiquity ascribed to the Organic Remains imbedded in Stratified Rocks* (London: Simpkin Marshall,1840), S. 8, und auch «On the Fossil Remains of Quadrupeds», 1822, *Mem. Wernerian Natural History Society*, Bd. vi (1832); George Fairholme, «A Layman on Scriptural Geology», *Christian Observer*, 1834, S. 479–492, und George Bugg, *Scriptural Geology, or Geological Phenomena consistent only with the literal interpretation of the Sacred Scriptures*, 2 Bände (London: Hatchard & Son, 1826–27). Die Ansicht, dass sich Schichten augenblicklich bilden können, ist dargelegt in George Cumberlands «Strata Formation ...», *Monthly Magazine*, Bd. 52 (1821), S. 301–305, bei Reverend George Young (oben) und in H. Torrens «Geology and the Natural Sciences...», in Vanessa Brand (Hrsg.), *Science and the Victorian Age* (1998). Eine gute Zusammenfassung des Themas findet sich in Milton Millhauser, «The Scriptural Geologists», *Osiris*, Bd. II (1954), S. 65–86. Im Gegensatz dazu gab es auch Gelehrte, die bezweifelten, dass es möglich sei, die Bibel und die Geologie zu versöhnen, siehe dazu W. H. Fitton, «*Reliquiae Diluvianae or Observations on Organic Remains*», Bd. 39 (1823), S. 196–234.

Frühe Entdeckungen von Riesenknochen werden diskutiert in J. B. Delair und W. A. S. Sarjeant, «The Earliest Discoveries of Dinosaurs», ISIS, Bd. 66 (1975), S. 5–25. Robert Plot beschreibt die ersten Entdeckungen von Riesenknochen in *The Natural History of Oxfordshire* (1677). Diskussionen über Bucklands Vorstellungen von der Sintflut, Lamarck und Cuvier findet man in folgenden Büchern: Gillispie, *Genesis and Geology;* Sir Archibald Geikie, *The Founders of Geology* (London: Macmillan, 1897), und Rudwick, *Meaning of Fossils.* Es gibt eine Übersetzung von Lamarcks Originalschriften von D. R. Newth, «Lamarck in 1800: A lecture on invertebrate animals», *Annals of Science*, Bd. 8 (1952), S. 229–254.

Was Georges Cuviers Interesse anging, Details über das fossile Stonesfield-Reptil zu veröffentlichen, siehe «An Irish Naturalist in Cuvier's Laboratory, The letters of Joseph Pentland, 1820 to 1832», *Bulletin of the British Museum of Natural History*, Bd. 6, Nr. 7 (1998), S. 245–319, und zwar die Briefe vom 20. Sep. 1821, 25. Feb. 1822, 28. Feb. 1824. Diese Korrespondenz zeigt auch Cuviers Interesse an den Hyänenhöhlen; siehe dazu auch Reverend William Conybeare und Henry de la Beche, «Notice of the Discovery of a new Fossil Animal forming a link between the Ichthyosaurus and the Crocodile...», *Transactions of the Geological Society*, Bd. 5 (1821) S. 559–594, der erste englische Artikel, in dem die Stonesfield-Echse erwähnt wird.

KAPITEL 4

Mantells Interpretationen fossiler Pflanzen, die in diesem Kapitel zitiert werden, stammen aus mehreren Originalquellen. Bereits 1818 hatte er tropische Pflanzen identifiziert, die vom «Cactus-Stamm» zu ähneln schienen, und seine Befunde in «A Sketch of the Geological Structure of the South Eastern part of Sussex», im *Provincial Magazine* (Aug. 1818), S. 8–11, veröffentlicht. Weitere Einzelheiten über Pflanzen, die seiner Meinung nach Palmfarnen, wie *Dicksonia*, und Palmen ähnelten, sind in Mantells *Fossils of the South Downs*, S. 42–45, 57, beschrieben; siehe auch Mantells Brief an die *Geological Society* vom 14. Juni 1822, in dem er fossile Cycadeen identifizierte und sie mit *Cycas revoluta* in den Gewächshäusern der Loddiges verglich; sein Artikel heißt «On the Iron sand Formation of Sussex» und erschien als «Notices and Extracts from the Minute Book of the Geological Society», veröffentlicht in *Transactions of the Geological Society of London*, Bd. 2 (1826). Ebenfalls in den «Notices and Extracts» identifiziert Mantell zusätzlich zu den oben genannten noch weitere Pflanzen, und zwar in «Description of some fossil Vegetables in the Tilgate Forest in Sussex» (1823), S. 421–424. In seinem Tagebuch erwähnt er die Entdeckung einiger dieser fossilen Pflanzen ebenfalls; 1820 schreibt er von Exemplaren, die seiner Meinung nach tropischen *Euphorbiae* ähnelten. Bei vielen dieser Exemplare handelte es sich höchstwahrscheinlich um *Bennettitales*, eine ausgestorbene Gruppe cycadeenartiger Pflanzen, die in der Weald-Flora vorherrschten. Ich danke Dr. Joan Watson vom Department of Geology, Manchester University, für Informationen über Mantells frühe Artikel. Der Bericht über Mantells erstes Zusammentreffen mit Charles Lyell, den ich in diesem Kapitel zitiere, stammt aus Mantells Korrespondenz mit Professor Benjamin Silliman im Jahre 1841; siehe Spokes, *Gideon Algernon Mantell*. Was den starken Einfluss von William Buckland auf Charles Lyell zu Beginn seiner Karriere betrifft, siehe L. G. Wilson, *Charles Lyell, The Revolution in Geology* (New Haven, Conn.: Yale University Press, 1972), S. 43 ff. Lyells Hintergrund wird auch in James Secords Einleitung zu *Principles of Geology* (London: Penguin,

1997) beschrieben. Mantells Tagebuch erwähnt Treffen und Briefwechsel sowie einen frühen Austausch von Stonesfield-Fossilien (siehe Einträge vom Okt. und Nov. 1821).

Die Subskribenten von Mantells *Fossils of the South Downs* werden in dessen Einleitung genannt. Der Abschnitt über «Limestone of Tilgate Forest» ist auf S. 37–60 zu finden, pflanzliche Relikte auf S. 42–45, fossile Schalen auf S. 45, fossile *Lacertae* (Eidechsen) auf S. 48–54, unbekannte Tiere auf S. 54–55, Vergleiche mit den Stonesfield-Schichten auf S. 59–60. Mantells Schlussfolgerung über riesige Tiere aus dem «Eidechsen-Stamm» findet sich auf S. 56, 304.

Die Tagung der *Geological Society*, auf der Mantells herbivore Reptilienzähne von William Buckland, Conybeare und Clift fälschlich als die Zähne eines Seewolfs oder eines großen Säugers identifiziert wurden, wird in zahlreichen Quellen beschrieben. In diesem Buch stütze ich mich auf Mantells eigene Erinnerungen, die in Spokes, *Gideon Algernon Mantell,* und ebenso in Mantell, *Petrifactions and their Teachings* (London: Bohn, 1851), S. 229, wiedergegeben sind. Diese Tagung hat wahrscheinlich nach der Publikation von *Fossils of the South Downs* im Mai 1822 stattgefunden, jedoch vor Mantells Brief an die *Geological Society* im Juni desselben Jahres, in dem er sich auf die Tilgate-Fossilien bezieht, die er der *Society* vorgelegt hatte; das wahrscheinlichste Datum ist der 17. Mai, denn die Tagungsprotokolle der *Society* zeigen, dass Mantell über die Tilgate-Exemplare gesprochen hat. Seine Schwierigkeiten bei der Identifizierung der Weald-Strata sind in *Fossils of the South Downs*, S. 57–59, 295–303, beschrieben.

Was Vorurteile gegenüber Provinzlern als Experten angeht, so wurde dies von dem Geologen Robert Bakewell beobachtet und in H. S. Torrens, «The scientific ancestry and historiography of the Silurian System», *Quarterly Journal of the Geological Society*, Bd. 147, S. 657–662, zitiert. Torrens' Artikel, S. 659, beschreibt auch Greenough' «höchst politischen Zugriff» auf die *Geological Society*. Das Zitat von William Smith stammt von Horace Woodward, *The History of the Geological Society of London* (London: Geological Society, 1907).

Dass Mantell die Tilgate-Strata bereits 1822 korrekt als Teil der Eisensandformation identifiziert hatte und auch dass er den Pflanzenfresserzahn einem unbekannten Reptil zuordnete, lässt sich anhand seines Briefes an die *Geological Society* vom Juni 1822 belegen. Protokolle der *Society*, S. 340–343, zeigen, dass dieser Brief von «Mr Mantell and Mr Lyell on the Iron-sand of Sussex» am 17. Jan. 1823 verlesen wurde. Er wurde schließlich unter dem Titel «On the Iron sand Formation of Sussex» publiziert und erschien als «Notices and Extracts from the Minute Book of the Geological Society» in den *Transactions of the Geological Society of London,* Bd. 2, Teil 1 (1826), S. 130–134. Obwohl bei einem Rückstau von Artikeln eine gewisse Verzögerung zwischen dem Verlesen eines Berichts und seiner anschließenden Publikation in den *Transactions of the Geological Society of London* zu erwarten ist, fällt auf, dass Autoren wie Conybeare, de la Beche, Buckland und Murchison rascher veröffentlicht wurden als Mantell. Mantells Schwierigkeiten mit Gutachtern werden in den Geological Society's Referee's Reports erwähnt, 1818–25,

Com/S. 4/47 (Greenough) und Com/S. 4/49. Was Bucklands Warnung Mantells vor einer Publikation angeht, siehe Spokes, *Gideon Algernon Mantell*, S. 21.

Ich danke Dr. Ron Cleevely und Professor Hugh Torrens für detaillierte Informationen über die Süßwassernatur des Weald und William Fittons Beitrag. Anscheinend herrschte Uneinigkeit zwischen Fitton und Mantell, wem das Verdienst für diese Arbeit gebührte. Charles Lyell schrieb dieses mehrmals öffentlich seinem Freund Gideon Mantell zu. Ihre Korrespondenz zeigt ebenfalls, dass sie von 1822 an Süßwasserwirbellose diskutierten, und einige davon sind auch in Mantell, *Fossils of the South Downs*, S. 304, identifiziert. Die Einträge im *Dictionary of Scientific Biography* über Lyell und über Mantell schreiben das Verdienst ebenfalls Mantell zu. Andere Untersuchungen zeigen jedoch, dass es mehrere Jahre dauerte, bis überzeugende Beweise vorlagen. Fitton selbst veröffentlichte seine Befunde zwischen 1824 und 1836 und behauptete, dass er die Süßwassernatur des Weald erhellt habe; siehe M. A. Challinor, «The Beginnings of Scientific Palaeontology in Britain», *Annals of Science*, Bd. 6, Nr. I (Okt. 1948). Weitere Informationen über William Fittons Beitrag zur frühen Geologie finden sich in Horace Woodward, *The History of the Geological Society of London* (London: Geological Society, 1907).

Lyells Brief, in dem er das Weald-Gestein korrekt als sekundäres Gestein identifiziert und es mit den Strata der Isle of Wight vergleicht, ist in Katherine M. Lyell (Hrsg.), *Life, Letters and Journals of Sir Charles Lyell*, 2 Bände (London: John Murray, 1881), zu finden; siehe S. 121–122. Hintergrundinformationen über Cuviers Soireen etc. stammen aus «An Irish Naturalist in Cuvier's Laboratory, The letters of Joseph Pentland, 1820 to 1832», *Bulletin of the British Museum of Natural History*, Bd. 6, Nr. 7, S. 245–319. Cuviers Interpretation der Pflanzenfresserzähne ist in Spokes, *Gideon Algernon Mantell*, und in Mantell, *Petrifactions and their Teachings* (London: Bohn, 1851), beschrieben. Seine modifizierte Interpretation am nächsten Morgen findet sich in J. C. Yaldwin, G. J. Tee und A. P. Mason, «The status of Gideon Mantell's first *Iguanodon* Tooth in the Museum of New Zealand, Te Papa Tongarewa», *Archives of Natural History*, Bd. 24 (1997), S. 397–422.

Vieles in Mantells Tagebuch und in seinem Briefwechsel belegt, dass der häusliche Konflikt zwischen ihm und seiner Frau um 1822 nicht mehr zu übersehen war; öfter erwähnt Mantell, wie unglücklich und frustriert er deswegen sei. Die Details der Finanzierung von *Fossils of the South Downs* und der Beitrag von Mary Mantells Bruder sind in Dean, *Gideon Mantell*, S. 51, Fußnote, erörtert.

KAPITEL 5

Mary Annings Ichthyosaurier-Funde sind in J. B. Delair, «A history of early discoveries of Liassic Ichthyosaurs in Dorset and Somerset», *Proceedings of the Dorset Natural History and Archaeological Society* (1968), S. 115–127, zusammengefasst. Genaueres über ihren treuen Hund, Tray, findet man in W. D. Lang, «More about Mary Anning, including a Newly Found Letter», *Proceedings of the Dorset Natu-*

ral History and Archaeological Society, Bd. 71 (1949), S. 184–188. Die Merkmale des *Plesiosaurus*, den sie am Abend des 10. Dez. 1823 entdeckte, sind in Reverend Conybeares Artikel erwähnt, in dem er das neue Tier beschreibt: «On the Discovery of an almost perfect Skeleton of the Plesiosaurus», *Transactions of the Geological Society of London*, Bd. 1 (1824). Dieser Artikel liefert auch eine detaillierte Beschreibung der Anatomie des *Plesiosaurus* und Spekulationen über seinen Lebensraum.

Ich danke Philippe Taquet vom Muséum National d'Histoire Naturelle in Paris für Informationen über Georges Cuviers ursprüngliche Reaktion auf die Entdeckung des *Plesiosaurus*. Die beiden frühen Artikel Conybeares, in denen er darlegt, warum er glaubt, dass ein solches Geschöpf existieren könne, sind in den *Transactions of the Geological Society of London* erschienen: «Notice of the discovery of a new Fossil Animal, forming a link between the Ichthyosaurus and the Crocodile, together with general remarks on the Osteology of the Ichthyosaurus» (1821) und «Additional Notices on the Fossil Genera Ichthyosaurus and Plesiosaurus» (1822).

Informationen über den exzentrischen Sammler Thomas Hawkins, der seine Fossilien manchmal «verbesserte», findet man in einem Artikel von W. D. Lang, «Three letters by Mary Anning», *Proceedings of the Dorset Natural History and Archaeological Society*, Bd. 66 (1944), S. 171. Weitere Hintergrundinformationen über die Reaktion der geologischen Gemeinschaft auf Mary Annings *Plesiosaurus* bieten die «George Cumberland Papers» in der British Library, Add. MSS 36491–36522, Bände für 1823 (36509) und 1824 (36510). Kommentare von Cumberland hinsichtlich dieses «neuen Fisches» finden sich in einem Brief an seinen Freund vom 4. Januar 1824, F. 1, «Cumberland Papers», 36510. Ein Brief von Charles Konig, der belegt, dass er das neue Tier für echt hielt, findet sich ebenfalls in den «Cumberland Papers», 36510, F. 31. Bedauern, dass dieses Geschöpf nur bei Kerzenschein auf dem Gang zu betrachten war, wird in 36510, F. 33, ausgedrückt.

Reverend Conybeares Aufregung über die neue Entdeckung wird in seinem Brief an Henry de la Beche deutlich, in dem auch beschrieben wird, wie das Geschöpf im Kanal «festsaß» und nicht in die Räume der Geological Society gebracht werden konnte. Dies wird erstmals in W. D. Lang, «Mary Anning and the Pioneer Geologists of Lyme», *Proceedings of the Dorset Natural History and Archaeological Society*, Bd. 60 (1939), S. 152–153, geschildert. Die Protokolle der *Geological Society* werfen mehr Licht auf die Abfolge der Ereignisse, die zur Vorstellung des *Plesiosaurus* und des *Megalosaurus* führten; siehe die Tagungen am 6. Feb. 1824 und am 20. Feb. 1824, S. 404–412. Conybeares exzentrischer Vortragsstil ist in H. S. Torrens, «The Dinosaurs and Dinomania over 150 years», *Modern Geology*, Bd. 18 (1993), S. 2, beschrieben. Bucklands Ansicht, der *Plesiosaurus* sei die «monströseste» Kreatur inmitten «der Überreste der früheren Welt» stammt aus den *Bridgewater Treatises*, 1836, Bd. 1, Kap. XIV; über den *Plesiosaurus*, siehe S. 202 ff.

William Bucklands Artikel über den ersten benannten Dinosaurier trägt den Titel «Notice of the Megalosaurus or Great Fossil Lizard of Stonesfield», *Transactions of the Geological Society of London* (1824), S. 390–396; siehe auch die Protokolle der *Geological Society* vom 20. Feb. 1824. Ich danke Professor Hugh Torrens für Informationen über die Folge von Ereignissen, die zu der historischen Sitzung führten, auf der *Plesiosaurus* und *Megalosaurus* erstmals beschrieben wurden, sowie für Informationen bezüglich Bucklands Korrespondenz mit Cuvier, in der Buckland kurz nach den Presseberichten über Mantells Entdeckungen in Sussex ankündigt, er wolle seine Erkenntnisse über den *Megalosaurus* publizieren. Professor Torrens lenkte meine Aufmerksamkeit auf unveröffentlichte Briefe zwischen Warburton (im Publikationskomitee der *Geological Society*) und Buckland vom 12. März 1824, die zeigen, dass Buckland hoffte, einige von Mantells Entdeckungen in Sussex in seinen eigenen Artikel einbauen zu können. Diese Korrespondenz ist im Devon Record Office, ref: 138 m/f 71 archiviert, und ich danke Rosemary Gordon für die freundliche Erlaubnis, aus diesem Brief zu zitieren.

Die Zitate über Mary Anning, die zeigen, wie sie sich charakterlich entwickelte, als sie bekannter wurde, stammen aus W. D. Lang, «Mary Anning and the Pioneer Geologists», und Lang, «Mary Anning of Lyme», *Natural History Magazine*, Bd. 5 (1936), S. 64–81; auch aus *Natural History Magazine,* Lang, «More about Mary Anning, including a newly found letter», Bd. 71 (1949), S. 187, sowie «Mary Anning and Anna Maria Pinney», Bd. 76 (1956), S. 147.

Gideon Mantells Fortschritte bei seinen Versuchen, die fossilen Reptilien in seiner Sammlung zu identifizieren, werden in Bucklands 1824er Artikel über *Megalosaurus* erwähnt, in dem die *Megalosaurus*-Fossilien in Mantells Besitz und dessen Vergleich der Stonesfield- und der Tilgate-Fossilien beschrieben werden. Mantells Bemühungen, die Riesenknochen in seiner Sammlung zu bestimmen, sind auch in seinem eigenen Artikel über das *Iguanodon* skizziert: «Notice on the Iguanodon, a newly discovered Fossil Reptile from the sandstone of the Tilgate Forest in Sussex», *Philosophical Transactions of the Royal Society*, Bd. 115 (1825), S. 179–186.

Georges Cuviers Antwort an Mantell im Juni 1824 wird in vielen Quellen zitiert, siehe Spokes, *Gideon Algernon Mantell*, S. 19–20, Dean, *Gideon Mantell*, S. 81, und G. A. Mantell, *Petrifactions and their Teachings* (London: Bohn, 1851), S. 231. Cuviers Originalbrief in Französisch ist in Mantells Artikel über das *Iguanodon* (oben) ausführlich zitiert. Dieser Artikel beschreibt auch den Beitrag von William Clift am Hunterian Museum und die Ähnlichkeit mit dem Leguan. Mantells Bemühungen, eine Reihe von *Iguanodon*-Zähnen zu sammeln, sind in Spokes, *Gideon Algernon Mantell*, S. 21, und in G. A. Mantell, *Illustrations of the Geology of Sussex* (London: Lupton Relfe, 1827), beschrieben.

Briefe von Buckland und Mantell an Cuvier im Frühjahr und Sommer 1824 sind in P. Taquet, «Georges Cuvier, Buckland et Mantell et les Dinosaures», Symposium Paléontologique, Montbéliard, Frankreich, 1982, zitiert, zu beziehen über das Muséum National d'Histoire Naturelle in Paris. Der Brief von Reverend Conybeare an Mantell, in dem es um den Namen «Iguanosaurus» geht, wird in Dean, *Gideon Mantell*, S. 85, erörtert. Was Conybeares «spöttischen» Stil angeht, durch den sich offensichtlich mehrere aufstrebende Geologen beleidigt fühlten, siehe «Cumberland Papers», British Library, Add. MSS 36 510, F. 4.

Die Anekdoten um William Bucklands Treffen mit Mary Morland sowie ihr Charakter sind am besten in den Biographien ihrer Kinder beschrieben; siehe Gordon, *Life and Correspondence*, sowie Francis Bucklands Erinnerungen in der Einleitung der 1858er Ausgabe von Bucklands *Bridgewater Treatises*. Neue Befunde, die sich in den Einträgen über William und Mary Buckland im *Dictionary of National Biography* widerspiegeln, lassen daran zweifeln, dass sich die Begegnung so abgespielt hat, wie in den Familienarchiven beschrieben; wahrscheinlich kannte William Buckland Miss Morland bereits seit 1820.

Die Ereignisse in der *Royal Society*, die in diesem Kapitel erwähnt werden, sind in deren Archivprotokollen von 1822–26 beschrieben; siehe Protokolle vom 10. Feb. 1825 über den *Iguanodon*-Vortrag und vom 22. Dez. 1825 über Mantells Aufnahme als Fellow. Siehe auch die Einträge zu diesen Daten in Mantells Notizbuch.

KAPITEL 6

Einzelheiten über Richard Owens Hintergrund finden sich in zahlreichen Quellen. Viele Anekdoten sind in der Biographie seines Enkels beschrieben: Richard Owen, *The Life of Richard Owen*, Bd. 1 (London: John Murray, 1894), auch wenn Owens wissenschaftliche Leistungen darin zu kurz kommen. Faszinierende Einblicke in seinen Charakter und in Erinnerungen seiner Zeitgenossen bietet Adrian Desmond, *Archetypes and Ancestors* (London: Blond and Briggs, 1982). Owens wissenschaftliche Beiträge sind in N. Rupke, *Richard Owen, Victorian Naturalist* (New Haven & London: Yale University Press, 1994), diskutiert. Sein Werk ist auch in K. Padian, «The Rehabilitation of Sir Richard Owen», *BioScience*, Bd. 47, Nr. 7 (1997), dokumentiert. Siehe auch Dale Lloyd Ross, «A survey of some aspects of the life and work of Sir Richard Owen», Promotionsarbeit, 1972, University of London, Natural History Museum, Owen Collection, 73.

Richard Owens frühe Ängste vor dem Übernatürlichen und Einzelheiten über die Gespenstergeschichten sind in *Hood's Magazine and Comic Miscellany*, Bd. 2 (1844), S. 442–450 erwähnt, in dem die Geschichte mit den Gespenstern im Turm erschien, und in Bd. 3 (1844), S. 294–303, findet sich die Geschichte mit dem abgetrennten Kopf. Owen «gestand» seine so lange bewahrten Geheimnisse 1844 in Briefen an Mr. Gideon Shaddoe, unterschrieben mit «your confiding friend, Silas Seer».

Die Auswirkungen des Universitätslebens auf Richard Owen werden erörtert in Owen, *Richard Owen;* siehe auch J. D. Comrie, *History of Scottish Medicine,* Bd. 2 (London, 1932). Alexander Monro III. übte auch einen starken Einfluss auf Charles Darwin aus, der einige Jahre später in Edinburgh studierte. Darwins Eindrücke sind in Adrian Desmond und James Moore, *Darwin* (London: Penguin, 1992), S. 26 ff., (dt.: *Darwin*, München: List, 1995) wiedergegeben.

Die Argumente der frühen Evolutionisten Jean-Baptiste Lamarck und Geoffroy Saint-Hilaire sind in vielen Quellen dargestellt. Eine ausgezeichnete Zusammenfassung findet man bei Rudwick, *Meaning of Fossils*, S. 115–120. Lamarcks Werk als eines der «Ruhmesblätter der französischen Wissenschaft» ist in Geikie, *Founders of Geology*, beschrieben; siehe S. 350. Theorien über die «Kette des Lebens» sind in N. A. Rupke, *The Great Chain of History* (Oxford: Clarendon Press, 1983), S. 169 ff., umrissen; siehe auch C. J. Schneer, *Towards a History of Geology* (Boston, Mass.: MIT Press, 1967), S. 36–62, wo Frank Bourdier den Antagonismus zwischen Geoffroy Saint-Hilaire und Cuvier beschreibt.

Originalzitate in diesem Abschnitt über die «Kette des Lebens» stammen unter anderem aus D. R. Newth, «Lamarck in 1800: a lecture on Invertebrate Animals ...», *Annals of Science*, Bd. 8 (1952), S. 229–254. Georges Cuviers erste Arbeiten über Kugelasseln finden sich im *Journal d'histoire naturelle* (1792), Paris. William Bucklands Überlegungen über Krokodile sind zitiert in Young, «Account of a Fossil Crocodile», *Edinburgh Philosophical Journal*, Bd. XIII (1825), S. 76–81. *The Politics of Evolution* von A. Desmond (Chicago and London: University of Chicago Press, 1989) bietet eine faszinierende Abhandlung über Evolution und soziale Reformen; siehe Kapitel 1 und 2. Siehe auch E. Royle, *Victorian Infidels: the Origin of the British Secularist Movement* (Manchester University Press, 1974), und L. S. Jacyna, «Medical Science and Moral Science», *British Journal of the History of Science*, Bd. 25 (1987), S. 111–146.

Reptilien als Bindeglieder in der «Kette des Lebens» sind in vielen der oben zitierten Quellen diskutiert. Siehe auch H. S. Torrens und M. A. Taylor, «Saleswoman to a new Science» in *Proceedings of the Dorset History and Archaeological Society*, Bd. 108 (1987), S. 142. Das Zitat von Lyell über den Sprung in der Kette findet sich in einem Brief an Mantell vom 17. Feb. 1824; siehe Lyell, *Life, Letters and Journals*, Bd. 1, S. 151. Die Messingplakette zur Erinnerung an John Hunter befindet sich im Nordflügel der Westminster Abbey, sie wurde 1859 angebracht und ist zitiert in John Hunter, *Dictionary of Scientific Biography*, S. 566–568.

Persönliche Mitteilungen über Owens erste Erfahrungen in London und die Bedeutung von Abernethy sind in Owen, *Richard Owen*, Bd. 1, S. 30, beschrieben. Die Schwierigkeiten, denen sich das Royal College in den 1820ern gegenübersah, sind in Desmond, *Politics of Evolution*, S. 240–247, aufgezeigt. Ich habe mich stark auf Desmonds Bericht über die Krise des Royal College gestützt, als führende Persönlichkeiten des College zunehmend ins Visier der radikalen medizinischen Presse gerieten. Siehe auch J. Dobson (1954), S. 50 ff. Eine andere Sicht von Everard Homes «Diebstahl» findet sich in J. M. Oppenheimer, *New Aspects of John and William Hunter* (London: Heinemann, 1946), S. 69–73.

Das Interesse, mit dem Catherine Owen die Karriere ihres Sohnes verfolgte, wird bei W. Gruber und J. C. Thackray, *Richard Owen Commemoration* (London: Natural History Museum Publications, 1992), S. 71, deutlich; diese Publikation liefert viele Einzelheiten über seinen Charakter und seine Motivation. Was Catherine Owens Kommentare zu Cuvier angeht, siehe Owen, *Richard Owen*, S. 59; hinsichtlich des Erfordernisses, sich mit bedeutenden Männern zu verbünden, siehe S. 34–36 und, was Richard Owens Zusammentreffen mit Caroline Clift angeht, S. 34. Was weitere Informationen über Cuviers Charakter anbelangt, wie seine Ungeduld mit Leuten, die kein Französisch sprachen, siehe «An Irish Naturalist in Cuvier's Laboratory: the letters of Joseph Pentland, 1820 to 1832», *Bulletin of the British Museum of Natural History*, Bd. 6, Nr. 7, S. 245–319, Einleitung.

KAPITEL 7

William Bucklands Artikel über Koprolithen, der in diesem Kapitel zitiert wird, trägt den Titel «On the Discovery of Fossil Faeces, in the Lias at Lyme Regis and in other Formations», *Transactions of the Geological Society of London*, 2. Serie, Teil 3 (1835), S. 223–236. Seine Untersuchungen sind auch in der Biographie seiner Tochter zitiert: Gordon, *Life and Correspondence*, S. 114; was die Reime über die Sintflut angeht, siehe S. 26. Eine ausführliche Analyse der Bedeutung von Bucklands Forschung über Koprolithen findet sich in Rupke, *Chain of History*. Diesem Bericht verdanke ich die auf S. 142 zitierten Verse über Koprologie, die von seinen Studenten in Oxford gedichtet wurden. Thomas Hawkins' melodramatische Sicht der urtümlichen Erde ist nachzulesen in *The Book of Great Sea Dragons* (London: William Pickering, 1840).

Einzelheiten über Adolphe Brongniarts Untersuchungen über fossile Pflanzen wurden 1828 in *Prodrome d'une histoire des Végétaux Fossils* (Paris) veröffentlicht. Mantells Zusammenarbeit mit Brongniart in Bezug auf Schachtelhalme wird in J. Watson und D. J. Batten, «A revision of the English Wealden Flora II, *Equisetales*», *Bulletin of the British Museum of Natural History*, Bd. 46, Nr. 1 (Mai 1990), S. 37–60, erörtert.

Gideon Mantells Untersuchungen über die Fossilien von Tilgate Forest und seine Fortschritte zwischen 1826 und 1827 sind in seinem kurzen Buch *Illustrations of the Geology of Sussex* (London: Lupton Relfe, 1827) illustriert; siehe besonders Kapitel 2: «A description of the organic remains of the strata of the Tilgate Forest», in dem er seine Beobachtungen und Fundquellen im Einzelnen beschreibt. Diese Periode wird auch in den beiden Biographien Mantells behandelt; siehe Spokes, *Gideon Algernon Mantell*, S. 25–30. Professor Dennis Dean beschreibt Mantells 1827er Buch als das «seltenste und früheste Dinosaurier-Buch in Englisch»; hinsichtlich der Diskussion um Mantells Beitrag zum damaligen Verständnis fossiler Reptilien siehe Dean, *Gideon Mantell*, S. 89–96. Mantells Tagebucheinträge vermitteln einen lebhaften Eindruck von seiner praktischen Arbeit: «The journal of Gideon Mantell», unbearbeitete, unveröffentlichte Version in vier Bänden (Sussex Archaeological Society, Lewes, Sussex), Bd. 1, S. 126, 130, 131, 135; Bd. 2, S. 15.

William Bucklands Beschreibung von Mary Annings erstem *Pterodactylus* und Einzelheiten über dessen dramatische Entdeckung finden sich in seinem Artikel «On the Discovery of a new species of Pterodactyle in the Lias at Lyme Regis», *Transactions of the Geological Society of London*, 2. Serie, Bd. 3 (1829) S. 217–222. Siehe ebenso Lang, «Mary Anning and the Pioneer Geologists». Cuviers Interpretationen sind nachzulesen in G. Cuvier, *Recherches sur les ossements fossiles* (Paris, 1824), Bd. 5, Teil 2, S. 378–380.

Die Schwierigkeiten der Annings beim Fossilienverkauf in den späten 1820ern und die Geldnöte des Duke of Buckingham sind in M. A. Taylor und H. P. Torrens, «Saleswoman to a new Science», in *Proceedings of the Dorset Natural History and Archaeological Society*, Bd. 108 (1987), beschrieben. Mary Anning beschreibt ihre beschwerliche Arbeit in einem Brief an Mrs. Murchison, zu finden in W. D. Lang, «Three Letters by Mary Anning», *Proceedings of the Dorset Natural History and Archaeological Society*, Bd. 66, (1944), S. 170. Was den Erfolg von Henry de la Beches Druck *Duria Antiquior* angeht, siehe in der Zeitschrift *All the Year Round* einen Bericht mit dem Titel «Mary Anning, the Fossil Finder», Bd. 13 (1865), S. 60–63.

KAPITEL 8

Charles Lyells Meisterwerk, *Principles of Geology* (*Lehrbuch der Geologie*), wurde zwischen 1830 und 1833 in drei Bänden veröffentlicht. Was die Diskussion um die Bildung von Tälern angeht, siehe S. 111 in der Penguin Classics Edition von 1997 mit einer Einführung von James Secord; im Hinblick auf Lyells Ansichten über Pfarrer in England und den mosaischen Schöpfungsbericht siehe Seite xxiv. Eine ausführliche Diskussion von Lyells Theorien findet sich in Rudwick, *Meaning of Fossils*. Die Kontroverse zwischen den Fluvialisten ist auch bei Rupke, *Chain of History*, skizziert; was Conybeares Brief an Buckland angeht, in dem er Scrope als Dummkopf bezeichnet, siehe S. 86. Hinsichtlich Einzelheiten der Korrespondenz zwischen Lyell und Mantell, als die Kontroverse über die Sintflut weiterging, siehe das Buch von Lyells Schwägerin: Lyell, *Life, Letters and Journals*, Bd. I, S. 252–253; Briefe von April und Juni 1829.

Charles Lyells Briefe an Mantell, in denen er ihn drängt, die Führung auf dem Gebiet der fossilen Reptilien zu übernehmen, findet man in den neuseeländischen Archiven: Charles Lyell to Gideon Mantell, 23. März 1829, Mantell MSS, ATL-NZ Folder 62, Ergänzungsband, Brief 55. Ich danke Alan John Wennerbom für die Erlaubnis, aus seiner faszinierenden Doktorarbeit über die Beziehung zwischen Lyell und Mantell zu zitieren. Mantells intensive Vorbereitungen für sein Museum werden in seinem Tagebuch deutlich, siehe Curwen, *Journal of Gideon Mantell*. Robert Bakewells Besuch wird in «A visit to the Mantellian Museum at Lewes», *Natural History Magazine*, Bd. 3 (1829), S. 9–19, geschildert und auch in Spokes, *Gideon Algernon Mantell*, S. 34–35, erörtert.

Gideon Mantells Schlüsselartikel, in dem er das Zeitalter der Reptilien beschreibt, trägt den Titel «The Geological Age of Reptiles», *Edinburgh New Philosophical Journal* Bd. 11 (Apr.–Okt. 1830), S. 181–185. Mantells Tagebuch belegt, dass dieser Artikel bereits zwei Jahre früher, am 3. Nov. 1829, geschrieben wurde, deutlich vor dem Erscheinen des Druckes *Duria Antiquior*, der die Urmeere von Dorset zeigt, in denen es von Reptilien wimmelt. Der Geistliche, der jedwede These von einem Zeitalter der Reptilien scharf ablehnte, ist bei Spokes, *Gideon Algernon Mantell*, S. 44, beschrieben. Siehe auch die *Bridgewater Treatises* von Reverend William Kirby (London: William Pickering, 1835) Bd. 1, S. 36–42.

Die erste Erwähnung von Gideon Mantell als einem britischen Cuvier findet sich in einem Brief von Robert Bakewell an seinen Herausgeber, Thomas Longman, zitiert in Dean, *Gideon Mantell*, S. 116. Über Mantells «Genie» schrieb Charles Lyell am 7. Jan. 1835 an J. Fleming; siehe Lyell, *Life, Letters and Journals*, Bd. 1, S. 44–46. Über Einzelheiten des königlichen Besuchs in Brighton und Lewes berichten die damaligen örtlichen Presseorgane; siehe «Royal visit to Lewes: the Reception of William IV» bei der *Sussex Archaeological Society*, ref. 942.25./Lew. Weitere Einzelheiten über die königliche Familie findet man in C. Fox, *London–World City 1800–1840* (Yale, 1992), und in *The Royal Pavilion: the Palace of George* IV, publiziert bei Brighton Arts and Leisure Services. Auch Mantells Tagebuch beschreibt Einzelheiten des Ereignisses.

KAPITEL 9

Richard Owens Schwierigkeiten mit seiner zukünftigen Schwiegermutter sind in der Biographie seines Enkels beschrieben: Owen, *Richard Owen*, S. 35–45; was Hintergrundmaterial über die Verlobung sowie Richards und Carolines Reaktion darauf angeht, siehe S. 35, 37, 42, 60, 62, 63, 67, 89, 90. Weitere Einzelheiten finden sich in der British Library Add. MSS 39955, F. 212 und British Library Add. MSS 39955, F. 218. Ihr gespanntes Verhältnis ist auch in Desmond, *Politics of Evolution*, S. 250, beschrieben.

Der Zusammenstoß zwischen Geoffroy Saint-Hilaire und Georges Cuvier, der zu Cuviers Tod führte, ist erörtert bei Schneer, *Towards a History of Geology*, Kapitel 2, von Frank Bourdier. Siehe ebenso Rudwick, *Meaning of Fossils*, Kapitel 3. Geoffroys Artikel, in denen behauptet wird, aus fossilen Tieren seien rezente Arten hervorgegangen, finden sich in Geoffroy Saint-Hilaire, «Recherches sur l'organisation des gavials ... et sur cette question, si les gavials ... descendent, par voie non interrompue de génération, des gavials antédiluvians ...», *Mémoires du Muséum d'Histoire Naturelle*, Bd. 2 (1825), S. 97–156. Siehe auch in derselben Zeitschrift, Bd. 17 (1828), S. 209–230.

Ich danke Adrian Desmond für seine lebendige Darstellung von Robert Grants Karriere und dessen Zusammenstoß mit Owen, skizziert in Desmond, *Politics of Evolution*, S. 8–11, 239ff.; siehe dazu auch Desmonds *Archetypes and Ancestors* (London: Blond & Briggs, 1982), S. 115–122. Was Wakleys Zitat zum Lob von Grant angeht, siehe *Lancet*, Bd. 1 (1834), S. 688–689.

Richard Owens Artikel, der ihn auf die wissenschaftliche Bühne katapultierte, trägt den Titel «Memoir on the Pearly Nautilus», 1832 veröffentlicht von der «Direktion des Beirates» des Royal College of Surgeons. Das Interesse an Kloakentieren (Monotremata), um die Existenz von Zwischenformen zu belegen, ist in Rupke, *Richard Owen*, S. 77–79, erörtert. Ein ausführlicherer Bericht findet sich in Desmond, *Politics of Evolution*, S. 279–288. Siehe auch die Biographie von Owens Enkel: Owen, *Richard Owen*, S. 60–65.

Bucklands ungewöhnliche häusliche Verhältnisse sind in Gordon, *Life and Cor-*

respondence, S. 90–110, beschrieben; siehe auch den Bericht seines Sohnes Francis Buckland, «Memoir of the Author», in der 1858er Ausgabe von Bucklands *Bridgewater Treatises;* ein Bericht darüber, wie seine Eltern zusammen geschrieben haben, findet sich auf S. xxxvi. Zu Zitaten in diesem Kapitel aus den *Bridgewater Treatises* siehe S. 8–11, 19–22, 125 ff.

Nicolaas A. Rupke zeigt in *The Great Chain of History,* welch bedeutenden Einfluss die *Bridgewater Treatises* hatten. Zu den in diesem Abschnitt zitierten Quellen gehören Hack, «Geological Sketches» (1832), S. 38–39, zitiert in Rupke, S. 167, sowie George Croly, *Blackwood's (Edinburgh) Magazine,* Bd. xlii (1837), S. 690, und zitiert in Rupke, S. 216. Was die Beziehung zwischen Fleisch fressenden Tieren und Sünde angeht, siehe George Bugg, *Scriptural Geology* (1826), Bd. 1, S. 118, 139–144,. Thomas Thompson schrieb für das *Magazine for Natural History* einen Artikel mit dem Titel «An Attempt to Ascertain the Animals Designated in the Scriptures by the Names of Leviathan and Behemoth», Bd. viii (1835), S. 320. Eine Zusammenfassung dieser Theorie findet sich im *Edinburgh New Philosophical Journal,* Bd. 19 (1835), S. 263–281. Für weitere Diskussionen zu diesem Thema siehe Schneer, *Towards a History of Geology,* und Milton Millhauser, «The Scriptural Geologists», *Osiris,* Bd. II (1954), S. 65–86.

Wie erfolgreich Richard Owen sämtliche zoologischen Exemplare für seine eigenen Sektionen beanspruchte, ist deutlich geschildert in Owen, *Richard Owen;* siehe S. 92, 95–96, 101, 106–107, 122, 169. Robert Grants Schwierigkeiten, die schließlich zu seinem Niedergang führten, sind diskutiert in Desmond, *Politics of Evolution,* S. 291 ff., und in dessen Buch *Archetypes and Ancestors* (London: Blond & Briggs, 1982), S. 42–44, 115 ff. Siehe auch *Lancet,* Bd. I (1836–37), S. 766, 21, und J. Beddoe, *Memories of Eighty Years* (Bristol: Arrowsmith, 1910), S. 33.

Die Rolle der neu gebildeten *British Association for the Advancement of Science* als Vehikel für Owens Ehrgeiz und der Einfluss seines Schwiegervaters in der folgenden Schlacht mit Mantell um fossile Reptilien sind in H. S. Torrens, «Politics and Palaeontology: Richard Owen and the Invention of Dinosaurs», in J. Farlow und M. K. Brett-Surman, *The Complete Dinosaur* (Indianapolis: Indiana University Press, 1997), S. 174 ff., erörtert. Siehe auch J. Morrell und A. Thackray, *Gentlemen of Science: The Early Years of the British Association for the Advancement of Science* (Oxford: Clarendon Press, 1981), S. 95 ff., 31.

KAPITEL 10

John Cooper, der Kurator des Booth Museum in Brighton, und sein Team haben die örtlichen Archive nach Berichten über Mantells Museum in Brighton durchforscht, und ich verdanke Coopers Großzügigkeit zahlreiche Originalquellen, die Mantells Leben Mitte und Ende der 1830er beschreiben. Viele Zitate stammen aus dem *Brighton Herald* und der *Brighton Gazette* zwischen 1833 und 1838. Sie liefern einen lebhaften Eindruck von Mantells wechselvollem Schicksal und seinen zunehmend verzweifelten Versuchen, sein Museum in Brighton zu erhalten. Wei-

tere Informationen über Mantells Schwierigkeiten finden sich in einer Untersuchung von R. J. Cleevely und P. D. Chapman, «The accumulation and disposal of
Gideon Mantell's fossil collections and their role in the history of British Palaeontology», *Archives of Natural History* (1992), S. 306–360.

Diese Periode in Mantells Leben wird unter anderem in Spokes, *Gideon Algernon Mantell,* erörtert, worin auch Bezug auf seine Korrespondenz mit Professor
Silliman genommen wird. Einige der persönlichen Zitate, die den Optimismus zu
Beginn des Projekts und die schwere Depression bei seinem Fehlschlag schildern,
stammen aus Mantells Tagebuch, Curwen, *Journal of Gideon Mantell.* Siehe auch
Mantells unveröffentlichtes Tagebuch bei der *Sussex Archaeological Society,* Lewes, Bd. 2. In neuerer Zeit sind Mantells Versuche, sich in Brighton zu etablieren,
in Dean, *Gideon Mantell,* beschrieben.

Mantells Interpretation des Maidstone-*Iguanodon* ist analysiert in D. B. Norman, «Gideon Mantell's ‹Mantell-piece›: the earliest well preserved Ornithishian
Dinosaur», *Modern Geology,* Bd. 18 (1993), S. 225–245. Siehe auch W. H. Bensted, *The Iguanodon: Selections from the contributions to the Amici* (1836), S.
70–77. Die Bedeutung des Maidstone-*Iguanodon* wird in vielen Publikationen
erörtert; siehe T. Gardom und A. Milner, *The Natural History Museum Book of
Dinosaurs* (Carlton, 1993), S. 93. Mantells Größenvergleich mit dem Leguan und
seine damaligen Vorstellungen vom *Iguanodon* sind in seinem Buch *Geology of
South-East England* (London: Thomas Longman, 1833), S. 312 ff., nachzulesen.

Berichte über den Weggang von Mrs. Mantell gibt es nur wenige, insbesondere
deshalb, weil Gideon Mantell in den turbulenten Jahren von 1837–40 kaum etwas
in sein Tagebuch schrieb. Nach Curwen, *Journal of Gideon Mantell,* S. 141, begleitete Mrs. Mantell ihren Mann nicht nach Clapham. Nach Dean, *Gideon Mantell,*
S. 175, spricht vieles dafür, dass Mary Mantell ihren Mann erst am 4. März 1839
endgültig verließ, einige Monate nachdem Mantell seine Londoner Praxis übernommen hatte. In Amerika strich Professor Silliman später alle Hinweise auf ihren
Weggang aus Mantells Briefen, bevor er sie der Yale Collection übergab. Vermutlich tilgte auch Walter Mantell auf Wunsch seines Vaters alle Hinweise aus Mantells Tagebüchern.

KAPITEL 11

Professor Hugh Torrens an der Keele University zeigte als Erster, dass Richard
Owen den Begriff «Dinosaurier» nicht, wie weithin angenommen, im August 1841
prägte, sondern später, als er seinen Plymouth-Vortrag zur Veröffentlichung im
April 1842 umschrieb. Während der Arbeit an diesem Buch habe ich viele Diskus-
sionen mit Hugh Torrens über die wahrscheinlichste Folge der Ereignisse und über
die Schlüsselerkenntnisse hinter Owens berühmter Klassifizierung geführt. Seine
Analyse ist in zwei Artikeln umrissen: H. S. Torrens, «Politics and Palaeontology:
Richard Owen and the Invention of Dinosaurs», in Farlow und Brett-Surman,
Complete Dinosaur, S. 173–191, und stärker zusammengefasst in H. S. Torrens,

«When did the Dinosaur get its name?», *New Scientist*, Bd. 134, Nr. 1815 (4. Apr. 1992), S. 40–45.

Ich danke auch Dr. Angela Milner und Sandra Chapman vom Department of Palaeontology am Natural History Museum in London für Informationen über die Bedeutung von Owens anatomischen Erkenntnissen über das verschmolzene Kreuzbein und die säugerartigen Extremitätenknochen der Dinosaurier.

Was Informationen über den Ausschuss zur Gewährung von Geldern der BAAS angeht, siehe *The Report of the BAAS* (die 1837er Tagung in Liverpool) (London: John Murray, 1838), Bd. 7; hinsichtlich des Berichts über finanzielle Mittel für die Geologie siehe S. xix. Siehe auch *The Report of the BAAS* (die 1838er Tagung) (London: John Murray, 1839), Bd. 8; siehe S. xxviii, was Details über das Komitee, und S. xxx, was die Regelung der Mittelvergabe angeht. Wie die BAAS von der Londoner Elite praktisch im Handstreich übernommen wurde, ist auch in M. A. Taylor, «The Plesiosaur's Birthplace ...», *Zoological Journal of the Linnean Society*, Bd. 112, (1994), S. 179–196, beschrieben. Hintergrundinformationen über die Bildung der BAAS und führende Persönlichkeiten in der Organisation liefern frühe Briefe: Siehe J. Morrell und A. Thackray, *Gentlemen of Science: The Early Correspondence of the BAAS* (London: Royal Historical Society, 1984). Owens Patronage durch führende Wissenschaftler der BAAS wird auch in Rupke, *Richard Owen*, erörtert. Siehe zudem die Briefe von Sir Philip Egerton an Richard Owen am Natural History Museum: besonders denjenigen vom 26. Okt. 1840. Owens Interesse an den «Enaliosauria» und seine Rivalität mit Geoffroy Saint-Hilaire sind in Desmond, *Politics of Evolution*, beschrieben; siehe S. 324 ff.

Die Exkursion, die Owen unternahm, um Mary Anning und Thomas Hawkins zu besuchen, ist in Owen, *Richard Owen*, S. 166, beschrieben. Informationen über Hawkins' schillernden Charakter und seinen Hintergrund findet man in Lang, «Mary Anning and the Pioneer Geologists». Mary Annings Ärger und Frustration darüber, von den Herren der Wissenschaft ausgenutzt zu werden, sind von William Lang in «Mary Anning and Anna Maria Pinney», *Proceedings of the Dorset Natural History and Archaeological Society*, Bd. 80 (1959), dokumentiert worden; es sei darauf hingewiesen, dass einige Historiker der Ansicht sind, dass Pinney, die noch recht jung war, vielleicht keine zuverlässige Zeugin ist. Mary Annings Schwierigkeiten werden auch von Lang in «Mary Anning of Lyme, Collector and Vendor of Fossils», *Natural History Magazine* Bd. 5, Nr. 34 (1936), S. 64–81, erörtert. Siehe auch Zitate in Charles Dickens' Zeitschrift *All the Year Round*, Bd. 13 (1865), S. 60–63. Ihre zunehmend drückenden finanziellen Probleme werden in M. A. Taylor und H. P. Torrens, «Saleswoman to a new Science», in *Proceedings of the Dorset Natural History and Archaeological Society*, Bd. 108 (1987), analysiert. Die Information, dass sie ihre gesamten Ersparnisse einem Schwindler anvertraute, stammt von Hugh Torrens (persönliche Mitteilung).

Die Anekdoten über Owen und die Vorbereitung der beiden Berichte über die fossilen Reptilien in Britannien, seine Eindrücke von seinen Eisenbahnfahrten und den verschiedenen Museen sowie der Abend mit Buckland und Mantell sind in

Owen, *Richard Owen*, zu finden. Weitere Informationen über Holmes sind nachzulesen in John Cooper «George Bax Holmes and his relationship with Gideon
Mantell and Richard Owen», *Modern Geology*, Bd. 18 (1993), S. 183–208.
Mantells Lebensumstände in den späten 1830ern und frühen 1840ern sind in
den folgenden beiden Biographien skizziert: Spokes, *Gideon Algernon Mantell*, S.
105–120, und Dean, *Gideon Mantell*. Seine Vorträge in Brighton bildeten die
Grundlage seines Buches *The Wonders of Geology* (London: 1838). Dean zufolge
schrieb George Richardson, Mantells Kurator in Brighton, die Brighton-Vorträge
ab, und diese Abschriften dienten als Vorlage für den ersten Entwurf, den Mantell
später überarbeitete. Zwar wurde Richardson bei den ersten beiden Auflagen als
Herausgeber aufgeführt, doch sein Name wurde später fallen gelassen.

Was Murchisons Arbeit über das Silur und seinen Zusammenstoß mit Sedgewick
bezüglich des Kambriums bzw. mit de la Beche in Bezug auf das Devon angeht,
siehe Rudwick, *Meaning of Fossils*. Siehe auch Geikie, *Founders of Geology*.

Der Bericht über die 11. Tagung der *British Association for the Advancement of
Science* in Plymouth im August 1841 (1842 von John Murray in London publiziert)
liefert zahlreiche Informationen über die Befunde, die Owen zur Verfügung stan-
den, die Sammlungen, die er gesehen hatte, seine Interpretationen und die Art und
Weise, wie er Mantells Funde nutzte. Owens ausführlicher «Report on British Fos-
sil Reptiles» findet sich auf S. 60–201; er beschreibt *Poekilopleuron* auf S. 84–88,
Streptospondylus auf S. 88–94, *Cetiosaurus* auf S. 94–103, *Megalosaurus* auf
S. 103–110, *Hylaeosaurus* auf S. 111–120, *Iguanodon* auf S. 120–144, und seine
faszinierende Zusammenfassung folgt auf S. 191–201. Owens zusammenfassende
Tabelle, in der zahlreiche Reptilien unter seinem eigenen Namen erscheinen und
Iguanodon so dargestellt ist, als sei es allein von Cuvier entdeckt worden, ist auf
S. 190 zu finden. Whewells Vortrag und Einzelheiten über BAAS-Berichte und frü-
here Präsidenten sind ebenfalls in diesem Band zu finden.

Die *Literary Gazette* vom 14. Aug. 1841 liefert eine ausführliche Zusammenfassung von Owens BAAS-Vortrag. Was Mantells Antwort in der gleichen Zeitschrift
angeht, siehe die Ausgabe vom 28. Aug. 1841, S. 556–557. Die Bedeutung von
Owens Kampf mit den Evolutionisten in seinem Vortrag wird von Stephen Jay
Gould in «An Awful, Terrible Dinosaurian Irony», *Natural History Magazine*, Bd.
107, Nr. 1 (1998), S. 24 ff. erörtert. Die zunehmenden Größenschätzungen von
Iguanodon, wie von Holmes interpretiert, sind in *Horsham, its History and Anti-
quities* (London: William Macintosh, 1868), S. 225 ff. diskutiert.

Mantells eigener Vortrag vor der *Royal Society* im Jahr 1841 trägt den Titel «A
Memoir on ... the Iguanodon and on the Remains of the Hylaeosaurus and other
Saurians discovered in the Strata of the Tilgate Forest», *Philosophical Transactions of the Royal Society*, Teil 2, S. 131–152. Darin ist Mantells Beobachtung enthalten, dass das *Iguanodon* «mit seinen langen, schlanken Greifhänden in der Lage
war, das Laub und die Stämme von Clathrariae, Dracaenae, Yuccae und Palmfarnen herabzuziehen, während es auf seinen enormen Hinterbeinen stand». Siehe
auch «On the Fossil Remains of Turtles ...» von G. A. Mantell ebda., S. 153–158.

Mantells Kutschunfall ist in seinem Tagebuch bei der *Sussex Archaeological Society*, Lewes beschrieben; siehe Bd. 2. Siehe auch Curwen, *Journal of Gideon Mantell*. Die Auswirkungen der dabei erlittenen Verletzungen, von denen er sich nie mehr erholen sollte, werden in seinem Briefwechsel mit Silliman deutlich und in Spokes, *Gideon Algernon Mantell*, S. 135–145, 251–260, zitiert.

KAPITEL 12

Richard Owens kometenhafter Aufstieg in der viktorianischen Gesellschaft spiegelt sich in Owen, *Richard Owen*, wider, worin über eine Reihe gesellschaftlicher Ereignisse und Treffen mit führenden Persönlichkeiten der damaligen Zeit berichtet wird. Einige davon werden auch in Rupke, *Richard Owen*, erörtert; was die Geschichte über den großen flugunfähigen Vogel, den Moa, angeht, die schildert, wie seine Vorstellungen aufgenommen wurden, siehe S. 124–128. Der nicht gezeichnete Bericht, der zeigt, dass keine andere Leistung Owens eine derartige Aufregung hervorrief, ist in R. W. Clark, *Old Friends at Cambridge and Elsewhere* (London: 1900), S. 373, zitiert. Eine weitere Beschreibung von Owens brillanter Identifizierung des Moa findet sich in Owen, *Richard Owen*, S. 147–151.

Owens eigene Artikel für die *Zoological Society* liefern wertvolle Einblicke in diese Episode: «Exhibition of a bone of an unknown struthious bird of large size from New Zealand», *Proceedings of the Zoological Society*, Bd. 7 (1839), S. 169–171, und «Notice of fragment of the femur of a gigantic bird of New Zealand», *Proceedings of the Zoological Society*, Bd. 3, (1842), S. 29–32. Wichtige Briefe, die Licht auf Owens Reputation und seinen Erfolg werfen, sind in der British Library einzusehen: Siehe Broderip an Buckland, 20. Jan. 1843, BL Add. MSS 38091, F. 193. Dr. Rules abweichende Version der Ereignisse findet sich in Curwen, *Journal of Gideon Mantell*, S. 225.

Vestiges of the Natural History of Creation, das 1844 eine Sensation war, wurde von einem schottischen Journalisten namens Robert Chambers verfasst. Eine ausführliche Diskussion über die Auswirkungen dieses Buches findet sich bei Gillispie, *Genesis and Geology*. Owens Theorie der Archetypen ist in *On the Archetype and Homologies of the Vertebrate Skeleton* (London, 1848) und in *On the Nature of Limbs* (London, 1849) dargelegt. Diese Vorstellungen werden in Rudwick, *Meaning of Fossils*, und in Kevin Padian «The rehabilitation of Sir Richard Owen», *BioScience*, Bd. 47, Nr. 7 (1997), erörtert.

Mantells Versuche, sein Leben in Clapham neu aufzubauen, werden in vielen Quellen beschrieben. Sein eigenes Tagebuch und seine Korrespondenz mit Silliman, die in Spokes, *Gideon Algernon Mantell*, ausführlich zitiert werden, illustrieren seine persönlichen Lebensumstände. Mantells Abneigung gegen Owen von 1842 an spiegelt sich in seinem Briefwechsel wider und lässt sich auch anhand von biographischem Material belegen. Der Antagonismus zwischen den beiden Männern wurde nach Mantells Streit mit Owen über die Interpretation der Belemniten öffentlich ausgetragen. Dieses und andere Aspekte ihrer Fehde sind von D. T. Do-

novan und M. D. Crane in «The Type Material of the Jurassic Cephalopod Belem-
notheutis», *Palaeontology*, Bd. 35 (1992), S. 273–296, analysiert worden.

Die Schwierigkeiten, denen sich Mary Anning in ihren letzten Lebensjahren gegenübersah, wurden erstmals von William Lang, «Mary Anning of Lyme, Collector and Vendor of Fossils», *Natural History Magazine*, Bd. 5, Nr. 34 (1936),
S. 64–81, beschrieben. Siehe auch W. Lang, *Proceedings of the Dorset Natural History and Archaeological Society*, «Mary Anning and the Pioneer Geologists», und
«More about Mary Anning», Bd. 76 (1956); dort findet sich die Geschichte von
Nellie Warings Besuch im Laden. Eine neuere Zusammenfassung bietet H. S. Tor-
rens, «Mary Anning of Lyme; the greatest fossilist the world ever knew», *British
Journal of the History of Science*, Bd. 28 (1995), S. 257–284. Charles Dickens'
Zeitschrift *All the Year Round*, Bd. 13 (1965), S. 60–63, preist die «Schreiners-
tochter». Ich danke auch Reverend Thomas Goodhue vom Long Island Council of
Churches in New York dafür, dass er mich auf Einträge hinwies, die sie vor ihrem
Tod in ihr Notizbuch machte, wie in seinem Vortrag auf der Bicentennial-Konfe-
renz in Lyme im Jahre 1999 beschrieben.

Mantells Bemühungen, eine zweite Sammlung aufzubauen, spiegeln sich in sei-
nen Tagebucheinträgen wider. Die Bedeutung dieser zweiten Sammlung ist in S. D.
Chapman and R. J. Cleevely, «The Accumulation and Disposal of Mantell's Fossil
Collections», *Archives of Natural History* (1992), analysiert. Was Walters Fossilien zu dieser Sammlung beitrugen, wird von J. C. Yaldwin, G. Tee und A. Mason
in «The status of Gideon Mantell's ‹first› *Iguanodon* tooth in the Museum of New
Zealand, Te Papa Tongarewa», *Archives of Natural History*, Bd. 24, Nr. 3 (1997),
S. 397–421, erörtert. Das Schicksal von Mantells Brightoner Kurator, George Ri-
chardson, wird von Hugh Torrens und John Cooper in «George Fleming Richardson: Man of letters, lecturer and Geological Curator», *Geological Curator*, Bd. 4,
Nr. 5 (1985), S. 249–268, lebhaft beschrieben.

Mantells spätere Untersuchungen, in denen er versuchte, weitere Details über
den Körperbau des *Iguanodon* zu sammeln, sind in zwei Artikeln in den *Philosophical Transactions of the Royal Society* beschrieben: «On the Star faws of the
Iguanodon» (1848) und «Additional Observations on the Osteology of the Iguanodon and Hylaeosaurus» (1849). Mantells Arbeit ist von Dr. David Norman an
der Cambridge University in «Gideon Mantell's ‹Mantell-Piece›: The earliest well
preserved Ornithischian Dinosaur», *Modern Geology*, Bd. 18 (1993), S. 225–245,
analysiert worden. Die Konflikte mit Richard Owen, die durch den Sammler
George Holmes aufbrachen, sind in John Cooper, «George Bax Holmes and his relationship with Gideon Mantell and Richard Owen», *Modern Geology*, Bd. 18
(1992), S. 183–208, geschildert. Was Mantells Entdeckung weiterer Dinosaurier
angeht, siehe Spokes, *Gideon Algernon Mantell*, und Curwen, *Journal of Gideon
Mantell*. Die Funde sind auch von Mantell in *Petrifactions and their Teachings*
(London: Bohn, 1851), S. 224–225, 330–332, beschrieben worden; siehe auch
Mantell, *Geological Excursions around the Isle of Wight* (London: H. G. Bohn,
1854), S. 332. Seine Entdeckungen sind in Dean, *Gideon Mantell*, S. 236–239

erörtert. Die Geschichte der Entdeckung der Sauropoden findet sich in John S. McIntosh, M. K. Brett-Surman und James O. Farlow, «The Discovery of Sauropods», in Farlow und Brett-Surman, *Complete Dinosaur*, S. 264–289.

Ein überzeugendes Porträt von Owens Charakter findet sich in den einleitenden Kapiteln von Adrian Desmond, *Archetypes and Ancestors* (London: Blond & Briggs, 1982). Owen als «gesellschaftlicher Experimentator mit einer Neigung zum Sadismus und zur Geheimniskrämerei» stammt aus W. Irvine, *Apes, Angels and Victorians* (New York: McGraw-Hill, 1955); im Hinblick auf seinen Zusammenstoß mit Hugh Falconer, siehe auch S. 181. Dieser Zusammenstoß wird auch in Mantells Tagebuch und in Kevin Padian «The rehabilitation of Sir Richard Owen», *BioScience*, Bd. 47, Nr. 7 (1997), erwähnt. Owen als ein Mann «süchtig nach scharfen und bitteren Auseinandersetzungen» stammt aus W. H. Flowers Porträt von Richard Owen im *Dictionary of National Biography*, S. 1329–1339. Er wird von Gavin de Beer, *Charles Darwin, Evolution by Natural Selection* (New York: Doubleday, 1964), als Mann geschildert, der von Arroganz und Eifersucht getrieben ist. Was Einzelheiten über Huxleys Kampf, sich in London zu etablieren, und seine verzweifelte Suche nach einem wissenschaftlichen Posten angeht, siehe L. Huxley, *Life and Letters of Thomas Henry Huxley* (London: Macmillan, 1903), Kapitel 5, 6.

KAPITEL 13

Informationen über die Weltausstellung 1851 findet man in D. Newsome, *The Victorian World Picture* (London: John Murray, 1997). Dieses Buch enthält eine Beschreibung der Prozession und der Reaktion des Erzbischofs von Canterbury. *The Letters of Queen Victoria*, Bd. 11, S. 316–319, zeigen ihr Entzücken über die Ausstellung; das Gleiche gilt für ihre Tagebucheintragungen vom 19. Mai 1851. Siehe auch C. H. Gibbs-Smith, *The Great Exhibition of 1851* (London: Victoria & Albert Museum, 1950); darin sind die Juroren aufgelistet und einige der Ausstellungsstücke beschrieben. Weitere Informationen bietet R. E. Prothero, *The Life and Correspondence of Arthur Penrhyn Stanley*, Bd. 1 (1893), S. 20–25. Caroline Owens Bericht über die Prozession findet sich in Owen, *Richard Owen*, Bd. I, S. 366, Mantells Beschreibung in seinem Tagebuch von Mai und den Folgemonaten.

Bucklands tragischer Abstieg in den Wahnsinn wird in vielen Quellen beschrieben, am eindrucksvollsten von J. W. Gruber und J. C. Thackray, *Richard Owen Commemoration* (London: Natural History Museum Publications, 1992), S. 78–80. Der Besorgnis, dass Buckland «in der Clapham-Anstalt zwischen abscheulichen Verrückten» liege, gab Thomas Hawkins in einem Brief an Richard Owen vom 16. Mai 1851 Ausdruck; siehe die Owen Collection am Natural History Museum 14:516/7. Die Ansicht, dass «die Geisteskrankheit solche Wurzeln schlägt, dass sie nichts mehr entfernen kann», stammt aus einem Brief von Murchison an Owen vom 25. Jan. 1850 und ist in Gruber und Thackray (oben) zitiert.

Im Hinblick auf eine ausführliche Analyse des *Telerpeton/Leptopleuron*-Disputs zwischen Owen und Mantell siehe M. J. Benton, «Progressionism in the

1850s: Lyell, Owen, Mantell and the Elgin fossil reptile *Leptopleuron (Telerpeton)*», *Archives of Natural History,* Bd. II, Nr. 1 (1982), S. 123–136. Benton betont, dass sich Owen bei dieser Gelegenheit möglicherweise tatsächlich nicht unfair verhalten hat. Patrick Duff hatte Owen den Bericht über die Entdeckung im *Elgin Courant* sowie einige Zeichnungen zugesandt, bevor Mantell das Exemplar zu Gesicht bekam, und Owen glaubte, er sei aufgefordert, das Tier zu beschreiben. Der Bericht, in dem es über Owen hieß, er «klaue Mantells Knochen», und in dem angedeutet wurde, dass Owen «Mantell ins Grab brachte», ist anonym: *A Sad Case ...,* beschrieben in *Public Opinion* (1863), S. 490 ff.

Einzelheiten hinsichtlich der Aufforderung des Crystal Palace Board an Mantell, eine geologische Abteilung zu schaffen, finden sich in den Auszügen aus den Protokollen einer Tagung des Board of Directors im August 1852 und sind in der Alexander Turnbull Library, Wellington, New Zealand, MS papers 0083–032, einzusehen. Ich danke Professor Hugh Torrens dafür, dass er mich auf diese Details aufmerksam gemacht hat; das Thema wird ausführlich in seinem Kapitel «Politics and Palaeontology: Richard Owen and the Invention of Dinosaurs», in Farlow und Brett-Surman, *Complete Dinosaur,* S. 187, erörtert. Die Verschlechterung von Mantells Gesundheitszustand, die um diese Zeit einsetzte, wird aus seinem Tagebuch und der Beschreibung in Spokes, *Gideon Algernon Mantell,* ersichtlich.

Der anonyme Nachruf auf Gideon Mantell, der Richard Owen zugeschrieben wird, erschien in der *Literary Gazette* vom 13. Nov. 1852, S. 842. Was den Briefwechsel angeht, der daraufhin einsetzte, siehe W. Hopkins an L. Horner, 17. Nov. 1852, IC 18228, und W. Hopkins an E. Forbes, 4. Dez. 1852, IC 18224. Dieses Thema wird auch in Adrian Desmond, *Archetypes and Ancestors* (London: Blond & Briggs, 1982), S. 208, diskutiert. Es gibt zahlreiche Berichte und Nachrufe; siehe besonders *Athenaeum,* 20. Nov. 1852, S. 1270–1271, *Literary Gazette,* 27. Nov. 1852, S. 1, *The Gentleman's Magazine,* Bd. 38 (Dez. 1852), S. 644–647, die Jahrestagung der *Royal Society* am 30. Nov. 1852, «Address by the Right Honourable Earl Rosse», *Quarterly Journal of the Geological Society* (1853), die Jahresansprache von William Hopkins in derselben Zeitschrift, S. xxii–xxvi, T. G. Vallance, «Gideon Mantell: a Focus for Study in the History of Geology ...», *Hist. Sci. New Zealand* (Feb. 1983). Viele der erwähnten Nachrufe sind in Dean, *Gideon Mantell,* S. 264–266 zusammengefasst.

Das großartige Bankett im Bauch des *Iguanodon* ist in vielen Quellen beschrieben. Eine gute Zusammenfassung des Ereignisses liefert B. C. Gardiner, «Clift, Darwin, Owen and the Dinosauria», *The Linnean* (1991), S. 19–27. Was die damalige Interpretation von Dinosauriern und die öffentliche Reaktion angeht, siehe «The Fossil Dinner», *London Quarterly Review,* Bd. 3, Nr. 5 (1854), S. 232–279. Das Dinner ist auch in «The Crystal Palace at Sydenham», *Illustrated London News,* Bd. 23, Nr. 661 (31. Dez. 1853), S. 599–600, und in der gleichen Zeitschrift, Bd. 24, Nr. 662 (7. Jan. 1854), S. 22 beschrieben. Siehe auch S. McCarthy und M. Gilbert, *The Crystal Palace Dinosaurs* (London: The Crystal Palace Foundation, 1994).

Die Rekonstruktion der Crystal-Palace-Dinosaurier ist auch beschrieben in *The Times* vom 2. Nov. 1853; siehe auch den *Crystal Palace Herald*, Bd. I, Nr. 1 (1853). Die Reaktion der Öffentlichkeit schildern die *Westminster Review*, Bd. 62, Nr. 6 (1854), S. 540–541, und L. Figuier, *The World before the Deluge* (London: Cassell, Petter & Galpin, 1863), S. viii, 449 ff. Belletristisch wurde dieses Thema verarbeitet von Jules Verne, *Journey to the Centre of the Earth* (Paris: Hetzel, 1864.), S. 2, 335 ff. (dt.: *Reise zum Mittelpunkt der Erde*), und von Charles Dickens, *Bleak House* (London, 1854). Richard Owens Beschreibung erschien in *Geology and the Inhabitants of the Ancient World* (London: Crystal Palace Library, 1854); siehe auch Benjamin Waterhouse Hawkins, *Crystal Palace: Guide to the Palace and Park* (London: Dickens & Evans, 1877), und «On visual education as applied to geology», siehe T. Hawkins, in *Journal of the Society of Arts*, Bd. 2, S. 444–449.

Das Schicksal von Mantells Söhnen und seinen Sammlungen ist in J. C. Yaldwin, «The status of Gideon Mantell's ‹first› Iguanodon tooth ...», *Archives of Natural History*, Bd. 24, Nr. 3 (1997), S. 397–421 diskutiert. Siehe auch Spokes, *Gideon Algernon Mantell*.

Was Professor Owens ehrgeizige Pläne für ein Nationalmuseum angeht, siehe Owen, *Richard Owen*, Bd. 2. Seine Pläne für ein Museum werden auch ausführlich bei Rupke, *Richard Owen*, erörtert.

KAPITEL 14

Huxleys Kampagne, um Owens Macht zu beschneiden und seine ehrgeizigen Pläne für ein naturgeschichtliches Museum zu blockieren, sind diskutiert in Rupke, *Richard Owen*, S. 98–102. Siehe auch den «Report from the select committee», *Parliamentary Papers* 1860 (540), Bd. 16, S. 303, was Huxleys Kommentar zu Owens «wenig ausgereiftem» Plan angeht.

Zahlreiche Quellen diskutieren die Entwicklung von Darwins Ideen. Die eindrucksvollste Biographie ist Desmond und Moores *Darwin*. Ich habe mich stark auf ihre Darstellung von Darwins persönlichen Reaktionen gestützt, insbesondere was seine Befürchtungen anging, wie seine Ideen wohl aufgenommen würden und wie Professor Owen darauf reagieren würde. Eine allgemeine Darstellung der Entwicklung von Darwins Denken findet sich auch bei William Irvine, *Apes, Angels, and Victorians: The Story of Darwin, Huxley and Evolution* (New York: McGraw-Hill, 1955).

Das längere Zitat über natürliche Zuchtwahl in diesem Kapitel stammt aus Darwins *Origin of Species by means of Natural Selection* (London: John Murray, 1859), S. 61 (dt.: *Die Entstehung der Arten durch natürliche Zuchtwahl*). Was Lyells Einfluss auf Darwin angeht, siehe F. Burkhardt und S. Smith (Hrsg.), *Correspondence of Charles Darwin*, Bd. 3 (1987), S. 55: Darwin an L. Horner (1844). Thomas Huxleys Antwort findet sich in Leonard Huxley, *Life and Letters of Thomas Henry Huxley* (London and New York: Macmillan, 1903), S. 258, 239, 254. Owens kritischer Artikel, der Darwin so sehr beunruhigte, erschien in der *Edin-*

burgh Review or Critical Journal (Jan.–Apr. 1860), S. 487–532; die hier verwendeten Zitate finden sich auf S. 494, 502, 521, 500. Der Bericht im *Manchester Spectator* findet sich in Owens Ordner im Natural History Museum, BM (NH), L, OC 18, vom 8. und 22. Dez. 1849. Rupke, *Richard Owen*, behandelt Owens Antwort auf Darwin auf S. 232–242. Die ideologischen Unterschiede zwischen Darwin und Owen sind in J. W. Gruber und J. C. Thackray, *Richard Owen Commemoration* (London: Natural History Museum Publications, 1992), erörtert, siehe S. 71–81.

Um den berühmten Zusammenstoß zwischen Wilberforce und Huxley auf der BAAS-Tagung im Jahre 1860 ranken sich viele Geschichten. Ich habe mich auf die Darstellungen in Leonard Huxley, *Life and Letters of Thomas Henry Huxley* (oben) gestützt; siehe S. 259–274; Leonard Huxley zitiert viele verschiedene Versionen, wie sie Darwin in Briefen von seinen Freunden geschildert wurden. Diese Tagung wird auch bei Desmond und Moore, *Darwin*, S. 492–499 und bei William Irvine, *Apes, Angels and Victorians: The Story of Darwin, Huxley and Evolution* (oben), erörtert. Eine ausführliche Diskussion der Affenhirn-Kontroverse findet sich bei Rupke, *Richard Owen*, Kapitel 6, über «Cerebral Constructs». Huxleys eigene Sicht der Ereignisse ist in Leonard Huxleys *Life and Letters of Thomas Henry Huxley* (oben) beschrieben, siehe S. 277. Thomas Huxley legte seine Argumente in *Evidence as to Man's Place in Nature* (London: 1863) dar. Die Art und Weise, wie Huxley Owen bei der *Zoological Society* und der *Royal Society* ausmanövrierte, ist bei Desmond und Moore, *Darwin*, S. 505, beschrieben. Eine der zahlreichen Karikaturen Owens um diese Zeit erschien in *A Sad Case, Recently Tried before the Lord Mayor, Owen vs Huxley*, auch als der «Bone Case» bekannt; die Satire wurde 1863 in London veröffentlicht, und der Autor war wahrscheinlich George Pycroft. Das *Punch*-Gedicht erschien in der Ausgabe vom 13. Mai 1861 unter dem Bild eines Gorillas, der eine Tafel trug «Bin ich ein Mensch und ein Bruder?».

Huxleys Untersuchungen, die die *Dinosauria* in einen evolutionären Zusammenhang stellten, werden in mehreren Quellen analysiert. Eine lebhafte Darstellung, die die Entwicklung von Huxleys Gedankengängen zeigt, findet sich in Adrian Desmond, *Huxley* (Penguin, 1998), S. 299–300, 356–360. Siehe auch Desmond, *Archetypes and Ancestors* (London: Blond & Briggs, 1982), S. 124 ff., hinsichtlich der Debatte über die Bedeutung des *Archaeopteryx*. Was Zitate aus Briefen an Lyell in der Royal Institution angeht, siehe Leonard Huxley *Life and Letters* (oben), S. 381–424. Eine kurze Zusammenfassung von Huxleys Klassifizierung findet sich in E. H. Colbert, *Men and Dinosaurs* (Penguin, 1968). Siehe auch Farlow und Brett-Surman, *Complete Dinosaur*, Kapitel 39.

Owens Abneigung, eine Evolution zu akzeptieren, wie sie Darwin umriss, und sein Beharren auf der Beibehaltung göttlicher Gesetze wurden von J. W. Gruber und J. C. Thackray, *Richard Owen Commemoration* (London: Natural History Museum Publications, 1992), beschrieben, ebenso das traurige Schicksal seines Sohnes (siehe S. 81–82). Die Zerstreuung eines Teils von Mantells Sammlung, während Owen Leiter des British Museum war, ist bei S. D. Chapman und R. J. Cleevely, «The accumulation and dispersal of Gideon Mantell's fossil collection and their role in the history of British palaeontology», *Archives of Natural History*, Bd. 19, Nr. 3 (1992), S. 307–364, erörtert.

Wie Owen von Darwins Anhängern «systematisch aus der Geschichte herausgeschrieben» wurde, ist in Rupke, *Richard Owen*, S. 3–5, beschrieben. Der junge Regius-Professor of Modern History in Oxford, der Owen als «einen üblen Fall» bezeichnete, ist in Gruber und Thackray, *Richard Owen Commemoration* (oben), S. 4, zitiert.

Literatur

Buckland, William, «Notice on the Megalosaurus or Great Fossil Lizard of Stonesfield», *Transactions of the Geological Society of London*, Bd. 2, Nr. 1 (1824), S. 390–397

Buckland, William, *Geology and Mineralogy Considered with Reference to Natural Theology*, 2 Bände (London: W. Pickering, 1837)

Curwen, E. C. (Hrsg.), *The Journal of Gideon Mantell, Surgeon and Geologist: 1818–1852* (London: Oxford University Press, 1940)

Dean, Dennis, *Gideon Mantell and the Discovery of Dinosaurs* (Cambridge University Press, 1999)

Desmond, Adrian, *The Politics of Evolution: Morphology, Medicine, and Reform in Radical London* (Chicago and London: University of Chicago Press, 1989)

Desmond, Adrian, und Moore, James, *Darwin* (London: Penguin, 1992); dt.: *Darwin* (München: List, 1995)

Farlow, James O., und Brett-Surman, M. K., *The Complete Dinosaur* (Indianapolis: Indiana University Press, 1997)

Geikie, Archibald, *The Founders of Geology* (London: Macmillan & Co., 1897), Reprint 1962, New York: Dover Publications

Gillispie, Charles Coulston, *Genesis and Geology: A Study in the Relations of Scientific Thought, Natural Theology and Social Opinion in Great Britain, 1790–1850* (Cambridge, Mass.: Harvard University Press, 1951)

Gordon, Anna B., *The Life and Correspondence of Buckland* (London: John Murray, 1894)

Irvine, W., *Apes, Angels and Victorians: The Story of Darwin, Huxley and Evolution* (New York: McGraw-Hill, 1955)

Lang, William D., «Mary Anning and the Pioneer Geologists of Lyme», *Proceedings of the Dorset Natural History and Archaeological Society*, Bd. 60 (1939), S. 142–164

Lyell, Katherine M. (Hrsg.), *Life, Letters and Journals of Sir Charles Lyell, Bart.*, 2 Bände (London: John Murray, 1881)

Mantell, Gideon Algernon, *The Fossils of the South Downs* (London: Lupton Relfe, 1822)

Mantell, Gideon Algernon, «Notice on the Iguanodon, a Newly discovered Fossil Reptile from the sandstone of the Tilgate Forest in Sussex», *Philosophical Transactions of the Royal Society of London*, Bd. 115 (1822), S. 179–186

Mantell, Gideon Algernon, *Illustrations of the Geology of Sussex* (London: Lupton Relfe, 1827)

Mantell, Gideon Algernon, *Thoughts on a Pebble* (London: Reeve, Benham & Reeve, 1849)

Mantell, Gideon Algernon, Tagebuch in vier Bänden von 1819 bis 1852 (unveröffentlicht); getipptes Manuskript, archiviert bei der *Sussex Archaeological Society*, Lewes, Sussex

Owen, Richard, «Report on British Fossil Reptiles», Teil 2, *Report of the British Association for the Advancement of Science for 1841* (London: John Murray, 1842), S. 60–204

Owen, R. S. (Hrsg.), *The Life of Richard Owen*, 2 Bände (London: John Murray, 1894)

Rudwick, Martin J. S., *The Meaning of Fossils* (Chicago: University of Chicago Press, 1972)

Rupke, Nicolaas A., *The Great Chain of History* (Oxford: Clarendon Press, 1983)

Rupke, Nicolaas A., *Richard Owen: Victorian Naturalist* (New Haven and London: Yale University Press, 1994)

Schneer, Cecil J., *Towards a History of Geology* (Boston, Mass.: MIT Press, 1967)

Spokes, Sidney, *Gideon Algernon Mantell, LLD, FRCS, FRS, Surgeon and Geologist* (London: John Bale & Sons & Danielson, 1927)

Torrens, H. S., «The Dinosaurs and Dinomania over 150 years», *Modern Geology*, Bd. 18 (1993), S. 257–266

Register

Die kursiv gesetzten Zahlen bezeichnen die Abbildungen.